中国国家标准汇编

554

GB 28921～28954

（2012 年制定）

中国标准出版社　编

中国标准出版社

北　京

图书在版编目(CIP)数据

中国国家标准汇编:2012年制定.554:
GB 28921～28954/中国标准出版社编.—北京:
中国标准出版社,2013.9
ISBN 978-7-5066-7284-9

Ⅰ.①中…　Ⅱ.①中…　Ⅲ.①国家标准-
汇编-中国-2012　Ⅳ.①T-652.1

中国版本图书馆CIP数据核字(2013)第183740号

中国标准出版社出版发行
北京市朝阳区和平里西街甲2号(100013)
北京市西城区三里河北街16号(100045)

网址 www.spc.net.cn
总编室:(010)64275323　发行中心:(010)51780235
读者服务部:(010)68523946

中国标准出版社秦皇岛印刷厂印刷
各地新华书店经销

*

开本 880×1230 1/16　印张 36.5　字数 1 100 千字
2013年9月第一版　2013年9月第一次印刷

*

定价 220.00 元

出 版 说 明

1.《中国国家标准汇编》是一部大型综合性国家标准全集。自1983年起，按国家标准顺序号以精装本、平装本两种装帧形式陆续分册汇编出版。它在一定程度上反映了我国建国以来标准化事业发展的基本情况和主要成就，是各级标准化管理机构，工矿企事业单位，农林牧副渔系统，科研、设计、教学等部门必不可少的工具书。

2.《中国国家标准汇编》收入我国每年正式发布的全部国家标准，分为"制定"卷和"修订"卷两种编辑版本。

"制定"卷收入上一年度我国发布的、新制定的国家标准，顺延前年度标准编号分成若干分册，封面和书脊上注明"20××年制定"字样及分册号，分册号一直连续。各分册中的标准是按照标准编号顺序连续排列的，如有标准顺序号缺号的，除特殊情况注明外，暂为空号。

"修订"卷收入上一年度我国发布的、被修订的国家标准，视篇幅分设若干分册，但与"制定"卷分册号无关联，仅在封面和书脊上注明"20××年修订-1，-2，-3，……"字样。"修订"卷各分册中的标准，仍按标准编号顺序排列(但不连续)；如有遗漏的，均在当年最后一分册中补齐。需提请读者注意的是，个别非顺延前年度标准编号的新制定的国家标准没有收入在"制定"卷中，而是收入在"修订"卷中。

读者配套购买《中国国家标准汇编》"制定"卷和"修订"卷则可收齐由我社出版的上一年度我国制定和修订的全部国家标准。

3.由于读者需求的变化，自1996年起，《中国国家标准汇编》仅出版精装本。

4.2012年我国制修订国家标准共2 101项。本分册为"2012年制定"卷第554分册，收入国家标准GB 28921～28954的最新版本。

中国标准出版社

2013年8月

目　　录

ICS 03.080
A 16

中华人民共和国国家标准

GB/T 28921—2012

自然灾害分类与代码

Classification and codes for natural disasters

2012-10-12 发布　　　　2013-02-01 实施

中华人民共和国国家质量监督检验检疫总局
中国国家标准化管理委员会　发布

前言

本标准按照 GB/T 1.1—2009 给出的规则进行编写。

本标准由中华人民共和国民政部提出。

本标准由全国减灾救灾标准化技术委员会(SAC/TC 307)归口。

本标准起草单位:民政部国家减灾中心、中国气象局政策法规司、国家海洋局海洋环境预报中心。

本标准主要起草人:闫志壮、袁艺、马玉玲、胡俊锋、吴建安、潘东华、郑大玮、张钛仁、叶琳。

自然灾害分类与代码

1 范围

本标准规定了自然灾害的分类及其代码。

本标准适用于自然灾害管理、科研和应用等领域。

2 术语和定义

下列术语和定义适用于本文件。

2.1

自然灾害 natural disaster

由自然因素造成人类生命、财产、社会功能和生态环境等损害的事件或现象。

[GB/T 26376—2010 中 2.1]

2.2

线分类法 method of linear classification

将分类对象按选定的若干属性(或特征),逐次地分为若干层级,每个层级又分为若干类目。同一分支的同层级类目之间构成并列关系,不同层级类目之间构成隶属关系。

[GB/T 10113—2003 中 2.1.5]

2.3

灾类 natural disaster category

根据自然灾害本身的属性和特点而分成的大类。

2.4

灾种 natural disaster kind

在灾类下,对自然灾害继续划分的类别。

3 分类原则与方法

3.1 分类原则

3.1.1 科学性

按照自然灾害最基本、最稳定的属性及其存在的逻辑关联进行灾害种类的划分。以灾害学的学科分类为基础,尽可能采用相关国际、国家分类标准,充分吸收新的科研成果,体现分类体系的科学性。

3.1.2 实用性

从灾害管理尤其是自然灾害灾情统计、评估的角度出发,根据致灾原因划分自然灾害的宏观大类分类体系。在体现科学性的前提下,按自然灾害及相关行业对灾害分类的习惯,以及不同类别灾害的数量和使用频率,在具体分类时作适当调整,提高分类体系的实用性。

3.1.3 可扩展性

以自然灾害的灾类分类为主体,灾种的分类作为灾类界定的辅助参考(详见 3.2.2)。在类种的扩展上预留空间，可在本分类体系上进行适当的扩展和细化。在保持分类细化的前提下，允许在最后一级分类下制定适用的分类细则。

3.2 分类方法

3.2.1 采用线分类法。

3.2.2 把自然灾害划分为气象水文灾害、地质地震灾害、海洋灾害、生物灾害和生态环境灾害共5类灾害，简称灾类，灾类下又划分为39种灾害，简称灾种。灾种中设其他作为收容类目。

4 编码原则与方法

4.1 编码原则

4.1.1 唯一性

每一代码都唯一地表示某一类、某一级或某一特定自然灾害种类，即各灾类和灾种与其代码间有一一对应关系。

4.1.2 可扩充性

分类的容量和类别随着认识的变化可以进行适当调整，编码体系为此预留一定的扩充空间。

4.1.3 合理性

编码体系结构与分类体系相适应，反映分类体系的层次及相互联系的特性。

4.1.4 简单性

代码的结构尽量简单，长度尽量短，以提高记忆和存储的效率。

4.2 编码方法和代码结构

把自然灾害分为五个灾类，并细分为若干灾种。分类代码包括灾类码、灾种码和扩展码三部分，由六位数字码组成，其结构如下：

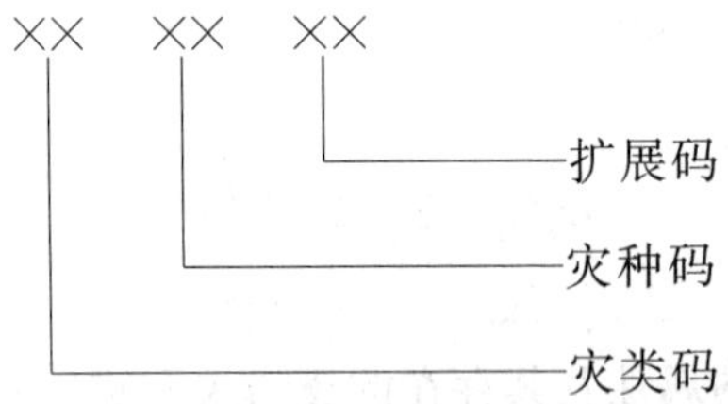

灾类码和灾种码均采用数字顺序码，分别用01～98表示，其他用99表示，扩展码均用00表示，位数不足六位的用0补齐，保持代码结构的六位数字构成。

5 分类代码

自然灾害的分类及代码见表1。

表1 自然灾害分类及代码

代码	名 称	含 义
010000	气象水文灾害	由于气象和水文要素的数量或强度、时空分布及要素组合的异常,对人类生命财产、生产生活和生态环境等造成损害的自然灾害
010100	干旱灾害	因降水少、河川径流及其他水资源短缺,对城乡居民生活、工农业生产以及生态环境等造成损害的自然灾害
010200	洪涝灾害	因降雨、融雪、冰凌、溃坝(堤)、风暴潮等引发江河洪水、山洪、泛滥以及渍涝等,对人类生命财产、社会功能等造成损害的自然灾害
010300	台风灾害	热带或副热带洋面上生成的气旋性涡旋大范围活动,伴随大风、暴雨、风暴潮、巨浪等,对人类生命财产造成损害的自然灾害
010400	暴雨灾害	因每小时降雨量16 mm以上,或连续12 h降雨量30 mm以上,或连续24 h降雨量50 mm以上的降水,对人类生命财产等造成损害的自然灾害
010500	大风灾害	平均或瞬时风速达到一定速度或风力的风,对人类生命财产造成损害的自然灾害
010600	冰雹灾害	强对流性天气控制下,从雷雨云中降落的冰雹,对人类生命财产和农业生物造成损害的自然灾害
010700	雷电灾害	因雷雨云中的电能释放、直接击中或间接影响到人体或物体,对人类生命财产造成损害的自然灾害
010800	低温灾害	强冷空气入侵或持续低温,使农作物、动物、人类和设施因环境温度过低而受到损伤,并对生产生活等造成损害的自然灾害
010900	冰雪灾害	因降雪形成大范围积雪、暴风雪、雪崩或路面、水面、设施凝冻结冰,严重影响人畜生存与健康,或对交通、电力、通信系统等造成损害的自然灾害
011000	高温灾害	由较高温度对动植物和人体健康,并对生产、生态环境造成损害的自然灾害
011100	沙尘暴灾害	强风将地面尘沙吹起使空气混浊,水平能见度小于1 km,对人类生命财产造成损害的自然灾害
011200	大雾灾害	近地层空气中悬浮的大量微小水滴或冰晶微粒的集合体,使水平能见度降低到1 km以下,对人类生命财产特别是交通安全造成损害的自然灾害
019900	其他气象水文灾害	除上述灾害以外的气象水文灾害
020000	地质地震灾害	由地球岩石圈的能量强烈释放剧烈运动或物质强烈迁移,或是由长期累积的地质变化,对人类生命财产和生态环境造成损害的自然灾害
020100	地震灾害	地壳快速释放能量过程中造成强烈地面振动及伴生的地面裂缝和变形,对人类生命安全、建(构)筑物和基础设施等财产、社会功能和生态环境等造成损害的自然灾害
020200	火山灾害	地球内部物质快速猛烈地以岩浆形式喷出地表,造成生命和财产直接遭受损失,或火山碎屑流、火山熔岩流、火山喷发物(包括火山碎屑和火山灰)及其引发的泥石流、滑坡、地震、海啸等对人类生命财产、生态环境等造成损害的自然灾害

表 1（续）

代码	名　称	含　　义
020300	崩塌灾害	陡崖前缘的不稳定部分主要在重力作用下突然下坠滚落，对人类生命财产造成损害的自然灾害
020400	滑坡灾害	斜坡部分岩(土)体主要在重力作用下发生整体下滑，对人类生命财产造成损害的自然灾害
020500	泥石流灾害	由暴雨或水库、池塘溃坝或冰雪突然融化形成强大的水流，与山坡上散乱的大小块石、泥土、树枝等一起相互充分作用后，在沟谷内或斜坡上快速运动的特殊流体，对人类生命财产造成损害的自然灾害
020600	地面塌陷灾害	因采空塌陷或岩溶塌陷，对人类生命财产造成损害的自然灾害
020700	地面沉降灾害	在欠固结或半固结土层分布区，由于过量抽取地下水(或油、气)引起水位(或油、气)下降(或油、气田下陷)、土层固结压密而造成的大面积地面下沉，对人类生命财产造成损害的自然灾害
020800	地裂缝灾害	岩体或土体中直达地表的线状开裂，对人类生命财产造成损害的自然灾害
029900	其他地质灾害	除上述灾害以外的地质灾害
030000	海洋灾害	海洋自然环境发生异常或激烈变化，在海上或海岸发生的对人类生命财产造成损害的自然灾害
030100	风暴潮灾害	热带气旋、温带气旋、冷锋等强烈的天气系统过境所伴随的强风作用和气压骤变引起的局部海面非周期性异常升降现象造成沿岸涨水，对沿岸人类生命财产造成损害的自然灾害
030200	海浪灾害	波高大于 4 m 的海浪对海上航行的船舶、海洋石油生产设施、海上渔业捕捞和沿岸及近海水产养殖业、港口码头、防波堤等海岸和海洋工程等造成损害的自然灾害
030300	海冰灾害	因海冰对航道阻塞、船只损坏及海上设施和海岸工程损坏等造成损害的自然灾害
030400	海啸灾害	由海底地震、火山爆发和水下滑坡、塌陷所激发的海面波动，波长可达几百公里，传播到滨海区域时造成岸边海水陡涨，骤然形成“水墙”，吞没良田和城镇村庄，对人类生命财产造成损害的自然灾害
030500	赤潮灾害	海水某些浮游生物或细菌在一定环境条件下，短时间内爆发性增殖或高度聚集，引起水体变色，影响和危害其他海洋生物正常生存的海洋生态异常现象，对人类生命财产、生态环境等造成损害的灾害。见生物灾害中的赤潮灾害
039900	其他海洋灾害	除上述灾害之外的其他海洋灾害
040000	生物灾害	在自然条件下的各种生物活动或由于雷电、自燃等原因导致的发生于森林或草原，有害生物对农作物、林木、养殖动物及设施造成损害的自然灾害
040100	植物病虫害	致病微生物或害虫在一定环境下暴发，对种植业或林业等造成损害的自然灾害

表 1（续）

代码	名 称	含 义
040200	疫病灾害	动物或人类由微生物或寄生虫引起突然发生重大疫病，且迅速传播，导致发病率或死亡率高，给养殖业生产安全造成严重危害，或者对人类身体健康与生命安全造成损害的自然灾害
040300	鼠害	害鼠在一定环境下暴发或流行，对种植业、畜牧业、林业和财产设施等造成损害的自然灾害
040400	草害	杂草对种植业、养殖业或林业和人体健康等造成严重损害的自然灾害
040500	赤潮灾害	海水中某些浮游生物或细菌在一定环境条件下，短时间内爆发性增殖或高度聚集，引起水体变色，影响和危害其他海洋生物正常生存的海洋生态异常现象，对人类生命财产、生态环境等造成损害的灾害
040600	森林/草原火灾	由于雷电、自燃或在一定有利于起火的自然背景条件下由人为原因导致的，发生于森林或草原，对人类生命财产、生态环境等造成损害的火灾
049900	其他生物灾害	除上述灾害之外的其他生物灾害
050000	生态环境灾害	由于生态系统结构破坏或生态失衡，对人地关系和谐发展和人类生存环境带来不良后果的一大类自然灾害
050100	水土流失灾害	在水力等外力作用下，土壤表层及其母质被剥蚀、冲刷搬运而流失，对水土资源和土地生产力造成损害的自然灾害
050200	风蚀沙化灾害	由于大风吹蚀导致天然沙漠扩张、植被破坏和沙土裸露等，导致土壤生产力下降和生态环境恶化的自然灾害
050300	盐渍化灾害	易溶性盐分在土壤表层积累的现象或过程对土壤和植被造成损害的灾害
050400	石漠化灾害	在热带、亚热带湿润、半湿润气候条件和岩溶极其发育的自然背景下，因地表植被遭受破坏，导致土壤严重流失，基岩大面积裸露或砾石堆积，使土地生产力严重下降的灾害
059900	其他生态环境灾害	除上述灾害之外的其他生态环境灾害

参 考 文 献

[1] 中华人民共和国标准化法 1988
[2] 中华人民共和国气象法 2000
[3] 气象灾害防御条例 2010
[4] 中华人民共和国突发事件应对法 2007
[5] 地质灾害防治条例 2003
[6] 中华人民共和国传染病防治法 2005
[7] 重大动物疫情应急条例 2005
[8] 国家突发公共事件总体应急预案 2006
[9] 自然灾害救助应急预案 2005
[10] 国家防汛抗旱应急预案 2006
[11] 国家地震应急预案 2006
[12] 国家突发地质灾害应急预案 2006
[13] 国家处置重、特大森林火灾应急预案 2006
[14] GB/T 1.1—2009 标准化工作导则 第1部分:标准的结构和编写
[15] GB/T 7027—2002 信息分类和编码的基本原则与方法
[16] GB/T 10113 分类与编码通用术语
[17] GB/T 14498—1993 工程地质术语
[18] GB/T 18207.1—2008 防震减灾术语 第1部分:基本术语
[19] GB/T 20479—2006 沙尘暴天气监测规范
[20] GB/T 20480—2006 沙尘暴天气等级
[21] GB/T 20481—2006 气象干旱等级
[22] GB/T 20482—2006 牧区雪灾等级
[23] GB/T 20484—2006 冷空气等级
[24] GB/T 21010—2007 土地利用现状分类
[25] GB/T 50095—1998 水文基本术语和符号标准

ICS 11.180
C 05

中华人民共和国国家标准

GB/T 28922—2012/ISO 16201:2006

残疾人辅助器具 日常生活的环境控制系统

Technical aids for persons with disability—Environmental control systems for daily living

(ISO 16201:2006,IDT)

2012-10-12 发布 2013-02-01 实施

中华人民共和国国家质量监督检验检疫总局
中国国家标准化管理委员会 发布

前　言

本标准按照 GB/T 1.1—2009 给出的规则起草。

本标准使用翻译法等同采用 ISO16201:2006《残疾人辅助器具　日常生活环境控制系统》(英文版)。

与本标准中规范性引用的国际文件有一致性对应关系的我国文件如下:

——GB 4208　外壳防护等级(IP 代码)(GB 4208—2008,IEC 60529:2001,IDT)

——GB 4943　信息技术设备的安全(GB 4943—2001,IEC 60950-1:1999,IDT)

——GB 7247.1　激光产品的安全　第 1 部分:设备分类、要求和用户指南(GB 7247.1—2001,IEC 60825-1:1993,IDT)

——GB 9706.1　医用电气设备　第 1 部分:安全通用要求(GB 9706.1—2007,IEC 60601-1:1988+A1:1991+A2:1995,IDT)

——GB 9706.15　医用电气设备　第 1-1 部分:通用安全要求　并列标准:医用电气系统安全要求(GB 9706.15—2008,IEC 60601-1-1:2000,IDT)

——YY/T 0316　医疗器械风险管理对医疗器械的应用(YY/T 0316—2008,ISO 14971:2007,IDT)

本标准由中华人民共和国民政部提出。

本标准由全国残疾人康复和专用设备标准化技术委员会(SAC/TC 148)归口。

本标准起草单位:国家康复辅具研究中心、上海市康复器具协会。

本标准主要起草人:马凤领、刘俊玲、徐祖义。

引　言

本标准给出了证明同时作为医疗设备的残疾人环境控制系统符合EU导则93/42 EEC附录1中概括的基本要求的试验方法。本标准不是给出表明符合其他导则要求的试验方法。

残疾人辅助器具标准分如下三个等级，一级最高：

一级：辅助器具的一般要求；

二级：各系列辅助器具的特殊要求；

三级：各类型辅助器具的特定要求。

如果针对特定辅助器具或某类辅助器具已有标准（二级或三级），则较低等级的标准优先于较高等级的标准。所以，在阐述特定辅助器具的所有要求时，有必要从最低现行标准入手。

本标准是同时作为医疗设备的残疾人环境控制系统二级和三级（最低级）组合标准，见范围。

残疾人辅助器具
日常生活的环境控制系统

1 范围

本标准规定了用于减轻、补偿残疾的环境控制系统的功能和技术要求及试验方法。

注：该系统也称为日常生活使用的电子辅助器具。

本标准的目的是为环境控制系统的生产商给出安全要求和建议。

本标准不包括目标设备。系统内连接的设备技术要求应遵循各自的特定标准，如可调床。

2 规范性引用文件

下列文件对于本文件的应用是必不可少的。凡是注日期的引用文件，仅注日期的版本适用于本文件。凡是不注日期的引用文件，其最新版本(包括所有的修改单)适用于本文件。

ISO 14971 医疗器械风险管理对医疗器械的应用(Medical devices—Application of risk management to medical devices)

IEC 60529 外壳防护等级(IP代码)[Degrees of protection provided by enclosures (IP Code)]

IEC 60601-1 医用电气设备 第1部分：安全通用要求(Medical electrical equipment—Part 1: General requirements for basic safety and essential performance)

IEC 60601-1-1 医用电气设备 第1-1部分：通用安全要求 并列标准：医用电气系统安全要求(Medical electrical equipment—Part 1-1: General requirements for safety—Collateral standard: Safety requirements for medical electrical systems)

IEC 60825-1 激光产品的安全 第1部分：设备分类、要求和用户指南(Safety of laser products—Part 1: Equipment classification, requirements and user's guide)

IEC 60950-1 信息技术设备的安全(Information technology equipment—Safety—Part 1: General requirements)

EN 55011 工业、科研、医疗射频设备 无线电干扰特性 限量和测试方法(Industrial, scientific and medical (ISM) radio-frequency equipment—Radio disturbance characteristics—Limits and methods of measurement)

3 术语和定义

IEC 60601-1界定的以及下列术语和定义适用于本文件。

3.1

应用部件 applied part

环境控制系统中，正常使用时为运行其功能、与残疾人身体必要接触部分。

示例：如装在残疾人身上(close)的麦克风。

3.2

中央单元 central unit

从输入和(或)目标设备接收和处理信息并输出执行正确功能信号的单元。

3.3

环境控制系统　environmental control system

为残疾人提供遥控和操作日常生活环境中其组成部分的电子和电气设备的方式的系统，使用者可不受残疾和所处环境限制尽可能自理。

注：环境控制系统可为其他系统或设备的组成部分，如通讯辅助器具或电动轮椅车。

3.4

反馈　feedback

从环境控制系统返回到使用者的信息。

注：该信息帮助用户选择所需功能或确认选择结果。

3.5

手持设备　hand-held device

正常使用中用手支撑的设备。

3.6

输入设备　input device

发出命令信号到中央单元或直接到目标设备的设备。

3.7

生产商　manufacturer

以该人的名义，设备上市前负责设备设计、生产、包装和标签的自然人或法人，不论是否由本人或代表该人的第三方运作。

3.8

目标设备　target device

通过输入设备和(或)中央单元控制或操作的设备。

示例：开门器。

3.9

用户　user

使用环境控制系统的残疾人和(或)护理者。

3.10

用户连接　user connection

在正常情况或单一故障情形下，使用者和环境控制系统之间能通电流的应用部件的各单独部分。

4　一般要求

4.1　风险管理

根据 ISO 14971，对危险做出确认和估计，评估系统安全性。

4.2　生产商提供的信息

4.2.1　总则

环境控制系统或组成部件上市销售时，应使用当地官方语言，以清楚明了、通俗易懂的措辞，至少给出如下信息：

a)　与其他设备和(或)其他类设备组合使用的建议；

b)　设备安装和维护信息，如安装和使用说明书；

c)　对用户而言，语言清楚明了、通俗易懂的安全操作说明；

d) 生产商和供应商的标识；
e) 系统标识，如型号和序列号；
f) 电气设备液体腐蚀的防护等级和使用环境建议及相关安全注意事项；
g) 清洗说明；
h) 详细说明辐射性质、类型、强度和分布；
i) 与其他设备潜在有害的相互作用；
j) 部件替代性的详细信息。

如果适用，生产商应清楚地说明输入设备的通讯端口类型和数目，通讯方式的类型和数目，电源等。

清楚说明输入设备各按键和按钮的大小、质量和启动所需力的大小和距离。

如果用户界面有各种选项反馈，应对每一类清楚说明。

4.2.2 使用说明

使用说明应至少包含如下信息：
a) 环境控制系统和(或)系统中单个设备必要的操作说明；
b) 环境控制系统和(或)包括扩展选项在内的系统中单个设备的功能和性能的描述；
c) 如有必要连接其他设备，详细说明能够安全连接的恰当设备和装置的规格；
d) 详细说明设备必要维护和校准的性质和频率；
e) 所用符号和色彩的描述；

使用说明应针对不同使用者给出替代形式，如视力残疾人用的音频或电子说明书。

4.2.3 标签

基于环境控制系统和(或)系统中单个设备的使用安全考虑，产品、包装、使用说明书的标签应至少包含如下信息：
a) 生产商或供应商的名称或商标名称和地址；
b) 设备标识和包装上所标内容的必要详细说明；
c) 特殊贮存和(或)管理条件；
d) 特殊操作说明；
e) 安全警告和(或)注意事项；
f) 生产年份；
g) 包装材料的环保处理方法；
h) 设备淘汰处理时电池是否取出；
i) 产品有效期内如何处理废旧电池。

4.3 材料

为将火灾发生的风险降到最小，生产商应考虑环境控制系统中材料的易燃性。生产商还应考虑在正常使用中与皮肤接触材料的生物相容性。

注：这可在风险分析中说明。

5 功能要求和检验方法

5.1 总则

环境控制系统的组装应符合个人用户的特定功能需求，单个组装的系统可只包括 5.2 至 5.4 的部分要求。如果规定了特定功能，5.2 至 5.4 的要求适用。

试验条件：

a） 环境温度范围 15 ℃～30 ℃；

b） 相对湿度范围 45％～75％；

c） 大气压范围 860 hPa～1 060 hPa。

5.2 设计

5.2.1 可编程的设备应能清楚识别设备是否处于编程模式。

设备测试：使设备处于编程模式，检查编程中各阶段编程模式的视觉或听觉信号指示。

5.2.2 设备的设计应使其在断电情况下功能设置不遭到破坏。

设备的电力网供电故障测试：首先，将系统各部分正常使用的电力网供电断开，5 min 后恢复正常供电，验证所有功能可运行。

设备的电池供电故障测试：断开电池，如果适用，断开电力网供电，5 min 后重新接通电池，按照生产商说明，验证所有功能可运行。

5.3 用户界面

5.3.1 总则

5.3.1.1 环境控制系统应满足特定用户指令的功能要求。所用方式应满足感觉、认知障碍者的需求。

5.3.1.2 选择方式应符合人体工学，操作简单，直接，易学，对用户身体条件要求最小。环境控制系统给出的选项布局，用户操作简单、便捷。

注：如，言语残疾的用户应答应门电话时，要求自动显示预存问候语页面供选择。

5.3.1.3 如果中央单元给出多种访问方式，则不论用户使用哪种访问方式（如，触摸屏，开关），系统所有功能应可运行。

5.3.1.4 如果使用扫描选择方式，步进速率应可调节，至少在 0.5 步/s～2.0 步/s 之间。

步进速率测试：调整步进速率到最小值并测量时间。调整步进速率到最大值并测量时间。

5.3.1.5 选择程序应考虑手部颤抖的用户，如在接受第二次开关操作前运行延时。

5.3.1.6 采用双开关选择过程，考虑了那些不能在准确时间操作开关的用户。

注：允许一个开关用于步进各选项，而另一个开关做选择。

5.3.1.7 如果系统功能需要有特定数据传输率，如计算机控制或书面或口头交流，系统应提供有效使用该功能的输入方式。

注：有些用户可要求通过语音识别来控制系统（见 5.3.2）。

5.3.1.8 做选择时，应为用户提供清楚的反馈信息。

测试：按使用说明书运行系统，在每次运行输入设备后，检查设备显示下一步操作的选项提示。

5.3.2 输入

5.3.2.1 如果同一按键或控制按钮用于发出不同的命令，应有阐述不同功能的说明。

测试：验证任一按键或控制按钮可用于发出不同的命令。如果是，验证有阐述不同功能的说明。

5.3.2.2 生产商应在使用说明书中指出按键或开关的灵敏区域，及指示区域内触发按键和（或）开关的力的大小。

测试：验证在整个灵敏区域内开关运行的操作力在生产商规定的范围。

5.3.2.3 对于其他触发方式，生产商应清楚地说明身体条件，如操作吹吸式开关所需气压的大小。

测试：在生产商规定的操作力范围内验证设备运行。

5.3.2.4 输入设备中按键、控制按钮和开关的激活，应以清晰的卡嗒声和（或）可听得到的听觉和（或）看得见的视觉信号反馈给用户。用户可选择关掉反馈。

注：反馈信号可来自输入设备自身或各单元。

测试：验证在激活开关或控制按钮时是否有反馈，及能否关闭反馈信号。

5.3.2.5 如果使用语音识别的输入设备，其应：

a) 能适应音质变化；
b) 抗环境音的干扰；
c) 有执行所需功能的替代方式；
d) 易于对新声音和新命令编程；
e) 有足够高的识别力确保使用有效、安全。

5.3.3 选择反馈

用户界面对选择过程应给出反馈，且反馈能关掉。

注：选择反馈类型如下：

——视觉信号；
——语音反馈；
——音调反馈。

选择反馈测试：根据生产商提供的信息（4.2.1）测定用户界面提供的选择反馈类型。激活用户界面，检查选择过程中各阶段提供了特定类型的反馈。如果适用，关掉反馈，重复试验。

5.3.4 系统反馈

用户应能知道所控功能的状态。

反馈应是视觉和（或）听觉信号形式，且能关掉。

5.3.5 手持设备

包括电池在内手持设备质量不超过 0.35 kg。

测试：测量装有生产商建议的电池的手持设备的质量。

5.3.6 便携式和固定式设备

如果设备是单人搬运，则质量超过 20 kg 的部件均应配有手柄。使用说明书应指明安全搬运设备的点。

测试：确认是否有要搬运的部件。称量这些部件的质量。如果超过 20 kg，检查是否有搬运手柄。检查使用说明书指出设备安全搬运点。

5.4 控制功能

5.4.1 家居环境

5.4.1.1 个人报警器

环境控制系统应确保用户在家里或者住所附近随时可以向护理者呼救，这些机械设备可包括室内或室外音频报警器、无线电寻呼机、移动电话，通过护士呼叫系统或病房警报系统或 24 h 应答服务触发。音频报警器呼叫音量可调。

如果电力网供电故障，报警器至少还可以继续运行 4 h，如通过备用电池供电。

测试：将系统所有组件断开电力网供电，至少 4 h 后，查看个人报警器仍运行。

5.4.1.2 电话和对讲机

5.4.1.2.1 门口对讲电话无需来访者操作或讲话。

测试:验证门口对讲电话不用来访者手动操作可运行。

5.4.1.2.2 门口通讯设备包括门口对讲电话、摄像头等,应能让用户询问、确认和问候来访者。对于用户因言语残疾不能问候来访者的情况,应提供替代问候方式。

5.4.1.2.3 环境控制系统应能让用户回答拨入电话的呼叫和拨打个人电话簿的电话号码。

测试:验证系统能应答应门电话。从个人电话簿中选择一个名字,查看该号码拨打成功。

5.4.1.2.4 环境控制系统的配置应使电话随时都能很快接通。

5.4.1.2.5 电话拨打应可拨包含“*”、“#”和暂停在内的所有键。如果可拨打未存储的号码,系统应在拨打前组成该号码。

测试:组成和拨打若干号码,这些号码包括#和*键在内的所有电话号码键。查看成功拨打。

5.4.1.2.6 环境控制系统可使用户通过一列预存代码和个人识别码来保留和新增的电话号码。该环境系统应具有摘机拨打功能,用户可接入消费者服务。

5.4.1.3 书面交流

环境控制系统应给用户提供正确格式的纸质打印数据输出,或进入电子个人信息管理工具的入口,或发电子邮件或传真或通过互联网访问设施设备。

环境控制系统应为用户提供一种适当形式的数据输出方法,以在纸面上打印输出,或记录到电子个人备忘记事本中,或通过电子邮件、传真发送,或访问互联网资源。

环境控制系统应为用户提供阅读信件、笔记和出版物的显示方式,视力残疾的用户可选用。

5.4.1.4 安放和定位

环境控制系统允许用户调整电机传动支撑面(如电动升降躺椅、电动床和电动床垫升降架)的位置,控制信号中断应在1 s内停止。

测试:启动运动功能,中断控制信号的接收,验证运动功能停止并且保持阻止。

5.4.1.5 照明、供暖和通风

环境控制系统应控制:

a) 插入式照明设备;

b) 家用电气安装中室内灯具的亮度、开/关;

c) 供暖和通风,以保持室内环境的舒适性;

d) 窗帘和(或)窗百叶开关到任意需要位置。

环境控制系统的控制不会影响其他家庭成员的使用,反之亦然。

5.4.1.6 家庭娱乐

环境控制系统应能让用户操作电视、录像机、视频和音频设备。调频和调音简单、有效。该系统还可以运行文本、卫星通讯、电缆和数字解码器,能让用户编写和传输数列,如文本页选择,不受其他消费品设备的时间限制。

5.4.1.7 交流辅具功能

环境控制系统应为用户提供合成或数字语音输出或显示文本或符号交流信息。

交流辅具功能让用户实现电话、对讲机或面对面现场交流,便于用户在交流前可生成和存储离线留言。

交流效果增强方式:

——回答应门电话时无需中断用户活动的设备;

——自动启动预存问候语回答应门电话；
——快速访问编辑好的一组预存短语；
——预选下一步谈话内容和在谈话中适当时候给予提示的设备。

5.4.1.8 电脑操作

环境控制系统应提供可直接或间接访问个人电脑键盘常规按键的方式，应具备有效方式来模拟鼠标功能。应为用户提供增强敲击键盘作用的技术设备。环境控制系统应能开关电脑。

6 技术安全要求和检验方法

6.1 客户端连接的所有设备应符合 IEC 60601-1 要求。

注：在应用 IEC 60601-1 要求时，用户在这种情况下是患者，环境控制系统是医用电气设备和(或)医用电气系统。

设备是否满足这些要求的测试方法：在跌落试验后，便携、手持式设备根据生产商规定仍能继续工作，也满足本标准的要求。

6.2 如果无客户端连接，则应符合 IEC 60601-1 或 IEC 60950-1 的要求。

6.3 如果设备有一个或多个应用部件(触身部分)，且液体易于侵入，根据 IEC 60529，应具有至少 IPX2 的防水等级。

在许多情况下，输入设备可能会接触液体，应考虑至少具有 IPX2 的保护。

6.4 无应用部件(触身部分)或应用部件的接头的环境控制系统中的设备，应满足适合该类型设备的安全标准要求。

6.5 多个设备连接在一起形成的环境控制系统，应符合 IEC 60601-1-1 的要求。

6.6 如果该设备悬挂在轮椅车上，悬挂装置应配有足够强度的锁定系统，防止意外碰撞中设备发生移动与用户接触。

6.7 如果使用了激光设备，应符合 IEC 60825-1 要求。

6.8 关于电磁兼容性(EMC)，根据 EN 55011，按照其功能和用途，这些设备应属于 1 组 B 类和 2 组 B 类，且应满足电磁兼容性相关协调标准。

6.9 无线电传输子系统或子模块应符合地区要求。

6.10 直接与电信网连接的任何设备应符合地区要求。

6.11 如果内部电源可替换，生产商应给出相应的规定。电池盒应便于更换电池。不内嵌充电器的以电池为电源的设备可在不使用工具的情况下取出电池。电池盒便于更换电池的测试方法：目测。

附 录 A
(资料性附录)
指 南

A.1 功能要求

与环境控制系统其他的要求和质量规定不同,不可能使用或制定所有功能要求标准。用户残疾类型多种多样,为了满足各自的需求,备有不同的输入设备以供选用是基本要求。

规定功能要求的目的是为用户在各自不同情况下评估环境控制系统的可用性时应重点考虑的方面提供指导。

环境控制系统和(或)单个装置的设计和制造应确保指定用户在该环境中完成指定任务时,使用安全、有效、快捷。环境控制系统的使用功效可通过观察用户能力进行优化。

系统的安装应将外界因素对功能的影响或干扰降至最低,如太阳光、无线电信号。

A.2 可用性

环境控制系统应在不降低功效的前提下尽可能简单。

环境控制系统应尽可能不使用短时记忆功能,为此,本系统的使用是基于识别而不是回忆功能,系统的状态应易于察觉且立刻对用户的操作给予信息反馈。

本系统应具有一致性,信息结构和显示应合乎逻辑,且与用户的需求一致。

本系统应具备直观、有效的纠错功能。

用户的操作应该具有良好的可逆性。

显示和信号的设计、选择及排列应该与用户的感知和执行的任务相一致。

A.3 输入

系统输入应与用户的身体和智力能力相匹配。宜允许用户个性化设计可编程的程序及其顺序。

ICS 35.240.70
A 77

中华人民共和国国家标准

GB/T 28923.1—2012

自然灾害遥感专题图产品制作要求 第1部分：分类、编码与制图

Mapping requirements for the natural disaster remote sensing thematic maps— Part 1: Classification, codes and mapping

2012-10-12 发布　　　　2013-02-01 实施

中华人民共和国国家质量监督检验检疫总局
中国国家标准化管理委员会　发布

前言

GB/T 28923《自然灾害遥感专题图产品制作要求》分为五个部分：

——第1部分：分类、编码与制图；

——第2部分：监测专题图产品；

——第3部分：风险评估专题图产品；

——第4部分：损失评估专题图产品；

——第5部分：救助与恢复重建评估专题图产品。

本部分为GB/T 28923的第1部分。

本部分按照GB/T 1.1—2009给出的规则起草。

本部分由全国减灾救灾标准化技术委员会(SAC/TC 307)提出并归口。

本部分起草单位：民政部国家减灾中心(卫星减灾应用中心)。

本部分主要起草人：杨思全、王磊、聂娟、和海霞、崔燕。

自然灾害遥感专题图产品制作要求
第1部分:分类、编码与制图

1 范围

GB/T 28923的本部分规定了自然灾害遥感专题图产品的定义、分类、编码以及制图样式、整饰与注记、统计单元等内容。

本部分适用于自然灾害遥感专题图产品的生产、应用、管理等。

2 规范性引用文件

下列文件对于本文件的应用是必不可少的。凡是注日期的引用文件,仅注日期的版本适用于本文件。凡是不注日期的引用文件,其最新版本(包括所有的修改单)适用于本文件。

GB/T 15968—2008 遥感影像平面图制作规范

GB/T 20257.1—2007 国家基本比例尺地图图式 第1部分:1∶500 1∶1 000 1∶2 000地形图图式

GB/T 20257.2—2006 国家基本比例尺地图图式 第2部分:1∶5 000 1∶10 000地形图图式

GB/T 20257.3—2006 国家基本比例尺地图图式 第3部分:1∶25 000 1∶50 000 1∶100 000地形图图式

GB/T 20257.4—2007 国家基本比例尺地图图式 第4部分:1∶250 000 1∶500 000 1∶1 000 000地形图图式

3 术语和定义

下列术语和定义适用于本文件。

3.1

自然灾害遥感专题图产品 remote sensing thematic maps for natural disasters

应用遥感技术,综合利用基础地理信息数据、社会经济数据、地面观测与调查数据等制作生成的有关自然灾害遥感监测、风险评估、损失评估、救助与恢复重建评估的专题图。

3.2

监测专题图产品 disaster monitoring thematic maps

利用遥感数据对自然灾害基本特征信息进行提取分析,制作生成的反映自然灾害发生位置、区域范围等要素信息的专题图。

3.3

风险评估专题图产品 risk assessment thematic maps

利用遥感数据对自然灾害发生风险进行分析与评价,制作生成的反映自然灾害可能发生位置、区域范围、风险级别等要素信息的专题图。

3.4

损失评估专题图产品 loss assessment thematic maps

利用遥感数据对自然灾害所造成损失情况进行分析与评价,制作生成的反映自然灾害影响范围以及房屋、农作物、交通设施、水利设施、其他基础设施、生态环境损毁情况等要素信息的专题图。

3.5

救助与恢复重建评估专题图产品 relief and recovery assessment thematic maps

利用遥感数据对应急救助情况、恢复重建进度等开展分析与评价，制作生成的反映临时安置点以及房屋、交通设施、水利设施、其他基础设施、生态环境恢复重建进度等要素信息的专题图。

4 分类、编码原则与方法

4.1 分类原则

4.1.1 适应性与可操作性

专题图产品分类适应于灾害管理阶段划分、国家灾害管理部门业务现状，便于使用和可操作性。

4.1.2 成熟性与可靠性

将国家灾害管理部门已业务化应用的自然灾害遥感专题图产品纳入本标准的分类体系，确保实际应用的成熟性、可靠性。

4.1.3 专属性与规范性

专题图产品分类解决自然灾害遥感专题图产品的分类，独立完备，设计规范，确保良好的专属性、规范性。

4.1.4 开放性与可扩充性

自然灾害遥感专题图产品体系采用多层次、多角度的分类原则，确保良好的开放性、可扩充性。

4.2 编码原则

4.2.1 科学性

编码采用科学编码方法，配合自然灾害遥感专题图产品分类体系进行编码。

4.2.2 合理性

编码结构与专题图产品分类体系相适应，反映专题图产品分类体系的层次及相互联系的特征。

4.2.3 实用性

代码的含义清晰，反映出分类的特点，便于应用。

4.2.4 唯一性

每一代码都唯一确定地代表某一类或某一特定自然灾害遥感专题图产品。

4.3 分类方法

4.3.1 采用混合分类法，以线分类法（以灾害管理过程为主线）为主，面分类法（以不同应用专题图产品为平面）为辅，建立两级分类体系。

4.3.2 根据自然灾害管理业务流程，划分自然灾害应急监测、风险评估、损失评估、救助与恢复重建评估等的专题图产品一级子类。在一级子类指导下，结合专题图产品的特点，划分自然灾害遥感专题图产品的二级子类。

4.4 编码方法与代码结构

自然灾害遥感专题图产品编码采用4位数字型代码，其结构如图1所示。第一、二位代表一级子类码，用两位数字01～99表示；第三、四位代表二级子类码，用两位数字01～99表示。

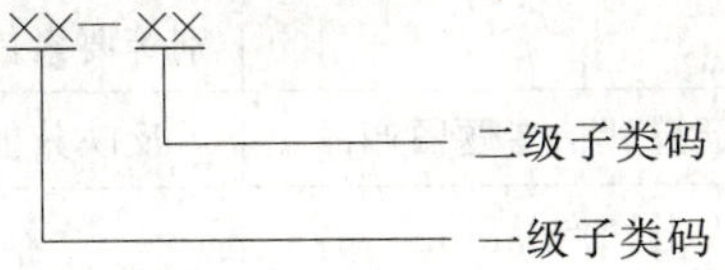

图1 编码结构图

5 产品分类与代码

依据分类、编码原则与方法，自然灾害遥感专题图产品分类与代码如表1所示。

表1 自然灾害遥感专题图产品分类与代码

一级子类码	二级子类码	专题图产品名称	专题图产品描述
01		监测专题图产品	
	01	水体面积遥感监测专题图产品	反映洪涝、干旱等灾害过程中水体面积信息的灾害遥感监测专题图产品
	02	积雪面积遥感监测专题图产品	反映积雪面积信息的灾害遥感监测专题图产品
	03	冰凌面积遥感监测专题图产品	反映冰凌面积的灾害遥感监测专题图产品
	04	海冰面积遥感监测专题图产品	反映海冰面积的灾害遥感监测专题图产品
	05	火灾遥感监测专题图产品	反映森林草原火灾火点数量、火场面积、火烧迹地面积等基本要素信息的灾害遥感监测专题图产品
	06	滑坡体遥感监测专题图产品	反映滑坡体范围、面积以及影响范围等基本要素信息的灾害遥感监测专题图产品
	99	其他遥感监测专题图产品	反映其他灾害信息的灾害遥感监测专题图产品
02		风险评估专题图产品	
	01	洪涝灾害风险遥感评估专题图产品	反映洪涝灾害可能发生位置、区域范围、风险级别等要素信息的灾害风险遥感评估专题图产品
	02	滑坡/泥石流灾害风险遥感评估专题图产品	反映滑坡/泥石流灾害可能发生位置、区域范围、风险级别等要素信息的灾害风险遥感评估专题图产品
	03	雪灾风险遥感评估专题图产品	反映雪灾可能发生位置、区域范围、风险级别等要素信息的灾害风险遥感评估专题图产品
	04	旱灾风险遥感评估专题图产品	反映旱灾可能发生位置、区域范围、风险级别等要素信息的灾害风险遥感评估专题图产品
	05	森林草原火灾风险遥感评估专题图产品	反映森林草原火灾可能发生位置、区域范围、风险级别等要素信息的灾害风险遥感评估专题图产品

表 1（续）

一级子类码	二级子类码	专题图产品名称	专题图产品描述
	06	低温灾害风险遥感评估专题图产品	反映低温灾害可能发生位置、区域范围、风险级别等要素信息的灾害风险遥感评估专题图产品
	99	其他风险遥感评估专题图产品	反映其他灾害风险信息的风险评估专题图产品
03		损失评估专题图产品	
	01	灾害范围遥感评估专题图产品	反映自然灾害发生位置、影响区域等基本要素信息的灾害损失遥感评估专题图产品
	02	房屋倒损遥感评估专题图产品	反映房屋因灾损毁程度、数量、面积等基本要素信息的灾害损失遥感评估专题图产品
	03	农作物损毁遥感评估专题图产品	反映农作物因灾受损的程度、面积等基本要素信息的灾害损失遥感评估专题图产品
	04	交通设施损毁遥感评估专题图产品	反映机场、港口、桥梁、公路、铁路等交通设施因灾损毁类型、数量、长度等要素信息的灾害损失遥感评估专题图产品
	05	水利设施损毁遥感评估专题图产品	反映水库、水电站、堤防等水利设施因灾损毁类型、数量、长度等要素信息的灾害损失遥感评估专题图产品
	06	其他基础设施损毁遥感评估专题图产品	反映矿区、通信、电力、油气等其他基础设施因灾损毁的类型、数量等要素信息的灾害损失遥感评估专题图产品
	07	生态环境损毁遥感评估专题图产品	反映林地、草地、耕地等生态环境因灾损毁类型、面积等基本要素信息的灾害损失遥感评估专题图产品
	99	其他损失遥感评估专题图产品	反映其他灾害因灾损毁信息的灾害损失遥感评估专题图产品
04		救助与恢复重建评估专题图产品	
	01	临时安置点遥感评估专题图产品	反映临时安置点、帐篷的位置、数量、面积等要素信息的救助与恢复重建遥感评估专题图产品
	02	房屋重建遥感评估专题图产品	反映房屋恢复重建的进度、数量等要素信息的救助与恢复重建遥感评估专题图产品
	03	交通设施重建遥感评估专题图产品	反映机场、港口、桥梁、公路、铁路等交通设施恢复重建的类型、进度、数量、长度等要素信息的救助与恢复重建遥感评估专题图产品
	04	水利设施重建遥感评估专题图产品	反映水库、水电站、堤防等水利设施恢复重建的类型、进度、数量、长度等要素信息的救助与恢复重建遥感评估专题图产品
	05	其他基础设施重建遥感评估专题图产品	反映矿区、通信、电力、油气等其他基础设施恢复重建的类型、进度、数量等要素信息的救助与恢复重建遥感评估专题图产品

表 1（续）

一级子类码	二级子类码	专题图产品名称	专题图产品描述
	06	生态环境恢复遥感评估专题图产品	反映林地、草地、耕地等生态环境恢复的类型、进度、面积等要素信息的救助与恢复重建遥感评估专题图产品
	99	其他救助与恢复重建遥感评估专题图产品	反映其他信息的救助与恢复重建遥感评估专题图产品

6 制图规范

6.1 制图样式

图名、外图廓与内图廓、图例、比例尺、指北针、编制单位与制图时间为必备要素，坐标网线及注记、专题图描述、缩略图等为可选要素。

专题图宜以 A4、A3、A0 为标准尺寸。制图样式以 A4 页面为基准，页边距及内外图廓间距如图 2 所示（单位为毫米），其他尺寸专题图制作可依此基准按比例适当缩放。

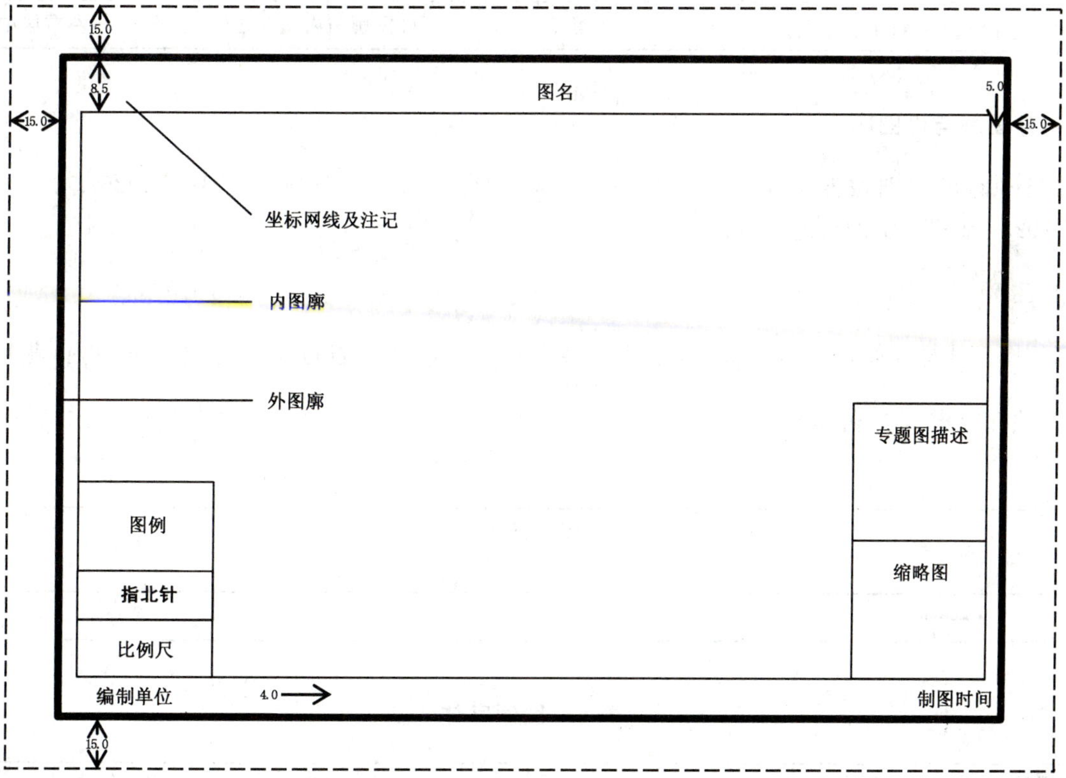

图 2 专题图制图样式

6.2 整饰与注记

6.2.1 总体要求

整饰与注记的总体要求如下：

a) 图廓整饰、注记的主要内容应包括图名、内外图廓线、坐标网线及其注记、图像情况及资料获取时间、制作单位、坐标系、比例尺等；图廓外和图廓间整饰、注记的样式可依照比例尺分别按照 GB/T 20257.1—2007、GB/T 20257.2—2006、GB/T 20257.3—2006 和 GB/T 20257.4—2007 的规定执行。

b) 参照已有地形图，在监测专题图中适当标注主要地理名称。注记样式可依照比例尺分别按照 GB/T 20257.1—2007、GB/T 20257.2—2006、GB/T 20257.3—2006 和 GB/T 20257.4—2007 的规定执行。

c) 遥感影像选择要求、专题图复制等内容按照 GB/T 15968—2008 的规定执行。

6.2.2 图名

专题图图名的命名应按照灾害发生地、灾害类型顺序组合而成。如，甘肃省舟曲县滑坡体遥感监测专题图、大兴安岭火点遥感监测专题图。图名字体如表 2 所示。

表 2 图名字体

专题图尺寸	字体	字号	颜色	文字位置
A4	黑体	23	黑色	外图廓与内图廓之间，上下居中，左右居中
A3	黑体	35	黑色	外图廓与内图廓之间，上下居中，左右居中
A0	黑体	100	黑色	外图廓与内图廓之间，上下居中，左右居中

6.2.3 外图廓与内图廓

依照比例尺分别按照 GB/T 20257.1—2007、GB/T 20257.2—2006、GB/T 20257.3—2006 和 GB/T 20257.4—2007 的规定执行。

6.2.4 图例

图例图廓线样式如表 3 所示，图例字体如表 4 所示。图例一般位于内廓线左下角内，背景色为白色。

表 3 图例图廓线样式

符号样式	图上宽度 mm	线颜色
━━━━	0.3	黑色

表 4 图例字体

专题图尺寸	项目	字体	字号	颜色	文字位置
A4	标题	黑体	12	黑色	图例图廓线内上方，居中
A4	条目	仿宋体	10	黑色	图例图廓线内，居中
A3	标题	黑体	17	黑色	图例图廓线内上方，居中
A3	条目	仿宋体	11	黑色	图例图廓线内，居中
A0	标题	黑体	45	黑色	图例图廓线内上方，居中
A0	条目	仿宋体	30	黑色	图例图廓线内，居中

6.2.5 指北针

指北针一般位于图例左下方。指北针样式如表 5 所示。

表 5 指北针样式

名称	符号样式	配色方案
指北针		填充区域:黑色 非填充区域:白色 线颜色:黑色

6.2.6 比例尺

比例尺按照 GB/T 20257.1—2007、GB/T 20257.2—2006、GB/T 20257.3—2006 和 GB/T 20257.4—2007 的规定执行。

6.2.7 编制单位与制图时间

编制单位与制图时间字体、文字位置如表 6 所示。

表 6 编制单位与制图时间字体

专题图尺寸	项目	字体	字号	颜色	文字位置
A4	编制单位	黑体	11	黑色	外图廓与内图廓之间,上下居中,居左
A4	制图时间	黑体	11	黑色	外图廓与内图廓之间,上下居中,居右
A3	编制单位	黑体	17	黑色	外图廓与内图廓之间,上下居中,居左
A3	制图时间	黑体	17	黑色	外图廓与内图廓之间,上下居中,居右
A0	编制单位	黑体	45	黑色	外图廓与内图廓之间,上下居中,居左
A0	制图时间	黑体	45	黑色	外图廓与内图廓之间,上下居中,居右

6.2.8 坐标网线及注记

依照比例尺分别按照 GB/T 20257.1—2007、GB/T 20257.2—2006、GB/T 20257.3—2006 和 GB/T 20257.4—2007 的规定执行。

6.2.9 缩略图

缩略图反映图幅的行政区划信息、感兴趣区域的位置信息。缩略图一般宜位于内图廓右下角内,所占面积不超过图幅整体面积的 10%,背景色为白色,图廓线样式与表 3 相同。

6.2.10 专题图描述

专题图描述包括数据说明、专题图简述等内容。其中,数据说明主要说明数据源和传感器、波段组合顺序、数据获取时间、影像投影、影像级别、影像格式等信息;专题图简述是对灾害遥感监测结果的简要描述,内容不超过 200 字。专题图描述一般位于缩略图上方,背景色为白色,图廓线样式与表 3 相同,字体如表 7 所示。

表 7　专题图描述字体

专题图尺寸	项目	字体	字号	颜色	文字位置
A4	内容	仿宋体	六号	黑色	专题图描述图廓线内，上下居中、左右居中
A3	内容	仿宋体	五号	黑色	专题图描述图廓线内，上下居中、左右居中
A0	内容	仿宋体	四号	黑色	专题图描述图廓线内，上下居中、左右居中

6.3　统计单元

专题图中各种监测信息、风险评估信息、损失评估信息、救助与恢复重建评估信息均按照县级行政区域单元进行统计。

参 考 文 献

［1］ GB/T 18207.1—2008 防震减灾术语 第1部分：基本术语
［2］ GB/T 24438.1—2009 自然灾害灾情统计 第1部分：基本指标

ICS 35.240.70
A 77

中华人民共和国国家标准

GB/T 28923.2—2012

自然灾害遥感专题图产品制作要求 第2部分:监测专题图产品

Mapping requirements for the natural disasters remote sensing thematic maps—Part 2: Monitoring thematic maps

2012-10-12 发布　　2013-02-01 实施

中华人民共和国国家质量监督检验检疫总局
中国国家标准化管理委员会　发布

前　言

GB/T 28923《自然灾害遥感专题图产品制作要求》分为五个部分：

——第 1 部分：分类、编码与制图；

——第 2 部分：监测专题图产品；

——第 3 部分：风险评估专题图产品；

——第 4 部分：损失评估专题图产品；

——第 5 部分：救助与恢复重建评估专题图产品。

本部分为 GB/T 28923 的第 2 部分。

本部分按照 GB/T 1.1—2009 给出的规则起草。

本部分由全国减灾救灾标准化技术委员会(SAC/TC 307)提出并归口。

本部分起草单位：民政部国家减灾中心(卫星减灾应用中心)。

本部分主要起草人：王磊、崔燕、王平、汤童、吴玮。

自然灾害遥感专题图产品制作要求
第2部分:监测专题图产品

1 范围

GB/T 28923 的本部分规定了自然灾害遥感专题图产品中监测专题图产品所包含的要素指标与计量单位、基本数据图层及指标要求等。

本部分适用于监测专题图产品的生产、审核与应用。

2 专题图产品监测要素与数据要求

2.1 水体面积遥感监测专题图产品

2.1.1 基本要素信息

水体面积遥感监测专题图产品主要包括水体分布等要素信息,也可叠加适当的行政区域界线、交通线、居民点分布等信息。

2.1.2 监测要素指标及计量单位

水体面积遥感监测专题图产品的要素指标与计量单位如表1所示。

表1 水体面积遥感监测专题图产品要素指标与计量单位

要素指标	计量单位
水体面积	km^2 或 m^2

2.1.3 基本数据图层及指标要求

水体面积遥感监测专题图产品的基本数据图层如表2所示。

表2 水体面积遥感监测专题图产品基本数据图层及指标要求

数据图层	指标要求
水体分布数据	基于遥感影像提取得到的水体分布矢量数据,包括灾前和灾后的水体分布情况
遥感影像数据	覆盖灾区的光学或微波遥感影像数据,空间分辨率不低于250 m
行政区域界线数据	省、市、县、乡镇级行政区域界线矢量数据,比例尺不小于1∶100 000
交通线数据	交通线矢量数据,比例尺不小于1∶100 000
居民点分布数据	居民点分布矢量数据,比例尺不小于1∶100 000

2.2 积雪面积遥感监测专题图产品

2.2.1 基本要素信息

积雪面积遥感监测专题图产品主要包括积雪分布等要素信息,也可叠加适当的行政区域界线、交通线、居民点分布、土地利用分类等信息。

2.2.2 监测要素指标及计量单位

积雪面积遥感监测专题图产品的要素指标与计量单位如表3所示。

表3 积雪面积遥感监测专题图产品要素指标与计量单位

要素指标	计量单位
积雪面积	km^2 或 m^2

2.2.3 基本数据图层及指标要求

积雪面积遥感监测专题图产品的基本数据图层如表4所示。

表4 积雪面积遥感监测专题图产品基本数据图层及指标要求

数据图层	指标要求
积雪分布数据	基于遥感影像提取得到的积雪分布矢量数据，包括灾前和灾后的积雪分布情况
遥感影像数据	覆盖灾区的光学或微波遥感影像数据，空间分辨率不低于1 000 m
行政区域界线数据	省、市、县、乡镇级行政区域界线矢量数据，比例尺不小于1∶100 000
交通线数据	交通线矢量数据，比例尺不小于1∶100 000
居民点分布数据	居民点分布矢量数据，比例尺不小于1∶100 000
土地利用分类数据	土地利用分类数据

2.3 冰凌面积遥感监测专题图产品

2.3.1 基本要素信息

冰凌面积遥感监测专题图产品主要包括冰凌分布等要素信息，也可叠加适当的行政区域界线、交通线、居民点分布等信息。

2.3.2 监测要素指标及计量单位

冰凌面积遥感监测专题图产品的要素指标与计量单位如表5所示。

表5 冰凌面积遥感监测专题图产品要素指标与计量单位

要素指标	计量单位
冰凌面积	km^2 或 m^2

2.3.3 基本数据图层及指标要求

冰凌面积遥感监测专题图产品的基本数据图层如表6所示。

表 6 冰凌面积遥感监测专题图产品基本数据图层及指标要求

数据图层	指标要求
冰凌分布数据	基于遥感影像提取得到的冰凌分布矢量数据
遥感影像数据	覆盖灾区的光学或微波遥感影像数据，空间分辨率不低于 100 m
行政区域界线数据	省、市、县、乡镇级行政区域界线矢量数据，比例尺不小于 1∶100 000
交通线数据	交通线矢量数据，比例尺不小于 1∶100 000
居民点分布数据	居民点分布矢量数据，比例尺不小于 1∶100 000

2.4 海冰面积遥感监测专题图产品

2.4.1 基本要素信息

海冰面积遥感监测专题图产品主要包括海冰分布等要素信息，也可叠加适当的行政区域界线等信息。

2.4.2 监测要素指标及计量单位

海冰面积遥感监测专题图产品的要素指标与计量单位如表 7 所示。

表 7 海冰面积遥感监测专题图产品要素指标与计量单位

要素指标	计量单位
海冰面积	km^2 或 m^2

2.4.3 基本数据图层及指标要求

海冰面积遥感监测专题图产品的基本数据图层如表 8 所示。

表 8 海冰面积遥感监测专题图产品基本数据图层及指标要求

数据图层	指标要求
海冰分布数据	基于遥感影像提取得到的海冰分布矢量数据
遥感影像数据	覆盖灾区的光学或微波遥感影像数据，空间分辨率不低于 500 m
行政区域界线数据	省、市、县、乡镇级行政区域界线矢量数据，比例尺不小于 1∶100 000

2.5 火灾遥感监测专题图产品

2.5.1 基本要素信息

火灾遥感监测专题图产品主要包括火点分布、火场分布、火烧迹地分布等要素信息，也可叠加适当的行政区域界线、交通线、居民点分布等信息。

2.5.2 监测要素指标及计量单位

火灾遥感监测专题图产品的要素指标与计量单位如表 9 所示。

表 9 火灾遥感监测专题图产品要素指标及计量单位

要素指标	计量单位
火点数量	个
火场面积	khm^2 或 hm^2
火烧迹地面积	khm^2 或 hm^2

2.5.3 基本数据图层及指标要求

火灾遥感监测专题图产品的基本数据图层如表 10 所示。

表 10 火灾遥感监测专题图产品基本数据图层及指标要求

数据图层	指标要求
火点分布数据	基于遥感影像提取得到的火点分布矢量数据
火场分布数据	基于遥感影像提取得到的火场分布矢量数据
火烧迹地分布数据	基于遥感影像提取得到的火烧迹地分布矢量数据
遥感影像数据	覆盖灾区的光学或红外遥感影像数据，火点监测数据空间分辨率不低于 1 000 m，火场和火烧迹地空间分辨率不低于 500 m
行政区域界线数据	省、市、县、乡镇级行政区域界线矢量数据，比例尺不小于 1∶100 000
交通线数据	交通线矢量数据，比例尺不小于 1∶100 000
居民点分布数据	居民点分布矢量数据，比例尺不小于 1∶100 000

2.6 滑坡体遥感监测专题图产品

2.6.1 基本要素信息

滑坡体遥感监测专题图产品主要包括滑坡体分布等要素信息，也可叠加适当的行政区域界线、交通线、居民点分布等信息。

2.6.2 监测要素指标及计量单位

滑坡体遥感监测专题图产品的要素指标与计量单位如表 11 所示。

表 11 滑坡体遥感监测专题图产品要素指标与计量单位

要素指标	计量单位
滑坡体长度	m
滑坡体宽度	m
滑坡体面积	km^2 或 m^2
滑坡体影响区域面积	km^2 或 m^2

2.6.3 基本数据图层及指标要求

滑坡体遥感监测专题图产品的基本数据图层如表 12 所示。

表 12　滑坡体遥感监测专题图产品基本数据图层及指标要求

数据图层	指标要求
滑坡体分布数据	基于遥感影像提取得到的滑坡体分布矢量数据
遥感影像数据	覆盖灾区的光学或微波遥感影像数据，空间分辨率不低于 100 m
行政区域界线数据	省、市、县、乡镇级行政区域界线矢量数据，比例尺不小于 1∶100 000
交通线数据	交通线矢量数据，比例尺不小于 1∶100 000
居民点分布数据	居民点分布矢量数据，比例尺不小于 1∶100 000

参 考 文 献

［1］ GB/T 18207.1—2008 防震减灾术语 第1部分:基本术语
［2］ GB/T 24438.1—2009 自然灾害灾情统计 第1部分:基本指标

ICS 35.240.70
A 77

中华人民共和国国家标准

GB/T 28923.3—2012

自然灾害遥感专题图产品制作要求 第3部分:风险评估专题图产品

Mapping requirements for the natural disaster remote sensing thematic maps—Part 3: Risk assessment thematic maps

2012-10-12 发布 2013-02-01 实施

中华人民共和国国家质量监督检验检疫总局
中国国家标准化管理委员会 发布

前　言

GB/T 28923《自然灾害遥感专题图产品制作要求》分为五个部分：

——第 1 部分：分类、编码与制图；

——第 2 部分：监测专题图产品；

——第 3 部分：风险评估专题图产品；

——第 4 部分：损失评估专题图产品；

——第 5 部分：救助与恢复重建评估专题图产品。

本部分为 GB/T 28923 的第 3 部分。

本部分按照 GB/T 1.1—2009 给出的规则起草。

本部分由全国减灾救灾标准化技术委员会（SAC/TC 307）提出并归口。

本部分起草单位：民政部国家减灾中心（卫星减灾应用中心）。

本部分主要起草人：吴玮、王磊、张薇、聂娟、王平。

自然灾害遥感专题图产品制作要求 第3部分:风险评估专题图产品

1 范围

GB/T 28923 的本部分规定了自然灾害遥感专题图产品中风险评估专题图产品所包含的基本术语、要素指标与计量单位、基本数据图层及指标要求等。

本部分适用于风险评估专题图产品的生产、审核与应用。

2 术语和定义

下列术语和定义适用于本文件。

2.1

灾害风险分布 disaster risk distribution

自然灾害风险水平的地理差异。

3 专题图产品评估要素与数据要求

3.1 洪涝灾害风险遥感评估专题图产品

3.1.1 基本要素信息

洪涝灾害风险遥感评估专题图产品主要包括洪涝灾害风险分布等要素信息,也可叠加适当的行政区域界线、交通线、居民点分布等信息。

3.1.2 评估要素指标及计量单位

洪涝灾害风险等级划分为高风险、中风险和低风险三级。洪涝灾害风险遥感评估专题图产品的要素指标与计量单位如表1所示。

表1 洪涝灾害风险遥感评估专题图产品要素指标与计量单位

要素指标	计量单位
高风险区面积	km^2 或 m^2
中风险区面积	km^2 或 m^2
低风险区面积	km^2 或 m^2

3.1.3 基本数据图层及指标要求

洪涝灾害风险遥感评估专题图产品的基本数据图层如表2所示。

表 2 洪涝灾害风险遥感评估专题图产品基本数据图层及指标要求

数据图层	指标要求
洪涝灾害风险分布数据	基于遥感影像提取得到的洪涝灾害风险分布矢量数据
遥感影像数据	光学或微波遥感影像数据，空间分辨率不低于 1 000 m
行政区域界线数据	省、市、县、乡镇级行政区域界线矢量数据，比例尺不小于 1∶250 000
交通线数据	交通线矢量数据，比例尺不小于 1∶250 000
居民点分布数据	居民点分布矢量数据，比例尺不小于 1∶250 000

3.2 滑坡/泥石流灾害风险遥感评估专题图产品

3.2.1 基本要素信息

滑坡/泥石流灾害风险遥感评估专题图产品主要包括滑坡/泥石流灾害风险分布等要素信息，也可叠加适当的行政区域界线、交通线、居民点分布等信息。

3.2.2 评估要素指标及计量单位

滑坡/泥石流灾害风险等级划分为高风险、中风险和低风险三级。滑坡/泥石流灾害风险遥感评估专题图产品的要素指标与计量单位如表 3 所示。

表 3 滑坡/泥石流灾害风险遥感评估专题图产品要素指标与计量单位

要素指标	计量单位
高风险区面积	km^2 或 m^2
中风险区面积	km^2 或 m^2
低风险区面积	km^2 或 m^2

3.2.3 基本数据图层及指标要求

滑坡/泥石流灾害风险遥感评估专题图产品的基本数据图层如表 4 所示。

表 4 滑坡/泥石流灾害风险遥感评估专题图产品基本数据图层及指标要求

数据图层	指标要求
滑坡/泥石流风险分布数据	基于遥感影像提取得到的滑坡/泥石流风险分布矢量数据
遥感影像数据	光学或微波遥感影像数据，空间分辨率不低于 1 000 m
行政区域界线数据	省、市、县、乡镇级行政区域界线矢量数据，比例尺不小于 1∶250 000
交通线数据	交通线矢量数据，比例尺不小于 1∶250 000
居民点分布数据	居民点分布矢量数据，比例尺不小于 1∶250 000

3.3 雪灾风险遥感评估专题图产品

3.3.1 基本要素信息

雪灾风险遥感评估专题图产品主要包括雪灾风险分布等要素信息，也可叠加适当的行政区域界线、交通线、居民点分布、土地利用分类等信息。

3.3.2 评估要素指标及计量单位

雪灾风险等级划分为高风险、中风险和低风险三级。雪灾风险遥感评估专题图产品的要素指标与计量单位如表5所示。

表5 雪灾风险遥感评估专题图产品要素指标与计量单位

要素指标	计量单位
高风险区面积	km^2 或 m^2
中风险区面积	km^2 或 m^2
低风险区面积	km^2 或 m^2

3.3.3 基本数据图层及指标要求

雪灾风险遥感评估专题图产品的基本数据图层如表6所示。

表6 雪灾风险遥感评估专题图产品基本数据图层及指标要求

数据图层	指标要求
雪灾风险分布数据	基于遥感影像提取得到的雪灾风险分布矢量数据
遥感影像数据	光学、红外或微波遥感影像数据，空间分辨率不低于1 000 m
行政区域界线数据	省、市、县、乡镇级行政区域界线矢量数据，比例尺不小于1∶250 000
交通线数据	交通线矢量数据，比例尺不小于1∶250 000
居民点分布数据	居民点分布矢量数据，比例尺不小于1∶250 000
土地利用分类数据	土地利用分类数据

3.4 旱灾风险遥感评估专题图产品

3.4.1 基本要素信息

旱灾风险遥感评估专题图产品主要包括旱灾风险分布等要素信息，也可叠加适当的行政区域界线、居民点分布、土地利用分类等信息。

3.4.2 评估要素指标及计量单位

旱灾风险等级划分为高风险、中风险和低风险三级。旱灾风险遥感评估专题图产品的要素指标与计量单位如表7所示。

表7 旱灾风险遥感评估专题图产品要素指标与计量单位

要素指标	计量单位
高风险区面积	km^2 或 m^2
中风险区面积	km^2 或 m^2
低风险区面积	km^2 或 m^2

3.4.3 基本数据图层及指标要求

旱灾风险遥感评估专题图产品的基本数据图层如表 8 所示。

表 8 旱灾风险遥感评估专题图产品基本数据图层及指标要求

数据图层	指标要求
旱灾风险分布数据	基于遥感影像提取得到的旱灾风险分布矢量数据
遥感影像数据	光学、红外或微波遥感影像数据，空间分辨率不低于 1 000 m
行政区域界线数据	省、市、县、乡镇级行政区域界线矢量数据，比例尺不小于 1∶250 000
居民点分布数据	居民点分布矢量数据，比例尺不小于 1∶250 000
土地利用分类数据	土地利用分类数据

3.5 森林草原火灾风险遥感评估专题图产品

3.5.1 基本要素信息

森林草原火灾风险遥感评估专题图产品主要包括森林草原火灾风险分布等要素信息，也可叠加适当的行政区域界线、交通线、居民点分布、土地利用分类等信息。

3.5.2 评估要素指标及计量单位

森林草原火灾风险等级由高到低依次划分为五级、四级、三级、二级、一级五个等级。森林草原火灾风险遥感评估专题图产品的要素指标与计量单位如表 9 所示。

表 9 森林草原火灾风险遥感评估专题图产品要素指标与计量单位

要素指标	计量单位
五级面积	khm^2 或 hm^2
四级面积	khm^2 或 hm^2
三级面积	khm^2 或 hm^2
二级面积	khm^2 或 hm^2
一级面积	khm^2 或 hm^2

3.5.3 基本数据图层及指标要求

森林草原火灾风险遥感评估专题图产品的基本数据图层如表 10 所示。

表 10 森林草原火灾风险遥感评估专题图产品基本数据图层及指标要求

数据图层	指标要求
森林草原火灾风险分布数据	基于遥感影像提取得到的森林草原火灾风险分布矢量数据
遥感影像数据	光学、红外或微波遥感影像数据，空间分辨率不低于 500 m
行政区域界线数据	省、市、县、乡镇级行政区域界线矢量数据，比例尺不小于 1∶250 000
交通线数据	交通线矢量数据，比例尺不小于 1∶250 000

表 10（续）

数据图层	指标要求
居民点分布数据	居民点分布矢量数据，比例尺不小于 1∶250 000
土地利用分类数据	土地利用分类数据

3.6 低温灾害风险遥感评估专题图产品

3.6.1 基本要素信息

低温灾害风险遥感评估专题图产品主要包括低温灾害风险分布等要素信息，也可叠加适当的行政区域界线、交通线、居民点分布等信息。

3.6.2 评估要素指标及计量单位

低温灾害风险等级划分为高风险、中风险和低风险三级。低温灾害风险遥感评估专题图产品的要素指标与计量单位如表 11 所示。

表 11 低温灾害风险遥感评估专题图产品要素指标与计量单位

要素指标	计量单位
高风险区面积	km^2 或 m^2
中风险区面积	km^2 或 m^2
低风险区面积	km^2 或 m^2

3.6.3 基本数据图层及指标要求

低温灾害风险遥感评估专题图产品的基本数据图层如表 12 所示。

表 12 低温灾害风险遥感评估专题图产品基本数据图层及指标要求

数据图层	指标要求
低温灾害风险分布数据	基于遥感影像提取得到的低温灾害风险分布矢量数据
遥感影像数据	光学、红外或微波遥感影像数据，空间分辨率不低于 1 000 m
行政区域界线数据	省、市、县、乡镇级行政区域界线矢量数据，比例尺不小于 1∶250 000
交通线数据	交通线矢量数据，比例尺不小于 1∶250 000
居民点分布数据	居民点分布矢量数据，比例尺不小于 1∶250 000

参 考 文 献

[1] GB/T 18207.1—2008 防震减灾术语 第1部分:基本术语
[2] GB/T 24438.1—2009 自然灾害灾情统计 第1部分:基本指标
[3] GB/T 20481—2006 气象干旱等级
[4] LY/T 1172—1995 全国森林火险天气等级

ICS 35.240.70
A 77

中华人民共和国国家标准

GB/T 28923.4—2012

自然灾害遥感专题图产品制作要求
第4部分:损失评估专题图产品

Mapping requirements for the natural disaster remote sensing thematic maps—
Part 4:Loss assessment thematic maps

2012-10-12 发布 2013-02-01 实施

中华人民共和国国家质量监督检验检疫总局
中国国家标准化管理委员会 发布

前 言

GB/T 28923《自然灾害遥感专题图产品制作要求》分为五个部分：

——第1部分：分类、编码与制图；

——第2部分：监测专题图产品；

——第3部分：风险评估专题图产品；

——第4部分：损失评估专题图产品；

——第5部分：救助与恢复重建评估专题图产品。

本部分为GB/T 28923的第4部分。

本部分按照GB/T 1.1—2009给出的规则起草。

本部分由全国减灾救灾标准化技术委员会(SAC/TC 307)提出并归口。

本部分起草单位：民政部国家减灾中心(卫星减灾应用中心)。

本部分主要起草人：王磊、和海霞、黄河、张薇。

自然灾害遥感专题图产品制作要求 第4部分:损失评估专题图产品

1 范围

GB/T 28923 的本部分规定了自然灾害遥感专题图产品中损失评估专题图产品所包含的要素指标与计量单位、基本数据图层及指标要求等。

本部分适用于损失评估专题图产品的生产、审核与应用。

2 专题图产品评估要素与数据要求

2.1 灾害范围遥感评估专题图产品

2.1.1 基本要素信息

灾害范围遥感评估专题图产品主要包括灾害范围要素信息,也可叠加适当的行政区域界线、交通线、居民点分布、土地利用分类等信息。

2.1.2 评估要素及计量单位

按一定范围内受损严重程度将灾害范围划分为严重受损区、中度受损区、轻度影响区和未受影响区。灾害范围遥感评估专题图产品的要素指标与计量单位如表1所示。

表1 灾害范围遥感评估专题图产品要素指标与计量单位

要素指标	计量单位
严重受损区面积	km^2 或 m^2
中度受损区面积	km^2 或 m^2
轻度影响区面积	km^2 或 m^2
未受影响区面积	km^2 或 m^2

2.1.3 基本数据图层及指标要求

灾害范围遥感评估专题图产品的基本数据图层如表2所示。

表2 灾害范围遥感评估专题图产品基本数据图层及指标要求

数据图层	指标要求
灾害范围数据	基于遥感影像提取得到的灾害影响范围矢量数据
遥感影像数据	覆盖灾区的光学或微波遥感影像数据,空间分辨率不低于300 m
行政区域界线数据	省、市、县、乡镇级行政区域界线矢量数据,比例尺不小于1∶100 000
交通线数据	交通线矢量数据,比例尺不小于1∶100 000

表 2（续）

数据图层	指标要求
居民点分布数据	居民点分布矢量数据，比例尺不小于 1∶100 000
土地利用分类数据	土地利用分类数据

2.2 房屋倒损遥感评估专题图产品

2.2.1 基本要素信息

房屋倒损遥感评估专题图产品主要包括房屋倒损等级等要素信息，也可叠加适当的行政区域界线、居民点分布等信息。

2.2.2 评估要素及计量单位

房屋倒损等级划分为完全倒塌、严重受损、轻度受损和未受影响。房屋倒损遥感评估专题图产品的要素指标与计量单位如表 3 所示。

表 3 房屋倒损遥感评估专题图产品要素指标与计量单位

要素指标	计量单位
完全倒塌面积	m^2
严重受损面积	m^2
轻度受损面积	m^2
未受影响面积	m^2

2.2.3 基本数据图层及指标要求

房屋倒损遥感评估专题图产品的基本数据图层如表 4 所示。

表 4 房屋倒损遥感评估专题图产品基本数据图层及指标要求

数据图层	指标要求
房屋倒损等级数据	基于遥感影像提取得到的房屋倒损等级矢量数据
遥感影像数据	覆盖灾区的光学或微波遥感影像数据，空间分辨率不低于 3 m
行政区域界线数据	省、市、县、乡镇级行政区域界线矢量数据，比例尺不小于 1∶50 000
居民点分布数据	居民点分布矢量数据，比例尺不小于 1∶50 000

2.3 农作物损毁遥感评估专题图产品

2.3.1 基本要素信息

农作物损毁遥感评估专题图产品主要包括农作物损毁等级等要素信息，也可叠加适当的行政区域界线、土地利用分类等信息。

2.3.2 评估要素及计量单位

农作物损毁等级划分为严重受损、中度受损、轻度受损和基本完好。农作物损毁遥感评估专题图产品的要素指标与计量单位如表5所示。

表5 农作物损毁遥感评估专题图产品要素指标与计量单位

要素指标	计量单位
严重受损面积	khm^2 或 hm^2
中度受损面积	khm^2 或 hm^2
轻度受损面积	khm^2 或 hm^2
基本完好面积	khm^2 或 hm^2

2.3.3 基本数据图层及指标要求

农作物损毁遥感评估专题图产品的基本数据图层如表6所示。

表6 农作物损毁遥感评估专题图产品基本数据图层及指标要求

数据图层	指标要求
农作物损毁等级数据	基于遥感影像提取得到的农作物损毁等级矢量数据
遥感影像数据	覆盖灾区的光学或微波遥感影像数据，空间分辨率不低于30 m
行政区域界线数据	省、市、县、乡镇级行政区域界线矢量数据，比例尺不小于1∶50 000
土地利用分类数据	土地利用分类数据

2.4 交通设施损毁遥感评估专题图产品

2.4.1 基本要素信息

交通设施损毁遥感评估专题图产品主要包括受损交通设施分布等要素信息，也可叠加适当的行政区域界线等信息。

2.4.2 评估要素及计量单位

交通设施受损等级划分为受损和基本完好。交通设施损毁遥感评估专题图产品的要素指标与计量单位如表7所示。

表7 交通设施损毁遥感评估专题图产品要素指标与计量单位

要素指标	计量单位
机场数量	个
港口数量	个
桥梁数量	座
国道长度	km 或 m

表 7（续）

要素指标	计量单位
省道长度	km 或 m
县道长度	km 或 m
乡道长度	km 或 m
专用公路长度	km 或 m
其他公路长度	km 或 m
铁路长度	km 或 m

2.4.3 基本数据图层及指标要求

交通设施损毁遥感评估专题图产品的基本数据图层如表 8 所示。

表 8 交通设施损毁遥感评估专题图产品基本数据图层及指标要求

数据图层	指标要求
受损交通设施分布数据	基于遥感影像提取得到的受损交通设施矢量数据，包括机场、港口、桥梁、公路、铁路等
遥感影像数据	覆盖灾区的光学或微波遥感影像数据，空间分辨率不低于 3 m
行政区域界线数据	省、市、县、乡镇级行政区域界线矢量数据，比例尺不小于 1∶50 000

2.5 水利设施损毁遥感评估专题图产品

2.5.1 基本要素信息

水利设施损毁遥感评估专题图产品主要包括受损水利设施分布等要素信息，也可叠加适当的行政区域界线、交通线、居民点分布等信息。

2.5.2 评估要素及计量单位

水利设施受损等级划分为受损和基本完好。水利设施损毁遥感评估专题图产品的要素指标与计量单位如表 9 所示。

表 9 水利设施损毁遥感评估专题图产品要素指标与计量单位

要素指标	计量单位
水库数量	座
水电站数量	座
堤防长度	km 或 m

2.5.3 基本数据图层及指标要求

水利设施损毁遥感评估专题图产品的基本数据图层如表 10 所示。

表 10　水利设施损毁遥感评估专题图产品基本数据图层及指标要求

数据图层	指标要求
受损水利设施分布数据	基于遥感影像提取得到的受损水利设施矢量数据,包括水库、水电站、堤防等
遥感影像数据	覆盖灾区的光学或微波遥感影像数据,空间分辨率不低于 5 m
行政区域界线数据	省、市、县、乡镇级行政区域界线矢量数据,比例尺不小于 1∶50 000
交通线数据	交通线矢量数据,比例尺不小于 1∶50 000
居民点分布数据	居民点分布矢量数据,比例尺不小于 1∶50 000

2.6　其他基础设施损毁遥感评估专题图产品

2.6.1　基本要素信息

其他基础设施损毁遥感评估专题图产品主要包括受损其他基础设施分布等要素信息,也可叠加适当的行政区域界线、交通线、居民点分布等要素信息。

2.6.2　评估要素及计量单位

其他基础设施受损等级划分为受损和基本完好。其他基础设施损毁遥感评估专题图产品的要素指标与计量单位如表 11 所示。

表 11　其他基础设施损毁遥感评估专题图产品要素指标与计量单位

要素指标	计量单位
矿区设施数量	处
通信设施数量	处
电力设施数量	处
油气设施数量	处

2.6.3　基本数据图层及指标要求

其他基础设施损毁遥感评估专题图产品的基本数据图层如表 12 所示。

表 12　其他基础设施损毁遥感评估专题图产品基本数据图层及指标要求

数据图层	指标要求
受损其他基础设施分布数据	基于遥感影像提取得到的受损其他基础设施矢量数据,包括矿区、通信、电力、油气等基础设施
遥感影像数据	覆盖灾区的光学或微波遥感影像数据,空间分辨率不低于 5 m
行政区域界线数据	省、市、县、乡镇级行政区域界线矢量数据,比例尺不小于 1∶50 000
交通线数据	交通线矢量数据,比例尺不小于 1∶50 000
居民点分布数据	居民点分布矢量数据,比例尺不小于 1∶50 000

2.7 生态环境损毁遥感评估专题图产品

2.7.1 基本要素信息

生态环境损毁遥感评估专题图产品主要包括受损林地分布、受损草地分布、受损耕地分布等要素信息,也可叠加适当的行政区域界线、交通线、居民点分布等信息。

2.7.2 评估要素及计量单位

生态环境损毁等级划分为受损和基本完好。生态环境损毁遥感评估专题图产品的要素指标与计量单位如表13所示。

表13 生态环境损毁遥感评估专题图产品要素指标与计量单位

要素指标	计量单位
林地面积	khm^2 或 hm^2
草地面积	khm^2 或 hm^2
耕地面积	khm^2 或 hm^2

2.7.3 基本数据图层及指标要求

生态环境损毁遥感评估专题图产品的基本数据图层如表14所示。

表14 生态环境损毁遥感评估专题图产品基本数据图层及指标要求

数据图层	指标要求
受损林地分布数据	基于遥感影像提取得到的受损林地分布矢量数据
受损草地分布数据	基于遥感影像提取得到的受损草地分布矢量数据
受损耕地分布数据	基于遥感影像提取得到的受损耕地分布矢量数据
遥感影像数据	覆盖灾区的光学或微波遥感影像数据,空间分辨率不低于30 m
行政区域界线数据	省、市、县、乡镇级行政区域界线矢量数据,比例尺不小于1∶50 000
交通线数据	交通线矢量数据,比例尺不小于1∶50 000
居民点分布数据	居民点分布矢量数据,比例尺不小于1∶50 000

参 考 文 献

[1] GB/T 18207.1—2008 防震减灾术语 第1部分:基本术语
[2] GB/T 24438.1—2009 自然灾害灾情统计 第1部分:基本指标

ICS 35.240.70
A 77

中华人民共和国国家标准

GB/T 28923.5—2012

自然灾害遥感专题图产品制作要求 第5部分:救助与恢复重建评估专题图产品

Mapping requirements for the natural disaster remote sensing thematic maps—Part 5:Relief and recovery assessment thematic maps

2012-10-12 发布　　2013-02-01 实施

中华人民共和国国家质量监督检验检疫总局
中国国家标准化管理委员会　发布

前　言

GB/T 28923《自然灾害遥感专题图产品制作要求》分为五个部分：

——第 1 部分：分类、编码与制图；

——第 2 部分：监测专题图产品；

——第 3 部分：风险评估专题图产品；

——第 4 部分：损失评估专题图产品；

——第 5 部分：救助与恢复重建评估专题图产品。

本部分为 GB/T 28923 第 5 部分。

本部分按照 GB/T 1.1—2009 给出的规则起草。

本部分由全国减灾救灾标准化技术委员会(SAC/TC 307)提出并归口。

本部分起草单位：民政部国家减灾中心(卫星减灾应用中心)。

本部分主要起草人：杨思全、王磊、汤童、黄河。

自然灾害遥感专题图产品制作要求 第5部分:救助与恢复重建评估专题图产品

1 范围

GB/T 28923的本部分规定了自然灾害遥感专题图产品中救助与恢复重建评估专题图产品所包含的要素指标与计量单位、基本数据图层及指标要求等。

本部分适用于救助与恢复重建遥估专题图产品的生产、审核与应用。

2 专题图产品评估要素与数据要求

2.1 临时安置点遥感评估专题图产品

2.1.1 基本要素信息

临时安置点遥感评估专题图产品主要包括临时安置点、临时安置帐篷分布等要素信息,也可叠加适当的行政区域界线等信息。

2.1.2 评估要素及计量单位

临时安置点遥感评估专题图产品的要素指标与计量单位如表1所示。

表1 临时安置点遥感评估专题图产品要素指标与计量单位

要素指标	计量单位
临时安置点数量	个
临时安置帐篷数量	顶
临时安置帐篷面积	m^2

2.1.3 基本数据图层及指标要求

临时安置点遥感评估专题图产品的基本数据图层如表2所示。

表2 临时安置点遥感评估专题图产品基本数据图层及指标要求

数据图层	指标要求
临时安置帐篷分布数据	基于遥感影像提取得到的临时安置帐篷矢量数据
遥感影像数据	覆盖灾区的光学或微波遥感影像数据,空间分辨率不低于1 m
行政区域界线数据	省、市、县、乡镇级行政区域界线矢量数据,比例尺大于1∶50 000

2.2 房屋重建遥感评估专题图产品

2.2.1 基本要素信息

房屋重建遥感评估专题图产品主要包括已开工建设房屋、已完成主体建设房屋、已完工房屋等要素信息,也可叠加适当的行政区域界线、居民点分布等信息。

2.2.2 评估要素及计量单位

房屋重建进度划分为已开工建设、已完成主体建设及已完工房屋。房屋重建遥感评估专题图产品的要素指标与计量单位如表3所示。

表3 房屋重建遥感评估专题图产品要素指标与计量单位

要素指标	计量单位
已开工建设面积	m^2
已完成主体建设面积	m^2
已完工面积	m^2

2.2.3 基本数据图层及指标要求

房屋重建遥感评估专题图产品的基本数据图层如表4所示。

表4 房屋重建遥感评估专题图产品基本数据图层及指标要求

数据图层	指标要求
已开工建设房屋数据	基于遥感影像提取得到的已开工建设房屋矢量数据
已完成主体建设房屋数据	基于遥感影像提取得到的已完成主体建设房屋矢量数据
已完工房屋数据	基于遥感影像提取得到的已完工房屋矢量数据
遥感影像数据	覆盖灾区的光学或微波遥感影像数据,空间分辨率不低于1 m
行政区域界线数据	省、市、县、乡镇级行政区域界线矢量数据,比例尺不小于1∶50 000
居民点分布数据	居民点分布矢量数据,比例尺不小于1∶50 000

2.3 交通设施重建遥感评估专题图产品

2.3.1 基本要素信息

交通设施重建遥感评估专题图产品主要包括已开工建设交通设施分布、已完工交通设施分布等要素信息,也可叠加适当的行政区域界线等信息。

2.3.2 评估要素及计量单位

交通设施重建进度划分为已开工建设和已完工。交通设施重建遥感评估专题图产品的要素指标与计量单位如表5所示。

表 5　交通设施重建遥感评估专题图产品要素指标与计量单位

要素指标	计量单位
桥梁数量	座
机场数量	个
港口数量	个
国道长度	km 或 m
省道长度	km 或 m
县道长度	km 或 m
乡道长度	km 或 m
专用公路长度	km 或 m
其他公路长度	km 或 m
铁路长度	km 或 m

2.3.3　基本数据图层及指标要求

交通设施重建遥感评估专题图产品的基本数据图层如表 6 所示。

表 6　交通设施重建遥感评估专题图产品基本数据图层及指标要求

数据图层	指标要求
已开工建设交通设施分布数据	基于遥感影像提取得到的已开工建设交通设施矢量数据，包括机场、港口、桥梁、公路、铁路等
已完工交通设施分布数据	基于遥感影像提取得到的已完工交通设施矢量数据，包括机场、桥梁、公路、铁路等
遥感影像数据	覆盖灾区的光学或微波遥感影像数据，空间分辨率不低于 3 m
行政区域界线数据	省、市、县、乡镇级行政区域界线矢量数据，比例尺不小于 1∶50 000

2.4　水利设施重建遥感评估专题图产品

2.4.1　基本要素信息

水利设施重建遥感评估专题图产品主要包括已开工建设水利设施分布、已完工水利设施分布等要素信息，也可叠加适当的行政区域界线、交通线、居民点分布等信息。

2.4.2　评估要素及计量单位

水利设施重建进度划分为已开工建设和已完工。水利设施重建遥感评估专题图产品的要素指标与计量单位如表 7 所示。

表 7　水利设施重建遥感评估专题图产品要素指标与计量单位

要素指标	计量单位
水库数量	座
水电站数量	座
堤防长度	km 或 m

2.4.3 基本数据图层及指标要求

水利设施重建遥感评估专题图产品的基本数据图层如表8所示。

表8 水利设施重建遥感评估专题图产品基本数据图层及指标要求

数据图层	指标要求
已开工建设水利设施分布数据	基于遥感影像提取得到的已开工建设水利设施矢量数据,包括水库、水电站、堤防等
已完工水利设施分布数据	基于遥感影像提取得到的已完工水利设施矢量数据,包括水库、水电站、堤防等
遥感影像数据	覆盖灾区的光学或微波遥感影像数据,空间分辨率不低于5 m
行政区域界线数据	省、市、县、乡镇级行政区域界线矢量数据,比例尺不小于1∶50 000
交通线数据	交通线矢量数据,比例尺不小于1∶50 000
居民点分布数据	居民点分布矢量数据,比例尺不小于1∶50 000

2.5 其他基础设施重建遥感评估专题图产品

2.5.1 基本要素信息

其他基础设施重建遥感评估专题图产品主要包括已开工建设其他基础设施分布、已完工其他基础设施分布等要素信息,也可叠加适当的行政区域界线、交通线、居民点分布等信息。

2.5.2 评估要素及计量单位

其他基础设施重建进度划分为已开工建设和已完工。其他基础设施重建遥感评估产品的要素指标与计量单位如表9所示。

表9 其他基础设施重建遥感评估专题图产品要素指标与计量单位

要素指标	计量单位
矿区设施数量	处
通信设施数量	处
电力设施数量	处
油气设施数量	处

2.5.3 基本数据图层及指标要求

其他基础设施重建遥感评估专题图产品的基本数据图层如表10所示。

表10 其他基础设施重建遥感评估专题图产品基本数据图层及指标要求

数据图层	指标要求
已开工建设其他基础设施分布数据	基于遥感影像提取得到的已开工建设其他基础设施矢量数据,包括矿区、通信、电力、油气等基础设施
已完工其他基础设施分布数据	基于遥感影像提取得到的已完工其他基础设施矢量数据,包括矿区、通信、电力、油气等基础设施

表 10（续）

数据图层	指标要求
遥感影像数据	覆盖灾区的光学或微波遥感影像数据，空间分辨率不低于 5 m
行政区域界线数据	省、市、县、乡镇级行政区域界线矢量数据，比例尺不小于 1∶50 000
交通线数据	交通线矢量数据，比例尺不小于 1∶50 000
居民点分布数据	居民点分布矢量数据，比例尺不小于 1∶50 000

2.6 生态环境恢复遥感评估专题图产品

2.6.1 基本要素信息

生态环境恢复遥感评估专题图产品主要包括已恢复林地分布、未恢复林地分布、已恢复草地分布、未恢复草地分布、已恢复耕地分布、未恢复耕地分布等要素信息，也可叠加适当的行政区域界线、交通线、居民点分布等信息。

2.6.2 评估要素及计量单位

生态环境损毁等级划分为已恢复和未恢复。生态环境恢复遥感评估专题图产品的要素指标与计量单位如表 11 所示。

表 11 生态环境恢复遥感评估专题图产品要素指标与计量单位

要素指标	计量单位
林地面积	khm^2 或 hm^2
草地面积	khm^2 或 hm^2
耕地面积	khm^2 或 hm^2

2.6.3 基本数据图层及指标要求

生态环境恢复遥感评估专题图产品的基本数据图层如表 12 所示。

表 12 生态环境恢复遥感评估专题图产品基本数据图层及指标要求

数据图层	指标要求
已恢复林地分布数据	基于遥感影像提取得到的已恢复林地分布矢量数据
未恢复林地分布数据	基于遥感影像提取得到的未恢复林地分布矢量数据
已恢复草地分布数据	基于遥感影像提取得到的已恢复草地分布矢量数据
未恢复草地分布数据	基于遥感影像提取得到的未恢复草地分布矢量数据
已恢复耕地分布数据	基于遥感影像提取得到的已恢复耕地分布矢量数据
未恢复耕地分布数据	基于遥感影像提取得到的未恢复耕地分布矢量数据
遥感影像数据	覆盖灾区的光学或微波遥感影像数据，空间分辨率不低于 30 m
行政区域界线数据	省、市、县、乡镇级行政区域界线矢量数据，比例尺不小于 1∶50 000

表 12（续）

数据图层	指标要求
交通线数据	交通线矢量数据，比例尺不小于 1：50 000
居民点分布数据	居民点分布矢量数据，比例尺不小于 1：50 000

参考文献

[1] 国家突发公共事件总体应急预案 国发[2005]11号
[2] 汶川地震灾后恢复重建总体规划 国发[2008]31号
[3] 玉树地震灾后恢复重建总体规划 国发[2010]17号

ICS 77-010
H 04

中华人民共和国国家标准

GB/T 28924—2012

钢铁企业能效指数计算导则

Guides for calculating energy efficiency index of an iron and steel enterprise

2012-10-12 发布　　2013-05-01 实施

中华人民共和国国家质量监督检验检疫总局
中国国家标准化管理委员会　发布

前　言

本标准由中国钢铁工业协会提出。

本标准由全国钢标准化技术委员会(SAC/TC 183)归口。

本标准起草单位:莱芜钢铁集团有限公司、中国节能协会、苏州博恒浩科技有限公司、重庆万达薄板有限公司、北京麦特莱吉工程技术有限公司、冶金工业信息标准研究院。

本标准主要起草人:梁凯丽、宋忠奎、蒋芸、周亮文、林七女、仇金辉、高建平、张进莺、许秀飞。

钢铁企业能效指数计算导则

1 范围

本标准规定了能效指数的术语和定义、计算方法、评价方法、基准能耗的确定、数值修约和统计。

本标准适用于钢铁企业能效指数的计算，其他工业企业可参照使用。

2 规范性引用文件

下列文件对于本文件的应用是必不可少的。凡是注日期的引用文件，仅注日期的版本适用于本文件。凡是不注日期的引用文件，其最新版本(包括所有的修改单)适用于本文件。

GB/T 2589 综合能耗计算通则

GB 3101 有关量、单位和符号的一般原则

GB/T 3484 企业能量平衡通则

GB/T 8170 数值修约规则与极限数值的表示和判定

3 术语和定义

GB/T 2589、GB/T 3484 界定的以及下列术语和定义适用于本文件。

3.1

能效指数 energy efficiency index

统计报告期单位产品能耗与基准能耗之间的比值。

3.2

单元 unit

可单独统计能耗的生产单位、工序或设施设备等。

3.3

基准能耗 benchmark of energy consumption per unit product

企业确定的一定阶段的单元能耗或综合能耗的基准值，以单位产品能耗表示。

4 计算方法

4.1 单元能效指数按式(1)计算：

$$I_{x}=\frac{e_{x}}{e_{o}} \qquad \cdots\cdots(1)$$

式中：

I_x ——单元能效指数；

e_x ——统计报告期单位产品能耗，单位为千克标准煤每产品单位；

e_o ——基准能耗，单位为千克标准煤每产品单位。

4.2 综合能效指数，应根据需要选取不同的单元组合，按式(2)计算：

$$I=\sum_{i=1}^{n}\frac{e_{ix}}{e_{io}}\times\lambda_{i} \qquad \cdots\cdots(2)$$

式中：

I ——综合能效指数；

e_{ix} ——统计报告期单元 i 的单位产品能耗，单位为千克标准煤每产品单位；

e_{io} ——单元 i 的基准能耗，单位为千克标准煤每产品单位；

λ_i ——单元耗能量权重系数，$\lambda_i=\frac{i\text{单元耗能量}}{\text{系统耗能总量}}$，$\sum_{i=1}^{n}\lambda_i=1$；

n ——单元数量。

5 评价方法

5.1 $I>1$，表示企业统计报告期能耗比基准能耗高，数值越大，距基准差距越大。

5.2 $I=1$，表示企业统计报告期能耗与基准能耗相同。

5.3 $I<1$，表示企业统计报告期能耗比基准能耗低，数值越小，比基准进步幅度越大。

6 基准能耗的确定

同口径下，参照本企业历史最好水平、国际国内同行业先进水平以及理论值确定。

7 数值修约和统计

7.1 本标准规定的能效指数的数值修约应符合 GB/T 8170 的规定。

7.2 企业耗能量的统计方法应符合 GB/T 2589、GB/T 3484 的规定。

7.3 用于统计的量、单位、符号应符合 GB 3101 的规定。

ICS 35.220.01
L 64

中华人民共和国国家标准

GB/T 28925—2012

信息技术 射频识别 2.45 GHz 空中接口协议

Information technology—Radio frequency identification—Air interface protocol at 2.45 GHz

2012-11-05 发布　　2013-02-09 实施

中华人民共和国国家质量监督检验检疫总局
中国国家标准化管理委员会　发布

前　言

本标准按照 GB/T 1.1—2009 给出的规则起草。

本标准由全国信息技术标准化技术委员会(SAC/TC 28)提出并归口。

本标准起草单位:工业和信息化部电子工业标准化研究院、深圳市中兴长天信息技术有限公司、西安西电捷通无线网络通信股份有限公司、北京中电华大电子设计有限责任公司、上海秀派电子科技有限公司、北京航空航天大学、河北工业大学、中国人民解放军国防科技大学、国家无线电监测中心检测中心、中国物品编码中心、国民技术股份有限公司、西安电子科技大学 ISN 国家重点实验室、解放军信息安全测评认证中心、陕西烽火通信集团有限公司、成都西谷曙光数字技术有限公司、西安西谷微功率数据技术有限责任公司、上海聚星仪器有限公司。

本标准主要起草人:王文峰、高林、冯敬、耿力、王宏刚、王晓磊、杜志强、张国强、兰天、赵彦全、秦忠、徐进明、刘文莉、曹国顺、金倩、夏娣娜、宋继伟、张有光、张磊、徐海军、王宏义、杨青、宋起柱、李卓凡、王毅、杨贤伟、李强、黄振海、裴昌幸、张光山、李建成、苟京京、桂坚勇、乔申杰、李远威、陈柯、张革军、廖应成、孙长征。

引　言

本文件的发布机构提请注意，声明符合本文件时，可能涉及到6.6与数据传输格式相关、8.2与状态转移相关、10.2与工作过程相关、11.2与防碰撞方法相关、12.1与实体鉴别协议相关的专利的使用。

本文件的发布机构对于上述专利的真实性、有效性和范围无任何立场。

上述专利持有人已向本文件的发布机构保证，他们愿意同任何申请人在合理且无歧视的条款和条件下，就专利授权许可进行谈判。上述专利持有人的声明已在本文件的发布机构备案。相关信息可以通过以下联系方式获得：

专利：CN101236611A 智能电子标签系统

　　200710196801.X 智能电子标签系统

专利持有人姓名：成都西谷曙光数字技术有限公司

地址：成都市高新西区天辰路88号9号楼305号房

联系人：廖应成

电话：13308210000

网址：www.westv.cn

专利：201110138410.9 一种低频磁场信号检测装置、方法及读卡器

　　201120554152.8 近距离通讯发送、接收及收发装置

　　201110299044.5 一种通信连接方法及装置

专利持有人姓名：国民技术股份有限公司

地址：深圳市南山区科技园科发路8号金融基地1栋10楼

联系人：余运波

电话：(0755)86309963

网址：www.nationz.com.cn

专利：201110020619.5 射频识别中阅读器和标签的通讯方法

　　201010619525.5 一种多个电子标签接入阅读器方法及装置

专利持有人姓名：深圳市中兴长天信息技术有限公司

地址：深圳市南山区高新技术产业园高新南一道中国科技开发院中科研发园3号楼10楼B座

联系人：朱敏

电话：(0755)86079364

网址：www.zte-v.com.cn

专利：200910023417.9 射频识别网络的多标签识别方法

专利持有人姓名：西安电子科技大学

地址：西安市太白南路2号

联系人：裴昌幸

电话：(029)88204486

网址：www.xidian.edu.cn

专利：200710019024.1 一种双向接入认证方法

201010556498.1 一种资源受限网络的实体鉴别方法及系统

专利持有人姓名：西安西电捷通无线网络通信股份有限公司

地址：西安市高新区科技2路68号西安软件园秦风阁A201

联系人：刘长春

电话：(029)87607836

网址：www.iwncomm.com

专利：201010546860.7 一种在电子标签系统中防无线电暴露的方法

专利持有人姓名：北京中电华大电子设计有限责任公司

地址：北京市朝阳区利泽中二路2号望京科技创业园A座五层六层

联系人：易柏林

电话：(010)64365577

网址：www.hed.com.cn

专利：201110087218.1 一种基于有源RFID的广播信息发送方法及系统

201110087139.0 有源电子标签中文件的访问控制方法

专利持有人姓名：中国电子技术标准化研究所、北京中电华大电子设计有限责任公司

中国电子技术标准化研究所联系方式：

地址：北京市安定门东大街1号

联系人：王文峰

电话：(010)84042998

网址：www.cesi.ac.cn

专利：201110086586.4 用于电子标签接收的安全信息数据的处理方法

201110087140.3 用于射频识别的阅读器与标签的信息传输方法及装置

201110046151.7 一种阅读器与无线标签的数据传输方法

201110086585.X 用于电子标签接收数据的处理方法及装置

201110304686.X 用于射频识别的阅读器与标签的信息传输方法及装置

专利持有人姓名：中国电子技术标准化研究所、深圳市中兴长天信息技术有限公司

中国电子技术标准化研究所联系方式：

地址：北京市安定门东大街1号

联系人：王文峰

电话：(010)84042998

网址：www.cesi.ac.cn

请注意除上述专利外，本文件的某些内容仍可能涉及专利。本文件的发布机构不承担识别这些专利的责任。

信息技术 射频识别 2.45 GHz 空中接口协议

1 范围

本标准规定了2.45 GHz频段射频识别空中接口的物理层、数据链路层、标签存储区结构、标签状态转移、读写器命令与标签响应、协议工作方式、防碰撞方法和安全协议等内容。

本标准适用于2.45 GHz射频识别有源标签和读写器的设计、生产、测试和使用。

2 规范性引用文件

下列文件对于本文件的应用是必不可少的。凡是注日期的引用文件，仅注日期的版本适用于本文件。凡是不注日期的引用文件，其最新版本(包括所有的修改单)适用于本文件。

GB/T 1988—1998 信息处理 信息交换用七位编码字符集

GB/T 29261.3—2012 信息技术 自动识别和数据采集技术 词汇 第3部分：射频识别

3 术语和定义

GB/T 29261.3—2012界定的以及下列术语和定义适用于本文件。

3.1

码片 chip

信号扩频后的最小单位。

注：在扩频过程中，一个信息位通常用多个编码信号表示，其中一个编码信号称为码片。

3.2

接入 access

标签按照一定的通信协议与读写器建立通信链路的过程。

3.3

口令 password

访问过程中用于验证身份的信息。

4 符号和缩略语

4.1 符号

f_c——载波频率；

N——接入帧时隙总数；

RN_r——读写器生成的随机数；

RN_t——标签生成的随机数；

Q——标签接入数目控制参数；

Q_r——读写器公钥；

Q_t——标签公钥；

RES_r——TTP 对读写器的实体鉴别结果；

RES_t——TTP 对标签的实体鉴别结果；

S_r——读写器私钥；

S_t——标签私钥；

Sig_r——读写器的签名；

Sig_t——标签的签名；

Sig_{TTP}——TTP 的签名；

SN_{slot}——时隙序号；

$SN_{success}$——接入成功序号；

TPK_r——读写器临时公钥；

TPK_t——标签临时公钥；

W_{slot}——时隙宽度；

$\oplus$——逐位异或；

||——串联；

·——点乘；

+——二进制加。

4.2 缩略语

ALW——总是(always)；

ATH——鉴别(authentication)；

BK——基密钥(base key)；

CRC——循环冗余校验(cyclic redundancy check)；

DBPSK——差分二进制相移键控(differential binary phase shift keying)；

DF——专用文件(dedicated file)；

DSSS——直接序列扩频(direct sequence spread spectrum)；

ECDH——椭圆曲线密码体制的 Diffie—Hellman 交换(elliptic curve diffie-hellman)；

EF——基本文件(element file)；

EIRP——等效全向辐射功率(equivalent isotropic radiated power)；

EVM——误差向量幅度(error vector magnitude)；

IAK——完整性鉴别密钥(integrity authentication key)；

LSB——最低有效位(least significant bit)；

MAC——消息鉴别码(message authentication code)；

MEK——消息加密密钥(message encryption key)；

MIC——消息完整性校验码(message integrity code)；

MF——主目录文件(main directory file)；

MIK——消息完整性校验密钥(message integrity key)；

MSB——最高有效位(most significant bit)；

NEV——永远不(never)；

OID——对象标识符(object identifier)；

O-QPSK——偏移正交相移键控(offset quadraphase shift keying)；

PSK——预共享密钥(pre-shared key)；

PWD——口令(password)；

RFID——射频识别(radio frequency identification);
RID——读写器标识符(reader identifier);
RN16——16 位随机数(16-bit random number);
RN8——8 位随机数(8-bit random number);
SEK——会话加密密钥(session encryption key);
SIK——会话完整性校验密钥(session integrity key);
TID——标签标识符(tag identifier);
TRAIS——标签和读写器空中接口安全(tag and reader air interface security);
TRAIS-X——基于异或运算的 TRAIS(TRAIS based on xor computing);
TRAIS-H——基于哈希算法的 TRAIS(TRAIS based on hash algorithm);
TRAIS-P——基于公钥密码算法的 TRAIS(TRAIS based on pulic-key cryptography);
TRAIS-S——基于对称密码算法的 TRAIS(TRAIS based on symmetric cipher algorithm);
TTP——可信第三方(trusted third party);
TTPID——可信第三方标识符(trusted third party identifier);
UII——物品惟一标识符(unique item identifier)。

5 物理层

5.1 工作频率

本标准规定的 RFID 系统工作频率为 2 400.00 MHz～2 483.50 MHz,频段内共有 16 个信道,信道序号为 0～15,每个信道带宽为 5 MHz。默认工作信道为信道 0,默认工作频率为 2 405.00 MHz,工作频率准确度为 20×10^{-6}(20 ppm)。各信道中心工作频率见表 1。

表 1 信道中心工作频率

信道序号	中心工作频率	信道序号	中心工作频率
0	2 405.00 MHz	8	2 445.00 MHz
1	2 410.00 MHz	9	2 450.00 MHz
2	2 415.00 MHz	10	2 455.00 MHz
3	2 420.00 MHz	11	2 460.00 MHz
4	2 425.00 MHz	12	2 465.00 MHz
5	2 430.00 MHz	13	2 470.00 MHz
6	2 435.00 MHz	14	2 475.00 MHz
7	2 440.00 MHz	15	2 480.00 MHz

5.2 发射频谱密度模板

发送频谱密度模板应满足表 2 的要求:

表 2 发射频谱密度模板

调制方式	频率	相对值	绝对值
O-QPSK	$\|f-f_c\|>3.5$ MHz	<−20 dB/100 kHz	<−30 dBm/100 kHz
DBPSK	$\|f-f_c\|>3.5$ MHz	<−20 dB/100 kHz	<−20 dBm/100 kHz

相对值、绝对值为在 100 kHz 分辨率带宽下测试得到的数据。绝对值测试的参考电平应选择载波频率附近±1 MHz 范围内的最大值。

5.3 调制与扩频

5.3.1 O-QPSK

符合本标准的 RFID 标签和读写器应支持 O-QPSK 调制方式。在 O-QPSK 调制方式下，首先采用 16 元准正交调制将每 4 个信息位映射到一个 16 元数据符号，然后将每个数据符号映射到 16 个准正交扩频序列中的一个，再将扩频序列中的每个码片采用 O-QPSK 方式调制到载波上。调制与扩频过程的功能框图如图 1 所示。

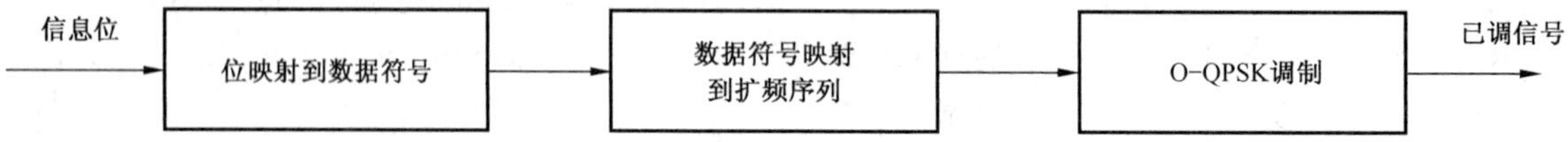

图 1 O-QPSK 调制与扩频过程功能框图

在 O-QPSK 调制下，扩频序列长度为 32 位，并且 4 个信息位(b_0，b_1，b_2，b_3)与 16 元数据符号以及准正交的扩频序列对应关系见表 3。在每个符号周期里，最先发射的码片是最低位码片 c_0，最后发射的码片是最高位码片 c_{31}。

表 3 QPSK 调制信息位到扩频序列的映射

信息位 (b_0,b_1,b_2,b_3)	数据符号 (十进制)	扩频序列 (c_0, c_1, …, c_{30}, c_{31})
0 0 0 0	0	1 1 0 1 1 0 0 1 1 1 0 0 0 0 1 1 0 1 0 1 0 0 1 0 0 0 1 0 1 1 1 0
1 0 0 0	1	1 1 1 0 1 1 0 1 1 0 0 1 1 1 0 0 0 0 1 1 0 1 0 1 0 0 1 0 0 0 1 0
0 1 0 0	2	0 0 1 0 1 1 1 0 1 1 0 1 1 0 0 1 1 1 0 0 0 0 1 1 0 1 0 1 0 0 1 0
1 1 0 0	3	0 0 1 0 0 0 1 0 1 1 1 0 1 1 0 1 1 0 0 1 1 1 0 0 0 0 1 1 0 1 0 1
0 0 1 0	4	0 1 0 1 0 0 1 0 0 0 1 0 1 1 1 0 1 1 0 1 1 0 0 1 1 1 0 0 0 0 1 1
1 0 1 0	5	0 0 1 1 0 1 0 1 0 0 1 0 0 0 1 0 1 1 1 0 1 1 0 1 1 0 0 1 1 1 0 0
0 1 1 0	6	1 1 0 0 0 0 1 1 0 1 0 1 0 0 1 0 0 0 1 0 1 1 1 0 1 1 0 1 1 0 0 1
1 1 1 0	7	1 0 0 1 1 1 0 0 0 0 1 1 0 1 0 1 0 0 1 0 0 0 1 0 1 1 1 0 1 1 0 1
0 0 0 1	8	1 0 0 0 1 1 0 0 1 0 0 1 0 1 1 0 0 0 0 0 0 1 1 1 0 1 1 1 1 0 1 1
1 0 0 1	9	1 0 1 1 1 0 0 0 1 1 0 0 1 0 0 1 0 1 1 0 0 0 0 0 0 1 1 1 0 1 1 1
0 1 0 1	10	0 1 1 1 1 0 1 1 1 0 0 0 1 1 0 0 1 0 0 1 0 1 1 0 0 0 0 0 0 1 1 1
1 1 0 1	11	0 1 1 1 0 1 1 1 1 0 1 1 1 0 0 0 1 1 0 0 1 0 0 1 0 1 1 0 0 0 0 0
0 0 1 1	12	0 0 0 0 0 1 1 1 0 1 1 1 1 0 1 1 1 0 0 0 1 1 0 0 1 0 0 1 0 1 1 0
1 0 1 1	13	0 1 1 0 0 0 0 0 0 1 1 1 0 1 1 1 1 0 1 1 1 0 0 0 1 1 0 0 1 0 0 1
0 1 1 1	14	1 0 0 1 0 1 1 0 0 0 0 0 0 1 1 1 0 1 1 1 1 0 1 1 1 0 0 0 1 1 0 0
1 1 1 1	15	1 1 0 0 1 0 0 1 0 1 1 0 0 0 0 0 0 1 1 1 0 1 1 1 1 0 1 1 1 0 0 0

每个数据符号对应的扩频序列经 O-QPSK 和脉冲成形调制到载波上。偶数位的码片应被调制到同相支路(I-路)载波上,而奇数位的码片应被调制到正交支路(Q-路)载波上。由于每个数据符号由 32 个码片表示,所以码片速率是符号速率的 32 倍。为了在同相支路和正交支路之间形成偏移,正交支路的码片相比同相支路的码片应有 T_c 的延迟,其中 T_c 是码片速率的倒数,如图 2 所示。

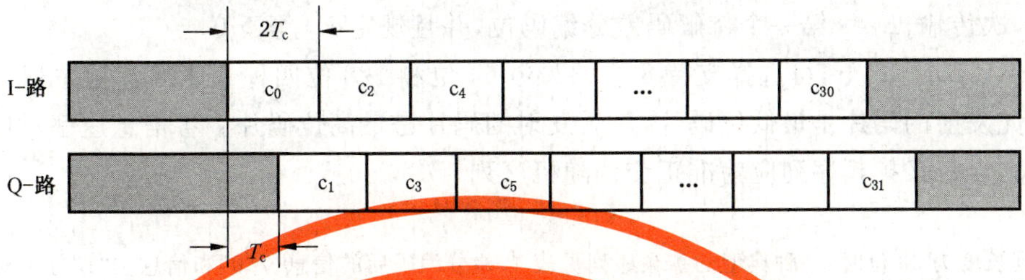

图 2 O-QPSK 调制码片偏移示意图

5.3.2 O-QPSK 调制下脉冲成型

每个码片的脉冲成型函数见公式(1):

$$P(t)=\begin{cases}\sin\dfrac{\pi t}{2T_c}, & 0\leqslant t\leqslant 2T_c\\ 0, & \text{其他}\end{cases} \qquad \cdots\cdots(1)$$

式中:

$p(t)$——脉冲幅度,单位为伏(V);

t ——时间,单位为秒(s);

T_c ——脉冲周期,单位为秒(s)。

5.3.3 DBPSK

符合本标准的 RFID 标签和读写器可选择支持 DBPSK 调制方式。在 DBPSK 调制方式下,每个信息位应先进行差分编码,然后将编码后的每个信息位“0”和信息位“1”分别映射到两个扩频序列,再将扩频序列中的每个码片用 BPSK 方式调制到载波上。调制与扩频过程的功能框图如图 3 所示。

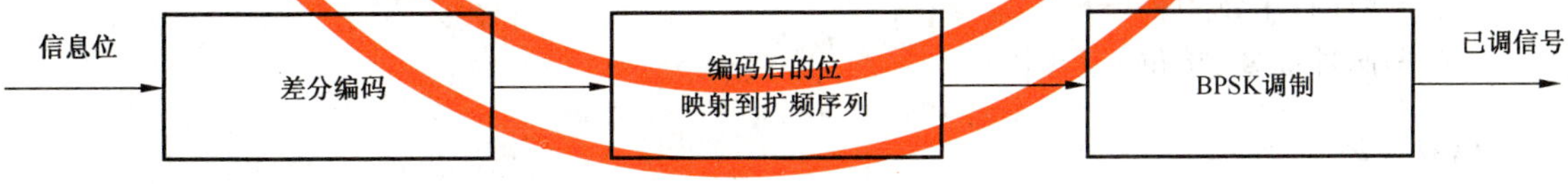

图 3 DBPSK 调制与扩频过程功能框图

差分编码规则见公式(2)。

$$E_n = R_n \oplus E_{n-1} \qquad \cdots\cdots(2)$$

式中:

E_n ——差分编码位;

R_n ——待编码信息位;

E_{n-1}——前一个差分编码位。

对于每一次传输,R_1 为第一个待编码信息位,并且规定 E_0 等于 0。

差分编码解码规则见公式(3)。

$$R_n = E_n \oplus E_{n-1} \qquad \cdots\cdots(3)$$

式中：

R_n ——解码后信息位；

E_n ——待解码差分编码位；

E_{n-1}——前一个差分编码位。

对于每一次传输，E_1 为第一个待解码差分编码位，并且规定 E_0 等于 0。

在 DBPSK 调制方式下，可选择支持 8 位、32 位、64 位和 128 位四种长度的扩频序列。在每个信息位周期里，最先发射的码片是最低位码片，最后发射的码片是最高位码片。各信息速率对应的扩频序列由用户自定义，自定义扩频序列应为准正交伪随机序列。

示例：

当扩频序列长度为 32 位时，一种典型的扩频序列见表 4，差分编码后的信息位“0”和信息位“1”分别对应一种长度为 32 位的扩频序列。

表 4　DBPSK 调制差分编码后的信息位到扩频序列的映射

差分编码位	扩频序列 (c_0, c_1, …, c_{30}, c_{31})
0	1 1 0 1 1 0 0 1 1 1 0 0 0 0 1 1 0 1 0 1 0 0 1 0 0 0 1 0 1 1 1 0
1	1 1 0 0 1 0 0 1 0 1 1 0 0 0 0 0 0 1 1 1 0 1 1 1 1 0 1 1 1 0 0 0

5.3.4　DBPSK 调制下脉冲成型

码片采用的升余弦脉冲成型函数见公式(4)：

$$p(t)=\begin{cases}\dfrac{\sin(\pi t/T_c)}{\pi t/T_c}\times\dfrac{\cos(\pi t/T_c)}{(1-4t^2/T_c^2)}, t\neq 0\\ 1, t=0\end{cases} \qquad \cdots\cdots(4)$$

式中：

$p(t)$ ——脉冲幅度，单位为伏(V)；

t ——时间，单位为秒(s)；

T_c ——脉冲周期，单位为秒(s)。

5.3.5　信息速率

在 O-QPSK 和 DBPSK 调制方式下的码片速率、扩频序列长度以及信息速率分别见表 5 和表 6。在 DBPSK 调制方式下，用户可根据表 6 选择不同的扩频序列长度，以获得对应的信息速率。码片速率准确度为 20×10^{-6}(20 ppm)，位速率准确度为 20×10^{-6}(20 ppm)。

表 5　O-QPSK 调制扩频序列长度和信息速率对照表

码片速率 cps	扩频序列长度 chip	信息速率 bps
2 M	32	250 k

表6　DBPSK 调制扩频序列长度和信息速率对照表

码片速率 cps	扩频序列长度 chip	信息速率 bps
2 M	8	250 k
2 M	32	62.5 k
2 M	64	31.25 k
2 M	128	15.625 k

5.4　收发转换时间

标签和读写器的收发转换时间均应大于 192 μs,发收转换时间均应小于 192 μs。

5.5　EVM

在 1 000 个码片测试条件下,O-QPSK 调制、DBPSK 调制的 EVM 均应不大于 35%。

6　数据链路层

6.1　概述

读写器和标签之间采用数据帧进行数据传输。数据帧由前导码、同步码、数据长度、帧选项、消息数据及校验码组成,如图 4 所示。消息数据由多个数据项组成,具体要求见 6.6。数据帧的发送顺序依次为前导码、同步码、数据长度、帧选项、消息数据及校验码。对每个由多个字节构成的数据项,应先发送最高有效字节;对每个字节,应先发送最低有效位。

前导码	同步码	数据长度	帧选项	消息数据	校验码
4字节	1字节	1字节	1字节	≤124字节	2字节

图4　数据帧结构

6.2　前导码

前向数据帧和反向数据帧的前导码均为 32 位二进制数,每位均为“0”。

6.3　同步码

前向数据帧和反向数据帧的同步码均为 8 位二进制数,具体定义见表 7。

表7　同步码

信息位	b_0	b_1	b_2	b_3	b_4	b_5	b_6	b_7
数值	1	1	1	0	0	1	0	1

6.4　数据长度

数据长度是指从帧选项到校验码的总长度,单位为字节。该数据项为 1 字节,其中 b_0～b_6 表示长度，b_7 保留。

6.5 帧选项

帧选项包括调制方式、信息速率、帧方向和帧类型等信息。帧选项占用 1 个字节，各位要求见表 8。

表 8 帧选项定义

$b_0 \sim b_2$	b_3	b_4	$b_5 \sim b_7$
000_b：O-QPSK/250 kbps 100_b：DBPSK/250 kbps 010_b：DBPSK/62.5 kbps 110_b：DBPSK/31.25 kbps 001_b：DBPSK/15.625 kbps 其他：保留	0_b：读写器到标签帧 1_b：标签到读写器帧	0_b：广播帧 1_b：点对点帧	保留

帧选项的 $b_0 \sim b_2$ 位表示调制方式及相应的信息速率。标签被唤醒后，默认工作在 O-QPSK 调制下。读写器在帧选项中设置读写器与标签后续通信所使用的调制方式及信息速率，标签收到读写器数据帧后，将使用帧选项所指示的的调制方式及信息速率在后续帧中与读写器通信。标签保持已有的调制方式及信息速率设置直到收到下一个读写器数据帧，同时在帧选项中记录当前帧所使用的调制方式及信息速率信息。

帧选项的 b_3 位表示帧方向，如果 b_3 位为 0_b，表示该数据帧是读写器到标签；如果 b_3 位为 1_b，表示该数据帧是标签到读写器。

帧选项的 b_4 位表示该帧为广播帧或点对点帧，如果 b_4 位为 0_b，表示该数据帧是广播帧；如果帧选项的 b_4 位为 1_b，则表示该数据帧是点对点帧。标签返回帧中 b_4 位为 1_b。

帧选项中 $b_5 \sim b_7$ 位保留，缺省设置为 000_b。

6.6 消息数据

6.6.1 读写器到标签

读写器发给标签的数据帧分为广播帧和点对点帧。广播帧用于读写器向所有标签同时发送数据，点对点帧用于读写器向指定标签发送数据。收到广播帧后，所有标签均应进行处理。收到点对点帧后，标签应将数据帧中的 TID 数据与标签自身 TID 进行比较，如果一致则处理该点对点帧，否则不响应。

读写器到标签广播帧的消息数据格式见表 9。

表 9 读写器到标签广播帧的消息数据格式

数据项	RID	命令代码	命令参数
长度	3 字节	1 字节	≤120 字节

读写器到标签点对点帧的消息数据格式见表 10。

表 10 读写器到标签点对点帧的消息数据格式

数据项	TID	RID	命令代码	命令参数
长度	8 字节	3 字节	1 字节	≤112 字节

表 9 和表 10 中各数据项说明如下：

a) TID：标签制造商为每个标签写入的唯一 8 字节二进制数，在使用过程中不可更改。该 TID 用于在通信过程中唯一标识一个标签。广播帧中不包含 TID 数据项，点对点帧中包含 TID 数据项。
b) RID：长度为 3 字节的二进制数，用于在通信过程中唯一标识一个读写器，RID 的组成由用户自定义；广播帧和点对点帧均包含该数据项。
c) 命令代码：用于标识不同的命令，长度为 1 字节。命令代码列表见表 28。
d) 命令参数：每个命令参数的要求见第 9 章。

6.6.2 标签到读写器

6.6.2.1 概述

标签发给读写器的数据帧分为长帧和短帧。

标签应对读写器命令做出响应，但下列两种情况除外：

a) 命令指明不需要标签响应；
b) 标签收到的校验码与根据接收数据计算的校验码不匹配。

6.6.2.2 标签到读写器短帧

标签到读写器的短帧消息数据格式见表 11，该短帧格式仅用于标签响应读写器发出的接入命令，接入命令的定义见 9.4。

表 11 标签到读写器短帧消息数据格式

数据项	应答数据
长度	1 字节

6.6.2.3 标签到读写器长帧

标签到读写器长帧消息数据格式见表 12。该长帧格式用于标签响应读写器发出的接入命令以外的命令。

表 12 标签到读写器长帧消息数据格式

数据项	标签状态字	RID	TID	命令代码	应答数据
长度	1 字节	3 字节	8 字节	1 字节	≤111 字节

表 12 中各数据项说明如下：

a) 标签状态字：标签状态字表示标签的基本状态信息，主要包括电池电量、是否携带传感器、初始化状态等信息，具体要求见表 13。其中，初始化是指建立片上操作系统和文件系统、写入标签配置信息等过程。
b) RID：长度为 3 字节的二进制数，用于在通信过程中唯一标识一个读写器，RID 的组成由用户自定义；广播帧和点对点帧均包含该数据项。
c) TID：标签制造商为每个标签写入的唯一 8 字节二进制数，在使用过程中不可更改。该 TID 用于在通信过程中唯一标识一个标签。
d) 命令代码：标签收到的读写器命令代码。

e) 应答数据:标签对读写器有效命令的响应数据。某些响应的应答数据包含两个字节的执行状态数据,执行状态的说明见6.6.3。

表13 标签状态字

$b_0 \sim b_1$	b_2	b_3	$b_4 \sim b_7$
电池电量	传感器	标签初始化	保留
00_b:75%~100%(满电) 10_b:50%~75% 01_b:10%~50% 11_b:低于10%(低电)	0_b:有 1_b:无	0_b:未初始化 1_b:已初始化	—

6.6.3 执行状态

标签在执行广播或点对点命令时,如果执行成功,则说明标签从读写器接收到一个有效的命令,并且成功处理了该命令;如果执行失败,则说明命令无效或标签在处理该命令时遇到错误。

标签在执行点对点命令时,如果执行成功,则标签返回响应,响应中的应答数据包括执行状态,其中执行状态代码为0000_h;如果执行失败,则标签响应中的应答数据只包含执行状态,执行状态代码为表14的出错代码。出错代码包含出错类别代码和出错子代码,出错类别代码表示了出错种类。每个出错类别子代码进一步表示了错误的含义。出错类别代码和出错子代码的要求见表15。

标签在执行广播命令时,如果执行成功,则标签返回响应,响应中的应答数据包括执行状态,其中执行状态代码为0000_h;如果执行失败,在非时隙操作中,标签不返回任何出错信息,在时隙操作中,标签只响应命令代码正确的读写器命令,并依据时隙返回出错类别代码和出错子代码。出错类别代码和出错子代码的要求见表15。

表14 出错代码格式

出错类别代码	出错子代码
1字节	1字节

表15 出错类别和出错子代码定义

出错类别代码	含义	出错子代码	含义
01_h	无效命令代码	—	标签收到的信息包中含有本标准未定义的命令代码
02_h	无效命令参数	01_h	参数值不合法
		02_h	命令参数中的字节比期望值少
		03_h	命令参数中的字节比期望值多
		其他	保留
03_h	不支持的可选命令代码	—	标签收到标准中定义的可选命令,但不支持该命令
04_h	命令执行失败	—	标签执行命令时发生意外错误
05_h	鉴别操作失败	—	读写器和标签之间的实体鉴别失败

表 15（续）

出错类别代码	含义	出错子代码	含义
06_h	文件操作访问失败	00_h	被操作文件不存在
		01_h	不满足文件访问控制条件
		02_h	文件已经设置为无效
		03_h	访问记录不存在
		04_h	访问的字段不存在
		05_h	已经是最后一条记录
		06_h	超出边界错误
		其他	保留
07_h	监测模式操作失败	00_h	未知
		01_h	数据越界
		02_h	监测周期配置失败
		其他	保留
09_h	灭活操作失败	00_h	未知
		01_h	灭活口令不匹配
		02_h	标签灭活口令为零
		其他	保留
$0A_h$	更改系统口令	00_h	未知
		01_h	无效口令索引或模式
		02_h	新口令不合法
		03_h	管理员口令不匹配
		其他	保留
08_h,$0B_h$～FF_h	保留	—	—

6.6.4 TID

标签标识符由分配类、标签制造商代码、标签序列号三部分组成，分配类为“11000000_b”，标签制造商代码为二进制 16 位，由全国信息技术标准化技术委员会秘书处注册管理，标签序列号为二进制 40 位，由标签制造商自己分配，如表 16 所示。

表 16 TID 格式

分配类	标签制造商	标签序列号
8 位（“11000000_b”）	16 位	40 位

6.7 校验码

本标准采用 CRC-16 校验方式，校验结果为两字节，校验内容包括帧选项和消息数据两个数据项。

CRC-16 根据多项式 $x^{16}+x^{12}+x^{5}+1$ 计算，计算的初始值是 0000_h。

7 标签存储区结构

7.1 概述

标签存储器逻辑上分为安全区和用户区。安全区用于存放标签安全类数据，存放位置和存放方式由用户确定；用户区用于存放用户数据，使用文件系统方式组织和管理。

7.2 安全区数据组织

7.2.1 口令

安全区用于存放标签安全数据，包括管理员口令、密钥参数、安全能力参数、鉴别密钥、灭活口令和就绪/休眠口令，如图 5 所示。

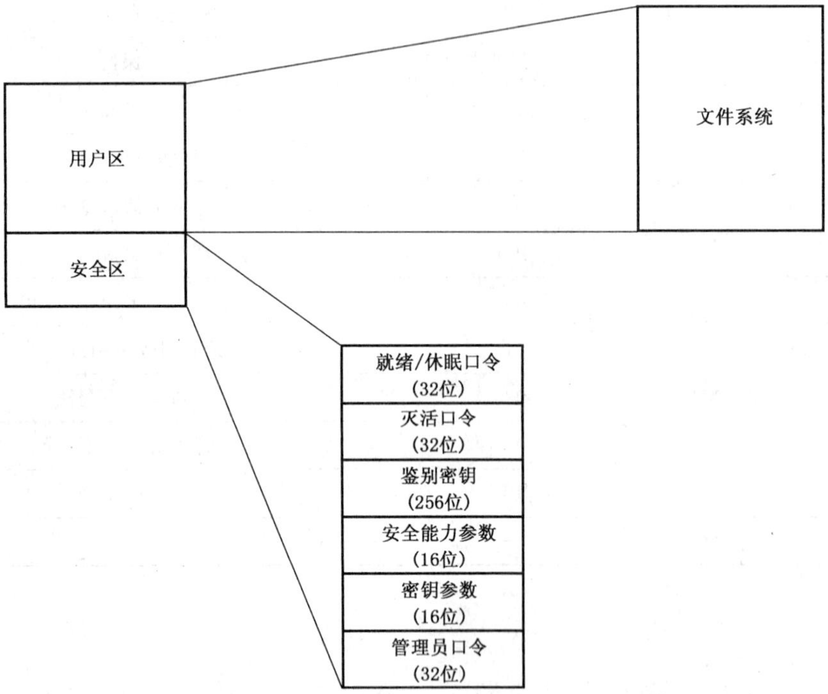

图 5　存储器逻辑映射

管理员口令、灭活口令和就绪/休眠口令均为 32 位二进制数，MSB 存储在低地址。上述口令只能在初始化阶段写入，在标签工作阶段，只能被标签内部程序读取和使用，不能被任何外部命令访问。

读写器可在实体鉴别成功后，通过管理员口令更改灭活口令和就绪/休眠口令，但不允许读取。

7.2.2 密钥参数

密钥参数为存储在安全区的 16 位二进制数，MSB 存储在低地址。

密钥参数由基密钥索引和鉴别密钥状态组成，其中基密钥索引用于告知读写器标签所使用的 BK 的索引，鉴别密钥状态表示标签是否已被写入鉴别密钥。密钥参数用于鉴别服务，只应在标签初始化阶段写入；在标签工作阶段，读写器可读取该参数，但不能更改，定义见表 17。

表 17 密钥参数

b_{15}～b_1	b_0
基密钥索引	鉴别密钥状态
0000_h～$7FFF_h$	0_b:标签未预存鉴别密钥 1_b:标签已预存鉴别密钥

7.2.3 安全能力参数

安全能力参数为 16 位二进制数，MSB 存储在低地址。

安全能力参数由鉴别能力标识、保密通信能力标识、密码套件、密码长度组成。鉴别能力标识用于指示标签是否具有执行实体鉴别的能力;保密通信能力标识用于指示标签是否具备执行通信加解密的能力;密码套件标识标签所支持的密码算法类别，密码长度用于指示鉴别和保密通信的密码长度。

安全能力参数只应在标签初始化阶段写入;在标签工作阶段，读写器可通过空口读取该参数，但不能更改，取值定义见表 18。

表 18 安全能力

b_0～b_1	b_2～b_3	b_4～b_7	b_8～b_{10}	b_{11}～b_{15}
鉴别能力标识	保密通信能力标识	密码套件	密码长度	保留
00_b:不具备鉴别能力 01_b:具备读写器对标签单向鉴别能力 10_b:具备标签对读写器单向鉴别能力 11_b:具备标签和读写器双向鉴别能力	00_b:不具备保密通信能力 01_b:具备保密通信能力 其他:保留	0000_b:保留 0001_b:异或运算 1000_b:哈希算法 0100_b:对称算法 0010_b:公钥密码算法 1110_b:哈希算法、对称算法和公钥密码算法 其他:保留	000_b:32 位 001_b:64 位 010_b:128 位 011_b:192 位 100_b:256 位 其他:保留	—

本标准涉及到的密码算法和随机数应遵循国家商用密码的有关规定。

7.2.4 鉴别密钥

鉴别密钥存储在安全区，为最长 256 位二进制数，MSB 存储在低地址。鉴别密钥只能在初始化阶段写入。在标签工作阶段，只能被标签内部程序读取和使用，不能被外部任何命令访问。

7.3 用户区数据组织

7.3.1 文件系统组成结构

文件系统由以下两种文件组成:

a) DF:用于支持文件夹，作为其他文件的父文件。

b) EF:用于存放数据，不能作为其他文件的父文件。

标签用户区的数据由上述两种文件通过结构化分级组成。在文件系统根处的 DF 称作 MF，MF 是标签必备的且只能有一个。MF 下可包含下属 DF，MF 下的最大嵌套层数为两层。上一级文件为本级文件的父文件。EF 包含在 MF 或其他 DF 中。空文件是一种特殊的 DF，该文件包含在 MF 下，只能够被标识和选择，但不能包含下属文件。标签文件组织结构如图6所示。

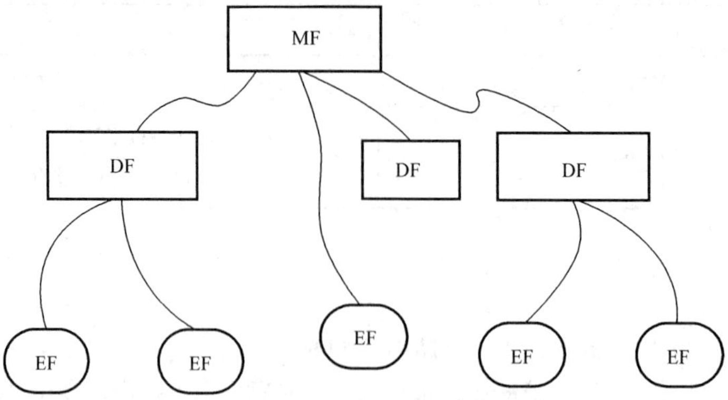

图6　标签文件系统组织示意图

7.3.2　EF数据结构

EF内容包括两种基本数据结构：

a)　透明结构：EF可看作一序列数据单元。

b)　记录结构：EF可看作一序列各自可标识的记录。记录结构只支持固定长度且以线性顺序组织。

EF数据结构如图7所示。

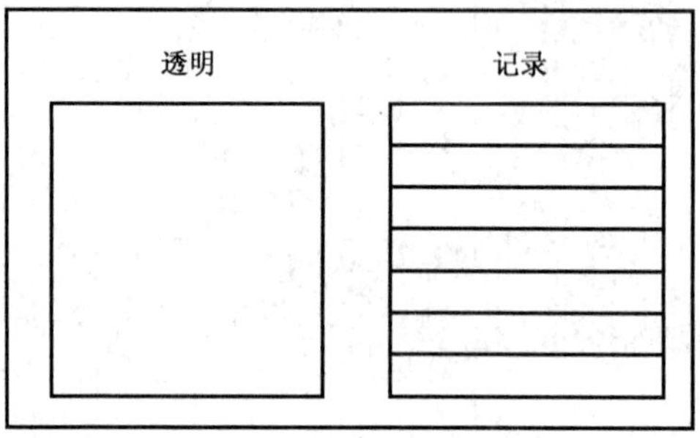

图7　EF数据结构

DF和EF除了包含用户数据外，还应包括文件属性信息，文件属性信息定义见表19。

表19　文件属性信息

名称	存放位置	描述
文件标识符	第(1～2)字节	在标签内对文件进行唯一标识
文件类型和有效信息	第3字节	低四位为文件类型： ——如果文件类型为DF：0000_b； ——如果文件类型为透明EF：0001_b； ——如果文件类型为记录EF：0011_b。 第五位为文件有效信息： ——如果文件有效：0_b； ——如果文件无效：1_b。 其他位：保留

表 19（续）

名称	存放位置	描述
文件最大允许长度	第(4～5)字节	如果文件类型为 DF，该值总为 0001_h； 如果文件类型为透明 EF，该值表示以字节为单位的文件内容长度，不包括文件属性； 如果文件类型为记录 EF，该值表示以字节为单位的每条记录的长度
文件最大允许记录数	第(6～7)字节	如果文件类型为 DF，该值表示 DF 下属文件的数量； 如果文件类型为透明 EF，该值总为 0001_h； 如果文件类型为记录 EF，该值表示最大允许记录数
文件实际长度	第(8～9)字节	如果文件类型表示 DF，该值表示 DF 下属文件数量； 如果文件类型为透明 EF，该值表示以字节为单位的文件内容长度，不包括文件属性； 如果文件类型为记录 EF，该值为实际记录数，不包括文件属性
文件安全控制属性	第 10 字节	文件访问操作的安全控制条件，具体见表 21、表 22、表 23

7.3.3 文件选择方法

任何文件都可通过文件标识符引用。文件标识符的编码范围为 $3F00_h$～$FFFF_h$，其中 $3F00_h$ 用于标识 MF。在给定 DF 下的所有 EF 和 DF 都应具有不同的文件标识符。

文件的选择方式包括隐式选择和显式选择，隐式选择是指不通过选择文件命令就缺省选中的，显式选择是指通过选择文件命令明确指定选中的。

MF 为隐式选择，当标签转入就绪状态时就被选中，包括空文件在内的其他文件都应通过文件标识符显式选择。

7.3.4 文件系统操作命令

文件系统操作命令包括选择文件、验证文件口令、文件有效、文件无效、读透明文件、更新透明文件、读记录文件、更新记录文件和检索记录等命令。

文件系统各操作命令适用的文件类型定义见表 20。

表 20 文件系统操作命令适用文件类型

文件系统操作命令	适用文件类型
选择文件	DF 和 EF
验证文件口令	DF 和 EF
文件无效	DF 和 EF
文件有效	DF 和 EF
列表文件	DF
读透明文件	透明 EF
更新透明文件	
读记录文件	记录 EF
更新记录文件	
检索记录	

每个文件操作都是由一组命令-响应序列构成。读写器向标签发出文件操作命令，其中包括操作命令代码、待处理数据；标签处理该命令并向读写器返回响应，响应包括命令代码、执行状态和应答数据。

7.3.5 文件系统操作流程

读写器对标签的文件操作遵循如下流程：

a) 选择文件：读写器选择一个文件，标签返回该文件的文件属性信息，其中包含了该文件的安全控制信息，读写器根据文件安全控制信息判断是否需要执行 b)或 c)。

b) 实体鉴别：读写器判断当前标签的实体鉴别状态；如果未完成实体鉴别，则双方进行实体鉴别，实体鉴别完成后执行 d)；如果已完成实体鉴别，则直接执行 d)。

c) 验证文件口令：读写器判断当前文件的操作是否进行过口令校验，如果未完成口令校验，则提供相应操作口令进行验证，成功后执行 d)；如果已成功执行过口令校验，则直接执行 d)。

d) 文件操作：读写器对文件进行操作。

文件操作流程如图 8 所示。

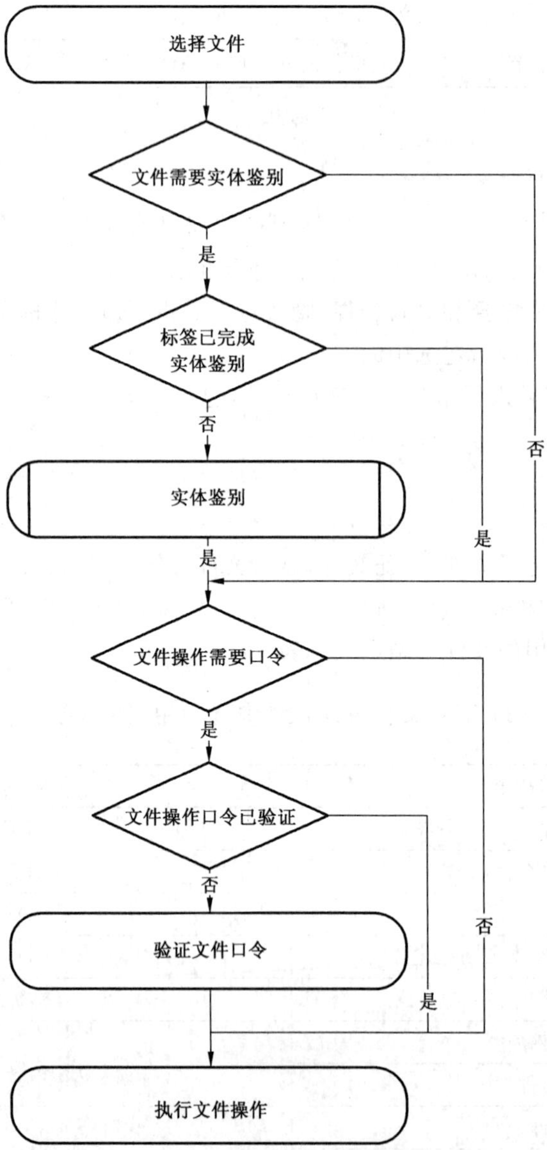

图 8 文件操作流程

7.3.6 文件系统访问控制

读写器对标签文件的每项操作应满足文件的访问控制条件，标签文件访问控制条件应在执行操作之前满足。访问控制条件定义见表 21。

表 21 标签文件访问控制条件

访问控制条件	说 明
ALW	不受控，无条件执行
PWD	要求提供口令
ATH	要求完成实体鉴别
NEV	任何条件下都不允许操作

访问控制权限和文件操作绑定，无论是透明文件还是记录文件，已经获得的访问控制权限可被后续相同操作继承，但如果后续文件操作类型变化，则需要对该操作重新验证权限。

实体鉴别获得的权限范围是整个标签，在标签整个访问周期内都有效；其他访问控制条件的权限范围仅限于具体文件的具体操作，一旦操作的文件改变，针对该文件的权限将失效。

用户应为每个 DF 或 EF 分别定义访问控制属性。该信息应在标签初始化阶段写入；在标签工作阶段，用户可通过选择文件命令查看该信息，但不可更改。

DF 的安全控制属性定义见表 22。EF 的安全控制属性定义见表 23。

表 22 DF 的安全控制属性

$b_0 \sim b_1$	$b_2 \sim b_3$	$b_4 \sim b_5$	$b_6 \sim b_7$
选择控制条件	列表控制条件	保留	有效或无效控制条件
00_b:ALW 其他:保留	00_b:ALW 10_b:ATH 01_b:PWD 11_b:NEV	—	00_b:ALW 10_b:ATH 01_b:PWD 11_b:NEV

表 23 EF 的安全控制属性

$b_0 \sim b_1$	$b_2 \sim b_3$	$b_4 \sim b_5$	$b_6 \sim b_7$
选择控制条件	读取和查询控制条件	更新控制条件	有效或无效控制条件
00_b:ALW 其他:保留	00_b:ALW 10_b:ATH 01_b:PWD 11_b:NEV	00_b:ALW 10_b:ATH 01_b:PWD 11_b:NEV	00_b:ALW 10_b:ATH 01_b:PWD 11_b:NEV

7.4 用户区文件定义

标签文件系统应在初始化阶段生成。标签内部应至少具备 MF、TID 文件、UII 文件、标签配置文件、空文件、查询结果文件等文件。文件目录结构如图 9 所示，上述文件定义见表 24。

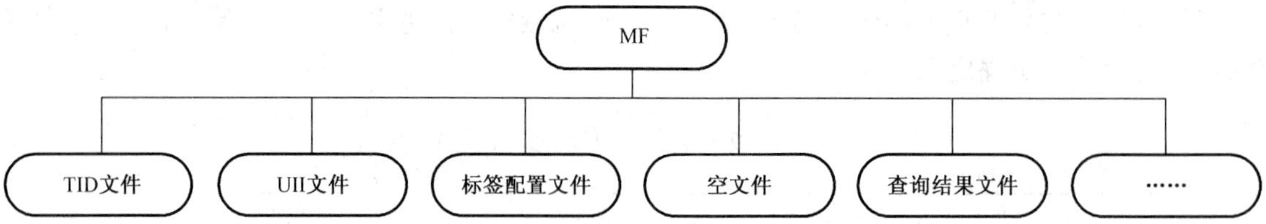

图 9　文件目录结构

表 24　用户区文件定义

文件名称	文件标识符	文件类型	详细说明
MF	$3F00_h$	DF	如图 10 所示
TID 文件	$A101_h$	透明 EF	如图 11 所示
UII 文件	$A102_h$	透明 EF	如图 12 所示
标签配置文件	$A103_h$	透明 EF	如图 13 所示
空文件	$A104_h$	DF	如图 14 所示
查询结果文件	$F000_h$	记录 EF	如图 15 所示

文件标识符：$3F00_h$	文件类型：DF	必选/可选：必选
文件实际长度：—	更新频度：—	
文件安全控制属性： ——选择操作：ALW ——列表操作：ALW ——读操作：不适用 ——更新操作：不适用 ——有效或无效操作：NEV		

图 10　MF 定义

文件标识符：$A101_h$	文件类型：透明EF	必选/可选：必选	
文件实际长度：8字节	更新频度：低		
文件安全控制属性： ——选择操作：ALW ——列表操作：不适用 ——读操作：ALW ——更新操作：NEV ——有效或无效操作：NEV			
存储位置	数据内容	必选/可选	数据长度
第1～8字节	TID	必选	8字节

图 11　TID 文件定义

文件标识符：$A102_h$	文件类型：透明EF		必选/可选：必选
文件实际长度：用户自定义		更新频度：低	
文件安全控制属性： ——选择操作：用户自定义 ——列表操作：不适用 ——读操作：用户自定义 ——更新操作：用户自定义 ——有效或无效操作：用户自定义			
存储位置	数据内容	必选/可选	数据长度
用户自定义	UII	必选	用户自定义

图 12 UII 文件定义

文件标识符：$A103_h$	文件类型：透明EF		必选/可选：必选
文件实际长度：15字节		更新频度：低	
文件安全控制属性： ——选择操作：ALW ——列表操作：不适用 ——读操作：ALW ——更新操作：用户自定义 ——有效或无效操作：NEV			
存储位置	数据内容	必选/可选	数据长度
第1～4字节	存储器容量	必选	4字节
第5字节	查询元素最大数量	必选	1字节
第6～7字节	查询结果最大匹配数量	必选	2字节
第8字节	唤醒能力	必选	1字节
第9字节	DBPSK调制信息速率	必选	1字节
第10～11字节	侦听时间	必选	2字节
第12～15字节	休眠时间	必选	4字节

图 13 标签配置文件定义

图 13 中唤醒能力表示标签支持的唤醒方式类型，占用一个字节。b_0～b_2 位分别表示标签对一种唤醒方式的支持能力，为 1_b 表示支持该唤醒方式，为 0_b 表示不支持。b_3～b_7 位保留，标签至少支持一种唤醒方式。如表 25 所示。

图 13 中 DBPSK 调制信息速率占用一个字节。b_0～b_3 位分别表示标签对一种信息速率的支持能力，为 1_b 表示支持该信息速率，为 0_b 表示不支持。b_4～b_7 位保留，如表 26 所示。

图 13 中侦听时间表示标签保持侦听状态的时间，单位时间宽度为 0.1 ms。当信息速率分别为 250 kbps、62.5 kbps、31.25 kbps 和 15.625 kbps 时，侦听时间的最小值分别为 2 ms、8 ms、16 ms 和 32 ms。对于支持周期休眠-唤醒的标签，休眠时间表示标签保持休眠状态的时间，单位时间宽度为 1 ms；对于不支持周期休眠-唤醒的标签，休眠时间无意义。

表 25　标签唤醒能力

b_0	b_1	b_2	$b_3 \sim b_7$
周期唤醒 0_b:不支持 1_b:支持	外部 125 kHz 唤醒 0_b:不支持 1_b:支持	外部 2 kHz 唤醒 0_b:不支持 1_b:支持	保留

表 26　DBPSK 调制信息速率

b_0	b_1	b_2	b_3	$b_4 \sim b_7$
DBPSK/15.625 kbps 调制 0_b:不支持 1_b:支持	DBPSK/31.25 kbps 调制 0_b:不支持 1_b:支持	DBPSK/62.5kbps 调制 0_b:不支持 1_b:支持	DBPSK/250kbps 调制 0_b:不支持 1_b:支持	保留

文件标识符：$A104_h$	文件类型：DF	必选/可选：必选
文件实际长度：—	更新频度：—	
文件安全控制属性： ——选择操作：ALW ——列表操作：ALW ——读操作：不适用 ——更新操作：不适用 ——有效或无效操作：NEV		

图 14　空文件定义

文件标识符：$F000_h$	文件类型：记录 EF	必选/可选：必选	
文件实际长度：用户自定义	更新频度：高		
文件安全控制属性： ——选择操作：ALW ——列表操作：不适用 ——读操作：ALW ——更新操作：NEV ——有效或无效操作：NEV			
存储位置	数据内容	必选/可选	数据长度
第1～2字节	记录指针1	必选	2字节
第3～4字节	记录指针2	必选	2字节
⋮	⋮	⋮	⋮

图 15　查询结果文件

8 标签状态转移

8.1 概述

标签状态分为休眠、侦听、就绪、工作和灭活 5 个状态。工作状态可进一步分为仲裁、收集、会话和安全会话 4 个子状态。

8.2 标签状态转移图

标签各状态之间的转移条件如图 16 所示。图中收集失败是指标签在收集期收到读写器发送的收集失败确认命令确认收集失败。会话期命令是指系统工作于会话期时读写器可发送的所有命令，它包括文件访问命令、监测命令、安全协议命令、更新系统口令命令、灭活命令和请求随机数命令。

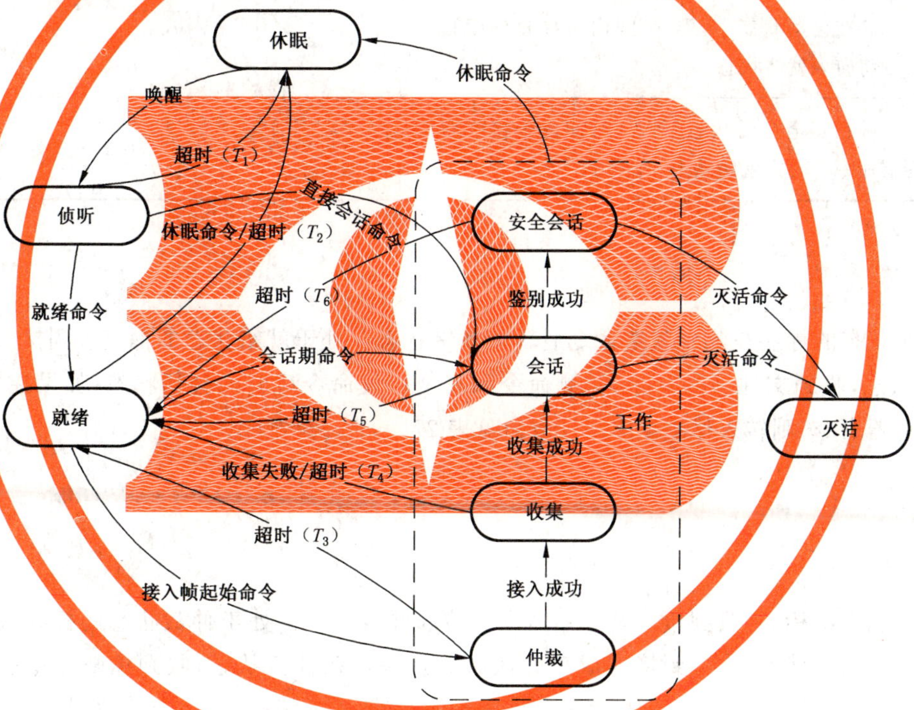

图 16 标签状态转移图

8.3 侦听状态

处于休眠状态的标签收到唤醒信号后转入侦听状态。处于侦听状态的标签应打开收发电路，并等待读写器就绪命令或直接会话命令。如果收到读写器的就绪命令则转入就绪状态，如果收到读写器的直接会话命令则转入会话状态，如果在规定的时间 T_1 内未收到就绪命令或直接会话命令，则转入休眠状态。T_1 取值见表 27。

表 27 等待超时时间

参数	说明	取值
T_1	标签在侦听状态下，T_1 时间内未收到就绪命令或直接会话命令将转入休眠状态	侦听时间，见图 13 的说明
T_2	标签在就绪状态下，T_2 时间内未收到读写器命令将转入休眠状态	30 s
T_3	标签在仲裁状态下，T_3 时间内未收到接入命令或收集命令将转入就绪状态	1 s
T_4	标签在收集状态下，T_4 时间内未收到收集命令或接入命令将转入就绪状态	30 s
T_5	标签在会话状态下，T_5 时间内未接收到读写器命令将转入就绪状态	5 s
T_6	标签在安全会话状态下，T_6 时间内未接收到读写器命令将转入就绪状态	30 s

8.4 就绪状态

处于侦听状态的标签在收到就绪命令后转入就绪状态。处于就绪状态的标签收到接入帧起始命令后转入仲裁状态，收到文件访问命令、监测命令和安全协议命令后转入会话状态；如果在规定时间 T_2 内未收到读写器命令，则转入休眠状态，T_2 取值见表 27。

8.5 工作状态

8.5.1 仲裁状态

处于就绪状态的标签，收到接入帧起始命令后转入仲裁状态。处于仲裁状态的标签收到接入成功确认命令后转入收集状态；未收到接入成功确认命令则保持在仲裁状态；收到休眠命令后转入休眠状态；如果在规定时间 T_3 内未收到接入命令或收集命令，则转入就绪状态，T_3 取值见表 27。

8.5.2 收集状态

处于仲裁状态的标签，收到读写器成功确认命令后转入收集状态。处于收集状态的标签收到收集成功确认命令后转入会话状态，收到收集失败确认命令后转入就绪状态，收到休眠命令后转入休眠状态；如果在规定的时间 T_4 内未收到收集命令或接入命令，则转入就绪状态，T_4 取值见表 27。

8.5.3 会话状态

处于收集状态的标签收到收集成功确认命令后转入会话状态。处于就绪状态的标签收到文件访问命令、监测命令和安全协议命令后转入会话状态。处于侦听状态的标签收到直接会话命令后转入会话状态。处于会话状态的标签，如果实体鉴别成功，则转入安全会话状态；如果实体鉴别失败，则保持在会话状态；如果收到灭活命令，则擦除标签存储区，转入灭活状态；如果收到休眠命令，则转入休眠状态；如果在规定时间 T_5 内未收到读写器命令，则转入就绪状态，T_5 取值见表 27。

8.5.4 安全会话状态

处于会话状态的标签实体鉴别成功后转入安全会话状态。处于安全会话状态的标签可执行文件访问命令、监测命令、安全协议命令、更新系统口令命令和灭活命令。处于安全会话状态的标签收到灭活命令后，则擦除标签存储区，转入灭活状态；如果收到休眠命令，则转入休眠状态；如果在规定时间 T_6 内未收到读写器命令，则转入就绪状态，T_6 取值见表 27。

8.6 休眠状态

休眠状态是标签的低功耗状态。处于就绪状态、工作状态的标签收到休眠命令后转入休眠状态。处于侦听状态的标签，如果在规定的时间 T_1 内未收到就绪命令或直接会话命令，则转入休眠状态。处于就绪状态的标签，如果在规定时间 T_2 内未收到读写器命令，则转入休眠状态。处于休眠状态的标签收到唤醒信号后转入侦听状态。T_1 和 T_2 取值见表 27。

8.7 灭活状态

处于会话状态或安全会话状态的标签收到灭活命令并且验证灭活口令成功后，擦除标签存储器，转入灭活状态。处于灭活状态的标签不响应任何命令，并始终保持在灭活状态。

9 读写器命令与标签响应

9.1 命令类型

命令类型分为必选命令、可选命令、专用命令和定制命令，其中：

a) 必选命令是指标签和读写器应支持的命令；

b) 可选命令是指标签和读写器可不支持的命令；

c) 专用命令是指标签或读写器制造商专门定义生产制造过程中使用的命令，所有的专用命令都应能被永久禁用；

d) 定制命令是指用户专门定义、在特定 RFID 系统中使用的命令。

9.2 命令代码表

读写器命令按操作类型可分为就绪/休眠命令、接入命令、收集命令、文件访问命令、监测命令、安全协议命令和其他命令，各命令的代码、名称、英文缩写、使用方式和命令类型规定见表 28，各命令的功能、命令参数以及标签在收到命令后的响应见本章的后续条款。标签在各状态下执行读写器命令后状态转移情况见附录 A。

表 28 命令代码列表

类别	命令代码	名　　称	英文缩写	使用方式	命令类型
就绪/休眠命令	00_h	保留	—	—	—
	01_h	就绪	BeReady	广播/点对点	必选
	02_h	休眠所有标签	SleepAll	广播/点对点	必选
	03_h	休眠除某一类标签外所有标签	SleepALLButOnes	广播	必选
	04_h	休眠除某个标签外所有标签	SleepAllButOne	广播	必选
	05_h	直接会话	DirectAccess	广播/点对点	必选
	06_h～$0F_h$	保留	—	—	—

表 28（续）

类别	命令代码	名　　称	英文缩写	使用方式	命令类型
接入命令	10_h	保留	—	—	—
	11_h	接入帧起始	AccessFrameStart	广播	必选
	12_h	接入时隙起始	AccessSlotStart	广播	必选
	13_h	接入失败确认	AccessFail	广播	必选
	14_h	接入成功确认	AccessSuccess	广播	必选
	15_h	重新接入	ReAccess	广播	必选
	16_h～$1F_h$	保留	—	—	—
收集命令	20_h	保留	—	—	—
	21_h	收集期起始	CollectStart	广播	必选
	22_h	收集失败确认	CollectFail	广播	必选
	23_h	收集成功确认	CollectSuccess	广播	必选
	24_h～$2F_h$	保留	—	—	—
文件访问命令	30_h	保留	—	—	—
	31_h	选择文件	SelectFile	点对点	必选
	32_h	验证文件口令	VerifyPWD	点对点	必选
	33_h	文件无效	Invalidate	点对点	必选
	34_h	文件有效	Rehabilitate	点对点	必选
	35_h	列表文件	DirDF	点对点	必选
	36_h	读透明文件	ReadBinary	点对点	必选
	37_h	更新透明文件	UpdateBinary	点对点	必选
	38_h	读记录文件	ReadRecord	点对点	必选
	$3A_h$	检索记录	SearchRecord	点对点	必选
	$3B_h$	更新记录文件	UpdateRecord	点对点	必选
	39_h,$3C_h$～$4F_h$	保留	—	—	—
监测命令	50_h	保留	—	—	—
	51_h	监测周期配置	TRConf	点对点	必选
	52_h	监测周期起始	TRStart	广播	必选
	53_h～$6F_h$	保留	—	—	—
安全协议命令	70_h	保留	—	—	—
	71_h	获取标签安全参数	GetSecPara	点对点	必选
	72_h	异或鉴别请求	ReqAuthXOR	点对点	可选[a]
	73_h	异或鉴别激活	ActAuthXOR	点对点	
	74_h	异或鉴别应答	RespAuthXOR	点对点	
	75_h	哈希鉴别请求	ReqAuthHash	点对点	可选[b]

表 28（续）

类别	命令代码	名　称	英文缩写	使用方式	命令类型
安全协议命令	76_h	哈希鉴别激活	ActAuthHash	点对点	可选[b]
	77_h	哈希鉴别应答	RespAuthHash	点对点	
	78_h	对称鉴别请求	ReqAuthEnc	点对点	可选[c]
	79_h	对称鉴别激活	ActAuthEnc	点对点	
	$7A_h$	对称鉴别应答	RespAuthEnc	点对点	
	$7B_h$	公钥鉴别激活	ActAuthPK	点对点	可选[d]
	$7C_h$	公钥鉴别请求应答	RespAuthPK	点对点	
	$7D_h$	安全通信	SecComm	点对点	可选[e]
	$7E_h$～$8F_h$	保留	—	—	—
其他命令	90_h	保留	—	—	—
	91_h	灭活	Kill	点对点	必选
	92_h	请求随机数	Challenge	点对点	必选
	93_h	更新系统口令	UpdatePWD	点对点	必选
	94_h	数据广播	DataBroard	广播	必选
	95_h～$9F_h$	保留	—	—	—
—	$A0_h$～AF_h	由制造商定义	—	—	专用
—	$B0_h$～BF_h	由制造商定义	—	—	定制
—	$C0_h$～FF_h	保留	—	—	—

[a] 在实现基于异或运算的 TRAIS(TRAIS-X)鉴别协议时为必选。
[b] 在实现基于哈希算法的 TRAIS(TRAIS-H)鉴别协议时为必选。
[c] 在实现基于对称密码算法的 TRAIS(TRAIS-S)鉴别协议时为必选。
[d] 在实现基于公钥密码算法的 TRAIS(TRAIS-P)鉴别协议时为必选。
[e] 在实现读写器与标签安全通信时为必选。

9.3 就绪和休眠命令

9.3.1 就绪

就绪命令用于读写器将标签转入就绪状态。该命令可按广播或点对点命令方式使用。命令格式见表 29。

表 29 就绪命令格式

数据项	命令代码	命令参数	
		信道序号	就绪/休眠口令
长度	1 字节	1 字节	4 字节

表 29 中各数据项说明如下：

a) 命令代码：01_h。

b) 信道序号：该信道序号是标签需要跳转到的新信道。信道对应关系参见表1。信道序号低4位代表信道号，高4位保留。

c) 就绪/休眠口令：见7.2.1。

如果标签内部存储的就绪/休眠口令为00000000_h，则标签不验证该口令，完成信道切换后直接转入就绪状态。如果标签内部存储的就绪/休眠口令不为00000000_h，则标签需要验证该口令，如果一致，则标签在完成信道切换后跳转到就绪状态，如果不一致，则标签不切换信道，并保持侦听状态不变。标签切换到新信道的时间应不大于1 ms。

处于侦听状态的标签工作在默认信道。

处于周期性休眠-侦听的标签，在侦听状态下收到就绪命令后进入就绪状态，并且暂停周期性休眠-侦听的工作方式。当标签转入休眠状态后，重新进入周期性休眠-侦听的工作方式。

标签对该命令不返回响应。

9.3.2 休眠所有标签

休眠所有标签命令用于休眠读写器工作范围内的所有标签。该命令可按广播或点对点命令方式使用。命令格式见表30。

表30 休眠所有标签命令格式

数据项	命令代码	命令参数
		就绪/休眠口令
长度	1字节	4字节

表30中各数据项说明如下：

a) 命令代码：02_h。

b) 就绪/休眠口令：见7.2.1。

如果标签的就绪/休眠口令为00000000_h，则标签不验证口令，直接转入休眠状态；如果标签的就绪/休眠口令不为00000000_h，则标签验证该口令，如果验证成功，则转入休眠状态，如果验证失败，则标签不执行该命令，并保持当前状态。

标签对该命令不返回响应。

9.3.3 休眠除某一类标签外所有标签

休眠除某一类标签外所有标签用于根据标签内数据内容休眠标签，该命令为广播命令。命令格式见表31。

表31 休眠除某一类标签外所有标签命令格式

数据项	命令代码	命令参数				
		就绪/休眠口令	文件标识符	偏移	长度	数据
长度	1字节	4字节	2字节	1字节	1字节	M字节

表31中各数据项说明如下：

a) 命令代码：03_h。

b) 就绪/休眠口令:见 7.2.1。

c) 文件标识符:某个文件的标识符。

d) 偏移:待比较数据在文件中的起始位置,单位为字节。

e) 长度:待比较数据的字节数。

f) 数据:待比较的数据。

如果标签文件内的数据与命令参数不一致,并且如果标签的就绪/休眠口令为 00000000_h,则标签不验证口令,直接转入休眠状态。

如果标签文件内的数据与命令参数不一致,并且如果标签的就绪/休眠口令不为 00000000_h,则标签验证该口令,如果一致,则转入休眠状态,如果不一致,则标签不执行该命令,并保持当前状态。

标签对该命令不返回响应。

9.3.4 休眠除某个标签外所有标签

休眠除某个标签外所有标签命令用于根据标签 TID 信息休眠标签,该命令为广播命令。命令格式见表 32。

表 32 休眠除某个标签外所有标签命令格式

数据项	命令代码	命令参数	
		TID	就绪/休眠口令
长度	1 字节	8 字节	4 字节

表 32 中各数据项说明如下:

a) 命令代码:04_h。

b) TID:见 6.6.4。

c) 就绪/休眠口令:见 7.2.1。

标签收到该命令后,将命令中的 TID 数据与自身的 TID 比较,如果一致,则不响应该命令,如果不一致则进行就绪/休眠口令的验证。如果标签的就绪/休眠口令为 00000000_h,则标签不验证口令,直接转入休眠状态;如果标签的就绪/休眠口令不为 00000000_h,则标签验证该口令,如果一致,则转入休眠状态,如果不一致,则标签不执行该命令,并保持当前状态。

标签对该命令不返回响应。

9.3.5 直接会话

9.3.5.1 命令格式

直接会话命令用于读写器将标签从侦听状态直接转入会话状态,并指定标签在收到该命令后的回复内容和回复时间。该命令可按广播或点对点命令方式使用。命令格式见表 33。

表 33 直接会话命令格式

数据项	命令代码	命令参数				
		信道序号	就绪/休眠口令	响应等待时间	文件标识符	休眠控制
长度	1 字节	1 字节	4 字节	2 字节	2 字节	1 字节

表 33 中各数据项说明如下:

a） 命令代码：05_h。

b） 信道序号：该信道序号是标签需要跳转到的新信道。信道对应关系见表1。信道序号低4位代表信道号，高4位保留。

c） 就绪/休眠口令：见7.2.1。

d） 响应等待时间：用于指定标签收到该命令后返回响应的等待时间，时间单位见表34。

e） 文件标识符：用于指定标签返回数据的文件标识。

f） 休眠控制：用于指定标签在响应该命令后是否立即休眠。00_h 表示立即休眠；01_h 表示保持会话。

表34 响应等待时间

信息速率	时间
250 kbps	10 ms
62.5 kbps	25 ms
31.25 kbps	50 ms
15.625 kbps	100 ms

处于侦听状态的标签工作在默认信道。

如果标签内部存储的就绪/休眠口令为 00000000_h，则标签不验证该口令，完成信道切换后直接转入会话状态。如果标签内部存储的就绪/休眠口令不为 00000000_h，则标签需要验证该口令，如果一致，则标签在完成信道切换后跳转到会话状态，如果不一致，则标签不切换信道，并保持侦听状态不变。

标签应在收到该命令后的1 ms内切换到由该信道序号指定的新信道。

对于周期性休眠-侦听的标签，在侦听状态下收到直接会话命令后暂停周期性休眠-侦听的工作方式直接进入会话状态。当标签转入休眠状态后，重新进入周期性休眠-侦听的工作方式。

9.3.5.2 响应格式

标签收到直接会话命令后返回响应给读写器，响应格式见表35。

表35 标签响应格式

数据项	命令代码	应答数据			
		执行状态	文件标识符	长度	数据
长度	1字节	2字节	2字节	1字节	M字节

表35中各数据项说明如下：

a） 命令代码：05_h。

b） 执行状态：定义见6.6.3。

c） 文件标识符：直接会话命令中的文件标识符。

d） 长度：标签返回数据的字节数。

e） 数据：标签返回的数据。

当文件标识符指定为空文件时，标签返回数据长度为零，无数据内容项。当文件标识符指定为非空文件时，标签返回该文件内的全部数据，最多118字节。

9.4 接入命令

9.4.1 接入帧起始

接入帧起始命令用于读写器发起一个标签接入过程，命令参数包括Q和N。命令格式见表36。

表36 接入帧起始命令格式

数据项	命令代码	命令参数	
		Q	N
长度	1字节	1字节	1字节

表36中各数据项说明如下：

a) 命令代码：11_h。

b) Q：用于控制参与一个接入帧的标签数量，Q的取值范围为0～15。在接入过程中，读写器可根据标签碰撞情况随时调整Q值。

c) N：用于表示接入期一帧的时隙总数，在接入过程中N通常为固定值。

标签收到该命令后，在$[0,2^Q-1]$范围选择随机数。随机数为0的标签在$[0,N-1]$内随机选择一个时隙。标签在每个时隙内以二进制树算法接入，二进制树算法见11.3。

9.4.2 接入时隙起始

9.4.2.1 命令格式

接入时隙起始命令用于起始一个标签接入时隙，在时隙内采用二进制树算法接入，二进制树算法见11.3。命令格式见表37。

表37 接入时隙起始命令格式

数据项	命令代码	命令参数
		SN_{slot}
长度	1字节	1字节

表37中各数据项说明如下：

a) 命令代码：12_h。

b) SN_{slot}：接入时隙序号。

9.4.2.2 响应格式

标签收到接入时隙起始命令后，如果标签所选时隙等于SN_{slot}，标签将内部计数器置0，并启动随机数发生器。所有随机数生成为1的标签计数器加1；所有生成为0的标签，计数器值保持0不变，并立即回复一个RN8。接入时隙起始命令的响应格式见表38。

表38 接入时隙起始命令响应格式

数据项	应答数据
长度	1字节

接入时隙起始命令的响应为短帧格式，其消息数据只包含应答数据RN8。

9.4.3 接入失败确认

9.4.3.1 命令格式

接入失败确认命令用于读写器通知标签当前时隙接入失败，即若多个标签同时回复 RN8，则在读写器接收端发生碰撞；读写器收到标签响应，但不能正确解析。读写器发送该命令表示标签在该时隙发生碰撞。如果标签计数器值为 0，则返回 RN8。命令格式见表 39。

表 39 接入失败确认命令格式

数据项	命令代码
长度	1 字节

接入失败确认命令的命令代码为 13_h。

9.4.3.2 响应格式

标签收到接入失败确认命令后，如果内部计数器值不为 0，则计数器加 1；但如果计数器值为 FF_h，则计数器值保持 FF_h 不变。计数器值为 0 的标签启动随机数发生器，生成随机数为 1 的标签计数器值加 1，生成随机数为 0 的标签保持计数器值为 0，并发送新的 RN8。若标签发送新的 RN8，则响应格式见表 40。

表 40 接入失败确认命令响应格式

数据项	应答数据
长度	1 字节

接入失败确认命令的响应为短帧格式，其消息数据只包含应答数据 RN8。

9.4.4 接入成功确认

9.4.4.1 命令格式

接入成功确认命令用于读写器向标签反馈当前时隙接收成功或未收到标签响应。命令参数包含读写器收到的 RN8 和接入成功序号 $SN_{success}$。命令格式见表 41。

表 41 接入成功确认命令格式

数据项	命令代码	命令参数	
		$SN_{success}$	RN8
长度	1 字节	2 字节	1 字节

表 41 中各数据项说明如下：

a） 命令代码：14_h。

b） $SN_{success}$：读写器为接入成功的标签分配一个序号。

c） RN8：当前时隙成功收到的标签响应中的 RN8。

9.4.4.2 响应格式

计数器为 0 的标签收到接入成功确认命令后，若接入成功确认命令中的 RN8 与标签发送的 RN8

相同,则表示该标签接入成功,标签转入收集状态。若接入成功确认命令中的RN8与标签发送的RN8不同,则表示标签未接入成功,标签保持仲裁状态,标签计数器保持0,回复新的RN8。接入成功确认命令的响应格式见表42。

表42 接入成功确认命令响应格式

数据项	应答数据
长度	1字节

接入成功确认命令的响应为短帧格式,其消息数据只包含应答数据RN8。

未发送RN8的标签(计数器不为0的标签)收到接入成功确认命令后,内部的计数器值减1,若减1后为0,回复RN8。

9.4.5 重新接入

9.4.5.1 命令格式

重新接入命令在读写器发送接入失败确认命令后未收到标签响应时发送,用于再次接入标签。命令格式见表43。

表43 重新接入命令格式

数据项	命令代码
长度	1字节

重新接入命令的命令代码为15_h。

9.4.5.2 响应格式

当标签收到重新接入的命令时,若计数器值不为1,则计数器值保持不变;若计数器值为1,则启动随机数发生器。所有生成随机数为1的标签计数器值保持不变;所有生成随机数为0的标签,计数器值减1。计数器值为0的标签立即回复新的RN8。标签响应格式见表44。

表44 重新接入命令响应格式

数据项	应答数据
长度	1字节

重新接入命令的响应为短帧格式,其消息数据只包含应答数据RN8。

9.5 收集命令

9.5.1 收集期起始

9.5.1.1 命令格式

收集期起始命令用于起始一个收集期,并同时起始一个收集帧。命令格式见表45。

表 45 收集期起始命令格式

数据项	命令代码	命令参数							
		时隙宽度	收发指示	起始时隙序号	结束时隙序号	文件标识符	偏移	长度	延时宽度
长度	1字节	2字节	1字节	2字节	2字节	2字节	2字节	1字节	1字节

表 45 中各数据项说明如下：

a) 命令代码：21_h。

b) 时隙宽度：为单个标签通信分配的时间，单位时间宽度为 $8T_b$，其中 T_b 表示一个信息位周期的时间。

c) 收发指示：用于指定在单个时隙内标签的收发时序，收发转换在发送或接收文件结束时刻自动执行。收发时序的具体说明如下：

  1) 00_h：只发送，表示标签在该时隙只发送；

  2) 01_h：发送-接收，表示标签在该时隙先发送再接收；

  3) 其他：保留。

d) 起始时隙序号：起始时隙序号用于指定收集帧中第一个响应的标签，该值为标签的 $SN_{success}$。

e) 结束时隙序号：结束时隙序号用于指定收集帧中最后响应的标签，该值为标签的 $SN_{success}$。

f) 文件标识符：标签在该时隙返回数据的文件标识；该文件应为透明文件。

g) 偏移：待读取数据在文件中的起始地址，单位为字节。

h) 长度：从偏移开始读取的字节数。

i) 延时宽度：收集时隙起始延时时间，单位时间宽度为 10 μs。在延时宽度内标签可准备响应数据。

标签在收到收集期起始命令后，延迟延时宽度指定的时间后起始收集时隙。时隙起始后首个时隙的时隙号与起始时隙号相同，后续时隙依次加 1。

9.5.1.2 响应格式

标签收到收集期起始命令后，$SN_{success}$处于起始时隙序号与结束时隙序号区间内的标签在约定的时隙内响应。接入成功序号等于起始时隙序号的标签立即回复，其他标签依次返回；标签在相应的时隙返回文件标识符指定的文件内容。标签响应格式见表 46。

表 46 标签响应格式

数据项	命令代码	应答数据				
		执行状态	时隙序号	文件标识符	长度	数据
长度	1字节	2字节	2字节	2字节	1字节	M字节

表 46 中各数据项说明如下：

a) 命令代码：21_h。

b) 执行状态：定义见 6.6.3。

c) 时隙序号：标签 $SN_{success}$。

d) 文件标识符：收集命令中的文件标识符。

e) 长度：标签返回数据的实际字节数。

f) 数据:标签返回的数据。

当文件标识符指定为空文件时,标签返回数据长度为零,无数据内容项。当文件标识符指定为非空文件时,标签按照收集期起始命令中要求的长度返回数据。若返回的数据长度超过一个数据帧允许的最大长度,按照一帧最大允许长度返回数据;若文件内容达不到要求的数据长度,按照实际长度返回数据。以上情况下,命令执行状态均为0000h。

9.5.2 收集失败确认

9.5.2.1 命令格式

收集失败确认命令用于读写器广播通知接收指定时隙标签的响应失败。命令格式见表47。

表47 收集失败确认命令格式

数据项	命令代码	命令参数		
		时隙序号	发送指示	文件标识符
长度	1字节	2字节	1字节	2字节

表47中各数据项说明如下:

a) 命令代码:22_h。

b) 时隙序号:读写器接收失败的时隙序号,该值为标签的 $SN_{success}$。

c) 发送指示:用于指定标签收到该命令后发送或不发送应答数据,具体说明如下:

1) 00_h:发送;

2) 01_h:不发送;

3) 其他:保留。

d) 文件标识符:用于指定标签收到该命令后发送的数据文件的标识。

9.5.2.2 响应格式

标签接收到收集失败确认命令后,与命令参数中时隙序号相同的标签通过收发指示决定发送或不发送数据。若收发指示为 00_h,则标签发送文件标识符指定的数据信息,标签响应与收集期起始命令的响应相同,其格式见表46;若收发指示为 01_h,则标签不发送数据,该时隙内标签确认为收集失败,转入就绪状态等待后续接入和收集操作。

9.5.3 收集成功确认

收集成功确认命令用于读写器广播通知成功收到标签在收集期发送的信息,命令格式见表48。

表48 收集成功确认命令格式

数据项	命令代码
长度	1字节

收集成功确认命令的命令代码为 23_h。

处于收集状态的标签收到收集成功确认命令后,转入会话状态。

标签对收集成功确认命令不返回响应。

9.6 文件访问命令

9.6.1 选择文件

9.6.1.1 命令格式

选择文件命令用于显式选择一个文件。命令格式见表 49。

表 49 选择文件命令格式

数据项	命令代码	命令参数
		文件标识符
长度	1字节	2字节

表 49 中各数据项说明如下：

a) 命令代码：31_h。

b) 文件标识符：被选择文件的标识符。

9.6.1.2 响应格式

标签收到命令请求后，根据文件标识选择文件，并返回命令响应，响应格式见表 50。

表 50 选择文件命令响应格式

数据项	命令代码	应答数据						
		执行状态	文件标识符	文件类型	最大允许长度	最大允许记录数	实际长度	安全控制
长度	1字节	2字节	2字节	1字节	2字节	2字节	2字节	1字节

表 50 中各数据项说明如下：

a) 命令代码：31_h。

b) 执行状态：定义见 6.6.3。

c) 文件标识符：被选择文件的标识符，和请求命令相同。

d) 文件类型：被选择文件的类型，见表 19。

e) 最大允许长度：被选择文件可存储的最大允许长度，见表 19。

f) 最大允许记录数：被选择文件可存储的最大记录数，见表 19。

g) 实际长度：被选择文件的实际长度，见表 19。

h) 安全控制：被选择文件的安全控制属性，见表 19。

如果响应中的执行状态为成功，则响应中包括被选中文件的属性信息，否则只返回执行状态。

9.6.2 验证文件口令

9.6.2.1 命令格式

验证口令命令用于对使用了口令保护的文件进行口令校验，命令格式见表 51。

表 51 验证文件口令命令格式

数 据 项	命令代码	命 令 参 数	
		操作类别	口 令
长度	1字节	1字节	4字节

表 51 中各数据项说明如下：

a) 命令代码：32_h。

b) 操作类别：待验证口令的类别，具体说明如下：

  1) 01_h：列表文件口令；

  2) 02_h：文件有效口令或文件无效口令；

  3) 03_h：读透明文件口令、读记录文件口令或检索记录口令；

  4) 04_h：更新透明文件口令或更新记录文件口令；

  5) 其他：保留。

c) 口令：操作类别对应的文件操作口令。

9.6.2.2 响应格式

标签收到验证文件口令命令后，验证文件操作口令，并返回执行状态，响应格式见表 52。

表 52 验证文件口令响应格式

数 据 项	命 令 代 码	应 答 数 据
		执 行 状 态
长度	1字节	2字节

表 52 中各数据项说明如下：

a) 命令代码：32_h。

b) 执行状态：定义见 6.6.3。

9.6.3 文件无效

9.6.3.1 命令格式

文件无效命令用于将当前选中的文件设置为无效，文件中的数据将被擦除并不可恢复。如果文件被设置为无效，该文件可被列表和选择，但除文件有效命令外，不响应任何读写操作。命令格式见表 53。

表 53 文件无效命令格式

数 据 项	命 令 代 码
长度	1字节

文件无效命令的命令代码为 33_h。

设置 DF 文件无效时，DF 下的所有子文件将被设置为无效并被擦除数据；DF 文件无效时，不允许列举该 DF 文件下的文件。

9.6.3.2 响应格式

标签收到文件无效命令请求后，检查该操作的访问控制条件是否满足，如果不满足则返回出错代码，放弃操作，如果满足则删除文件数据，设置文件为无效，返回响应，响应格式见表54。

表54 文件无效命令响应格式

数据项	命令代码	应答数据
		执行状态
长度	1字节	2字节

表54中各数据项说明如下：

a) 命令代码：33_h。

b) 执行状态：定义见6.6.3。

9.6.4 文件有效

9.6.4.1 命令格式

文件有效命令用于将当前选中的文件设置为有效，设置DF文件有效时，操作仅对当前DF有效，子文件的状态不发生变化。命令格式见表55。

表55 文件有效命令格式

数据项	命令代码
长度	1字节

文件有效命令的命令代码为34_h。

9.6.4.2 响应格式

标签收到文件有效命令请求后，检查该操作的访问控制条件是否满足，如果不满足则返回出错代码，放弃操作，如果满足则恢复文件为有效，并返回响应，响应格式见表56。

表56 文件有效命令响应格式

数据项	命令代码	应答数据
		执行状态
长度	1字节	2字节

表56中各数据项说明如下：

a) 命令代码：34_h。

b) 执行状态：定义见6.6.3。

9.6.5 列表文件

9.6.5.1 命令格式

列表文件命令用于列出DF的下属文件，包括无效的文件，以逐条记录的方式返回。命令格式见表57。

表 57　列表文件命令格式

数　据　项	命 令 代 码	命　令　参　数	
		文件偏移	模　　式
长度	1 字节	1 字节	1 字节

表 57 中各数据项说明如下：

a)　命令代码：35_h。

b)　文件偏移：如果模式为 04_h，则读取该偏移所指向文件的文件属性信息，否则该值无效。

c)　模式，具体说明如下：

1)　02_h：当前被选择文件的下一个文件；

2)　03_h：当前被选择文件的上一个文件；

3)　04_h：读取由偏移指定的文件；

4)　其他：保留。

9.6.5.2　响应格式

标签收到列表命令请求后，检查该操作的访问控制条件是否满足，如果不满足则返回出错代码，放弃操作，如果满足则返回所列文件的属性信息，则返回响应，响应格式见表 58。

表 58　列表文件命令响应格式

数据项	命令代码	应　答　数　据						
		执行状态	文件标识符	文件类型	最大允许长度	最大允许记录数	实际长度	安全控制
长度	1 字节	2 字节	2 字节	1 字节	2 字节	2 字节	2 字节	1 字节

表 58 中各数据项说明如下：

a)　命令代码：35_h。

b)　执行状态：定义见 6.6.3。

c)　文件属性信息：信息组成见表 19。

9.6.6　读透明文件

9.6.6.1　命令格式

读透明文件命令用于从透明 EF 中读出指定偏移后的数据。命令格式见表 59。

表 59　读透明文件命令格式

数　据　项	命 令 代 码	命　令　参　数	
		偏　　移	长　　度
长度	1 字节	2 字节	1 字节

表 59 中各数据项说明如下：

a)　命令代码：36_h。

b)　偏移：待读取数据在文件中的起始地址，单位为字节。

c） 长度:从偏移开始读取的字节数。

9.6.6.2 响应格式

标签收到读透明文件命令请求后,检查该操作的访问控制条件是否满足,如果不满足则返回出错代码,放弃操作,如果满足则返回偏移后指定长度的信息,并返回响应,响应格式见表60。

表60 读透明文件响应格式

数据项	命令代码	命令参数	
		执行状态	数据
长度	1字节	2字节	M字节

表60中各数据项说明如下:

a） 命令代码:36_h。

b） 执行状态:定义见6.6.3。

c） 数据:返回的文件数据。

9.6.7 更新透明文件

9.6.7.1 命令格式

更新透明文件命令用于在透明EF中更新指定偏移后的数据。命令格式见表61。

表61 更新透明文件命令格式

数据项	命令代码	命令参数		
		偏移	长度	数据
长度	1字节	2字节	1字节	M字节

表61中各数据项说明如下:

a） 命令代码:37_h。

b） 偏移:待更新数据在文件中的起始地址,单位为字节。

c） 长度:从偏移开始更新的字节数。

d） 数据:待更新的数据。

9.6.7.2 响应格式

标签收到读透明文件命令请求后,检查该操作的访问控制条件是否满足,如果不满足则返回出错代码,放弃操作,如果满足则返回偏移后指定长度的信息,并返回响应,响应格式见表62。

表62 更新透明文件响应格式

数据项	命令代码	应答数据
		执行状态
长度	1字节	2字节

表62中各数据项说明如下:

a) 命令代码:37_h。

b) 执行状态:定义见 6.6.3。

9.6.8 读记录文件

9.6.8.1 命令格式

读记录文件命令用于在记录 EF 中读取一条记录。命令格式见表 63。

表 63 读记录文件命令格式

数据项	命令代码	命令参数			
		记录指针	模式	偏移	长度
长度	1 字节	2 字节	1 字节	2 字节	1 字节

表 63 中各数据项说明如下:

a) 命令代码:38_h。

b) 记录指针:如果模式为 04_h 或 14_h,则读取该指针所指记录,否则该值无效。

c) 模式,具体说明如下:

1) 02_h:文件的下一条记录;
2) 03_h:文件的上一条记录;
3) 04_h:文件中指定记录;
4) 12_h:查询结果的下一条记录;
5) 13_h:查询结果的上一条记录;
6) 14_h:读取查询结果中指定记录;
7) 其他:保留。

d) 偏移:待读取数据在记录中的起始位置,单位为字节。

e) 长度:待读取的字节数。

9.6.8.2 响应格式

标签收到读记录文件命令请求后,检查该操作的访问控制条件是否满足,如果不满足则返回出错代码,放弃操作,如果满足则返回相应的记录,则返回响应,响应格式见表 64。

表 64 读记录文件响应格式

数据项	命令代码	应答数据	
		执行状态	数据
长度	1 字节	2 字节	M 字节

表 64 中各数据项说明如下:

a) 命令代码:38_h。

b) 执行状态:定义见 6.6.3。

c) 数据:返回的记录数据。

9.6.9 检索记录

9.6.9.1 命令格式

检索记录命令用于在记录 EF 文件中搜索条件匹配的记录，用户可通过读记录命令来依次读取查询到的记录。命令格式见表 65。

表 65 检索记录命令格式

数据项	命令代码	命令参数
		查询条件
长度	1 字节	M 字节

表 65 中各数据项说明如下：

a) 命令代码：$3A_h$。

b) 查询条件：查询元素组成的查询条件，查询条件是针对记录文件中记录的过滤条件。规定见 9.6.9.2。

9.6.9.2 查询条件

查询条件由多个查询元素串接组成，查询元素格式见表 66。

表 66 查询元素格式

数据项	逻辑操作符	逻辑操作数			
		字段偏移	关系运算符	长度	数据
长度	1 字节	1 字节	1 字节	1 字节	M 字节

表 66 中各数据项说明如下：

a) 逻辑操作符，取值是以下 3 个大写字母之一：
   1) “C”表示忽略前面所有查询元素，并删除已经存在的查询结果，开始一个新的查询；
   2) “A”表示本查询元素与前一个查询元素的关系是逻辑与；
   3) “O”表示本查询元素与前一个查询元素的关系是逻辑或。

b) 字段偏移：被查询信息所在字段在记录中的位置，单位为字节。

c) 关系运算符的可能的取值为“＞”，“＜”，“＝”，“!”，“G”（大于或等于），“L”（小于或等于）。

d) 长度：查询元素中数据字段的字节数。

e) 数据：查询元素中的数据。

多个查询元素按照以下规则组成一个完整的查询条件：各查询元素之间优先级相同，并按照左结合的方式计算。以上逻辑操作符和关系运算符的编码应符合 GB/T 1988—1998。

示例：

记录 EF 文件由字段“姓名”、“性别”、“年龄”、“班级”构成。查询“姓名”等于“小明”且年龄大于“12”的查询语句由如下查询元素构成：[C(0＝小明)A(2＞12)]。其中 0 是“姓名”字段在记录中的偏移，2 是“年龄”字段在记录中的偏移。

9.6.9.3 响应格式

标签收到检索记录命令请求后，检查该操作的访问控制条件是否满足，如果不满足则返回出错代码，放弃操作，如果满足则执行查询操作，并返回响应，响应格式见表 67。

表 67　检索记录响应格式

数　据　项	命 令 代 码	应　答　数　据	
		执行状态	查询到的记录数
长度	1 字节	2 字节	2 字节

表 67 中各数据项说明如下：

a)　命令代码：$3A_h$。

b)　执行状态：定义见 6.6.3。

c)　查询到的记录数：查询到的所有满足查询条件的记录数。

查询结果存储在标签上文件标识符为 $F000_h$ 的记录 EF 中，查询完成后标签自动选择该文件，且不需要提供操作权限。该文件的记录仅有一个字段，长度为 2 字节，存放匹配查询条件的记录指针，并按照记录号的升序排序，读写器可通过直接发送读记录文件命令来读取查询结果。

9.6.10　更新记录文件

9.6.10.1　命令格式

更新记录文件命令用于在记录 EF 中更新一条记录的数据。命令格式见表 68。

表 68　更新记录文件命令格式

数　据　项	命 令 代 码	命　令　参　数				
		记录指针	模式	偏移	长度	数据
长度	1 字节	2 字节	1 字节	2 字节	1 字节	M 字节

表 68 中各数据项说明如下：

a)　命令代码：$3B_h$。

b)　记录指针：如果模式为 04_h，则读取该指针所指记录，否则该值无效。

c)　模式，具体说明如下：

1)　02_h：原始文件的下一条记录；

2)　03_h：原始文件的上一条记录；

3)　04_h：更新原始文件中指定记录；

4)　其他：保留。

d)　偏移：待更新数据在该条记录中的位置，单位为字节。

e)　长度：待更新数据的字节数。

f)　数据：待更新的数据内容。

9.6.10.2　响应格式

标签收到更新记录文件命令请求后，检查该操作的访问控制条件是否满足，如果不满足则返回出错代码，放弃操作，如果满足则执行更新操作并返回响应，响应格式见表 69。

表 69　更新记录文件响应格式

数　据　项	命　令　代　码	应　答　数　据
		执　行　状　态
长度	1 字节	2 字节

表 69 中各数据项说明如下：

a） 命令代码：$3B_h$。

b） 执行状态：定义见 6.6.3。

9.7 监测命令

9.7.1 监测周期配置

9.7.1.1 命令格式

监测周期配置命令用于读写器配置标签监测模式工作时的相关参数。命令格式见表 70。

表 70 监测周期配置命令格式

数据项	命令代码	命令参数								
		文件标识符	偏移	数据长度	时隙序号	上报周期	监测周期	时隙宽度	传输时隙总数	收发指示
长度	1 字节	2 字节	2 字节	1 字节	2 字节	2 字节	2 字节	2 字节	2 字节	1 字节

表 70 中各数据项说明如下：

a） 命令代码：51_h。

b） 文件标识符：待上报监测数据的文件标识。

c） 偏移：待上报监测数据在文件中的存储位置，单位为字节。

d） 数据长度：待上报监测数据的字节数。

e） 时隙序号：在监测周期中为待上报监测数据分配的时隙序号。

f） 上报周期：待上报监测数据的上报周期，最高有效位表示时间的单位，为 0_b 时单位为秒(s)，为 1_b 时单位为分(min)。上报周期应为监测周期的整数倍。

g） 监测周期：监测周期的时间长度；最高有效位表示时间的单位，为 0_b 时单位为秒(s)，为 1_b 时单位为分(min)。

h） 时隙宽度：每个待上报监测数据的传输时间长度，单位时间宽度为 $8T_b$，其中 T_b 表示一个信息位周期的时间。

i） 传输时隙总数：一个监测周期内待上报监测数据的数目。

j） 收发指示：标签在时隙内的收发时序，收发转换在发送或接收文件结束时刻自动执行。收发时序的具体说明如下：

1） 00_h：只发送，表示标签在该时隙内只发送数据；

2） 01_h：发送-接收，表示标签在该时隙内先发送数据，然后进入接收状态；

3） 其他：保留。

9.7.1.2 响应格式

标签收到该命令后，按照命令参数设定相关监测配置参数，并返回执行状态。响应格式见表 71。

表 71 监测周期配置命令响应格式

数据项	命令代码	命令参数
		执行状态
长度	1字节	2字节

表 71 中各数据项说明如下：

a) 命令代码：51_h。

b) 执行状态：定义见 6.6.3。

9.7.2 监测周期起始

9.7.2.1 命令格式

监测周期起始命令用于同步所有标签并起始数据传输时隙。命令格式见表 72。

表 72 监测周期起始命令格式

数据项	命令代码	命令参数		
		起始时隙序号	结束时隙序号	延时宽度
长度	1 字节	2 字节	2 字节	1 字节

表 72 中各数据项说明如下：

a) 命令代码：52_h。

b) 起始时隙序号：用于指定第一个响应的标签时隙序号。

c) 结束时隙序号：用于指定最后响应的标签时隙序号。

d) 延时宽度：监测时隙起始延时时间，单位时间宽度为 10 μs。在延时宽度内标签可准备响应数据。

标签在收到监测周期起始命令后，延迟延时宽度指定的时间后起始监测时隙。时隙起始后首个时隙的时隙号与起始时隙号相同，后续时隙依次加 1。

9.7.2.2 响应格式

标签收到监测周期起始命令后，在分配的时隙内上报文件标识符指定的内容。标签响应格式见表 73。

表 73 标签响应格式

数据项	命令代码	应答数据				
		执行状态	时隙序号	文件标识符	长度	数据
长度	1 字节	2 字节	2 字节	2 字节	1 字节	M 字节

表 73 中各数据项说明如下：

a) 命令代码：52_h。

b) 执行状态：定义见 6.6.3，若文件监测配置命令中偏移位置达到或超过文件结束位置，则返回数据越界错误。

c) 时隙序号：监测周期配置命令中为当前标签分配的时隙号。

d) 文件标识符：监测周期配置命令中的文件标识符。

e) 长度：数据内容字段的字节数。

f) 数据：标签返回的数据。

当文件标识符指定为空文件时，标签返回数据长度为零，无数据内容项。当文件标识符指定为非空文件时，标签按照文件监测周期配置命令中要求的长度返回数据。若返回的数据长度超过一个数据帧允许的最大长度,按照一帧最大允许长度返回数据;若文件内容达不到要求的数据长度,按照实际长度返回数据。以上情况下,命令执行状态均为 0000_h。

9.8 安全协议命令

9.8.1 获取标签安全参数

9.8.1.1 命令格式

获取标签安全参数命令用于获取标签的密钥参数和安全能力参数,命令格式见表 74。

表 74 获取标签安全参数命令格式

数 据 项	命 令 代 码
长度	1 字节

获取标签安全参数命令的命令代码为 71_h。

9.8.1.2 响应格式

标签收到读写器的获取标签安全参数命令后返回响应,响应格式见表 75。

表 75 获取标签安全参数命令响应格式

数 据 项	命 令 代 码	应 答 数 据	
		密钥参数	安全能力参数
长度	1 字节	2 字节	2 字节

表 75 中各数据项说明如下:

a) 命令代码:71_h。

b) 密钥参数:定义见表 17。

c) 安全能力参数:定义见表 18。

9.8.2 异或鉴别请求

9.8.2.1 命令格式

异或鉴别请求命令用于读写器发起和标签之间的基于异或运算的实体鉴别过程,命令格式见表 76。

表 76 异或鉴别请求命令格式

数 据 项	命 令 代 码	命 令 参 数
		SRN_r
长度	1 字节	8 字节

表 76 中各数据项说明如下:

a) 命令代码:72_h。

b) SRN_r:$SRN_r = RN_r \oplus PSK$,其中 RN_r 是读写器产生的 64 位随机数。

9.8.2.2 响应格式

标签收到读写器的异或鉴别请求命令后返回响应给读写器，响应格式见表77。

表77 异或鉴别请求命令响应格式

数据项	命令代码	应答数据	
		$SORN_r$	SRN_t
长度	1字节	8字节	8字节

表77中各数据项说明如下：

a) 命令代码：72_h。

b) $SORN_r$：标签计算 $RN_r = SRN_r \oplus PSK$，并计算 $SORN_r = (RN_r + O_n) \oplus PSK$，其中 $O_n = 5555\ 5555\ 5555\ 5555_h$。

c) SRN_t：可选字段。当标签不对读写器鉴别时，无该数据项；当标签对读写器鉴别时，$SRN_t = RN_t \oplus PSK$，其中 RN_t 是标签产生的64位随机数。

9.8.3 异或鉴别激活

9.8.3.1 命令格式

异或鉴别激活命令用于读写器激活标签发起对读写器的基于异或运算的单向实体鉴别过程，命令格式见表78。

表78 异或鉴别激活命令格式

数据项	命令代码
长度	1字节

异或鉴别激活命令的命令代码为 73_h。

9.8.3.2 响应格式

标签收到读写器的异或鉴别激活命令后返回响应给读写器，响应格式见表79。

表79 异或鉴别激活命令响应格式

数据项	命令代码	应答数据
		SRN_t
长度	1字节	8字节

表79中各数据项说明如下：

a) 命令代码：73_h。

b) SRN_t：$SRN_t = RN_t \oplus PSK$，其中 RN_t 是标签产生的64位随机数。

9.8.4 异或鉴别应答

9.8.4.1 命令格式

异或鉴别应答命令用于读写器对标签的异或鉴别请求响应或异或鉴别激活响应进行应答，命令格式见表 80。

表 80 异或鉴别应答命令格式

数据项	命令代码	命令参数
		$SORN_t$
长度	1 字节	8 字节

表 80 中各数据项说明如下：

a) 命令代码：74_h。

b) $SORN_t$：$SORN_t=(RN_t+O_n)\oplus PSK$，其中 $RN_t=SRN_t\oplus PSK$。

9.8.4.2 响应格式

标签收到读写器的异或鉴别应答命令后根据鉴别结果返回响应，响应格式见表 81。

表 81 异或鉴别应答命令响应格式

数据项	命令代码	应答数据
		执行状态
长度	1 字节	2 字节

表 81 中各数据项说明如下：

a) 命令代码：74_h。

b) 执行状态：定义见 6.6.3。

9.8.5 哈希鉴别请求

9.8.5.1 命令格式

哈希鉴别请求命令用于读写器发起和标签之间基于哈希算法的实体鉴别过程，命令格式见表 82。

表 82 哈希鉴别请求命令格式

数据项	命令代码	命令参数
		RN_r
长度	1 字节	8 字节

表 82 中各数据项说明如下：

a) 命令代码：75_h。

b) RN_r：读写器产生的 64 位随机数。

9.8.5.2 响应格式

标签收到读写器的哈希鉴别请求命令后返回响应给读写器，响应格式见表 83。

表 83 哈希鉴别请求命令响应格式

数据项	命令代码	应答数据		
		RN_r	RN_t	MIC_1
长度	1 字节	8 字节	8 字节	32 字节

表 83 中各数据项说明如下：

a) 命令代码：75_h。

b) RN_r：读写器产生的随机数，其值应与哈希鉴别请求命令中的 RN_r 相等。

c) RN_t：可选字段。当标签不对读写器鉴别时，无该数据项；当标签对读写器鉴别时，为标签产生的 64 位随机数。

d) MIC_1：消息完整性校验码，计算过程为：当标签不对读写器鉴别时，标签利用哈希函数和 PSK 对 RN_r 计算 MIC_1；当标签对读写器鉴别时，标签利用 PSK 和哈希函数对 $RN_r || RN_t$ 计算 MIC_1。

9.8.6 哈希鉴别激活

9.8.6.1 命令格式

哈希鉴别激活命令用于读写器激活标签发起对读写器的基于哈希算法的单向实体鉴别过程，命令格式见表 84。

表 84 哈希鉴别激活命令格式

数据项	命令代码
长度	1 字节

哈希鉴别激活命令的命令代码为 76_h。

9.8.6.2 响应格式

标签收到读写器的哈希鉴别激活命令后返回响应给读写器，响应格式见表 85。

表 85 哈希鉴别激活命令响应格式

数据项	命令代码	命令参数
		RN_t
长度	1 字节	8 字节

表 85 中各数据项说明如下：

a) 命令代码：76_h。

b) RN_t：标签产生的 64 位随机数。

9.8.7 哈希鉴别应答

9.8.7.1 命令格式

哈希鉴别应答命令用于读写器对标签的哈希鉴别请求响应或哈希鉴别激活响应进行应答，命令格式见表 86。

表 86 哈希鉴别应答命令格式

数据项	命令代码	命令参数	
		RN_t	MIC_2
长度	1 字节	8 字节	32 字节

表 86 中各数据项说明如下：

a) 命令代码：77_h。

b) RN_t：标签产生的随机数。在对哈希鉴别请求响应进行应答时，其值应与哈希鉴别请求命令响应中的 RN_t 相等；在对哈希鉴别激活响应进行应答时，其值应与哈希鉴别激活命令响应中的 RN_t 相等。

c) MIC_2：消息完整性校验码，计算过程为：读写器利用 PSK 和哈希函数对 RN_t 计算 MIC_2。

9.8.7.2 响应格式

标签收到读写器的哈希鉴别应答命令后根据鉴别结果返回响应，响应格式见表 87。

表 87 哈希鉴别应答命令响应格式

数据项	命令代码	应答数据
		执行状态
长度	1 字节	2 字节

表 87 中各数据项说明如下：

a) 命令代码：77_h。

b) 执行状态：定义见 6.6.3。

9.8.8 对称鉴别请求

9.8.8.1 命令格式

对称鉴别请求命令用于读写器发起和标签之间基于对称密码算法的实体鉴别过程，命令格式见表 88。

表 88 对称鉴别请求命令格式

数据项	命令代码	命令参数
		RN_r
长度	1 字节	8 字节

表 88 中各数据项说明如下：

a) 命令代码：78_h。

b) RN_r：读写器产生的 64 位随机数。

9.8.8.2 响应格式

标签收到读写器的对称鉴别请求命令后返回响应给读写器，响应格式见表 89。

表 89 对称鉴别请求命令响应格式

数据项	命令代码	应答数据	
		RN_r	MAC
长度	1字节	8字节	32字节或40字节

表 89 中各数据项说明如下：

a) 命令代码：78_h。

b) RN_r：读写器产生的随机数，其值应与对称鉴别请求命令中的 RN_r 相等。

c) MAC：标签利用 PSK 导出消息完整性校验密钥 MIK 和消息加密密钥 MEK。当标签不对读写器鉴别时，MAC=E(RN_r||RN_{sk}，MIK，MEK)，长度为 32 字节，其中，RN_{sk}是标签生成随机数，MAC 是用 MEK 对 RN_r||RN_{sk}和 MIC 一并进行加密后形成的密文，其中 MIC 是用 MIK 对 RN_r||RN_{sk}计算生成的消息完整性校验码；当标签对读写器鉴别时，MAC=E(RN_r||RN_t||RN_{sk}，MIK，MEK)，长度为 40 字节，其中，RN_t 和 RN_{sk}是标签生成随机数，MAC 是用 MEK 对 RN_r||RN_t||RN_{sk}和 MIC 加密后形成的密文，MIC 是用 MIK 对 RN_r||RN_t||RN_{sk}计算的消息完整性校验码。

9.8.9 对称鉴别激活

9.8.9.1 命令格式

对称鉴别激活命令用于读写器激活标签发起对读写器的基于对称密码算法的单向实体鉴别过程，命令格式见表 90。

表 90 对称鉴别激活命令格式

数据项	命令代码
长度	1字节

对称鉴别激活命令的命令代码为 79_h。

9.8.9.2 响应格式

标签收到读写器的对称鉴别激活命令后返回响应给读写器，响应格式见表 91。

表 91 对称鉴别激活命令响应格式

数据项	命令代码	应答数据
		RN_t
长度	1字节	8字节

表 91 中各数据项说明如下：

a) 命令代码：79_h。

b) RN_t：标签产生的 64 位随机数。

9.8.10 对称鉴别应答

9.8.10.1 命令格式

对称鉴别应答命令用于读写器对标签的对称鉴别请求响应或对称鉴别激活响应进行应答，命令格式见表 92。

表 92 对称鉴别应答命令格式

数据项	命令代码	命令参数	
		RN_t	MAC
长度	1 字节	8 字节	32 字节

表 92 中各数据项说明如下：

a) 命令代码：$7A_h$。

b) RN_t：标签产生的随机数。在对对称鉴别请求响应进行应答时，其值应与对称鉴别请求命令响应中的 RN_t 相等；在对对称鉴别激活响应进行应答时，其值应与对称鉴别激活命令响应中的 RN_t 相等。

c) MAC：可选字段。当执行标签对读写器单向鉴别时，读写器利用 PSK 导出 MIK 和 MEK，再利用 MIK 和 MEK 对 $RN_{sk}||RN_t$ 计算 $MAC=E(RN_{sk}||RN_t, MIK, MEK)$，MAC 是用 MEK 对 $RN_{sk}||RN_t$ 和 MIC 一并进行加密后形成的密文，其中 MIC 是用 MIK 对 $RN_{sk}||RN_t$ 计算生成的消息完整性校验码；当执行标签与读写器双向鉴别时，无该数据项。

9.8.10.2 响应格式

标签收到读写器的对称鉴别应答命令后根据鉴别结果返回响应，响应格式见表 93。

表 93 对称鉴别应答命令响应格式

数据项	命令代码	应答数据
		执行状态
长度	1 字节	2 字节

表 93 中各数据项说明如下：

a) 命令代码：$7A_h$。

b) 执行状态：定义见 6.6.3。

9.8.11 公钥鉴别激活

9.8.11.1 命令格式

公钥鉴别激活命令用于读写器发起与标签之间基于公钥密码算法的双向实体鉴别过程，鉴别过程见 12.1.5，命令格式见表 94。

表 94 公钥鉴别激活命令格式

数据项	命令代码	命令参数
		ECDH 参数
长度	1 字节	M 字节

表 94 中各数据项说明如下：

a) 命令代码：$7B_h$。

b) ECDH 参数：由参数标识、参数长度和参数内容三部分组成。其中，参数标识长度为 8 位；参数长度表示参数内容的字节数，其长度为 16 位。具体参数说明如下：

1) 01_h：参数内容以 OID 方式表示，表示一种椭圆曲线密码算法参数，参数内容为 OID 编码；

2) 其他：保留。

9.8.11.2 响应格式

标签收到读写器公钥鉴别激活命令后依次返回公钥鉴别激活命令响应 1 和公钥鉴别激活命令响应 2 给读写器。读写器收到公钥鉴别激活命令响应 1 和公钥鉴别激活命令响应 2 后，将响应 1 和响应 2 中的数据项按先后顺序重组，然后执行后续鉴别协议。公钥鉴别激活命令响应 1 格式见表 95，公钥鉴别激活命令响应 2 格式见表 96。

表 95 公钥鉴别激活命令响应 1 格式

数据项	命令代码	应答数据			
		分片序号	TTPID	RN_t	TPK_t
长度	1 字节	1 字节	8 字节	8 字节	49 字节

表 95 中各数据项说明如下：

a) 命令代码：$7B_h$。

b) 分片序号：01_h，公钥鉴别激活命令响应 1。

c) TTPID：可信第三方的身份信息。

注：当实体鉴别过程中需要可信第三方提供鉴别服务时，应提前将 TTPID 写入标签和读写器；当实体鉴别过程中不需要可信第三方提供鉴别服务时，该数据项置 0。

d) RN_t：标签产生的 64 位随机数。

e) TPK_t：标签产生的用于 ECDH 交换的临时公钥，产生过程是：标签生成一个用于 ECDH 交换的临时私钥 X_t，临时公钥 $TPK_t = X_t \cdot P$。

注：临时私钥 X_t 是在$[1, n-1]$之间的整数，n 是椭圆曲线域参数中基点 P 的阶。临时公钥 TPK_t 是椭圆曲线域参数定义的椭圆曲线上的点。

表 96 公钥鉴别激活命令响应 2 格式

数据项	命令代码	应答数据		
		分片序号	ECDH 参数	Sig_t
长度	1 字节	1 字节	M 字节	48 字节

表 96 中各数据项说明如下：

a) 命令代码：$7B_h$。

b) 分片序号：02_h，公钥鉴别激活命令响应 2。

c) ECDH 参数：由参数标识、参数长度和参数内容三部分组成。其中，参数标识长度为 8 位；参数长度表示参数内容的字节数，其长度为 16 位。具体参数说明如下：

1) 01_h：参数内容以 OID 方式表示，表示一种椭圆曲线密码算法参数，参数内容为 OID 编码；

2) 其他：保留。

d） Sig_t：标签对 TID||RID||TTPID||RN_t||TPK_t||ECDH 参数计算产生的数字签名。

9.8.12 公钥鉴别请求应答

9.8.12.1 命令格式

公钥鉴别请求应答命令用于读写器对标签的公钥鉴别激活命令响应进行应答，由公钥鉴别请求应答命令 1 和公钥鉴别请求应答命令 2 组成。鉴别过程中，读写器依次发送公钥鉴别请求应答命令 1 和公钥鉴别请求应答命令 2 给标签。标签收到后，将命令 1 和命令 2 中的数据项按先后顺序重组，然后执行后续鉴别协议。公钥鉴别请求应答命令 1 格式见表 97，公钥鉴别请求应答命令 2 格式见表 98，其中 RES_t，RES_r，Sig_{ttp} 为可选字段。

表 97　公钥鉴别请求应答命令 1 格式

数据项	命令代码	命令参数					
		分片序号	TTPID	RN_t	RN_r	TPK_r	MIC_1
长度	1 字节	1 字节	8 字节	8 字节	8 字节	49 字节	32 字节

表 97 中各数据项说明如下：

a） 命令代码：$7C_h$。

b） 分片序号：01_h，用于表示该命令为公钥鉴别请求应答命令 1。

c） TTPID：可信第三方的身份信息。

d） RN_t：标签产生的随机数，其值应与公钥鉴别激活命令响应中的 RN_t 相等。

e） RN_r：读写器产生的 64 位随机数。

f） TPK_r：读写器产生的用于 ECDH 交换的临时公钥，产生过程是：读写器随机产生一个用于 ECDH 交换的临时私钥 X_r，临时公钥 $TPK_r = X_r \cdot P$。

注：临时私钥 X_r 是在[1，$n-1$]间的整数，n 是椭圆曲线域参数中基点 P 的阶。临时公钥 TPK_r 是椭圆曲线域参数定义的椭圆曲线上的点。

g） MIC_1：读写器利用完整性鉴别密钥 IAK 和哈希算法对 TID||RID||TTPID||RN_t||RN_r||TPK_r||Sig_r 计算的消息完整性校验码，其中 IAK 生成过程见 12.1.5.2。

表 98　公钥鉴别请求应答命令 2 格式

数　据　项	命 令 代 码	命令参数				
		分片序号	Sig_r	RES_t	RES_r	Sig_{ttp}
长度	1 字节	1 字节	48 字节	4 位	4 位	32 字节

表 98 中各数据项说明如下：

a） 命令代码：$7C_h$。

b） 分片序号：02_h，公钥鉴别请求应答命令 2。

c） Sig_r：读写器对 TID||RID||TTPID||RN_t||RN_r||TPK_r 计算产生的数字签名。

d） MIC_1：读写器利用完整性鉴别密钥 IAK 和哈希算法对 TID||RID||TTPID||RN_t||RN_r||TPK_r||Sig_r 计算的消息完整性校验码，其中 IAK 生成过程见 13.1.5.2。

e） RES_t：可选字段，TTP 对标签的实体鉴别结果。0_h 为鉴别失败，1_h 为鉴别成功。

f） RES_r：可选字段，TTP 对读写器的实体鉴别结果。0_h 为鉴别失败，1_h 为鉴别成功。

g） Sig_{ttp}：可选字段，TTP 对 TID||RID||TTPID||RN_t||RN_r||RES_t||RES_r 计算的数字签名。

9.8.12.2 响应格式

标签收到读写器公钥鉴别请求应答命令后返回响应给读写器，响应格式见表99。

表99 公钥鉴别请求应答命令响应格式

数据项	命令代码	应答数据	
		RN_r	MIC_2
长度	1字节	8字节	32字节

表99中各数据项说明如下：

a) 命令代码：$7C_h$。

b) RN_r：读写器产生的随机数，其值应和公钥鉴别请求应答命令中的 RN_r 相同。

c) MIC_2：标签用IAK和哈希算法对 TID||RID||RN_r 计算的消息完整性校验值。

9.8.13 安全通信

9.8.13.1 命令格式

安全通信命令用于读写器和标签之间的安全通信，应在读写器和标签实体鉴别成功并协商生成会话密钥后使用。TRAIS-H、TRAIS-S 和 TRAIS-P 三种鉴别机制均能在鉴别过程中协商产生用于安全通信的会话密钥。安全通信过程见13.2，命令格式见表100。

表100 安全通信命令格式

数据项	命令代码	命令参数	
		长度	负载
长度	1字节	2字节	M字节

表100中各数据项说明如下：

a) 命令代码：$7D_h$。

b) 长度：负载的字节数。

c) 负载：读写器利用密钥将要发送给标签的操作命令进行加密后生成的数据。负载中包括操作命令代码与命令参数。

9.8.13.2 响应格式

标签收到读写器的安全通信命令后，解密取出操作命令并执行，响应格式见表101。

表101 安全通信命令响应格式

数据项	命令代码	应答数据		
		执行状态	长度	负载
长度	1字节	2字节	2字节	M字节

表101中各数据项的说明如下：

a) 命令代码：$7D_h$。

b) 执行状态:定义见 6.6.3。

c) 长度:负载的字节数。

d) 负载:标签利用密钥将要发送给读写器的操作命令响应进行加密后生成的数据。负载中包括操作命令代码与应答数据。当命令执行出错时,返回执行状态,执行状态不加密。

9.9 其他命令

9.9.1 灭活命令

9.9.1.1 命令格式

灭活命令用于将标签永久禁用,命令格式见表 102。

表 102 灭活命令格式

数 据 项	命 令 代 码	命 令 参 数
		灭 活 口 令
长度	1 字节	4 字节

表 102 中各数据项说明如下:

a) 命令代码:91_h。

b) 灭活口令:长度为 4 字节。

标签在收到灭活命令后,如果标签的灭活口令为 00000000_h,则标签忽略该命令,不执行灭活操作;如果标签的灭活口令不为 00000000_h,则标签进行口令验证,如果验证成功,则擦除标签所有数据内容,响应操作成功,并转入灭活状态;如果验证失败,则不执行灭活操作,并响应出错代码数据。处于灭活状态的标签不再响应读写器发出的任何命令。

9.9.1.2 响应格式

灭活命令的响应格式见表 103。

表 103 灭活命令响应格式

数 据 项	命 令 代 码	应 答 数 据
		执 行 状 态
长度	1 字节	2 字节

表 103 中各数据项说明如下:

a) 命令代码:91_h。

b) 执行状态:定义见 6.6.3。

标签可在会话状态或安全会话状态下执行灭活操作。

9.9.2 请求随机数

9.9.2.1 命令格式

请求随机数命令用于读写器向标签请求一个随机数。命令格式见表 104。

表 104 请求随机数命令格式

数据项	命令代码	命令参数
		随机数长度
长度	1字节	1字节

表 104 中各数据项说明如下：

a) 命令代码：92_h。

b) 随机数长度：

1) 00_h：保留；

2) 01_h：返回一个 8 位随机数；

3) 02_h：返回一个 16 位随机数；

4) 03_h：返回一个 32 位随机数；

5) 04_h：返回一个 64 位随机数；

6) 05_h～FF_h：保留。

9.9.2.2 响应格式

标签收到请求随机数命令后，产生指定位数的随机数，并返回响应。响应格式见表 105。

表 105 请求随机数命令响应格式

数据项	命令代码	应答数据	
		执行状态	随机数
长度	1字节	2字节	M字节

表 105 中各数据项说明如下：

a) 命令代码：92_h。

b) 执行状态：定义见 6.6.3。

c) 随机数：标签返回的随机数。

9.9.3 更新系统口令命令

9.9.3.1 命令格式

更新系统口令命令用于更新灭活口令和就绪/休眠口令，也可更新用户区文件的访问口令。更新系统口令命令的格式见表 106。

表 106 更新系统口令命令格式

数据项	命令代码	命令参数			
		管理员口令	待更新口令索引	模式	新口令
长度	1字节	4字节	2字节	1字节	4字节

表 106 中各数据项说明如下：

a) 命令代码：93_h。

b) 管理员口令：长度为4字节。

c) 待更新口令索引，长度为2字节，具体说明如下：

1) 0001_h：灭活口令；

2) 0002_h：就绪/休眠口令；

3) $3F00_h$～$FFFF_h$：文件标识符，根据模式参数确定文件访问口令的索引。

d) 模式：长度为1字节，如果待更新口令索引的取值为文件标识符，则此数据项有效，具体说明如下：

1) 01_h：列表文件口令；

2) 02_h：文件有效口令或文件无效口令；

3) 03_h：读透明文件口令、读记录文件口令或检索记录口令；

4) 04_h：更新透明文件口令或更新记录文件口令；

5) 其他：保留。

e) 新口令：长度为4字节。

更新系统口令命令可在会话状态或安全会话状态下执行。

9.9.3.2 响应格式

处于安全会话状态的标签在收到更新系统口令命令后，根据执行情况返回响应，响应格式见表107。

表107 更新系统口令命令响应格式

数据项	命令代码	应答数据
		执行状态
长度	1字节	2字节

表107中各数据项说明如下：

a) 命令代码：93_h。

b) 执行状态：定义见6.6.3。

9.9.4 数据广播

9.9.4.1 命令格式

数据广播命令用于在就绪状态由读写器向射频场内标签发送广播数据。命令格式见表108。

表108 数据广播命令格式

数据项	命令代码	命令参数	
		就绪/休眠口令	数据
长度	1字节	4字节	M字节

表108中各数据项说明如下：

a) 命令代码：94_h。

b) 就绪/休眠口令：见7.2.1。

c) 数据：读写器向外广播的数据。

如果标签的就绪/休眠口令为00000000_h，则标签不需要验证该口令直接接收广播数据；如果标签的就绪/休眠口令不为 00000000_h，则标签收到数据广播命令完成口令验证后才能进行数据接收。

标签对该命令不返回响应。

标签收到数据广播数据后的处理方式本标准不作规定，由具体的产品标准规定。

10 协议工作方式

10.1 概述

本标准规定的 RFID 系统采用读写器先讲的工作方式。每次通信过程均是由读写器先发送命令，标签对收到的读写器命令进行响应，标签在未收到读写器命令的情况下不主动发送信息。

10.2 工作过程

10.2.1 就绪期

采用外部唤醒机制的标签通过读写器或其他外部唤醒源向处于休眠的标签发送一定时长的唤醒信号，将标签唤醒；采用内部周期自唤醒机制的标签通过内部定时自唤醒，被唤醒的标签进入侦听状态，侦听读写器命令。读写器发送就绪命令使标签转入就绪状态完成就绪过程。

10.2.2 接入期

读写器执行一种成帧的二进制树算法完成标签接入。一个接入期可有一个或多个接入帧。读写器发送接入帧起始命令起始一个接入帧。当读写器成功接入一个标签时，回复给标签一个确认信息，该信息包含读写器分配给该标签的一个成功接入序号。该序号用于标签在收集期的收集时隙序号。接入期使用短帧数据格式。接入期时隙组成如图 17 所示。

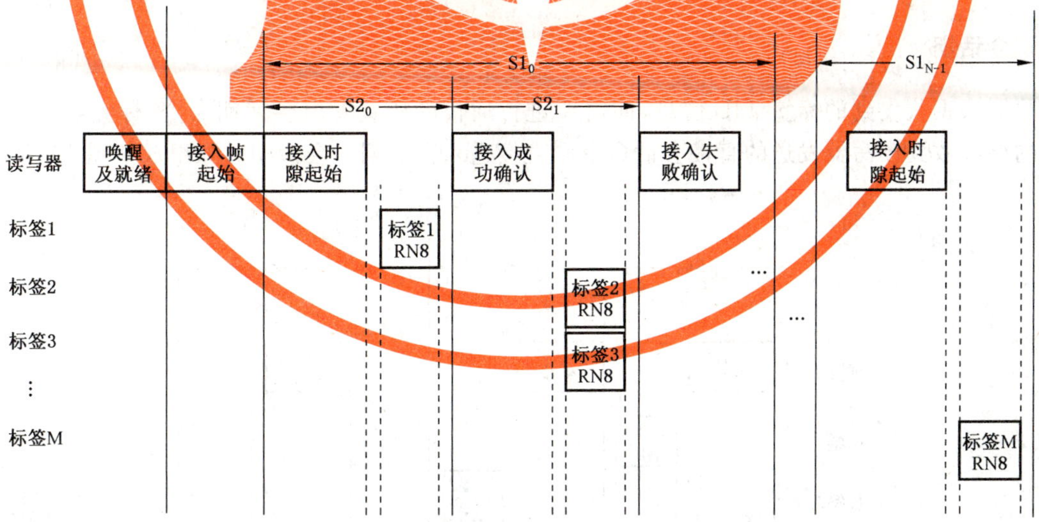

图 17 接入期时序示意图

图 17 中时隙说明如下：

a) 一个接入帧由 N 个 S1 时隙构成，读写器在每个时隙内以二进制树算法接入选择同一个时隙的标签。

b) S2 表示读写器与标签的一个交互时隙。一个交互为读写器发送接入时隙起始命令、接入成功确认命令或接入失败确认命令，并且标签回复 RN8。

10.2.3 收集期

读写器逐时隙收集已接入标签的数据。标签在收到读写器的收集期起始命令后,按照在接入期获得的时隙序号,在各自时隙内发送读写器需要的数据信息。收集期时隙组成如图18所示。

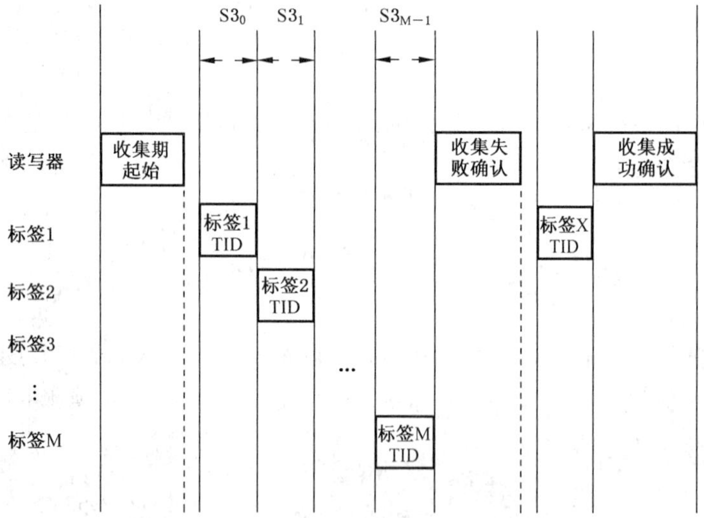

图18 收集期时序示意图

图18中S3表示收集期时隙。若在收集期开始之前有M个标签接入成功,并按照一定顺序分配给每个标签一个$SN_{success}$,则该收集期可分为M个时隙,当读写器判断收集某个标签数据失败时,发送收集失败确认命令。如果标签的$SN_{success}$与收集失败确认命令中时隙序号相同,则标签根据发送指示返回响应。当读写器确认所有标签收集成功时,发送收集成功确认命令。

10.2.4 会话期

读写器根据收集到的标签TID信息,向需要进行通信的标签发出会话期命令,标签响应。处于侦听状态的标签收到读写器发送的直接会话命令则直接进入会话期。会话期时隙组成如图19所示。

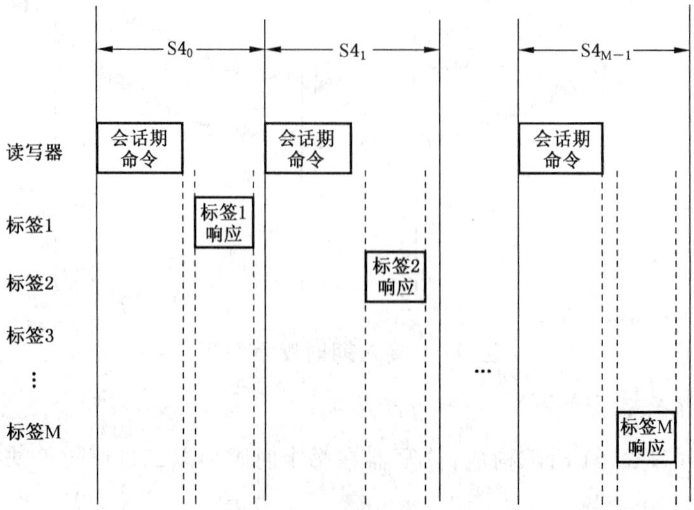

图19 会话期时序示意图

图 19 中 S4 表示会话期读写器与标签的一个完整交互时隙，该时隙内读写器与标签可能进行多次命令响应交互。假设在会话期读写器需要与 M 个标签分别进行信息交互，则该会话期可分为 M 个时隙。

10.2.5 监测期

监测期包含一个监测周期配置阶段和若干个监测周期。监测周期由若干数据传输时隙和空闲期组成。监测期时隙组成如图 20 所示。

监测期包括以下过程：

a) 读写器根据每个标签监测数据的大小，计算出每个监测数据的时隙宽度。
b) 读写器根据监测时隙的数目、时隙宽度和上报周期，计算并设定监测周期。针对不同监测数据的上报周期，读写器可选择最小上报周期作为监测周期。
c) 读写器发送监测周期配置命令。
d) 标签根据监测周期配置命令中的监测周期、时隙宽度、传输时隙总数、收发指示，以及分配到的时隙序号计算每个监测数据的传输时间。
e) 读写器发送监测周期起始命令，标签收到该命令后完成同步。
f) 标签在分配的时隙内根据收发指示确定工作时序，上报监测数据。
g) 如果监测期未结束，则读写器应发送新的监测周期起始命令，启动下一个监测周期。
h) 如果需要调整监测周期配置参数，则读写器应重新发送监测周期配置命令，启动新的监测期。

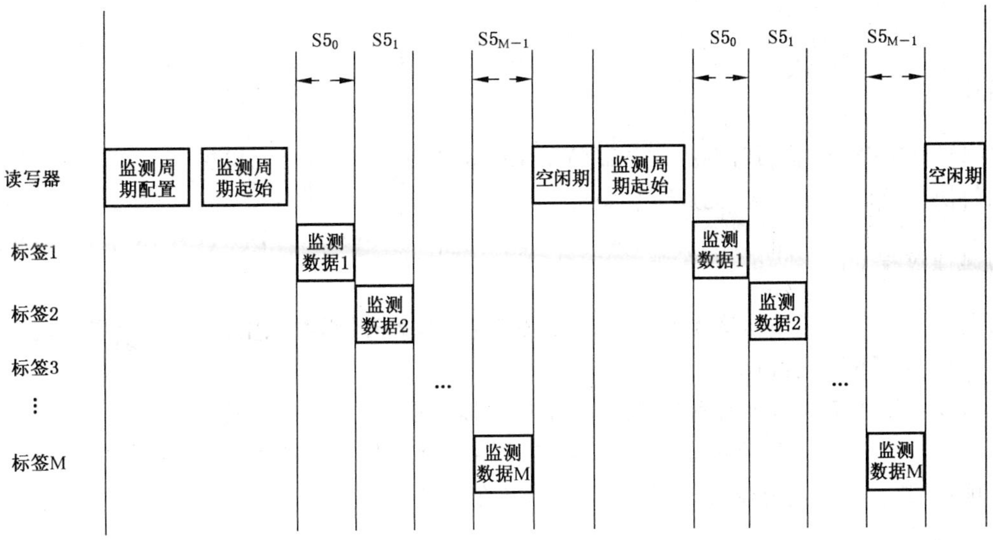

图 20 监测期时序示意图

图 20 中 S5 表示监测期时隙。假设在监测期有 M 个监测数据待上报，则监测周期包括 M 个时隙和空闲期。

10.3 工作模式

10.3.1 盘点模式

盘点模式用于读写器识读工作范围内所有的标签。盘点模式工作过程包括就绪期、接入期、收集期和会话期。一次盘点过程中只包含一个就绪期，但可有多个接入期、收集期和会话期，即可在一个接入期完成所有标签接入，在一个收集期完成所有标签信息收集，在一个会话期完成所有信息交互；也可先接入、收集和会话部分标签，再循环执行上述过程完成对所有标签的盘点操作。盘点过程也可以通过直接会话命令对单个标签进行会话操作，此时盘点过程只包含会话期。盘点过程示例参见附录B。

10.3.2 监测模式

监测模式用于读写器获取工作范围内所有标签的监测数据。监测模式工作过程包括就绪期、接入期、收集期和监测期。在监测期读写器为标签预先分配时隙。当读写器发送监测周期起始命令后，标签根据命令完成同步，并在所分配的时隙内上报监测数据。

10.3.3 信息发布模式

信息发布模式用于读写器向标签广播发送数据。信息发布模式只包括就绪期。该模式下，读写器不对标签进行盘点识别，仅向处于侦听状态或就绪状态的标签发送广播数据。标签收到数据后的处理方式本标准不做限定。

10.4 唤醒方式

标签应该支持外部或内部唤醒机制，外部唤醒机制可采用125 kHz信号唤醒或2 kHz准静态磁场唤醒，内部唤醒机制可采用周期定时唤醒。唤醒机制参见附录C。具体唤醒机制应在标签产品规范中规定，并在标签配置文件中说明，标签至少应支持一种唤醒方式。支持内部唤醒机制的标签通过唤醒周期文件配置或获取标签休眠时间与侦听时间。

11 防碰撞方法

11.1 概述

在接入期，当多个标签同时响应读写器命令试图接入读写器时，可能发生碰撞。本章规定了一种防碰撞方法解决标签的碰撞问题，完成多标签的接入。

11.2 防碰撞过程

读写器控制一定数量的标签逐帧参与接入；在帧内的每一逻辑时隙中，标签运行二进制树算法逐个接入。具体包括如下过程：

a) 读写器发送接入帧起始命令，起始一个接入帧。该命令中包含参数Q和N。
b) 标签收到该命令后，在[0，2^Q-1]之间产生一个随机数。随机数不为0的标签不参与当前接入帧；随机数为0的标签参与当前接入帧，并在[0，N－1]之间产生另一个随机数，作为参与接入帧的逻辑时隙序号。
c) 读写器发送接入时隙起始命令起始一个逻辑时隙，该命令包含逻辑时隙序号信息。标签收到命令后，与该时隙序号相同的标签开始以二进制树算法接入。二进制树算法的处理过程见11.3。
d) 当读写器估计参与当前帧的标签数目大于某一设定的最大门限值时，Q值加1；当读写器估计参与当前帧的标签数目小于某一最小门限值时，Q值减1。当Q值发生变化时，读写器应结束当前帧并重新发送接入帧起始命令，开始新的一帧接入。附录D给出了典型情况下读写器采用的初始Q和N的取值，并给出了一组判定Q值变化的阈值。

11.3 二进制树算法

标签应具备一个8位计数器和一个产生0或1的随机数发生器。二进制树算法包括以下过程：

a) 读写器发送接入时隙起始命令，与命令参数中时隙序号相同的标签将各自内部计数器置为0，并启动随机数发生器。所有生成随机数为1的标签使计数器加1；所有生成随机数为0的标签，计数器值保持0不变。计数器值为0的标签立即回复RN8。

b) 若读写器检测到碰撞或错误，发送接入失败确认命令。标签收到该命令后，若其计数器不等于0，其计数器值加1；若其计数器为0，则启动随机数发生器，生成随机数为1的标签将计数器值加1，生成随机数为0的标签计数器值保持为0，并发送新的RN8。

c) 若读写器检测到标签发送成功，读写器发送接入成功确认命令。发送RN8的标签收到该命令后，若接入成功确认命令中的RN8与标签发送的RN8相同，则表示该标签接入成功。若接入成功确认命令中的RN8与标签发送的RN8不相同，则计数器保持0，并回复新的RN8。其他标签收到接入成功确认命令后，内部计数器值减1。

d) 若读写器检测到无数据传输时，发送接入成功确认命令（此时命令参数无意义）。当标签收到该命令后，计数器减1，之后计数器为0的标签发送RN8。若所有计数器值为0的标签启动随机数发生器后，生成随机数均为1，则没有数据发送。

e) 若读写器在前一次碰撞后未收到标签回复信息，则发送重新接入命令。当标签收到重新接入命令时，计数器值不为1的标签，计数器值保持不变。计数器为1的标签，启动随机数发生器。所有生成1的标签使计数器值保持不变；所有生成为0的标签，计数器值减1变为0，并立即回复RN8。

12 安全协议

12.1 实体鉴别协议

12.1.1 概述

实体鉴别协议提供读写器与标签间的身份鉴别功能，用于确定读写器或标签身份是否真实合法。根据所采用密码算法的类型，鉴别协议按照安全强度由低到高依次分为如下四种，可根据应用领域、应用规模、应用场景、设备性能、信息敏感程度及具体安全需求等进行选用或组合使用。

a) 基于异或运算的TRAIS(TRAIS-X)鉴别协议。

b) 基于哈希算法的TRAIS(TRAIS-H)鉴别协议。

c) 基于对称密码算法的TRAIS(TRAIS-S)鉴别协议。

d) 基于公钥密码算法的TRAIS(TRAIS-P)鉴别协议。

每种鉴别协议又分为读写器和标签双向鉴别、读写器单向鉴别标签、标签单向鉴别读写器三种模式。在执行上述鉴别协议之前，读写器需先发送获取标签安全参数命令获取标签的安全能力以及基密钥索引，根据标签安全能力和读写器本地安全策略执行相应的鉴别协议和鉴别模式。

12.1.2 TRAIS-X 鉴别协议

12.1.2.1 协议要求

本鉴别协议要求标签具备PSK和TID，读写器具备BK和RID。鉴别之前，标签获取RID，读写器获取TID，读写器根据BK和TID导出PSK。

12.1.2.2 双向鉴别协议流程

基于异或运算的双向鉴别协议执行流程如图21所示。

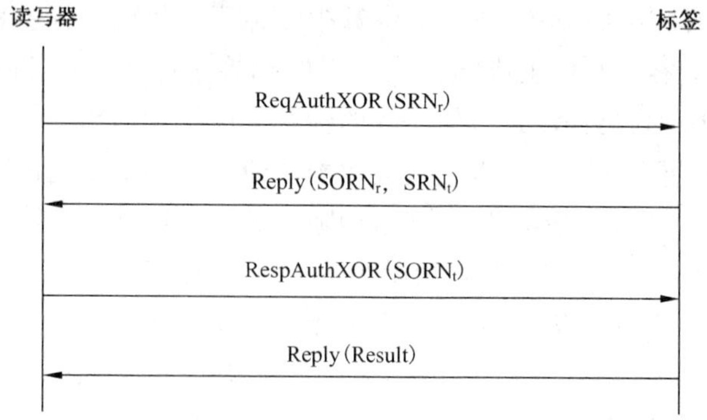

图 21 TRAIS-X 双向鉴别协议流程

鉴别过程如下：

a) 读写器生成随机数 RN_r，计算 $SRN_r = RN_r \oplus PSK$，向标签发送异或鉴别请求命令，命令见 9.8.2。

b) 标签收到异或鉴别请求命令后，计算 $RN_r = SRN_r \oplus PSK$，并计算 $SORN_r = (RN_r + O_n) \oplus PSK$。标签生成随机数 RN_t，计算 $SRN_t = RN_t \oplus PSK$，其中 O_n = 5555 5555 5555 5555h。标签返回异或鉴别请求响应给读写器。

c) 读写器收到异或鉴别请求响应后，计算 $SORN_r \oplus PSK$，比较 $RN_r + O_n$ 是否与 $SORN_r \oplus PSK$ 相等，如果不相等，则忽略该响应；如果相等，则认为标签合法。读写器计算 $RN_t = SRN_t \oplus PSK$，并计算 $SORN_t = (RN_t + O_n) \oplus PSK$。读写器发送异或鉴别应答命令给标签，命令见 9.8.4。

d) 标签收到异或鉴别应答命令后，计算 $SORN_t \oplus PSK$，比较 $RN_t + O_n$ 是否与 $SORN_t \oplus PSK$ 相等，如果不相等，则忽略该命令；如果相等，则认为读写器合法，标签返回鉴别结果给读写器。

12.1.2.3 标签对读写器单向鉴别协议流程

基于异或运算的标签对读写器单向鉴别协议执行流程如图 22 所示。

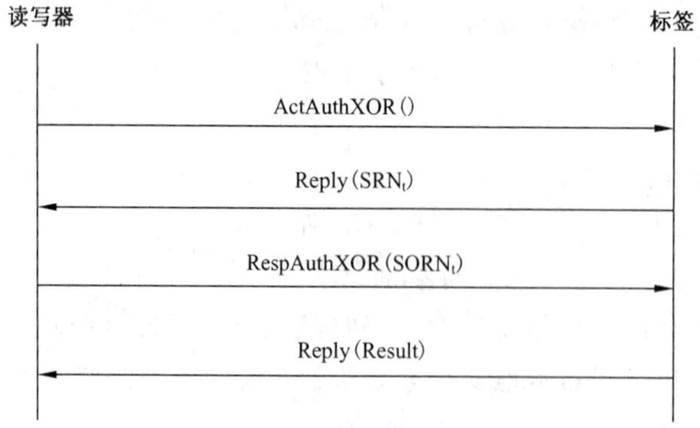

图 22 TRAIS-X 标签对读写器单向鉴别协议流程

鉴别过程如下：

a) 读写器向标签发送异或鉴别激活命令，命令见 9.8.3，开始鉴别过程。

b) 标签收到异或鉴别激活命令后，产生随机数 RN_t，计算 $SRN_t = RN_t \oplus PSK$。标签返回异或鉴别激活响应给读写器。

c) 读写器收到异或鉴别激活响应后，计算 $RN_t = SRN_t \oplus PSK$，并计算 $SORN_t = (RN_t + O_n) \oplus PSK$，发送异或鉴别应答命令给标签。

d) 标签收到异或鉴别应答命令后，计算 $SORN_t \oplus PSK$，比较 $RN_t + O_n$ 是否与 $SORN_t \oplus PSK$ 相

等，如果不相等，则忽略该命令；如果相等，则认为读写器合法。标签返回鉴别结果给读写器。

12.1.2.4 读写器对标签单向鉴别协议流程

基于异或运算的读写器对标签单向鉴别协议执行流程如图 23 所示。

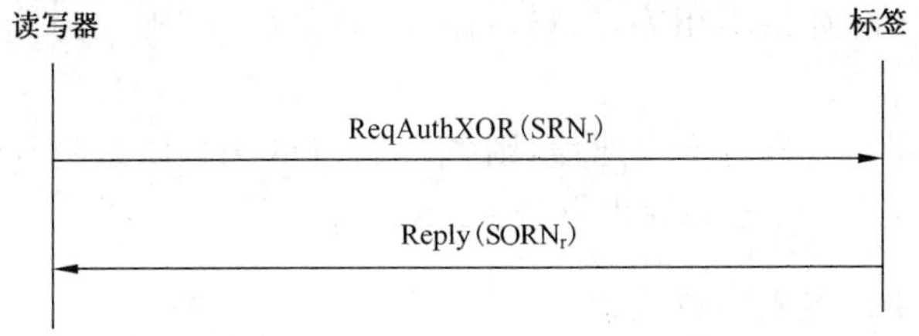

图 23 TRAIS-X 读写器对标签单向鉴别协议流程

鉴别过程如下：

a) 读写器产生随机数 RN_r，计算 $SRN_r = RN_r \oplus PSK$，并发送异或鉴别请求命令给标签。
b) 标签收到异或鉴别请求命令后，计算 $RN_r = SRN_r \oplus PSK$，并计算 $SORN_r = (RN_r + O_n) \oplus PSK$，返回异或鉴别请求命令响应给读写器。
c) 读写器收到异或鉴别请求命令响应后，计算 $SORN_r \oplus PSK$，比较 $RN_r + O_n$ 是否与 $SORN_r \oplus PSK$ 相等，如果不相等，则忽略该响应；如果相等，则标签合法。

12.1.3 TRAIS-H 鉴别协议

12.1.3.1 协议要求

本鉴别协议要求标签具备 PSK 和 TID，读写器具备 BK 和 RID。鉴别之前，标签获取 RID，读写器获取 TID，并根据 BK 和 TID 导出 PSK。

12.1.3.2 双向鉴别协议流程

基于哈希算法的双向鉴别协议执行流程如图 24 所示。

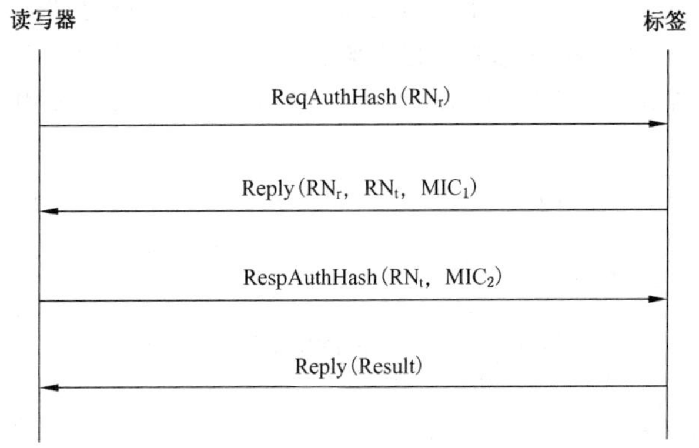

图 24 TRAIS-H 双向鉴别协议流程

鉴别过程如下：

a) 读写器生成随机数 RN_r，并向标签发送哈希鉴别请求命令，命令见 9.8.5。
b) 标签收到哈希鉴别请求命令后，生成随机数 RN_t，利用 PSK 对 $RN_r || RN_t$ 计算 MIC_1。标签返回哈希鉴别请求响应给读写器。
c) 读写器收到哈希鉴别请求响应后，比较哈希鉴别请求响应中的随机数 RN_r 是否与哈希鉴别请

求命令中的 RN_r 相等，如果不相等，忽略该响应；如果相等，利用 PSK 和哈希函数对 $RN_r||RN_t$ 计算 MIC_1'，并将 MIC_1' 与 MIC_1 比较，如果不相等，忽略该响应；如果相等，利用 PSK 和哈希函数对 RN_t 计算 MIC_2，并发送哈希鉴别应答命令给标签，命令见 9.8.7。

d) 标签收到哈希鉴别应答命令后，比较哈希鉴别应答命令中的随机数 RN_t 是否与哈希鉴别请求响应中的 RN_t 相等，如果不相等，忽略该命令；如果相等，利用 PSK 和哈希函数计算 MIC_2'，将 MIC_2' 与 MIC_2 比较，如果不相等，忽略该命令；如果相等，则认为读写器合法。标签返回鉴别结果给读写器。

e) 如果标签和读写器需要进行安全通信，则各自通过 KDH(PSK，TID||RID||RN_t||RN_r) 导出会话密钥，KDH() 是一种密钥导出算法。

12.1.3.3 标签对读写器单向鉴别协议流程

基于哈希算法的标签对读写器单向鉴别协议执行流程如图 25 所示。

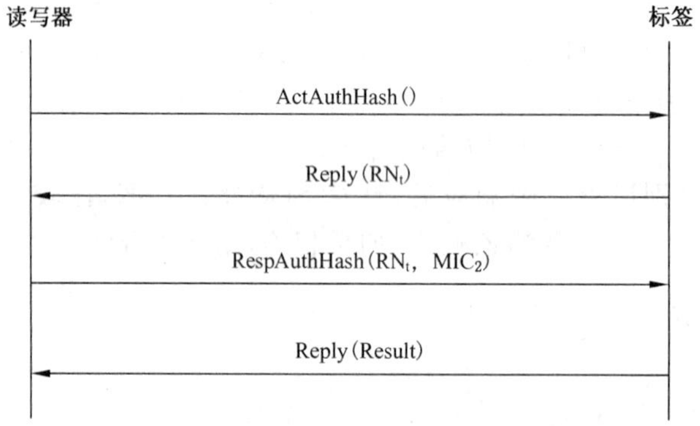

图 25 TRAIS-H 标签对读写器单向鉴别协议流程

鉴别过程如下：

a) 读写器向标签发送哈希鉴别激活命令，命令见 9.8.6，开始鉴别过程。

b) 标签收到哈希鉴别激活命令后，生成随机数 RN_t，并返回哈希鉴别激活响应给读写器。

c) 读写器收到哈希鉴别激活响应后，利用 PSK 对 RN_t 计算 MIC_2，并发送哈希鉴别应答命令给标签。

d) 标签收到哈希鉴别应答命令后，比较哈希鉴别应答命令中的随机数 RN_t 是否与哈希鉴别激活响应中的 RN_t 相等，如果不相等，则不响应该命令；如果相等，则利用 PSK 对 RN_t 计算 MIC_2'，将 MIC_2' 与 MIC_2 比较，如果不相等，不响应该命令；如果相等，则认为读写器合法。标签返回鉴别结果给读写器。

e) 如果标签和读写器需要进行安全通信，则各自通过 KDH(PSK，TID||RID||RN_t) 导出会话密钥。

12.1.3.4 读写器对标签单向鉴别协议流程

基于哈希算法的读写器对标签单向鉴别协议执行流程如图 26 所示。

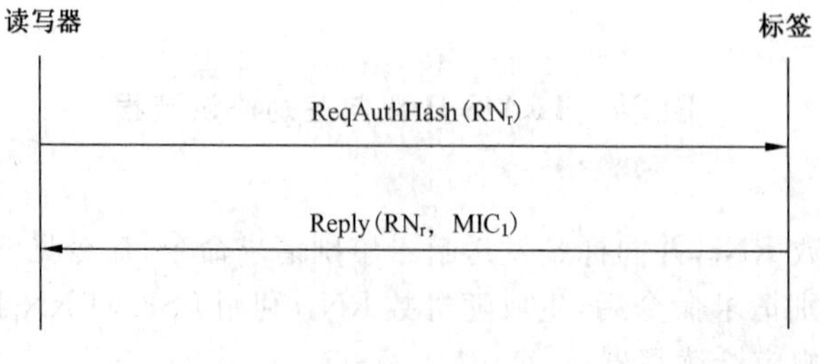

图 26 TRAIS-H 读写器对标签单向鉴别协议流程

鉴别过程如下：

a) 读写器生成随机数 RN_r，并向标签发送哈希鉴别请求命令。

b) 标签收到哈希鉴别请求命令后，利用 PSK 对 RN_r 计算 MIC_1，并返回哈希鉴别请求命令响应给读写器。

c) 读写器收到哈希鉴别请求命令响应后，比较哈希鉴别请求命令中的随机数 RN_r 是否与哈希鉴别请求命令中的 RN_r 相等，如果不相等，忽略该响应；如果相等，利用 PSK 对 RN_r 计算 MIC_1'，将 MIC_1' 与 MIC_1 比较，如果不相等，忽略该响应；如果相等，则认为标签合法。

d) 如果标签和读写器需要进行安全通信，则各自通过 KDH(PSK，TID||RID||RN_r)导出会话密钥。

12.1.4 TRAIS-S 鉴别协议

12.1.4.1 协议要求

本鉴别协议要求标签具备 PSK 和 TID，读写器具备 BK 和 RID。鉴别之前，标签获取 RID，读写器获取 TID，并根据 BK 和 TID 导出 PSK。

12.1.4.2 双向鉴别协议流程

基于对称密码算法的双向鉴别协议执行流程如图 27 所示。

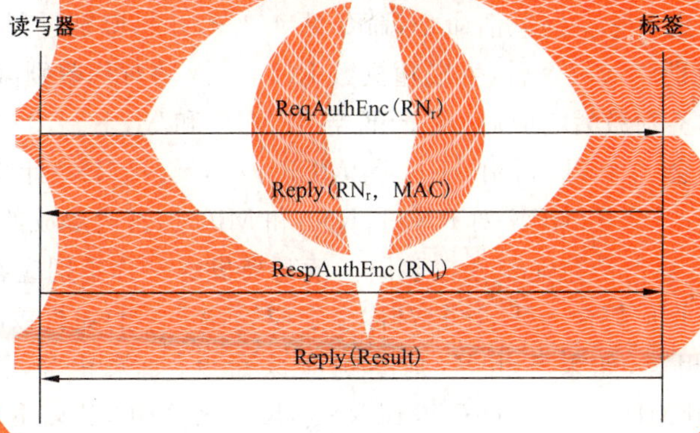

图 27 TRAIS-S 双向鉴别协议流程

鉴别过程如下：

a) 读写器产生随机数 RN_r，并向标签发送对称鉴别请求命令，命令见 9.8.8。

b) 标签收到对称鉴别请求命令后，利用 PSK 导出消息完整性校验密钥 MIK 和消息加密密钥 MEK。标签生成随机数 RN_t 和 RN_{sk}，利用 MIK 和 MEK 对 RN_r||RN_t||RN_{sk}计算 MAC=E(RN_r||RN_t||RN_{sk}，MIK，MEK)，MAC 是用 MEK 对 RN_r||RN_t||RN_{sk}和 MIC 加密后形成的密文，其中 MIC 是用 MIK 对 RN_r||RN_t||RN_{sk}计算的消息完整性校验码。标签返回对称鉴别请求响应给读写器。

c) 读写器收到对称鉴别请求响应后，比较对称鉴别请求响应中的随机数 RN_r 是否与对称鉴别请求命令中的 RN_r 相等，如果不相等，则忽略该响应；如果相等，利用 PSK 导出 MIK 和 MEK，并利用 MEK 解密 MAC 得到 RN_r'、RN_t、RN_{sk}和 MIC，比较 RN_r'与 RN_r，如果不相等，则忽略该响应；如果相等，则利用 MIK 对 RN_r'||RN_t||RN_{sk}计算 MIC′，并比较 MIC′和 MIC，如果不相等，则忽略该响应；如果相等，则认为标签合法，将 RN_{sk}作为与标签的会话密钥。读写器发送对称鉴别应答命令给标签，命令见 9.8.10。

d) 标签收到对称鉴别应答命令后，比较对称鉴别应答命令中的随机数 RN_t 是否与 b)中生成的

RN_t 相等，如果不相等，则忽略该命令；如果相等，则认为读写器合法，将 RN_{sk} 作为与读写器的会话密钥。标签返回鉴别结果给读写器。

12.1.4.3 标签对读写器单向鉴别协议流程

基于对称密码算法的标签对读写器单向鉴别协议执行流程如图 28 所示。

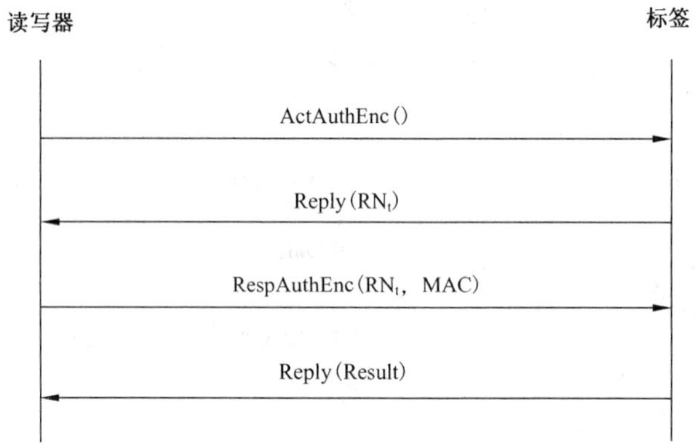

图 28　TRAIS-S 标签对读写器单向鉴别协议流程

鉴别过程如下：

a) 读写器向标签发送对称鉴别激活命令，命令见 9.8.9，开始鉴别过程。
b) 标签收到对称鉴别激活命令后，生成随机数 RN_t，并返回对称鉴别激活响应给读写器。
c) 读写器收到对称鉴别激活响应后，用 PSK 导出 MIK 和 MEK。读写器生成随机数 RN_{sk}，RN_{sk} 将作为与标签的会话密钥，利用 MIK 和 MEK 对 $RN_{sk}||RN_t$ 计算 $MAC=E(RN_{sk}||RN_t, MIK, MEK)$，MAC 是用 MEK 对 $RN_{sk}||RN_t$ 和 MIC 加密后形成的密文，其中 MIC 是用 MIK 对 $RN_{sk}||RN_t$ 计算的消息完整性校验码。读写器发送对称鉴别应答命令给标签。
d) 标签收到对称鉴别应答命令后，比较对称鉴别应答命令中的随机数 RN_t 是否与对称鉴别激活响应中的 RN_t 相等，如果不相等，则不响应该命令；如果相等，则利用 PSK 导出 MIK 和 MEK。标签利用 MEK 解密 MAC 得到 RN_{sk}，RN_t' 和 MIC，比较 RN_t' 与 RN_t，如果不相等，则忽略该命令；如果相等，则再利用 MIK 对 $RN_{sk}||RN_t'$ 计算 MIC′，并比较 MIC′ 和 MIC，若不相等，则忽略该命令；如果相等，则认为读写器合法，将 RN_{sk} 作为与读写器的会话密钥。标签返回鉴别结果给读写器。

12.1.4.4 读写器对标签单向鉴别协议流程

基于对称密码算法的读写器对标签单向鉴别协议执行流程如图 29 所示。

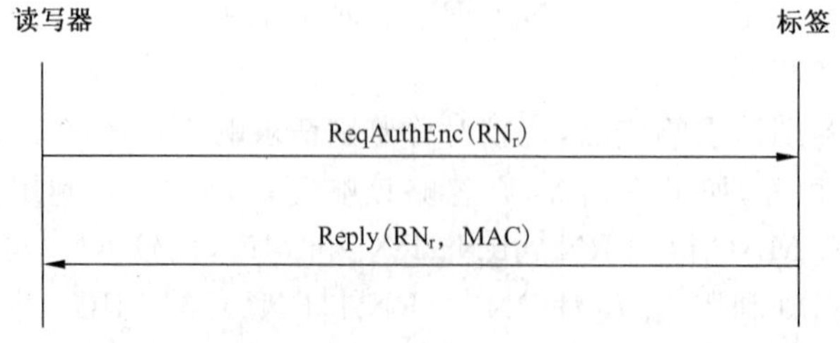

图 29　TRAIS-S 读写器对标签单向鉴别协议流程

鉴别过程如下：

a) 读写器产生随机数 RN_r,并向标签发送对称鉴别请求命令。

b) 标签收到对称鉴别请求命令后,利用 PSK 导出 MIK 和 MEK。标签生成随机数 RN_{sk},RN_{sk}将作为与读写器的会话密钥,利用 MIK 和 MEK 对 $RN_r||RN_{sk}$计算 MAC=E($RN_r||RN_{sk}$, MIK,MEK),MAC 是用 MEK 对 $RN_r||RN_{sk}$和 MIC 加密后形成的密文,其中 MIC 是用 MIK 对 $RN_r||RN_{sk}$计算的消息完整性校验码。标签返回对称鉴别请求响应给读写器。

c) 读写器收到对称鉴别请求命令响应后,比较对称鉴别请求命令响应中的随机数 RN_r 是否与对称鉴别请求命令中生成的 RN_r 相等,如果不相等,则忽略该响应;如果相等,则利用 PSK 导出 MIK 和 MEK,利用 MEK 解密 MAC 得到 RN_r'、RN_{sk}和 MIC,比较 RN_r'与 RN_r,如果不相等,则忽略该响应;如果相等,则利用 MIK 对 $RN_r||RN_{sk}$计算 MIC′,并比较 MIC′和 MIC,如果不相等,则忽略该响应;如果相等,则认为标签合法,将 RN_{sk}作为标签的会话密钥。

12.1.5 TRAIS-P 鉴别协议

12.1.5.1 协议要求

本鉴别协议要求标签具备私钥 S_t、读写器的公钥 Q_r 和 TID,读写器具备私钥 S_r、标签的公钥 Q_t 和 RID。鉴别之前,标签获取 RID,读写器获取 TID。在需要可信第三方 TTP 提供鉴别服务时,标签和读写器还要具备 TTP 的身份信息 TTPID 和公钥 Q_{ttp}。

12.1.5.2 双向鉴别协议流程

基于公钥密码算法的鉴别协议执行流程如图 30 所示,图中虚线表示该步骤可选。

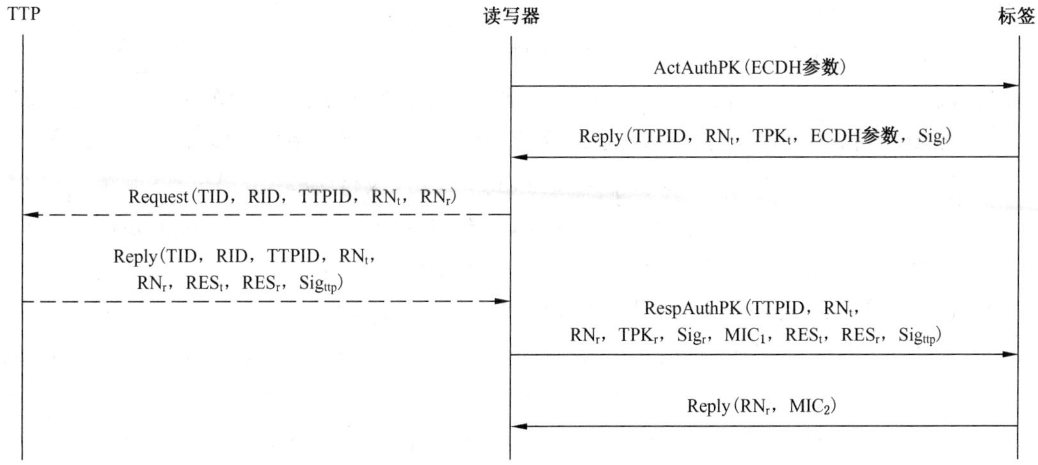

图 30 TRAIS-P 双向鉴别协议流程

鉴别过程如下:

a) 读写器向标签发送公钥鉴别激活命令,命令见 9.8.11,其中包括 ECDH 参数。

b) 标签收到公钥鉴别激活命令后,发送公钥鉴别激活命令响应给读写器,该响应中包括可信第三方身份信息 TTPID、标签产生的随机数 RN_t、标签产生的用于 ECDH 交换的临时公钥 TPK_t、ECDH 参数以及标签利用自己的私钥 S_t 对 TID||RID||TTPID||RN_t||TPK_t||ECDH 参数计算产生的数字签名 Sig_t。

c) 读写器收到公钥鉴别激活命令响应后,操作如下:

   1) 确认公钥鉴别激活命令响应中的 ECDH 参数是否与公钥鉴别激活命令中的 ECDH 参数相同,如果不相同,则忽略该响应;如果相同,则利用标签的公钥 Q_t 验证标签的签名 Sig_t,

如果验证失败，则忽略该响应；如果验证成功，执行 2)。

2) 读写器生成用于 ECDH 交换的临时私钥 X_r 和临时公钥 TPK_r，其中 $TPK_r = X_r \cdot P$，并使用 X_r 和 TPK_t 进行 ECDH 计算，得到主密钥种子 $(X_r \cdot TPK_t)$abscissa，其中 $(X_r \cdot TPK_t)$abscissa 是指 $X_r \cdot TPK_t$ 的 X 坐标，$X_r \cdot TPK_t$ 不能是无穷远点。计算 KDH($(X_r \cdot TPK_t)$abscissa，$RN_t||RN_r$)生成一个 16 字节的值作为基密钥 BK。

3) 读写器计算 KDH(BK，TID||RID||RN_t||RN_r)生成一个 48 字节的值，前 16 字节作为完整性鉴别密钥 IAK，第二个 16 字节作为会话完整性校验密钥 SIK，第三个 16 字节作为会话加密密钥 SEK。

4) 如果需要 TTP 对读写器和标签的身份进行验证，则执行 d)，否则执行 e)。

d) 读写器发送实体鉴别请求命令给 TTP，命令格式见 13.1.5.3.1。TTP 收到实体鉴别请求命令后，对标签和读写器身份的合法性进行验证，产生对标签和读写器的身份鉴别结果 RES_t 和 RES_r，并发送实体鉴别请求命令响应给读写器，响应格式见 13.1.5.3.2；读写器收到实体鉴别请求命令响应后，利用 TTP 的公钥 Q_{ttp} 验证 TTP 的签名 Sig_{ttp}，如果验证不成功，则忽略该命令；如果验证成功，则根据 RES_t 判断标签身份是否合法，如果合法执行 e)；如果不合法，终止鉴别。

e) 读写器发送公钥鉴别请求应答命令给标签，命令见 9.8.12，该命令中包括可信第三方身份信息 TTPID、标签产生的随机数 RN_t、读写器产生的随机数 RN_r、读写器产生的用于 ECDH 交换的临时公钥 TPK_r、读写器利用自己的私钥 S_r 对 TID||RID||TTPID||RN_t||RN_r||TPK_r 计算的数字签名 Sig_r 以及读写器利用 IAK 对 TID||RID||TTPID||RN_t||RN_r||TPK_r||Sig_r 计算的消息完整性校验码 MIC_1，在 TTP 提供鉴别服务时，公钥鉴别请求应答命令中还应包括 RES_t、RES_r 和 Sig_{ttp}。

f) 标签收到公钥鉴别请求应答命令后，操作如下：

1) 确认公钥鉴别请求应答命令中的随机数 RN_t 是否与公钥鉴别激活命令响应中的 RN_t 相等，若不相等，则忽略该命令；若相等，则利用读写器的公钥 Q_r 验证数字签名 Sig_r，如果验证 Sig_r 失败，则忽略该响应；如果验证 Sig_r 成功，执行 2)。

2) 标签对 X_t 和 TPK_r 进行 ECDH 计算，得到主密钥种子 $(X_t \cdot TPK_r)$abscissa，其中 $(X_t \cdot TPK_r)$abscissa 是指 $X_t \cdot TPK_r$ 的 X 坐标，$X_t \cdot TPK_r$ 不能是无穷远点。计算 KDH($(X_t \cdot TPK_r)$abscissa，$RN_t||RN_r$)生成一个 16 字节的值作为 BK。

3) 计算 KDH(BK，TID||RID||RN_t||RN_r)生成一个 48 字节的值，前 16 字节为 IAK，第二个 16 字节为 SIK，第三个 16 字节为 SEK。

4) 标签利用 IAK 对 TID||RID||TTPID||RN_t||RN_r||TPK_r||Sig_r 计算消息完整性校验码 MIC_1'，并与 MIC_1 比较，如果不相等，忽略该命令；如果相等，当公钥鉴别请求应答命令中不包含 RES_t、RES_r 和 Sig_{ttp} 数据项时，标签鉴别读写器成功；当公钥鉴别请求应答命令中包含 RES_t、RES_r 和 Sig_{ttp} 数据项时，则标签利用 TTP 的公钥 Q_{ttp} 验证 TTP 的签名 Sig_{ttp}，如果验证不成功，则忽略该命令；如果验证成功，则根据 RES_r 得到读写器身份是否合法，标签完成对读写器的鉴别。

5) 标签发送公钥鉴别请求应答命令响应给读写器，该响应中包括读写器产生的随机数 RN_r 和标签利用 IAK 对 TID||RID||RN_r 计算的消息完整性校验码 MIC_2。

g) 读写器收到公钥鉴别请求应答命令响应后，首先确认公钥鉴别请求应答命令响应中的随机数 RN_r 是否与公钥鉴别请求应答命令中 RN_r 相等，如果不相等，则忽略该响应；如果相等，则利用 IAK 对 TID||RID||RN_r 计算 MIC_2'，并与 MIC_2 比较，如果不相等，则忽略该响应；如果相等，鉴别成功。

12.1.5.3 实体鉴别请求命令

12.1.5.3.1 命令格式

实体鉴别请求命令由读写器发送给可信第三方，格式见表109。

表 109 实体鉴别请求命令

数据项	TID	RID	TTPID	RN_t	RN_r
长度	64位	24位	64位	64位	64位

表109中各数据项说明如下：

a) TID：标签标识符。

b) RID：读写器标识符。

c) TTPID：可信第三方标识符。

d) RN_t：标签生成的随机数，其值和公钥鉴别激活响应中的 RN_t 相同。

e) RN_r：读写器生成的随机数，其值和公钥鉴别请求应答命令中的 RN_r 相同。

12.1.5.3.2 响应格式

可信第三方收到读写器发送的实体鉴别请求命令后，返回响应给读写器，格式见表110。

表 110 实体鉴别请求响应

数据项	TID	RID	TTPID	RN_t	RN_r	RES_t	RES_r	Sig_{ttp}
长度	64位	24位	64位	64位	64位	4位	4位	384位

表110中各数据项说明如下：

a) TID：标签标识符。

b) RID：读写器标识符。

c) TTPID：可信第三方标识符。

d) RN_t：标签生成的随机数，其值和公钥鉴别激活响应中的 RN_t 相同。

e) RN_r：读写器生成的随机数，其值和公钥鉴别请求应答命令中的 RN_r 相同。

f) RES_t：TTP对标签的实体鉴别结果。0_h 为鉴别失败，1_h 为鉴别成功，其他保留。

g) RES_r：TTP对读写器的实体鉴别结果。0_h 为鉴别失败，1_h 为鉴别成功，其他保留。

h) Sig_{ttp}：TTP对 $TID||RID||TTPID||RN_t||RN_r||RES_t||RES_r$ 计算的数字签名。

12.2 安全通信协议

本条提供了RFID系统的TRAIS安全通信机制，标签和读写器经过实体鉴别后，在后续的通信过程中可采用安全通信协议，是否采用安全通信依赖于标签的安全能力和读写器本地策略，安全通信流程如图31所示。

在TRAIS-X、TRAIS-H、TRAIS-S和TRAIS-P四种鉴别协议中，除TRAIS-X外，其他三种鉴别机制均能在鉴别过程中协商产生会话密钥，用于为安全通信协议提供所需的密钥。

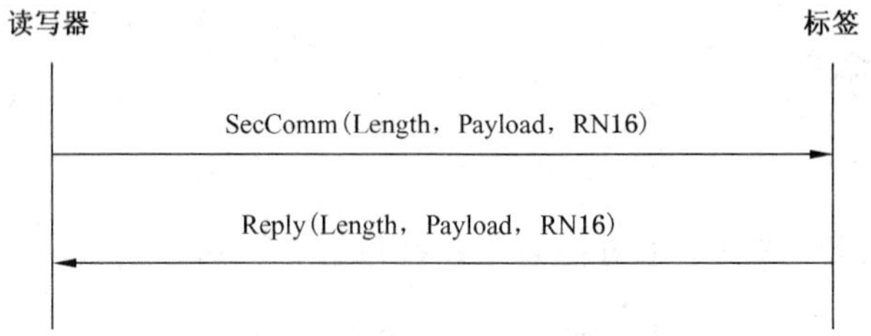

图 31 安全通信协议过程

安全通信过程如下：

a) 读写器将要发送给标签的操作命令利用会话密钥进行加密形成密文数据，将该密文数据作为安全通信命令的负载发送给标签，命令见 9.8.13。

b) 标签收到读写器的安全通信命令后，首先解密该命令的负载获得读写器的操作命令，标签根据操作命令构造对该命令的响应，并将该响应进行加密后作为安全通信命令响应的负载发送给读写器。读写器收到标签返回的安全通信命令响应后，对该响应的负载进行解密获得标签对操作命令的响应。

13 空中接口参数表

13.1 物理和数据链路层参数表

13.1.1 读写器至标签链路参数表

读写器至标签物理和数据链路层参数见表 111。

表 111 读写器至标签物理和数据链路层参数

参数编号	参 数 名 称	参　　数
Int:1	工作频率	2 400.00 MHz～2 483.50 MHz
Int:1a	默认工作频率	2 405.00 MHz
Int:1b	工作信道(适用于扩频系统)	16 个信道
Int:1c	工作频率准确度	20×10^{-6}(20 ppm)
Int:1d	跳频速率(适用于 FHSS 系统)	—
Int:1e	跳频序列(适用于 FHSS 系统)	—
Int:2	信道带宽	5 MHz
Int:2a	最小接收机带宽	—
Int:3	读写器最大发射功率	—
Int:4	读写器杂散发射	—
Int:4a	读写器带内杂散发射(适用于扩频系统)	—
Int:4b	读写器带外杂散发射	—
Int:5	读写器发射机频谱模板	—
Int:6	时序	见 Int:6a～Int:6d
Int:6a	发送-接收转换时间	＜192 μs

表 111（续）

参数编号	参 数 名 称	参　　数
Int:6b	接收-发送转换时间	>192 μs
Int:6c	读写器发射功率上升时间	—
Int:6d	读写器发射功率下降时间	—
Int:7	调制方式	O-QPSK 必选，DBPSK 可选
Int:7a	扩频序列(适用于 DSSS 系统)	O-QPSK 调制下见表 3，DBPSK 调制下参见表 4
Int:7b	码片速率(适用于扩频系统)	2 Mcps
Int:7c	码片速率准确度(适用于扩频系统)	20×10^{-6}(20 ppm)
Int:7d	调制指数	—
Int:7e	占空比	—
Int:7f	调制频偏(适用于调频)	—
Int:8	数据编码	—
Int:9	位速率	最高 250 kbps
Int:9a	位速率准确度	20×10^{-6}(20 ppm)
Int:10	读写器发送调制准确度	EVM≤35%
Int:11	前导码	见 6.2
Int:11a	前导码长度	32 位
Int:11b	前导码波形	—
Int:11c	位同步序列	—
Int:11d	同步码	见 6.3
Int:12	不规则性(适用于扩频系统)	准正交
Int:13	位传输顺序	字节：LSB 先行，数据：高字节先行
Int:14	唤醒过程	参见附录 C

13.1.2　标签至读写器链路参数表

标签至读写器物理和数据链路层参数见表 112。

表 112　标签至读写器物理和数据链路层参数

参数编号	参 数 名 称	参　　数
Tag:1	工作频率	2 400.00 MHz～2 483.50 MHz
Tag:1a	默认工作频率	2 405.00 MHz
Tag:1b	工作信道(适用于扩频系统)	5 MHz
Tag:1c	工作频率准确度	20×10^{-6}(20 ppm)
Tag:1d	跳频速率(适用于 FHSS 系统)	—
Tag:1e	跳频序列(适用于 FHSS 系统)	—

表 112(续)

参数编号	参数名称	参数
Tag:2	占用信道带宽	5 MHz
Tag:3	标签发射最大发射功率	—
Tag:4	标签杂散发射	—
Tag:4a	标签带内杂散发射(适用于扩频系统)	—
Tag:4b	标签带外杂散发射	—
Tag:5	标签发射机频谱模板	—
Tag:6	时序	见 Tag:6a～Tag:6d
Tag:6a	发送-接收转换时间	<192 μs
Tag:6b	接收-发送转换时间	>192 μs
Tag:6c	标签发射功率上升时间	—
Tag:6d	标签发射功率下降时间	—
Tag:7	调制方式	O-QPSK 必选,DBPSK 可选
Tag:7a	扩频序列(适用于 DHSS 系统)	见表 3,参见表 4
Tag:7b	码片速率(适用于扩频系统)	2 Mcps
Tag:7c	码片速率准确度(适用于扩频系统)	20×10^{-6}(20 ppm)
Tag:7d	通断比(适用于 ASK 调制)	—
Tag:7e	副载波频率	—
Tag:7f	副载波频率准确度	—
Tag:7g	副载波调制	—
Tag:7h	占空比	—
Tag:7i	调制频偏(适用于调频)	—
Tag:8	数据编码	—
Tag:9	位速率	最高 250 kbps
Tag:9a	位速率准确度	20×10^{-6}(20 ppm)
Tag:10	标签发送调制准确度	EVM≤35%
Tag:11	前导码	见 6.2
Tag:11a	前导码长度	32 位
Tag:11b	前导码波形	—
Tag:11c	位同步序列	—
Tag:11d	同步码	见 6.3
Tag:12	不规则性(适用于扩频系统)	准正交
Tag:13	位传输顺序	字节:LSB 先行,数据:高字节先行
Tag:14	预留	无
Tag:15	标签接收机最小带宽	—

13.2 协议参数表

协议参数见表113。

表113 协议参数

参数编号	参数名称	参数
P:1	发起方	读写器
P:2	标签寻址方式	透明文件内按字节寻址,记录文件按记录序号寻址
P:3	TID	见P:3a和P:3b
P:3a	TID长度	64位
P:3b	TID格式	见6.6.4
P:4	读容量	—
P:5	写容量	—
P:6	读处理时间	—
P:7	写处理时间	—
P:8	差错检测	CRC-16
P:9	差错纠正	无
P:10	标签寻址能力	—
P:11	命令结构和扩展性	1字节命令代码,可扩展

附 录 A
(规范性附录)
标签状态转移表

A.1 侦听状态转移表

标签侦听状态下收到各指令后的状态转移见表 A.1。

表 A.1 侦听状态转移表

操作类型	命令代码	名称	使用方式	条件	下一状态
就绪和休眠命令	00_h	保留	—	—	—
	01_h	就绪	广播/点对点	执行成功	就绪
	02_h	休眠所有标签	广播/点对点	全部	侦听
	03_h	休眠除某一类标签外所有标签	广播	全部	侦听
	04_h	休眠除某个标签外所有标签	广播	全部	侦听
	05_h	直接会话	广播/点对点	执行成功	会话
	06_h～$0F_h$	保留	—	—	—
接入命令	10_h	保留	—	—	—
	11_h	接入帧起始	广播	全部	侦听
	12_h	接入时隙起始	广播	全部	侦听
	13_h	接入失败确认	广播	全部	侦听
	14_h	接入成功确认	广播	全部	侦听
	15_h	重新接入	广播	全部	侦听
	16_h～$1F_h$	保留	—	—	—
收集命令	20_h	保留	—	—	—
	21_h	收集期起始	广播	全部	侦听
	22_h	收集失败确认	广播	全部	侦听
	23_h	收集成功确认	广播	全部	侦听
	24_h～$2F_h$	保留	—	—	—
文件访问命令	30_h	保留	—	—	—
	31_h	选择文件	点对点	全部	侦听
	32_h	验证文件口令	点对点	全部	侦听
	33_h	文件无效	点对点	全部	侦听
	34_h	文件有效	点对点	全部	侦听
	35_h	列表文件	点对点	全部	侦听
	36_h	读透明文件	点对点	全部	侦听

表 A.1（续）

操作类型	命令代码	名称	使用方式	条件	下一状态
文件访问命令	37_h	更新透明文件	点对点	全部	侦听
	38_h	读记录文件	点对点	全部	侦听
	$3A_h$	检索记录	点对点	全部	侦听
	$3B_h$	更新记录文件	点对点	全部	侦听
	39_h,$3C_h$～$4F_h$	保留	—	—	—
监测命令	50_h	保留	—	—	—
	51_h	监测周期配置	点对点	全部	侦听
	52_h	监测周期起始	广播	全部	侦听
	53_h～$6F_h$	保留	—	—	—
安全协议命令	70_h	保留	—	—	—
	71_h	获取标签安全参数	点对点	全部	侦听
	72_h	异或鉴别请求	点对点	全部	侦听
	73_h	异或鉴别激活	点对点	全部	侦听
	74_h	异或鉴别应答	点对点	全部	侦听
	75_h	哈希鉴别请求	点对点	全部	侦听
	76_h	哈希鉴别激活	点对点	全部	侦听
	77_h	哈希鉴别应答	点对点	全部	侦听
	78_h	对称鉴别请求	点对点	全部	侦听
	79_h	对称鉴别激活	点对点	全部	侦听
	$7A_h$	对称鉴别应答	点对点	全部	侦听
	$7B_h$	公钥鉴别激活	点对点	全部	侦听
	$7C_h$	公钥鉴别请求应答	点对点	全部	侦听
	$7D_h$	安全通信	点对点	全部	侦听
	$7E_h$～$8F_h$	保留	—	—	—
其他命令	90_h	保留	—	—	—
	91_h	灭活	点对点	全部	侦听
	92_h	请求随机数	点对点	全部	侦听
	93_h	更新系统口令	点对点	全部	侦听
	94_h	数据广播	广播	全部	侦听
	95_h～$9F_h$	保留	—	—	—
—	$A0_h$～AF_h	由制造商定义	—	—	—
—	$B0_h$～BF_h	由制造商定义	—	—	—
—	$C0_h$～FF_h	保留	—	—	—

A.2 就绪状态转移表

标签就绪状态下收到各指令后的状态转移见表 A.2。

表 A.2 就绪状态转移表

操作类型	命令代码	名称	使用方式	条件	下一状态
就绪和休眠命令	00_h	保留	—	—	—
	01_h	就绪	广播/点对点	全部	就绪
	02_h	休眠所有标签	广播/点对点	执行成功	休眠
	03_h	休眠除某一类标签外所有标签	广播	执行成功	休眠
	04_h	休眠除某个标签外所有标签	广播	执行成功	休眠
	05_h	直接会话	广播/点对点	全部	就绪
	06_h～$0F_h$	保留	—	—	—
接入命令	10_h	保留	—	—	—
	11_h	接入帧起始	广播	执行成功	仲裁
	12_h	接入时隙起始	广播	全部	就绪
	13_h	接入失败确认	广播	全部	就绪
	14_h	接入成功确认	广播	全部	就绪
	15_h	重新接入	广播	全部	就绪
	16_h～$1F_h$	保留	—	—	—
收集命令	20_h	保留	—	—	—
	21_h	收集期起始	广播	全部	就绪
	22_h	收集失败确认	广播	全部	就绪
	23_h	收集成功确认	广播	全部	就绪
	24_h～$2F_h$	保留	—	—	—
文件访问命令	30_h	保留	—	—	—
	31_h	选择文件	点对点	执行成功	会话
	32_h	验证文件口令	点对点	全部	就绪
	33_h	文件无效	点对点	全部	就绪
	34_h	文件有效	点对点	全部	就绪
	35_h	列表文件	点对点	全部	就绪
	36_h	读透明文件	点对点	全部	就绪
	37_h	更新透明文件	点对点	全部	就绪
	38_h	读记录文件	点对点	全部	就绪
	$3A_h$	检索记录	点对点	全部	就绪
	$3B_h$	更新记录文件	点对点	全部	就绪
	39_h,$3C_h$～$4F_h$	保留	—	—	—

表 A.2（续）

操作类型	命令代码	名称	使用方式	条件	下一状态
监测命令	50_h	保留	—	—	—
	51_h	监测周期配置	点对点	执行成功	会话
	52_h	监测周期起始	广播	执行成功	会话
	53_h～$6F_h$	保留	—	—	—
安全协议命令	70_h	保留	—	—	—
	71_h	获取标签安全参数	点对点	执行成功	会话
	72_h	异或鉴别请求	点对点	全部	就绪
	73_h	异或鉴别激活	点对点	全部	就绪
	74_h	异或鉴别应答	点对点	全部	就绪
	75_h	哈希鉴别请求	点对点	全部	就绪
	76_h	哈希鉴别激活	点对点	全部	就绪
	77_h	哈希鉴别应答	点对点	全部	就绪
	78_h	对称鉴别请求	点对点	全部	就绪
	79_h	对称鉴别激活	点对点	全部	就绪
	$7A_h$	对称鉴别应答	点对点	全部	就绪
	$7B_h$	公钥鉴别激活	点对点	全部	就绪
	$7C_h$	公钥鉴别请求应答	点对点	全部	就绪
	$7D_h$	安全通信命令	点对点	全部	就绪
	$7E_h$～$8F_h$	保留	—	—	—
其他命令	90_h	保留	—	—	—
	91_h	灭活	点对点	全部	就绪
	92_h	请求随机数	点对点	执行成功	会话
	93_h	更新系统口令	点对点	执行成功	会话
	94_h	数据广播	广播	全部	就绪
	95_h～$9F_h$	保留	—	—	—
—	$A0_h$～AF_h	由制造商定义	—	—	—
—	$B0_h$～BF_h	由制造商定义	—	—	—
—	$C0_h$～FF_h	保留	—	—	—

A.3 仲裁状态转移表

标签仲裁状态下收到各指令后的状态转移见表 A.3。

表 A.3 仲裁状态转移表

操作类型	命令代码	名称	使用方式	条件	下一状态
就绪和休眠命令	00_h	保留	—	—	—
	01_h	就绪	广播/点对点	全部	仲裁
	02_h	休眠所有标签	广播/点对点	执行成功	休眠
	03_h	休眠除某一类标签外所有标签	广播	执行成功	休眠
	04_h	休眠除某个标签外所有标签	广播	执行成功	休眠
	05_h	直接会话	广播/点对点	全部	仲裁
	06_h～$0F_h$	保留	—	—	—
接入命令	10_h	保留	—	—	—
	11_h	接入帧起始	广播	全部	仲裁
	12_h	接入时隙起始	广播	全部	仲裁
	13_h	接入失败确认	广播	全部	仲裁
	14_h	接入成功确认	广播	全部	收集
	15_h	重新接入	广播	全部	仲裁
	16_h～$1F_h$	保留	—	—	—
收集命令	20_h	保留	—	—	—
	21_h	收集期起始	广播	全部	仲裁
	22_h	收集失败确认	广播	全部	仲裁
	23_h	收集失败确认	广播	全部	仲裁
	24_h～$2F_h$	保留	—	—	—
文件访问命令	30_h	保留	—	—	—
	31_h	选择文件	点对点	全部	仲裁
	32_h	验证文件口令	点对点	全部	仲裁
	33_h	文件无效	点对点	全部	仲裁
	34_h	文件有效	点对点	全部	仲裁
	35_h	列表文件	点对点	全部	仲裁
	36_h	读透明文件	点对点	全部	仲裁
	37_h	更新透明文件	点对点	全部	仲裁
	38_h	读记录文件	点对点	全部	仲裁
	$3A_h$	检索记录	点对点	全部	仲裁
	$3B_h$	更新记录文件	点对点	全部	仲裁
	39_h,$3C_h$～$4F_h$	保留	—	—	—

表 A.3（续）

操作类型	命令代码	名称	使用方式	条件	下一状态
监测命令	50_h	保留	—	—	—
	51_h	监测周期配置	点对点	全部	仲裁
	52_h	监测周期起始	广播	全部	仲裁
	53_h～$6F_h$	保留	—	—	—
安全协议命令	70_h	保留	—	—	—
	71_h	获取标签安全参数	点对点	全部	仲裁
	72_h	异或鉴别请求	点对点	全部	仲裁
	73_h	异或鉴别激活	点对点	全部	仲裁
	74_h	异或鉴别应答	点对点	全部	仲裁
	75_h	哈希鉴别请求	点对点	全部	仲裁
	76_h	哈希鉴别激活	点对点	全部	仲裁
	77_h	哈希鉴别应答	点对点	全部	仲裁
	78_h	对称鉴别请求	点对点	全部	仲裁
	79_h	对称鉴别激活	点对点	全部	仲裁
	$7A_h$	对称鉴别应答	点对点	全部	仲裁
	$7B_h$	公钥鉴别激活	点对点	全部	仲裁
	$7C_h$	公钥鉴别请求应答	点对点	全部	仲裁
	$7D_h$	安全通信命令	点对点	全部	仲裁
	$7E_h$～$8F_h$	保留	—	—	—
其他命令	90_h	保留	—	—	—
	91_h	灭活命令	点对点	全部	仲裁
	92_h	请求随机数	点对点	全部	仲裁
	93_h	更新系统口令命令	点对点	全部	仲裁
	94_h	数据广播	广播	全部	仲裁
	95_h～$9F_h$	保留	—	—	—
—	$A0_h$～AF_h	由制造商定义	—	—	—
—	$B0_h$～BF_h	由制造商定义	—	—	—
—	$C0_h$～FF_h	保留	—	—	—

A.4 收集状态转移表

标签收集状态下收到各指令后的状态转移见表 A.4。

表 A.4 收集状态转移表

操作类型	命令代码	名称	使用方式	条件	下一状态
就绪和休眠命令	00_h	保留	—	—	—
	01_h	就绪	广播/点对点	全部	收集
	02_h	休眠所有标签	广播/点对点	执行成功	休眠
	03_h	休眠除某一类标签外所有标签	广播	执行成功	休眠
	04_h	休眠除某个标签外所有标签	广播	执行成功	休眠
	05_h	直接会话	广播/点对点	全部	收集
	06_h～$0F_h$	保留	—	—	—
接入命令	10_h	保留	—	—	—
	11_h	接入帧起始	广播	全部	收集
	12_h	接入时隙起始	广播	全部	收集
	13_h	接入失败确认	广播	全部	收集
	14_h	接入成功确认	广播	全部	收集
	15_h	重新接入	广播	全部	收集
	16_h～$1F_h$	保留	—	—	—
收集命令	20_h	保留	—	—	—
	21_h	收集期起始	广播	全部	收集
	22_h	收集失败确认	广播	收发指示00_h	收集
				收发指示01_h	就绪
	23_h	收集成功确认	广播	全部	会话
	24_h～$2F_h$	保留	—	—	—
文件访问命令	30_h	保留	—	—	—
	31_h	选择文件	点对点	全部	收集
	32_h	验证文件口令	点对点	全部	收集
	33_h	文件无效	点对点	全部	收集
	34_h	文件有效	点对点	全部	收集
	35_h	列表文件	点对点	全部	收集
	36_h	读透明文件	点对点	全部	收集
	37_h	更新透明文件	点对点	全部	收集
	38_h	读记录文件	点对点	全部	收集
	$3A_h$	检索记录	点对点	全部	收集
	$3B_h$	更新记录文件	点对点	全部	收集
	39_h,$3C_h$～$4F_h$	保留	—	—	—

表 A.4（续）

操作类型	命令代码	名称	使用方式	条件	下一状态
监测命令	50_h	保留	—	—	—
	51_h	监测周期配置	点对点	全部	收集
	52_h	监测周期起始	广播	全部	收集
	$53_h \sim 6F_h$	保留	—	—	—
安全协议命令	70_h	保留	—	—	—
	71_h	获取标签安全参数	点对点	全部	收集
	72_h	异或鉴别请求	点对点	全部	收集
	73_h	异或鉴别激活	点对点	全部	收集
	74_h	异或鉴别应答	点对点	全部	收集
	75_h	哈希鉴别请求	点对点	全部	收集
	76_h	哈希鉴别激活	点对点	全部	收集
	77_h	哈希鉴别应答	点对点	全部	收集
	78_h	对称鉴别请求	点对点	全部	收集
	79_h	对称鉴别激活	点对点	全部	收集
	$7A_h$	对称鉴别应答	点对点	全部	收集
	$7B_h$	公钥鉴别激活	点对点	全部	收集
	$7C_h$	公钥鉴别请求应答	点对点	全部	收集
	$7D_h$	安全通信	点对点	全部	收集
	$7E_h \sim 8F_h$	保留	—	—	—
其他命令	90_h	保留	—	—	—
	91_h	灭活命令	点对点	全部	收集
	92_h	请求随机数	点对点	全部	收集
	93_h	更新系统口令命令	点对点	全部	收集
	94_h	数据广播	广播	全部	收集
	$95_h \sim 9F_h$	保留	—	—	—
—	$A0_h \sim AF_h$	由制造商定义	—	—	—
—	$B0_h \sim BF_h$	由制造商定义	—	—	—
—	$C0_h \sim FF_h$	保留	—	—	—

A.5 会话状态转移表

标签会话状态下收到各指令后的状态转移见表 A.5。

表 A.5 会话状态转移表

操作类型	命令代码	名称	使用方式	条件	下一状态
就绪和休眠命令	00_h	保留	—	—	—
	01_h	就绪	广播/点对点	全部	会话
	02_h	休眠所有标签	广播/点对点	执行成功	休眠
	03_h	休眠除某一类标签外所有标签	广播	执行成功	休眠
	04_h	休眠除某个标签外所有标签	广播	执行成功	休眠
	05_h	直接会话	广播/点对点	全部	会话
	06_h～$0F_h$	保留	—	—	—
接入命令	10_h	保留	—	—	—
	11_h	接入帧起始	广播	全部	会话
	12_h	接入时隙起始	广播	全部	会话
	13_h	接入失败确认	广播	全部	会话
	14_h	接入成功确认	广播	全部	会话
	15_h	重新接入	广播	全部	会话
	16_h～$1F_h$	保留	—	—	—
收集命令	20_h	保留	—	—	—
	21_h	收集期起始	广播	全部	会话
	22_h	收集失败确认	广播	全部	会话
	23_h	收集成功确认	广播	全部	会话
	24_h～$2F_h$	保留	—	—	—
文件访问命令	30_h	保留	—	—	—
	31_h	选择文件	点对点	全部	会话
	32_h	验证文件口令	点对点	全部	会话
	33_h	文件无效	点对点	全部	会话
	34_h	文件有效	点对点	全部	会话
	35_h	列表文件	点对点	全部	会话
	36_h	读透明文件	点对点	全部	会话
	37_h	更新透明文件	点对点	全部	会话
	38_h	读记录文件	点对点	全部	会话
	$3A_h$	检索记录	点对点	全部	会话
	$3B_h$	更新记录文件	点对点	全部	会话
	39_h,$3C_h$～$4F_h$	保留	—	—	—

表 A.5（续）

操作类型	命令代码	名称	使用方式	条件	下一状态
监测命令	50_h	保留	—	—	—
	51_h	监测周期配置	点对点	全部	会话
	52_h	监测周期起始	广播	全部	会话
	53_h～$6F_h$	保留	—	—	—
安全协议命令	70_h	保留	—	—	—
	71_h	获取标签安全参数	点对点	全部	会话
	72_h	异或鉴别请求	点对点	全部	会话
	73_h	异或鉴别激活	点对点	全部	会话
	74_h	异或鉴别应答	点对点	鉴别失败	会话
				鉴别成功	安全会话
	75_h	哈希鉴别请求	点对点	全部	会话
	76_h	哈希鉴别激活	点对点	全部	会话
	77_h	哈希鉴别应答	点对点	鉴别失败	会话
				鉴别成功	安全会话
	78_h	对称鉴别请求	点对点	全部	会话
	79_h	对称鉴别激活	点对点	全部	会话
	$7A_h$	对称鉴别应答	点对点	鉴别失败	会话
				鉴别成功	安全会话
	$7B_h$	公钥鉴别激活	点对点	全部	会话
	$7C_h$	公钥鉴别请求应答	点对点	鉴别失败	会话
				鉴别成功	安全会话
	$7D_h$	安全通信	点对点	全部	会话
	$7E_h$～$8F_h$	保留	—	—	—
其他命令	90_h	保留	—	—	—
	91_h	灭活命令	点对点	执行成功	灭活
	92_h	请求随机数	点对点	全部	会话
	93_h	更新系统口令命令	点对点	全部	会话
	94_h	数据广播	广播	全部	会话
	95_h～$9F_h$	保留	—	—	—
—	$A0_h$～AF_h	由制造商定义	—	—	—
—	$B0_h$～BF_h	由制造商定义	—	—	—
—	$C0_h$～FF_h	保留	—	—	—

A.6 安全会话状态转移表

标签安全会话状态下收到各指令后的状态转移见表 A.6。

表 A.6 安全会话状态转移表

操作类型	命令代码	名称	使用方式	条件	下一状态
就绪和休眠命令	00_h	保留	—	—	—
	01_h	就绪	广播/点对点	全部	安全会话
	02_h	休眠所有标签	广播/点对点	全部	休眠
	03_h	休眠除某一类标签外所有标签	广播	全部	休眠
	04_h	休眠除某个标签外所有标签	广播	全部	休眠
	05_h	直接会话	广播/点对点	全部	安全会话
	06_h～$0F_h$	保留	—	—	—
接入命令	10_h	保留	—	—	—
	11_h	接入帧起始	广播	全部	安全会话
	12_h	接入时隙起始	广播	全部	安全会话
	13_h	接入失败确认	广播	全部	安全会话
	14_h	接入成功确认	广播	全部	安全会话
	15_h	重新接入	广播	全部	安全会话
	16_h～$1F_h$	保留	—	—	—
收集命令	20_h	保留	—	—	—
	21_h	收集期起始	广播	全部	安全会话
	22_h	收集失败确认	广播	全部	安全会话
	23_h	收集成功确认	点对点	全部	安全会话
	24_h～$2F_h$	保留	—	—	—
文件访问命令	30_h	保留	—	—	—
	31_h	选择文件	点对点	全部	安全会话
	32_h	验证文件口令	点对点	全部	安全会话
	33_h	文件无效	点对点	全部	安全会话
	34_h	文件有效	点对点	全部	安全会话
	35_h	列表文件	点对点	全部	安全会话
	36_h	读透明文件	点对点	全部	安全会话
	37_h	更新透明文件	点对点	全部	安全会话
	38_h	读记录文件	点对点	全部	安全会话
	$3A_h$	检索记录	点对点	全部	安全会话
	$3B_h$	更新记录文件	点对点	全部	安全会话
	39_h,$3C_h$～$4F_h$	保留	—	—	—

表 A.6（续）

操作类型	命令代码	名称	使用方式	条件	下一状态
监测命令	50_h	保留	—	—	—
	51_h	监测周期配置	点对点	全部	安全会话
	52_h	监测周期起始	广播	全部	安全会话
	53_h～$6F_h$	保留	—	—	—
安全协议命令	70_h	保留	—	—	—
	71_h	获取标签安全参数	点对点	全部	安全会话
	72_h	异或鉴别请求	点对点	全部	安全会话
	73_h	异或鉴别激活	点对点	全部	安全会话
	74_h	异或鉴别应答	点对点	全部	安全会话
	75_h	哈希鉴别请求	点对点	全部	安全会话
	76_h	哈希鉴别激活	点对点	全部	安全会话
	77_h	哈希鉴别应答	点对点	全部	安全会话
	78_h	对称鉴别请求	点对点	全部	安全会话
	79_h	对称鉴别激活	点对点	全部	安全会话
	$7A_h$	对称鉴别应答	点对点	全部	安全会话
	$7B_h$	公钥鉴别激活	点对点	全部	安全会话
	$7C_h$	公钥鉴别请求应答	点对点	全部	安全会话
	$7D_h$	安全通信	点对点	全部	安全会话
	$7E_h$～$8F_h$	保留	—	—	—
其他命令	90_h	保留	—	—	—
	91_h	灭活	点对点	执行成功	灭活
	92_h	请求随机数	点对点	全部	安全会话
	93_h	更新系统口令	点对点	全部	安全会话
	94_h	数据广播	广播	全部	安全会话
	95_h～$9F_h$	保留	—	—	—
—	$A0_h$～AF_h	由制造商定义	—	—	—
—	$B0_h$～BF_h	由制造商定义	—	—	—
—	$C0_h$～FF_h	保留	—	—	—

A.7　灭活状态转移表

标签灭活状态下收到各指令后的状态转移见表 A.7。

表 A.7 灭活状态转移表

操作类型	命令代码	名称	使用方式	条件	下一状态
就绪和休眠命令	00_h	保留	—	—	—
	01_h	就绪	广播/点对点	全部	灭活
	02_h	休眠所有标签	广播/点对点	全部	灭活
	03_h	休眠除某一类标签外所有标签	广播	全部	灭活
	04_h	休眠除某个标签外所有标签	广播	全部	灭活
	05_h	直接会话	广播/点对点	全部	灭活
	06_h～$0F_h$	保留	—	—	—
接入命令	10_h	保留	—	—	—
	11_h	接入帧起始	广播	全部	灭活
	12_h	接入时隙起始	广播	全部	灭活
	13_h	接入失败确认	广播	全部	灭活
	14_h	接入成功确认	广播	全部	灭活
	15_h	重新接入	广播	全部	灭活
	16_h～$1F_h$	保留	—	—	—
收集命令	20_h	保留	—	—	—
	21_h	收集期起始	广播	全部	灭活
	22_h	收集失败确认	广播	全部	灭活
	23_h	收集成功确认	点对点	全部	灭活
	24_h～$2F_h$	保留	—	—	—
文件访问命令	30_h	保留	—	—	—
	31_h	选择文件	点对点	全部	灭活
	32_h	验证文件口令	点对点	全部	灭活
	33_h	文件无效	点对点	全部	灭活
	34_h	文件有效	点对点	全部	灭活
	35_h	列表文件	点对点	全部	灭活
	36_h	读透明文件	点对点	全部	灭活
	37_h	更新透明文件	点对点	全部	灭活
	38_h	读记录文件	点对点	全部	灭活
	$3A_h$	检索记录	点对点	全部	灭活
	$3B_h$	更新记录文件	点对点	全部	灭活
	39_h,$3C_h$～$4F_h$	保留	—	—	—

表 A.7（续）

操作类型	命令代码	名称	使用方式	条件	下一状态
监测命令	50_h	保留	—	—	—
	51_h	监测周期配置	点对点	全部	灭活
	52_h	监测周期起始	广播	全部	灭活
	53_h～$6F_h$	保留	—	—	—
安全协议命令	70_h	保留	—	—	—
	71_h	获取标签安全参数	点对点	全部	灭活
	72_h	异或鉴别请求	点对点	全部	灭活
	73_h	异或鉴别激活	点对点	全部	灭活
	74_h	异或鉴别应答	点对点	全部	灭活
	75_h	哈希鉴别请求	点对点	全部	灭活
	76_h	哈希鉴别激活	点对点	全部	灭活
	77_h	哈希鉴别应答	点对点	全部	灭活
	78_h	对称鉴别请求	点对点	全部	灭活
	79_h	对称鉴别激活	点对点	全部	灭活
	$7A_h$	对称鉴别应答	点对点	全部	灭活
	$7B_h$	公钥鉴别激活	点对点	全部	灭活
	$7C_h$	公钥鉴别请求应答	点对点	全部	灭活
	$7D_h$	安全通信	点对点	全部	灭活
	$7E_h$～$8F_h$	保留	—	—	—
其他命令	90_h	保留	—	—	—
	91_h	灭活	点对点	全部	灭活
	92_h	请求随机数	点对点	全部	灭活
	93_h	更新系统口令	点对点	全部	灭活
	94_h	数据广播	广播	全部	灭活
	95_h～$9F_h$	保留	—	—	—
—	$A0_h$～AF_h	由制造商定义	—	—	—
—	$B0_h$～BF_h	由制造商定义	—	—	—
—	$C0_h$～FF_h	保留	—	—	—

A.8 休眠状态转移表

标签休眠状态下收到各指令后的状态转移见表 A.8。

表 A.8 休眠状态转移表

操作类型	命令代码	名称	使用方式	条件	下一状态
就绪和休眠命令	00_h	保留	—	—	—
	01_h	就绪	广播/点对点	全部	休眠
	02_h	休眠所有标签	广播/点对点	全部	休眠
	03_h	休眠除某一类标签外所有标签	广播	全部	休眠
	04_h	休眠除某个标签外所有标签	广播	全部	休眠
	05_h	直接会话	广播/点对点	全部	休眠
	06_h～$0F_h$	保留	—	—	—
接入命令	10_h	保留	—	—	—
	11_h	接入帧起始	广播	全部	休眠
	12_h	接入时隙起始	广播	全部	休眠
	13_h	接入失败确认	广播	全部	休眠
	14_h	接入成功确认	广播	全部	休眠
	15_h	重新接入	广播	全部	休眠
	16_h～$1F_h$	保留	—	—	—
收集命令	20_h	保留	—	—	—
	21_h	收集期起始	广播	全部	休眠
	22_h	收集失败确认	广播	全部	休眠
	23_h	收集成功确认	点对点	全部	休眠
	24_h～$2F_h$	保留	—	—	—
文件访问命令	30_h	保留	—	—	—
	31_h	选择文件	点对点	全部	休眠
	32_h	验证文件口令	点对点	全部	休眠
	33_h	文件无效	点对点	全部	休眠
	34_h	文件有效	点对点	全部	休眠
	35_h	列表文件	点对点	全部	休眠
	36_h	读透明文件	点对点	全部	休眠
	37_h	更新透明文件	点对点	全部	休眠
	38_h	读记录文件	点对点	全部	休眠
	$3A_h$	检索记录	点对点	全部	休眠
	$3B_h$	更新记录文件	点对点	全部	休眠
	39_h,$3C_h$～$4F_h$	保留	—	—	—
监测命令	50_h	保留	—	—	—
	51_h	监测周期配置	点对点	全部	休眠
	52_h	监测周期起始	广播	全部	休眠
	53_h～$6F_h$	保留	—	—	—

表 A.8（续）

操作类型	命令代码	名称	使用方式	条件	下一状态
安全协议命令	70_h	保留	—	—	—
	71_h	获取标签安全参数	点对点	全部	休眠
	72_h	异或鉴别请求	点对点	全部	休眠
	73_h	异或鉴别激活	点对点	全部	休眠
	74_h	异或鉴别应答	点对点	全部	休眠
	75_h	哈希鉴别请求	点对点	全部	休眠
	76_h	哈希鉴别激活	点对点	全部	休眠
	77_h	哈希鉴别应答	点对点	全部	休眠
	78_h	对称鉴别请求	点对点	全部	休眠
	79_h	对称鉴别激活	点对点	全部	休眠
	$7A_h$	对称鉴别应答	点对点	全部	休眠
	$7B_h$	公钥鉴别激活	点对点	全部	休眠
	$7C_h$	公钥鉴别请求应答	点对点	全部	休眠
	$7D_h$	安全通信	点对点	全部	休眠
	$7E_h$～$8F_h$	保留	—	—	—
其他命令	90_h	保留	—	—	—
	91_h	灭活	点对点	全部	休眠
	92_h	请求随机数	点对点	全部	休眠
	93_h	更新系统口令	点对点	全部	休眠
	94_h	数据广播	广播	全部	休眠
	95_h～$9F_h$	保留	—	—	—
—	$A0_h$～AF_h	由制造商定义	—	—	—
—	$B0_h$～BF_h	由制造商定义	—	—	—
—	$C0_h$～FF_h	保留	—	—	—

附　录　B
（资料性附录）
盘点过程示例

读写器对标签的盘点过程如图 B.1 所示。

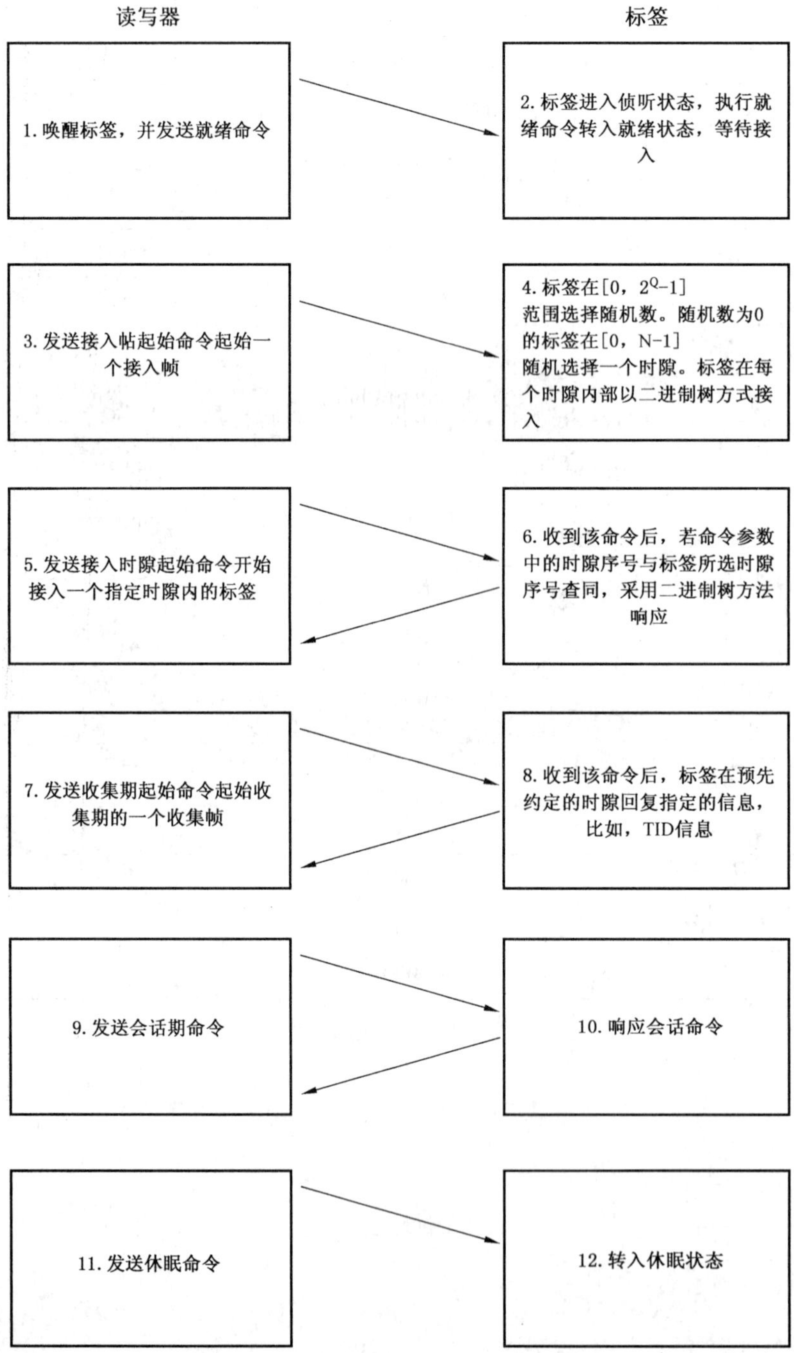

图 B.1　盘点过程

附 录 C
（资料性附录）
唤醒机制

C.1 概述

常见的唤醒方式有外部125 kHz信号唤醒、外部2 kHz准静态磁场唤醒和内部周期自唤醒。

C.2 外部125 kHz信号唤醒

125 kHz的外部唤醒信号通过唤醒器发出，信号频率为125 kHz，信号周期 $T_e=1/125\ kHz=8\ \mu s$；基带数据采用曼彻斯特编码后经过ASK调制在125 kHz的载波信号上发出，基带数据信息速率为4 kbps。

唤醒器应该首先发送至少42个 T_e 时间长度的125 kHz载波信号；然后以信息速率4 kbps曼彻斯特编码发送一位数据 0_b 作为隔离位，再发出前导码 1111_b。在发送完上述数据后，即可发送4字节的唤醒口令和4字节的用户数据。发送时MSB先发送。波形如图C.1所示。唤醒口令由标签上的唤醒模块验证。

标签低频接收机灵敏度为－50 dBm。

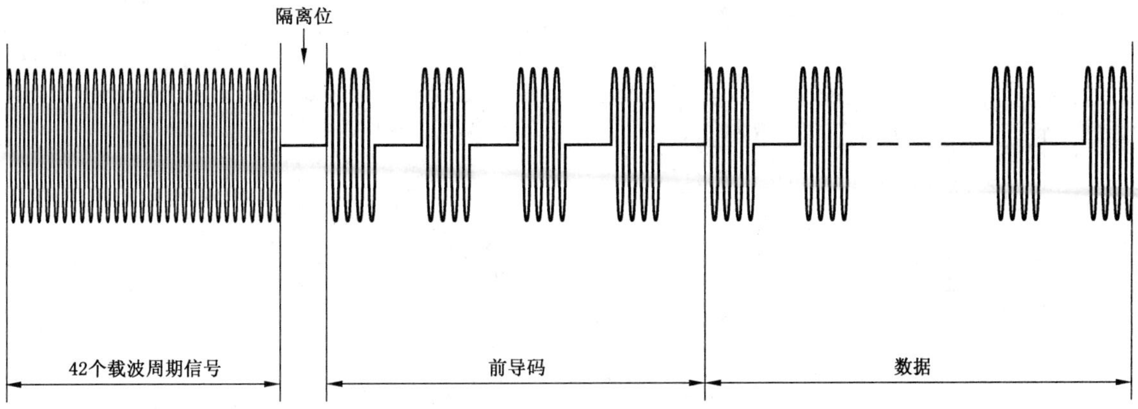

图 C.1 125 kHz唤醒信号波形

C.3 外部2 kHz准静态磁场唤醒

C.3.1 调制方式

磁通道采用磁场强度变化率调制方式，如图C.2所示，符号“1”的场强变化率与符号“0”的场强变化率应为相反关系，且变化率大小相等并保持恒定。

磁通道数据编码符号率为4 kS/s，符号率容许偏差范围为±5%。每个符号周期为250 μs，Hp为读写器磁场信号强度峰值。

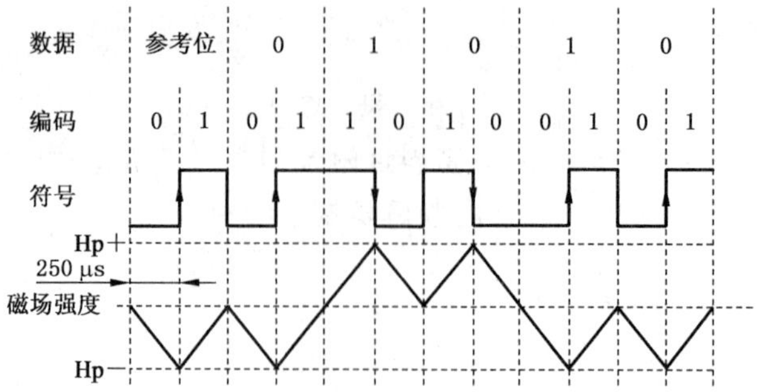

图 C.2 磁场强度变化率调制

C.3.2 编码方式

磁通道数据编码采用差分曼特斯特编码，如图 C.3 所示。每个数据位由 2 个符号组成的序列表示，每个数据位的符号序列应为“10”或“01”。数据位“1”的符号序列与前一个数据位的符号序列相反，数据位“0”的符号序列与前一个数据位的符号序列相同。

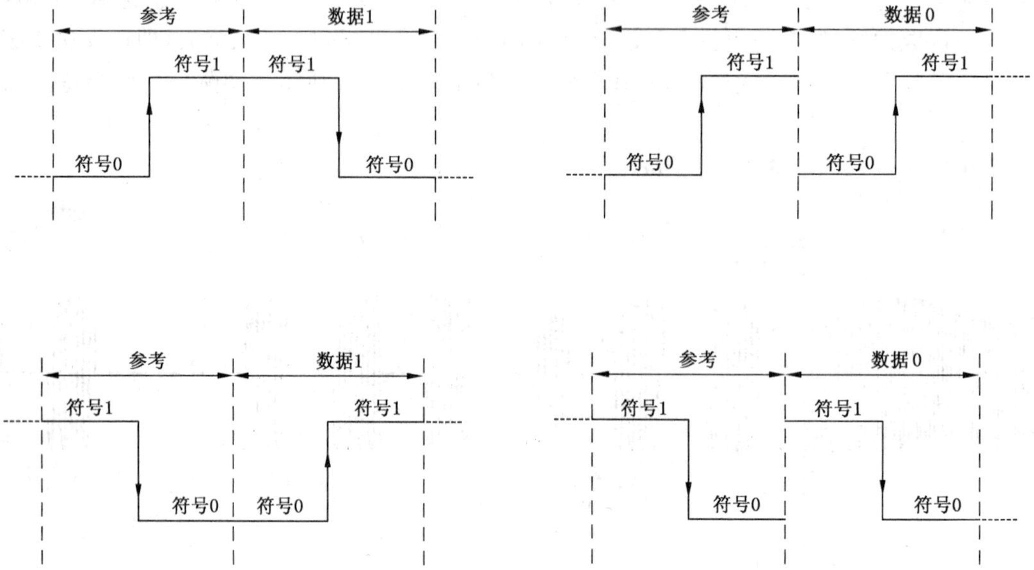

图 C.3 差分曼彻斯特编码

C.3.3 磁场信号技术指标

C.3.3.1 读写器磁场信号强度

以读写器设备工作位置中心为基准，工作方向设备表面垂直距离 0 cm 处磁场信号强度峰值应不小于 160 A/m 且不大于 300 A/m；设备表面垂直距离 10 cm 处磁场信号强度峰值应小于 4.2 A/m。

C.3.3.2 标签磁场信号强度门限

标签设备置于读写器设备的磁场信号工作区域，读写器磁场信号强度峰值 Hp 不小于 6.7 A/m 时，读写器能唤醒标签。

标签设备置于读写器设备的磁场信号工作区域，读写器磁场信号强度峰值 Hp 不大于 4.2 A/m 时，读写器不能唤醒标签。

C.3.3.3 磁场信号符号周期抖动

磁场信号各个符号周期对理想值(250 μs)的偏离范围为磁场信号符号周期抖动。磁场信号符号周期抖动应不大于 60 μs。

C.3.4 唤醒信号

唤醒型号包括同步码和经过位填充的唤醒命令。同步码长度为 9 比特,值为 111111110_b。从唤醒命令起始处开始向后检索,出现位流 1111111_b 时,填充 1 位“0”形成 11111110_b。

如果任意两个有效唤醒信号位流之间存在空闲时间间隔,则读写器应发送全“1”比特流填充序列。

唤醒命令包括:命令类型、命令数据长度、唤醒数据、CRC 校验。其中命令类型长度为二进制 4 位,值为 0000_b;命令数据长度为二进制 4 位,值为 1000_b;唤醒数据长度为 8 字节(4 字节唤醒口令、4 字节用户数据);CRC 校验长度为二进制 8 位,校验多项式为 X^8+X^2+X+1,初始值为 00_h。唤醒口令由标签上的唤醒模块验证。

C.4 内部周期自唤醒

内部周期自唤醒的标签处于周期性的休眠、侦听状态。为了保证标签进入侦听状态后能正确接收到读写器的就绪命令,侦听状态的保持时间应为至少两个就绪命令数据帧的长度。

对于多个周期自唤醒的标签,标签进入侦听状态的时刻是随机的,为了保证所有标签均被同步到就绪状态,读写器应连续发送至少一个休眠-侦听周期的就绪命令帧。

标签的休眠-侦听周期以及休眠时间和应用场景相关,由产品规范具体规定。

附　录　D
（资料性附录）
防碰撞算法典型值

Q 和 N 的初始值及调整阈值建议如下：

a） Q 初始设为 1；

b） N 设为 8；

c） 当读写器估计参与当前帧的标签数目小于 8 时，结束该帧，并将 Q 值减 1；

d） 当读写器估计参与当前帧的标签数目大于 24 时，结束该帧，并将 Q 值加 1。

ICS 35.220.01
L 64

中华人民共和国国家标准

GB/T 28926—2012

信息技术　射频识别 2.45 GHz空中接口符合性测试方法

Information technology—Radio frequency identification—Conformance test methods for air interface at 2.45 GHz

2012-11-05 发布　　2013-02-09 实施

中华人民共和国国家质量监督检验检疫总局
中国国家标准化管理委员会　发布

前　　言

本标准按照 GB/T 1.1—2009 给出的规则起草。

本标准由全国信息技术标准化技术委员会(SAC/TC 28)提出并归口。

本标准起草单位:工业和信息化部电子工业标准化研究院、北京中电华大电子设计有限责任公司、西安西电捷通无线网络通信股份有限公司、上海秀派电子科技有限公司、深圳市中兴长天信息技术有限公司、上海聚星仪器有限公司、北京航空航天大学、中国人民解放军国防科技大学、国家无线电监测中心检测中心、河北工业大学、中国物品编码中心、解放军信息安全测评认证中心、西安电子科技大学 ISN 国家重点实验室、泰克科技(中国)有限公司、国民技术股份有限公司。

本标准主要起草人:高林、刘文莉、冯敬、王文峰、袁理、赵彦全、杜志强、张国强、秦忠、徐进明、王宏刚、耿力、曹国顺、金倩、夏娣娜、王晓磊、陈柯、张有光、王宏义、杨青、宋继伟、马爱文、张磊、乔申杰、黄振海、张光山、李建成、李卓凡、王毅、荀京京、桂坚勇、裴昌幸、程俊、杨贤伟、李强。

引　　言

本文件的发布机构提请注意，声明符合本文件时，可能涉及到附录C与附录E和公钥鉴别相关、附录D与附录G和基于公钥密码算法的双向鉴别协议相关、附录F和基于公钥密码算法的双向鉴别相关的专利的使用。

本文件的发布机构对于该专利的真实性、有效性和范围无任何立场。

该专利持有人已向本文件的发布机构保证，他愿意同任何申请人在合理且无歧视的条款和条件下，就专利授权许可进行谈判。该专利持有人的声明已在本文件的发布机构备案。相关信息可以通过以下联系方式获得：

专利持有人姓名：西安西电捷通无线网络通信股份有限公司

授权者代表姓名：刘长春

专利名称：引入在线可信第三方的实体鉴别方法

专利号：ZL200910023774.5

地址：西安市高新区科技二路68号西安软件园秦风阁A201

联系电话：029-87607836

网址：www.iwncomm.com

请注意除上述专利外，本文件的某些内容仍可能涉及专利。本文件的发布机构不承担识别这些专利的责任。

信息技术　射频识别
2.45 GHz 空中接口符合性测试方法

1　范围

本标准规定了 2.45 GHz 射频识别空中接口的符合性测试方法。

本标准适用于 2.45 GHz 射频识别设备(读写器和标签)的空中接口符合性测试。

2　规范性引用文件

下列文件对于本文件的应用是必不可少的。凡是注日期的引用文件,仅注日期的版本适用于本文件。凡是不注日期的引用文件,其最新版本(包括所有的修改单)适用于本文件。

GB/T 28925—2012　信息技术　射频识别　2.45 GHz 空中接口协议

GB/T 29261.3　信息技术　自动识别和数据采集技术　词汇　第 3 部分:射频识别

3　术语和定义、符号和缩略语

3.1　术语和定义

GB/T 29261.3 界定的术语和定义适用于本文件。

3.2　符号

下列符号适用于本文件。

RN8——8 位随机数;

RN_r——读写器生成的随机数;

RN_t——标签生成的随机数;

RES_r——TTP 对读写器的实体鉴别结果;

RES_t——TTP 对标签的实体鉴别结果;

Sig_r——读写器的签名;

Sig_t——标签的签名;

Sig_{TTP}——TTP 的签名;

$SORN_r$——标签解密 RN_r 并加密后的数据;

SRN_t——标签加密 RN_t 后的数据;

TPK_r——读写器临时公钥;

TPK_t——标签临时公钥。

3.3　缩略语

下列缩略语适用于本文件。

BPSK——二进制相移键控(binary phase shift keying);

DBPSK——差分二进制相移键控(differential binary phase shift keying);

DUT——被测设备(device under test)；
ECDH——椭圆曲线密码体制的 Diffie-Hellman 交换(elliptic curve diffie-hellman)；
KP——密钥参数(key parameter)；
MAC——消息鉴别码(message authentication code)；
MIC——消息完整性校验码(message integrity code)；
MIK——消息完整性校验密钥(message integrity key)；
O-QPSK——偏移正交相移键控(offset quadraphase shift keying)；
PSK——预共享密钥(pre-shared key)；
SCP——安全能力参数(security capability parameter)；
TID——标签标识符(tag identifier)；
TTP——可信第三方(trusted third party)；
TTPID——可信第三方标识符(trusted third party identifier)；
VSWR——电压驻波比(voltage standing wave ratio)。

4 基本要求

4.1 测试条件

4.1.1 测试环境

测试应在 23 ℃±3 ℃,相对湿度为 40%～60%无凝露的环境下进行。

4.1.2 预处理

测试前应将 DUT 在测试环境中放置 24 h。

4.1.3 默认允差

除另有规定外,测试设备特性和测试过程产生的量值允差为±5%。

4.1.4 测试场地

除另有规定外,测试应在电波暗室中进行。当电波暗室限制了设备的移动和测试距离时,允许测试在开阔测试环境下进行。测试场地参见附录 A。

4.1.5 测试位置的噪声电平

与测试 DUT 相同条件下,使用频谱分析仪测量测试位置的噪声电平的时间至少为 1 min。

在 2 MHz 测量带宽下,噪声电平在 0.5 GHz～5 GHz 频率范围内最大值为－60 dBm;在 2 400 MHz～2 500 MHz 的工作频率范围内,噪声电平的最大值为－101 dBm。

应特别注意杂散辐射。

4.1.6 扩展不确定度

测试方法规定的测试量的扩展不确定度应在测试报告中予以说明。

4.1.7 测试用标签初始参数

就绪/休眠口令为 00000000_h。按照表 1 的内容初始化测试用标签文件格式、权限及内容。测试用标签定义见 4.2.6.2。

表 1 测试用标签文件初始化内容

文件标识符	文件属性信息	初始化文件内容	父文件标识符
$A101_h$	F0 0008 0001 0008 01 $A101_h$	$C022334455667788_h$	$3F00_h$
$A110_h$	00 0001 0008 0001 00 $A110_h$	$A111_h$	$3F00_h$
$A111_h$	80 0008 0001 0008 01 $A111_h$	—	$A110_h$
$A112_h$	00 0008 0008 0008 03 $A112_h$	—	$3F00_h$
文件 $A111_h$ 的无效/有效操作的口令初始化为 00000000_h。			

4.1.8 被测标签初始参数

就绪/休眠口令为 00000000_h。按照表 2 的内容初始化被测标签文件格式、权限及内容。

表 2 被测标签初始化文件内容

文件标识符	文件属性信息	初始化文件内容	父文件标识符
$A110_h$	00 0001 0008 0001 00 $A110_h$	$A111_h$	$3F00_h$
$A111_h$	80 0008 0001 0008 01 $A111_h$	—	$A110_h$
$A112_h$	00 0008 0008 0008 03 $A112_h$	—	$3F00_h$
$A113_h$	00 006D 0001 006D 01 $A113_h$	—	$3F00_h$
$A121_h$	F0 0008 0001 0008 01 $A121_h$	0011223344556677_h	$3F00_h$
$A122_h$	F0 0004 0004 0004 03 $A122_h$	记录 0:00000000_h,记录 1:11111111_h 记录 2:22222222_h,记录 3:33333333_h	$3F00_h$
文件 $A111_h$ 的无效/有效操作的口令初始化为 00000000_h。			

4.1.9 测试方法与基础标准要求的关系

本标准与 GB/T 28925—2012 要求的关系参见附录 B。

4.2 测试装置和仪器

4.2.1 读写器物理层和链路层测试装置

该装置由控制计算机、矢量信号分析仪和参考天线组成,主要用于物理层和链路层参数的测试。控制计算机用于控制被测读写器发送测试要求的命令或信号;矢量信号分析仪采集被测读写器信号,并对信号进行处理分析。

测试可以采用辐射方式,被测读写器通过天线传输信号,矢量信号分析仪通过天线接收信号,测试装置见图 1a)。测试也可以采用传导方式,将读写器天线连接端与矢量信号分析仪输入端相连进行测试,测试装置见图 1b)。

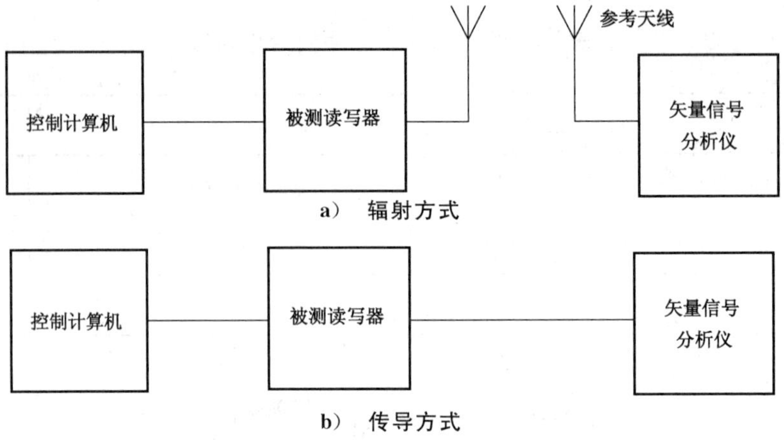

图 1 读写器物理层和链路层测试装置

4.2.2 读写器转换时间和命令测试装置

该装置由控制计算机、矢量信号分析仪、测试用标签和参考天线组成，主要用于转换时间和读写器命令的测试。控制计算机用于控制被测读写器发送测试要求的命令或信号；矢量信号分析仪采集被测读写器信号，并对信号进行处理分析。测试用标签对读写器命令进行实时处理并响应。

测试可以采用辐射方式，被测读写器通过天线传输信号，矢量信号分析仪或测试用标签通过天线接收信号，测试装置见图 2a）。测试也可以采用传导方式，将读写器天线连接端与矢量信号分析仪输入端或测试用标签的天线连接端相连进行测试，测试装置见图 2b）。

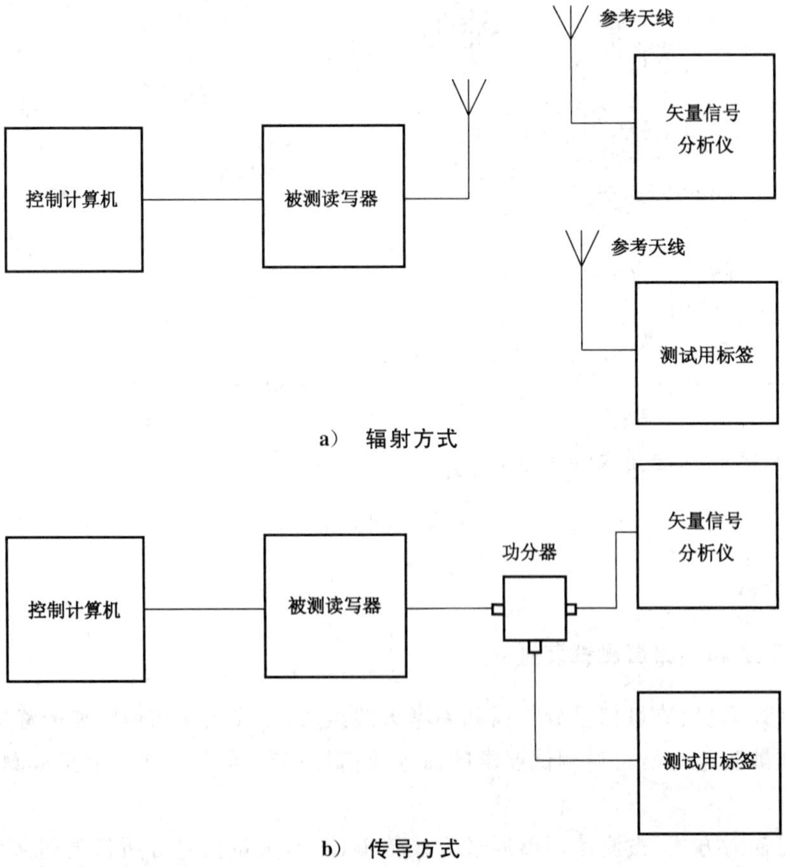

图 2 读写器转换时间和命令测试装置

4.2.3 标签物理层和链路层测试装置

该装置由矢量信号发生器、矢量信号分析仪和参考天线组成，主要用于物理层和链路层参数的测试。矢量信号发生器用于产生驱动标签的读写器命令或信号；矢量信号分析仪通过采集被测标签的响应，并对信号进行处理分析。

测试可以采用辐射方式，被测标签通过天线接收矢量信号发生器的信号并返回响应，测试装置见图3a)。测试也可以采用传导方式，将标签天线连接端与环行器的天线连接端相连进行测试，测试装置见图3b)。

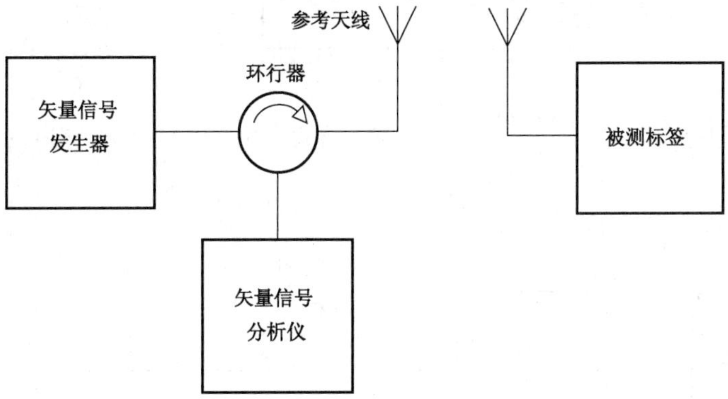

a) 辐射方式

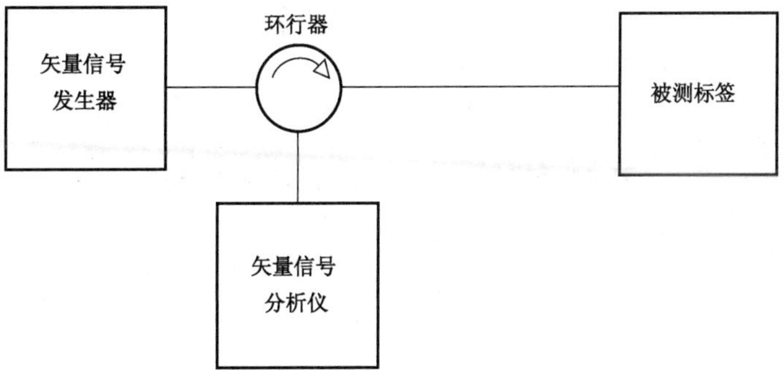

b) 传导方式

图 3 标签物理层和链路层测试装置

4.2.4 标签转换时间和命令测试装置

该装置由控制计算机、测试用读写器、矢量信号分析仪和参考天线组成，主要用于转换时间、标签响应和标签状态转移测试。控制计算机控制测试用读写器发送命令、设置收发转换时间、观察标签返回响应等；测试用读写器发送测试命令并对响应进行实时处理；矢量信号分析仪采集测试用读写器发送的命令和被测标签响应信号。

测试可以采用辐射方式，被测标签通过天线接收测试用读写器信号并返回响应，测试装置见图4a)。测试也可以采用传导方式，将标签天线连接端与功分器的天线连接端相连进行测试，测试装置见图4b)。

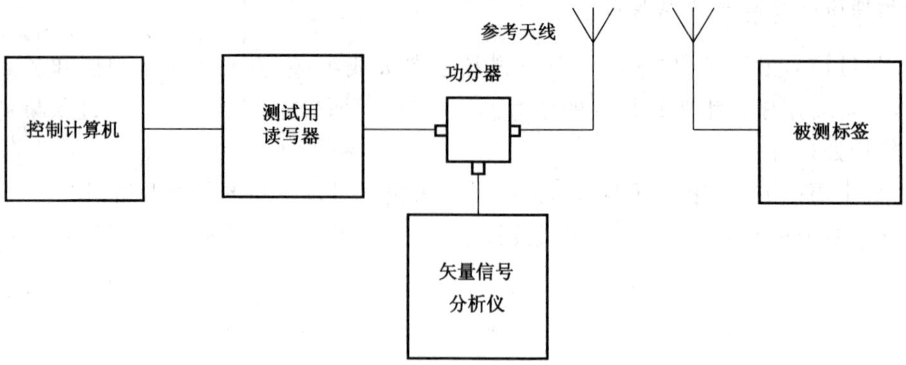

a） 辐射方式

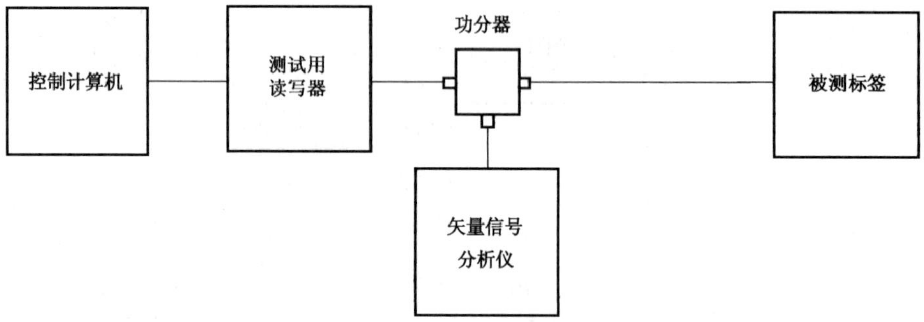

b） 传导方式

图 4 标签转换时间和响应测试装置

4.2.5 通用测试仪器

4.2.5.1 矢量信号分析仪

矢量信号分析仪的频率范围满足 2 GHz～3 GHz，分析带宽大于 10 MHz，频率准确度应达到 1×10^{-6}(1ppm)，灵敏度不大于－135 dBm/Hz，支持 O-QPSK 和 BPSK 调制方式，至少能够连续存储 0.5 s 的采样数据。

4.2.5.2 矢量信号发生器

矢量信号发生器的电平分辨率至少为 0.1 dB，寄生谐波小于－30 dB，频率准确度应达到 1×10^{-6} (1 ppm)，VSWR 应小于 1.5∶1，最大输出功率不小于 12 dBm。能够产生 2 GHz～3 GHz 的信号。支持 O-QPSK 和 BPSK 调制方式。

4.2.6 测试工装

4.2.6.1 测试用读写器

测试用读写器除收发转换时间外应符合 GB/T 28925—2012，能够按照测试流程规定发送命令，并对标签的响应进行正确处理。应能够在 182 μs～202 μs 以内配置收发转换时间，分辨率为 1 μs。

4.2.6.2 测试用标签

测试用标签除收发转换时间外应符合 GB/T 28925—2012，能够按照测试流程对读写器命令进行正确处理并响应。应能够在 182 μs～202 μs 以内配置收发转换时间，分辨率为 1 μs。

4.2.6.3 基准标签

基准标签应符合 GB/T 28925—2012，至少支持 GB/T 28925—2012 的必选命令。基准标签的收发转换时间应为 192 μs。

4.2.6.4 环行器

环行器的频率范围应满足 2.35 GHz～2.55 GHz，插入损耗小于 2 dB，隔离度满足 30 dB～40 dB，VSWR 不大于 1.5∶1，最大输入功率不小于 27 dBm。

4.2.6.5 功分器

功分器的频率范围应满足 2.35 GHz～2.55 GHz，插入损耗小于 3.5 dB，VSWR 不大于 1.2∶1，最大输入功率大于 27 dBm。

4.2.6.6 参考天线

参考天线分为两种，一种是全向天线，另一种是定向天线。天线要求如下：

a) 全向天线：频率范围应满足 2.35 GHz～2.55 GHz，天线增益 1 dBi～3 dBi，圆极化；
b) 定向天线：频率范围应满足 2.35 GHz～2.55 GHz，天线增益不超过 15 dBi，圆极化。

5 读写器符合性测试

5.1 工作频率

5.1.1 测试目的

验证读写器默认工作频率、工作信道及工作频率准确度是否符合 GB/T 28925—2012 中 5.1 的要求。

5.1.2 测试步骤

采用图 1 装置测试读写器工作频率，测试步骤如下：

a) 根据读写器支持的调制方式设置矢量信号分析仪的调制方式为 O-QPSK 或 BPSK 方式，码片速率为 2 Mcps，中心频率为信道 0 的中心频率；
b) 被测读写器发送一个就绪命令，命令内容见表 3，信道序号设置为 00_h，记录所选信道的中心频率为工作频率标称值 f_c，默认工作频率的标称值 f_{c0} 与信道 0 的中心频率相同；
c) 使用矢量信号分析仪测量读写器发送就绪命令的中心频率，记录该频率为默认工作频率实测值 f；
d) 设置矢量信号分析仪的中心频率为就绪命令指定信道的中心频率；
e) 被测读写器发送一个更新透明文件命令，命令内容见表 4；
f) 使用矢量信号分析仪测量读写器更新透明文件命令的中心频率，记录该频率为所选信道工作频率实测值；

g) 按照式(1)计算工作频率准确度 A_f；

h) 改变就绪命令信道序号参数内容，重复步骤 a)至 g)，直至所有 16 个信道的工作频率都测试完毕。

表 3 就绪命令内容

数据项	命令代码	命令参数	
		信道序号	就绪/休眠口令
参数	01_h	$00_h/01_h/\cdots/0F_h$	00000000_h

表 4 更新透明文件命令内容

数据项	命令代码	命令参数		
		偏移	长度	数据
参数	37_h	$00\ 00_h$	109	$00\ 01\ 02\ 03\cdots 6C_h$

$$A_f=\frac{|f-f_c|}{f_c}\times 10^6 \qquad \cdots\cdots(1)$$

式中：

A_f ——工作频率准确度，以 10^{-6}(ppm)计；

f ——工作频率实测值；

f_c ——工作频率标称值。

5.1.3 测试报告

测试报告应记录被测读写器各信道测试的默认工作频率标称值和实测值、各信道工作频率标称值和实测值，给出频率准确度，并说明被测读写器的默认工作频率、各信道工作频率和频率准确度符合/不符合 GB/T 28925—2012 的要求。

5.2 发射频谱密度模板

5.2.1 测试目的

验证读写器各信道的发射频谱密度模板是否符合 GB/T 28925—2012 中 5.2 的要求。

5.2.2 测试步骤

采用图 1 装置测试读写器发射频谱密度模板，测试步骤如下：

a) 被测读写器工作在最大发射功率下；

b) 设置矢量信号分析仪为频谱分析模式或使用频谱分析仪，设置起始频率为 2 400 MHz，终止频率为 2 485 MHz，分辨率带宽为 100 kHz；

c) 被测读写器发送一个就绪命令，命令内容见表 3，信道序号设置为 00_h；

d) 被测读写器发送一个更新透明文件命令，命令内容见表 4；

e) 使用矢量信号分析仪或频谱分析仪获取读写器更新透明文件命令的频谱，启动频标功能，找到载波频率附近±1 MHz 范围内的最大值，记为发射频谱密度模板测试的参考值 P_{ref}；

f) 使用频标找出在载波频率±3.5 MHz 范围以外的功率最大的杂散电平，记为 P_{spur}，P_{spur} 即为响应信道的发射频谱密度模板的绝对值，$P_{spur}-P_{ref}$ 即为相应信道发射频谱密度模板的相对值。

g) 改变就绪命令信道序号参数内容，重复步骤 b)至 f)，直至所有 16 个信道的发射频谱密度模板都测试完毕。

5.2.3 测试报告

测试报告应记录被测读写器各信道频谱密度模板的参考值，发射频谱模板绝对值、相对值的实测值，说明被测读写器的频谱密度模板符合/不符合 GB/T 28925—2012 的要求。

5.3 占用信道带宽

5.3.1 测试目的

验证读写器各信道的占用信道带宽是否符合 GB/T 28925—2012 中 5.1 的要求。

5.3.2 测试步骤

采用图 1 装置测试读写器占用信道带宽，测试步骤如下：

a) 被测读写器工作在最大发射功率下；
b) 设置矢量信号分析仪为频谱分析模式或使用频谱分析仪，设置中心频率为信道 0 的中心频率；
c) 被测读写器发送一个就绪命令，命令内容见表 1，信道序号设置为 00_h；
d) 使用矢量信号分析仪或频谱分析仪测量读写器发送就绪命令的 99%能量信道带宽；
e) 设置矢量信号分析仪的中心频率为就绪命令指定信道的中心频率；
f) 被测读写器发送一个更新透明文件命令，命令内容见表 4；
g) 使用矢量信号分析仪测量读写器更新透明文件命令的 99%能量信道带宽；
h) 改变就绪命令信道序号参数内容，重复步骤 b)至 g)，直至所有 16 个信道的占用信道带宽都测试完毕。

5.3.3 测试报告

测试报告应记录被测读写器各信道中心频率、占用信道带宽的实测值，说明被测读写器的占用信道带宽符合/不符合 GB/T 28925—2012 的要求。

5.4 发收转换时间

5.4.1 测试目的

验证读写器发收转换时间是否符合 GB/T 28925—2012 中 5.4 的要求。

5.4.2 测试步骤

采用图 2 装置测试读写器发收转换时间，测试步骤如下：

a) 测试用标签处于就绪状态；
b) 根据读写器支持的调制方式设置矢量信号分析仪的调制方式为 O-QPSK 或 BPSK 方式，码片速率为 2 Mcps；
c) 被测读写器发送一个接入帧起始命令，命令内容见表 5；
d) 被测读写器发送一个接入时隙起始命令，命令内容见表 6，测试用标签在收到读写器命令最后一个码片后，等待 192 μs 返回 RN8；
e) 验证被测读写器是否随后发送接入成功确认命令，命令内容见表 7；

f) 使用矢量信号分析仪采集 I-Q 路的采样数据，经过后期处理，得到基带信号；

g) 验证被测读写器接入时隙起始命令最后一个码片到测试用标签返回 RN8 首个码片开始的时间间隔是否为 192 μs；

h) 被测读写器随机选择一个命令发送，测试用标签在收到读写器命令最后一个码片后，等待 192 μs 返回响应；

注：步骤 h)中被测读写器随机选择的命令不包括直接会话命令以及标签无响应的命令。

i) 验证被测读写器是否成功接收标签返回数据；

j) 使用矢量信号分析仪采集 I-Q 路的采样数据，经过后期处理，得到基带信号；

k) 验证被测读写器发送命令最后一个码片到测试用标签返回响应首个码片开始的时间间隔是否为 192 μs。

表 5　接入帧起始命令内容

数据项	命令代码	命令参数	
		Q	N
参数	11_h	00_h	01_h

表 6　接入时隙起始命令内容

数据项	命令代码	命令参数
		SN_{slot}
参数	12_h	00_h

表 7　接入成功确认命令内容

数据项	命令代码	命令参数	
		$SN_{success}$	RN8
参数	14_h	$00\ 00_h$	测试用标签响应的 RN8

5.4.3　测试报告

测试报告应记录被测读写器调制方式、选取的测试命令、测试用标签收发转换时间的实测值，并说明被测读写器发收转换时间符合/不符合 GB/T 28925—2012 的要求。

5.5　收发转换时间

5.5.1　测试目的

验证读写器收发转换时间是否符合 GB/T 28925—2012 中 5.4 的要求。

5.5.2　测试步骤

采用图 2 装置测试读写器收发转换时间，测试步骤如下：

a) 测试用标签处于就绪状态；

b) 根据读写器支持的调制方式设置矢量信号分析仪的调制方式为 O-QPSK 或 BPSK 方式，码片速率为 2 Mcps；

c) 被测读写器发送一个接入帧起始命令，命令内容见表 5；

d) 被测读写器发送一个接入时隙起始命令，命令内容见表 6，测试用标签在收到读写器命令最后一个码片后，等待至少 192 μs 返回 RN8；

e) 验证被测读写器是否成功接收标签返回数据，是否随后发送接入成功确认命令；

f) 使用矢量信号分析仪采集 I-Q 路的采样数据，经过后期处理，得到基带信号；

g) 测量测试用标签返回 RN8 的最后一个码片结束到读写器接入成功确认命令首个码片开始的时间间隔，即读写器收发转换时间；

h) 被测读写器随机选择一个命令发送，测试用标签在收到读写器命令最后一个码片后，等待至少 192 μs 返回响应；

注：步骤 h)中随机选择的命令不包括直接会话命令以及标签无响应的命令。

i) 验证被测读写器是否成功接收标签返回数据，是否随后发送下一个命令；

j) 使用矢量信号分析仪采集 I-Q 路的采样数据，经过后期处理，得到基带信号；

k) 测量测试用标签响应的最后一个码片结束到读写器下一个命令首个码片开始的时间间隔，即读写器收发转换时间。

5.5.3 测试报告

测试报告应记录被测读写器调制方式、选取的测试命令、收发转换时间的实测值，并说明被测读写器收发转换时间符合/不符合 GB/T 28925—2012 的要求。

5.6 调制准确度

5.6.1 测试目的

验证读写器调制方式是否符合 GB/T 28925—2012 中 5.3.1 或 5.3.3 的要求；读写器发送信号的调制准确度是否符合 GB/T 28925—2012 中 5.5 的要求。

5.6.2 测试步骤

采用图 1 装置测试读写器调制准确度，测试步骤如下：

a) 设置矢量信号分析仪为频谱分析模式或使用频谱分析仪，设置中心频率为信道 0 的中心频率；

b) 被测读写器发送一个就绪命令，命令内容见表 1，信道序号设置为 00_h；

c) 被测读写器发送一个更新透明文件命令，命令内容见表 4；

d) 使用矢量信号分析仪采集读写器信号，以被测读写器支持的调制方式解调读写器命令，并测量被测读写器调制准确度；

e) 改变矢量信号分析仪或频谱分析仪的中心频率和就绪命令信道序号参数内容，重复步骤 a)至 d)，直至所有 16 个信道的调制准确度都测试完毕。

5.6.3 测试报告

测试报告应记录被测读写器工作信道、调制方式、读写器命令的所有参数，并说明被测读写器调制方式和调制准确度符合/不符合 GB/T 28925—2012 的要求。

5.7 扩频序列

5.7.1 测试目的

验证支持 O-QPSK 调制的读写器扩频序列是否符合 GB/T 28925—2012 中 5.3.1 表 3 的要求，验证支持 DBPSK 调制的读写器扩频序列是否符合 GB/T 28925—2012 中 5.3.3 表 4 的要求，如果 DBPSK 调制自定义了扩频序列，验证扩频序列的不规则性是否符合 GB/T 28925—2012 中 5.3.3 的要求。

5.7.2 O-QPSK 调制的扩频序列测试步骤

采用图 1 装置测试读写器 O-QPSK 调制的扩频序列，测试步骤如下：

a) 设置矢量信号分析仪的调制方式为 O-QPSK，码片速率为 2 Mcps，中心频率为读写器工作频率；
b) 被测读写器以 O-QPSK 方式发送一个更新透明文件命令，命令内容见表 4；
c) 使用矢量信号分析仪采集读写器信号，以 O-QPSK 方式解调解扩读写器命令，扩频序列为 GB/T 28925—2012 中 5.3.1 表 3；
d) 验证解调解扩后的命令是否与被测读写器发送命令内容是否一致。

5.7.3 DBPSK 调制的扩频序列测试步骤

采用图 1 装置测试读写器 DBPSK 调制的扩频序列，测试步骤如下：

a) 设置矢量信号分析仪的调制方式为 BPSK，码片速率为 2 Mcps，中心频率为读写器工作频率；
b) 被测读写器以 DBPSK 方式发送一个更新透明文件命令，命令内容见表 4；
c) 使用矢量信号分析仪采集读写器信号，以 BPSK 方式解调读写器命令；
d) 使用矢量信号仪分析获取解调后的码片序列，依据 GB/T 28925—2012 中 5.3.3 表 4 序列或被测读写器自定义的扩频序列对该码片序列解扩，并依据 GB/T 28925—2012 中 5.3.3 的差分解码规则解码；
e) 验证解扩解码后的数据内容是否与被测读写器发送命令内容一致；
f) 验证自定义扩频序列是否为准正交伪随机序列。

5.7.4 测试报告

测试报告应记录被测读写器调制方式，如支持 DBPSK 调制下的自定义扩频序列，测试报告还应记录扩频序列内容及不规则性，并说明被测读写器扩频序列符合/不符合 GB/T 28925—2012 的要求。

5.8 码片速率

5.8.1 测试目的

验证读写器 O-QPSK 调制码片速率是否符合 GB/T 28925—2012 中 5.3.5 表 5 的要求，DBPSK 调制码片速率是否符合 GB/T 28925—2012 中 5.3.5 表 6 的要求；码片速率准确度是否符合 GB/T 28925—2012 中 5.3.5 的要求。

5.8.2 O-QPSK 调制的码片速率测试步骤

采用图 1 装置测试读写器 O-QPSK 调制的码片速率，测试步骤如下：

a) 设置被测读写器工作在信道 0；
b) 设置矢量信号分析仪的调制方式为 O-QPSK，码片速率为 2 Mcps，即码片速率的标称值 C_0，中心频率为读写器工作频率；
c) 被测读写器以 O-QPSK 方式发送一个更新透明文件命令，命令内容见表 4；
d) 使用矢量信号分析仪采集读写器信号，以 O-QPSK 方式解调解扩读写器命令，扩频序列为 GB/T 28925—2012 中 5.3.1 表 3，记录码片速率的实测值 C；

e) 验证解调解扩后的命令是否与被测读写器发送命令内容一致；

f) 按照式(2)计算码片速率准确度 A_C；

g) 改变被测读写器工作信道，重复步骤 b)至 f)，直至所有 16 个信道的码片速率都测试完毕。

5.8.3 DBPSK 调制的码片速率测试步骤

采用图 1 装置测试读写器 DBPSK 调制的码片速率，测试步骤如下：

a) 设置被测读写器工作信道 0；

b) 设置矢量信号分析仪的调制方式为 BPSK，码片速率为 2 Mcps，即码片速率的标称值 C_0，中心频率为读写器工作频率；

c) 被测读写器以 DBPSK 方式发送一个更新透明文件命令，命令内容见表 4；

d) 使用矢量信号分析仪采集读写器信号，以 BPSK 方式解调读写器命令；

e) 使用矢量信号仪分析获取解调后的码片序列，依据 GB/T 28925—2012 中 5.3.3 表 4 序列或被测读写器自定义的扩频序列对该码片序列解扩，并依据 GB/T 28925—2012 中 5.3.3 的差分解码规则解码，记录码片速率的实测值 C；

f) 验证解扩解码后的数据内容是否与被测读写器发送命令内容一致；

g) 按照式(2)计算码片速率准确度 A_C；

h) 改变被测读写器工作信道，重复步骤 b)至 g)，直至所有 16 个信道的码片速率都测试完毕。

$$A_C = \frac{|C - C_0|}{C_0} \times 10^6 \qquad \cdots\cdots(2)$$

式中：

A_C ——码片速率准确度，以 10^{-6}(ppm)计；

C ——码片速率的实测值；

C_0 ——码片速率的标称值。

5.8.4 测试报告

测试报告应记录被测读写器调制方式、码片速率标称值、码片速率实测值以及测试得到的码片速率准确度，并说明被测读写器的码片速率以及码片速率准确度符合/不符合 GB/T 28925—2012 的要求。

5.9 位速率

5.9.1 测试目的

验证读写器 O-QPSK 调制位速率是否符合 GB/T 28925—2012 中 5.3.5 表 5 的要求，DBPSK 调制位速率是否符合 GB/T 28925—2012 中 5.3.5 表 6 的要求；位速率准确度是否符合 GB/T 28925—2012 中 5.3.5 的要求。

5.9.2 O-QPSK 调制的位速率测试步骤

采用图 1 装置测试读写器 O-QPSK 调制的位速率，测试步骤如下：

a) 设置被测读写器工作在信道 0，记录被测读写器位速率的标称值 B_0 为 250kbps；

b) 设置矢量信号分析仪的调制方式为 O-QPSK，码片速率为 2 Mcps，中心频率为读写器工作频率；

c) 被测读写器以 O-QPSK 方式发送一个更新透明文件命令，命令内容见表 4；

d) 使用矢量信号分析仪采集读写器信号，以 O-QPSK 方式解调解扩读写器命令，扩频序列为 GB/T 28925—2012 中 5.3.1 表 3，记录码片速率的实测值，位速率的实测值 B 即为码片速率除以 8；

e） 验证解调解扩后的命令是否与被测读写器发送命令内容一致；

f） 按照式(3)计算位速率准确度 A_B；

g） 改变被测读写器工作信道，重复步骤 b)至 f)，直至所有 16 个信道的位速率都测试完毕。

5.9.3 DBPSK 调制的位速率测试步骤

采用图 1 装置测试读写器 DBPSK 调制的位速率，测试步骤如下：

a） 设置被测读写器工作在信道 0，记录被测读写器位速率的标称值 B_0 为 2000kbps 除以扩频序列长度；

b） 设置矢量信号分析仪的调制方式为 BPSK，码片速率为 2 Mcps，中心频率为读写器工作频率；

c） 被测读写器以 DBPSK 方式发送一个更新透明文件命令，命令内容见表 4；

d） 使用矢量信号分析仪采集读写器信号，以 BPSK 方式解调读写器命令；

e） 使用矢量信号仪分析获取解调后的码片序列，依据 GB/T 28925—2012 中 5.3.3 表 4 序列或被测读写器自定义的扩频序列对该码片序列解扩，并依据 GB/T 28925—2012 中 5.3.3 的差分解码规则解码；

f） 使用矢量信号分析仪测量码片速率，位速率的实测值 B 即为码片速率除以扩频序列长度；

g） 验证解扩解码后的数据内容是否与被测读写器发送命令内容一致；

h） 按照式(3)计算位速率准确度 A_B；

i） 改变被测读写器工作信道，重复步骤 b)至 h)，直至所有 16 个信道的位速率都测试完毕。

$$A_B = \frac{|B - B_0|}{B_0} \times 10^6 \quad \cdots\cdots(3)$$

式中：

A_B ——位速率准确度，以 10^{-6}(ppm)计；

B ——位速率实测值；

B_0 ——位速率标称值。

5.9.4 测试报告

测试报告应记录被测读写器的调制方式、扩频序列长度、位速率标称值、位速率实测值以及位速率准确度，并说明被测读写器的位速率以及位速率准确度符合/不符合 GB/T 28925—2012 的要求。

5.10 前导码、同步码和校验码

5.10.1 测试目的

验证读写器前导码是否符合 GB/T 28925—2012 中 6.2 的要求；同步码是否符合 GB/T 28925—2012 中 6.3 的要求；校验码是否符合 GB/T 28925—2012 中 6.7 的要求。

5.10.2 O-QPSK 调制的前导码、同步码和校验码测试步骤

采用图 1 装置测试读写器前导码、同步码和校验码，测试步骤如下：

a） 设置矢量信号分析仪的调制方式为 O-QPSK，码片速率为 2 Mcps，中心频率为读写器工作频率；

b） 被测读写器以 O-QPSK 方式发送一个更新透明文件命令，命令内容见表 4；

c） 使用矢量信号分析仪采集读写器信号，以 O-QPSK 方式解调解扩读写器命令，扩频序列为 GB/T 28925—2012 中 5.3.1 表 3；

d） 记录解调解扩后的前导码、同步码和校验码内容。

5.10.3 DBPSK 调制的前导码、同步码和校验码测试步骤

采用图 1 装置测试读写器前导码、同步码和校验码，测试步骤如下：

a) 设置矢量信号分析仪的调制方式为 BPSK，码片速率为 2 Mcps，中心频率为读写器工作频率；
b) 被测读写器以 DBPSK 方式发送一个更新透明文件命令，命令内容见表 4；
c) 使用矢量信号分析仪采集读写器信号，以 BPSK 方式解调读写器命令；
d) 使用矢量信号仪分析获取解调后的码片序列，依据 GB/T 28925—2012 中 5.3.3 表 4 序列或被测读写器自定义的扩频序列对该码片序列解扩，并依据 GB/T 28925—2012 中 5.3.3 的差分解码规则解码；
e) 记录解调解扩后的前导码、同步码和校验码内容。

5.10.4 测试报告

测试报告应记录被测读写器前导码、同步码和校验码的实测值，并说明被测读写器前导码、同步码和校验码符合/不符合 GB/T 28925—2012 的要求。

5.11 帧选项

5.11.1 测试目的

验证读写器的帧选项是否符合 GB/T 28925—2012 中 6.5 的要求。

5.11.2 O-QPSK 调制的帧选项测试步骤

采用图 1 装置测试读写器 O-QPSK 调制的帧选项，测试步骤如下：

a) 设置矢量信号分析仪的调制方式为 O-QPSK，码片速率为 2 Mcps，中心频率为读写器工作频率；
b) 被测读写器以 O-QPSK 方式发送一个接入帧起始命令，命令内容见表 5；
c) 使用矢量信号分析仪采集读写器信号，以 O-QPSK 方式解调解扩读写器命令，扩频序列为 GB/T 28925—2012 中 5.3.1 表 3；
d) 验证解调解扩后的帧选项的 $b_0 \sim b_2$ 是否为 000_b，b_3 是否为 0_b，b_4 是否为 0_b；
e) 验证解扩解码后的数据内容是否与被测读写器发送命令内容一致；
f) 被测读写器以 O-QPSK 方式发送一个选择文件命令，命令内容见表 8；
g) 使用矢量信号分析仪采集读写器信号，以 O-QPSK 方式解调解扩读写器命令；
h) 验证解调解扩后的帧选项的 $b_0 \sim b_2$ 是否为 000_b，b_3 是否为 0_b，b_4 是否为 1_b；
i) 验证解扩解码后的数据内容是否与被测读写器发送命令内容一致。

5.11.3 DBPSK 调制的帧选项测试步骤

采用图 1 装置测试读写器 DBPSK 调制的帧选项，测试步骤如下：

a) 设置矢量信号分析仪的调制方式为 BPSK，码片速率为 2 Mcps，中心频率为读写器工作频率；
b) 被测读写器以 DBPSK 方式发送一个接入帧起始命令，命令内容见表 5；
c) 使用矢量信号分析仪采集读写器信号，以 BPSK 方式解调读写器命令；
d) 使用矢量信号仪分析获取解调后的码片序列，依据 GB/T 28925—2012 中 5.3.3 表 4 序列或被测读写器自定义的扩频序列对该码片序列解扩，并依据 GB/T 28925—2012 中 5.3.3 的差分解码规则解码；

e) 验证解调解扩后的帧选项的 $b_0 \sim b_2$ 是否与读写器位速率一致，b_3 是否为 0_b，b_4 是否为 0_b；

f) 验证解扩解码后的数据内容是否与被测读写器发送命令内容一致；

g) 被测读写器以 DBPSK 方式发送一个选择文件命令，命令内容见表 8；

h) 重复步骤 c)和 d)；

i) 验证解调解扩后的帧选项的 $b_0 \sim b_2$ 是否与读写器位速率一致，b_3 是否为 0_b，b_4 是否为 1_b；

j) 验证解扩解码后的数据内容是否与被测读写器发送命令内容一致。

表 8 选择文件命令内容

数据项	命令代码	命令参数
		文件标识符
参数	31_h	$A113_h$

5.11.4 测试报告

测试报告应记录被测读写器的调制方式、扩频序列内容、帧选项内容及被测命令内容，并说明被测读写器帧选项符合/不符合 GB/T 28925—2012 的要求。

5.12 位传输顺序

5.12.1 测试目的

验证被测读写器位数据的发送顺序是否符合 GB/T 28925—2012 中 6.1 的要求。

5.12.2 O-QPSK 调制位传输顺序测试步骤

采用图 1 装置测试读写器 O-QPSK 调制位传输顺序，测试步骤如下：

a) 设置矢量信号分析仪的调制方式为 O-QPSK，码片速率为 2 Mcps，中心频率为读写器工作频率；

b) 被测读写器以 O-QPSK 方式发送一个选择文件命令，命令内容见表 8；

c) 使用矢量信号分析仪采集读写器信号，以 O-QPSK 方式解调解扩读写器命令；

d) 依据 GB/T 28925—2012 中 6.1 规定的位传输顺序，获取读写器字段内容；

e) 验证获取的读写器字段内容是否与发送的内容一致。

5.12.3 DBPSK 调制位传输顺序测试步骤

采用图 1 装置测试读写器 DBPSK 调制位传输顺序，测试步骤如下：

a) 设置矢量信号分析仪的调制方式为 BPSK，码片速率为 2 Mcps，中心频率为读写器工作频率；

b) 被测读写器以 DBPSK 方式发送一个选择文件命令，命令内容见表 8；

c) 使用矢量信号分析仪采集读写器信号，以 BPSK 方式解调读写器命令；

d) 使用矢量信号仪分析获取解调后的码片序列，依据 GB/T 28925—2012 中 5.3.3 表 4 序列或被测读写器自定义的扩频序列对该码片序列解扩，并依据 GB/T 28925—2012 中 5.3.3 的差分解码规则解码；

e) 依据 GB/T 28925—2012 中 6.1 规定的位传输顺序，获取读写器字段内容；

f) 验证获取的读写器字段内容是否与发送的内容一致。

5.12.4 测试报告

测试报告应记录被测读写器调制方式、发送的读写器命令内容，扩频序列内容以及矢量信号分析仪采集到的数据内容，并说明被测读写器位传输顺序符合/不符合 GB/T 28925—2012 的要求。

5.13 命令

5.13.1 测试目的

验证读写器是否支持 GB/T 28925—2012 第 9 章规定的所有必选命令以及标称的可选命令并且符合 GB/T 28925—2012 第 10 章协议工作方式的要求；如果有专用命令和定制命令，其测试方法可参照必选命令的测试方法执行。

5.13.2 测试步骤

采用图 2 装置测试读写器命令，测试步骤如下：

a) 测试用标签处于附录 C 中相应测试流程中规定的测试状态；

b) 根据读写器支持的调制方式设置矢量信号分析仪的调制方式为 O-QPSK 或 BPSK 方式，码片速率为 2 Mcps，中心频率为读写器工作频率；

c) 被测读写器依据附录 C 中各命令的测试流程，依次发送命令，并等待测试用标签的响应；

d) 使用矢量信号分析仪采集读写器命令和标签响应信号，验证读写器命令内容是否符合 GB/T 28925—2012 的要求；

e) 根据测试流程中规定的验证内容逐项分析采集到的被测读写器命令内容；

f) 被测读写器继续发送下一个命令，直至读写器命令测试流程结束。

5.13.3 测试报告

测试报告应记录被测读写器的调制方式、发送命令的实测值、支持的命令的名称及所属的类型，并说明被测读写器支持的命令符合/不符合 GB/T 28925—2012 的要求。

5.14 防碰撞方法

5.14.1 测试目的

验证被测读写器防碰撞方法是否符合 GB/T 28925—2012 中第 11 章的要求，能实现多标签识读。

5.14.2 测试步骤

读写器的防碰撞方法测试步骤如下：

a) 设置被测读写器工作在最大发射功率下；

b) 将至少 20 个基准标签按照图 5 所示的方式进行排列，标签中心点间隔 200 mm；

c) 读写器放置于能够与所有标签进行通信的位置，对所有基准标签进行识读；

d) 记录被测读写器发送首个接入帧起始命令到盘点结束所用的时间；

e) 记录被测读写器在判断盘点结束后，识读到的基准标签个数。

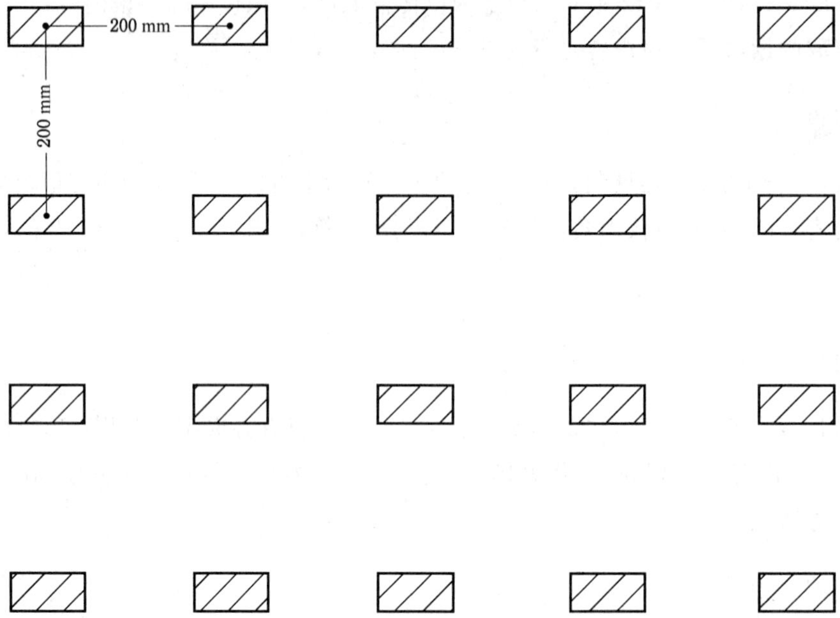

说明：

▨——基准标签。

图 5 基准标签排列方式

5.14.3 测试报告

测试报告应记录被测读写器调制方式、基准标签数目、基准标签排列方式、识读时间以及识读个数。

5.15 安全协议

5.15.1 测试目的

验证读写器支持的安全协议是否符合 GB/T 28925—2012 第 12 章的要求。

5.15.2 测试步骤

采用图 2 装置测试读写器安全协议，测试步骤如下：

a) 根据被测读写器支持的调制方式设置矢量信号分析仪的调制方式为 O-QPSK 或 BPSK 方式，码片速率为 2 Mcps；
b) 测试安全通信协议时，测试用标签处于安全会话状态；其他安全协议测试时，测试用标签处于会话状态；
c) 根据被测安全协议选择附录 D 对应的测试流程，被测读写器依据所选择的测试流程依次发送命令，并等待测试用标签的响应；
d) 使用矢量信号分析仪采集读写器命令和标签响应信号；
e) 根据测试流程中规定的验证内容逐项分析采集到的被测读写器发送的命令内容。

5.15.3 测试报告

测试报告应记录被测安全协议名称、被测读写器命令的期望值和实测值，并说明被测读写器的安全协议符合/不符合 GB/T 28925—2012 的要求。

6 标签符合性测试

6.1 工作频率

6.1.1 测试目的

验证标签工作频率和工作频率准确度是否符合 GB/T 28925—2012 中 5.1 的要求。

6.1.2 测试步骤

采用图 3 装置测试标签工作频率和工作频率准确度，测试步骤如下：

a) 被测标签处于休眠状态；
b) 根据被测标签支持的调制方式设置矢量信号分析仪调制方式，码片速率为 2 Mcps，中心频率与标签工作频率相同；
c) 设置矢量信号发生器发射功率为被测标签可接收的功率，调制方式为被测标签支持的调制方式，载波频率与标签默认工作频率相同；
d) 对于支持外部唤醒的标签，使用唤醒器发送唤醒信号，然后矢量信号发生器发送就绪命令，对于支持周期唤醒的标签，矢量信号发生器连续发送就绪命令，就绪命令信道序号为 00_h，记录信道 0 的中心频率为默认工作频率的标称值 f_{c0}；
e) 矢量信号发生器发送选择文件命令，命令内容见表 8；
f) 验证矢量信号分析仪采集步骤 e)中的标签响应，并测量标签响应的中心频率，记录为默认工作频率的实测值 f_0；
g) 按照式(1)计算默认工作频率准确度 A_{f0}；
h) 被测标签处于休眠状态，改变矢量信号发生器发送就绪命令的载波频率为信道 1 至 15 的中心频率，发送选择文件命令的载波频率为信道 0 的中心频率，重复步骤 b)至 e)，验证标签无响应；
i) 被测标签处于就绪状态，工作信道为信道 0；
j) 根据被测标签支持的调制方式设置矢量信号分析仪调制方式，码片速率为 2 Mcps，中心频率与标签工作频率相同；
k) 设置矢量信号发生器发射功率为被测标签可接收的功率，调制方式为被测标签支持的调制方式，载波频率与标签工作频率相同；
l) 矢量信号发生器发送一个选择文件命令，命令内容见表 8；
m) 等待矢量信号分析仪采集到标签响应后，矢量信号发生器发送一个更新透明文件命令，命令内容见表 4；
n) 等待矢量信号分析仪采集到标签响应后，矢量信号发生器发送一个读透明文件命令，命令内容见表 9，记录选择信道的中心频率为工作频率标称值 f_c；
o) 使用矢量信号分析仪采集标签步骤 n)的响应，并测试标签响应的中心频率，记录该频率为工作频率实测值 f；
p) 按照式(1)计算工作频率准确度 A_f；
q) 改变标签工作信道，被测标签处于就绪状态，重复步骤 j)至 p)，直至所有 16 个信道的工作频率都测试完毕。

表 9 读透明文件命令内容

数据项	命令代码	命令参数	
		偏移	长度
参数	36_h	00 00_h	109

6.1.3 测试报告

测试报告应记录被测标签的默认工作频率标称值、实测值,各信道的工作频率标称值、实测值,计算工作频率准确度,并说明被测标签的工作频率和工作频率准确度符合/不符合 GB/T 28925—2012 的要求。

6.2 发射频谱密度模板

6.2.1 测试目的

验证标签各信道的发射频谱密度模板是否符合 GB/T 28925—2012 中 5.2 的要求。

6.2.2 测试步骤

采用图 3 装置测试标签发射频谱密度模板,测试步骤如下:

a) 被测标签处于就绪状态,工作在最大发射功率下,工作信道为信道 0;

b) 设置矢量信号分析仪为频谱分析模式或使用频谱分析仪,设置起始频率为 2 400 MHz,终止频率为 2 485 MHz,分辨率带宽为 100 kHz;

c) 设置矢量信号发生器发射功率为被测标签可接收的功率,调制方式为被测标签支持的调制方式,载波频率与标签工作频率相同;

d) 矢量信号发生器发送一个选择文件命令,命令内容见表 8;

e) 等待矢量信号分析仪采集到标签响应后,矢量信号发生器发送一个更新透明文件命令,命令内容见表 4;

f) 等待矢量信号分析仪采集到标签响应后,矢量信号发生器发送一个读透明文件命令,命令内容见表 9;

g) 使用矢量信号分析仪或频谱分析仪获取步骤 f)的标签响应的频谱,启动频标功能,找到载波频率附近±1 MHz 范围内的最大值,记为发射频谱密度模板测试的参考值 P_{ref};

h) 使用频标找出在载波频率±3.5 MHz 范围以外的功率最大的杂散电平,记为 P_{spur},P_{spur} 即为响应信道的发射频谱密度模板的绝对值,$P_{spur}-P_{ref}$ 即为相应信道发射频谱密度模板的相对值。

i) 改变标签工作信道,被测标签处于就绪状态,重复步骤 b)至 h),直至所有 16 个信道的发射频谱密度模板都测试完毕。

6.2.3 测试报告

测试报告应记录被测标签各信道频谱密度模板的参考值,发射频谱模板绝对值的实测值,相对值的实测值,说明被测读写器的频谱密度模板符合/不符合 GB/T 28925—2012 的要求。

6.3 占用信道带宽

6.3.1 测试目的

验证标签各信道的占用信道带宽是否符合 GB/T 28925—2012 中 5.1 的要求。

6.3.2 测试步骤

采用图3装置测试标签占用信道带宽，测试步骤如下：

a) 被测标签处于就绪状态，工作信道为信道0；
b) 根据被测标签支持的调制方式设置矢量信号分析仪调制方式，码片速率为2 Mcps，中心频率与标签工作频率相同；
c) 设置矢量信号发生器发射功率为被测标签可接收的功率，调制方式为被测标签支持的调制方式，载波频率与标签工作频率相同；
d) 矢量信号发生器发送一个选择文件命令，命令内容见表8；
e) 等待矢量信号分析仪采集到标签响应后，矢量信号发生器发送一个更新透明文件命令，命令内容见表4；
f) 等待矢量信号分析仪采集到标签响应后，矢量信号发生器发送一个读透明文件命令，命令内容见表9；
g) 使用矢量信号分析仪或频谱分析仪步骤f)的采集标签响应，并测量标签响应的99%能量信道带宽；
h) 改变标签工作信道，被测标签处于就绪状态，重复步骤b)至g)，直至所有16个信道的占用信道带宽都测试完毕。

6.3.3 测试报告

测试报告应记录被测标签各信道工作频率、占用信道带宽的实测值，并说明被测标签的占用信道带宽符合/不符合GB/T 28925—2012的要求。

6.4 发收转换时间

6.4.1 测试目的

验证标签发收转换时间是否符合GB/T 28925—2012中5.4的要求。

6.4.2 测试步骤

采用图4装置测试标签发收转换时间，测试步骤如下：

a) 被测标签处于就绪状态；
b) 根据标签支持的调制方式设置矢量信号分析仪和测试用读写器的调制方式，码片速率为2 Mcps，中心频率与标签工作频率相同；
c) 设置测试用读写器发射功率为标签可接收功率，调制方式为被测标签支持的调制方式，载波频率与标签工作频率相同；
d) 测试用读写器发送一个接入帧起始命令，命令内容见表5；
e) 测试用读写器发送一个接入时隙起始命令，命令内容见表6，验证被测标签是否返回RN8；
f) 测试用读写器收到标签响应最后一个码片后，等待192 μs，发送接入失败命令，命令内容见表10，验证被测标签是否返回新的RN8；
g) 使用矢量信号分析仪采集I-Q路的采样数据，经过后期处理，得到基带信号；
h) 验证步骤e)中被测标签返回的RN8最后一个码片结束到测试用读写器发送接入失败命令首个码片开始的时间间隔是否为192 μs；
i) 测试用读写器随机选择一个命令发送，验证被测标签是否返回响应；

j） 测试用读写器收到标签响应最后一个码片后，等待 192 μs，发送下一个命令，验证被测标签是否返回响应；

注：步骤 i）和 j）中测试用读写器随机选择的命令不包括直接会话命令以及标签无响应的命令。

k） 使用矢量信号分析仪采集 I-Q 路的采样数据，经过后期处理，得到基带信号；

l） 验证步骤 i）中被测标签返回响应最后一个码片结束到测试用读写器发送下一个命令首个码片开始的时间间隔是否为 192 μs。

表 10 接入失败命令内容

数据项	命令代码
参数	13_h

6.4.3 测试报告

测试报告应记录测试采用的调制方式、选取的测试命令、测试用读写器的收发转换时间的实测值，并说明被测标签的发收转换时间符合/不符合 GB/T 28925—2012 的要求。

6.5 收发转换时间

6.5.1 测试目的

验证标签收发转换时间是否符合 GB/T 28925—2012 中 5.4 的要求。

6.5.2 测试步骤

采用图 4 装置测试标签转换时间，测试步骤如下：

a） 被测标签处于就绪状态；

b） 根据标签支持的调制方式设置矢量信号分析仪和测试用读写器的调制方式，码片速率为 2 Mcps，中心频率与标签工作频率相同；

c） 设置测试用读写器发射功率为标签可接收功率，调制方式为被测标签支持的调制方式，载波频率与标签工作频率相同；

d） 测试用读写器发送一个接入帧起始命令，命令内容见表 5；

e） 测试用读写器发送一个接入时隙起始命令，命令内容见表 6，验证被测标签是否返回 RN8；

f） 使用矢量信号分析仪采集 I-Q 路的采样数据，经过后期处理，得到基带信号；

g） 测量测试用读写器接入成功确认命令最后一个码片结束到被测标签返回 RN8 首个码片开始的时间间隔；

h） 测试用读写器在收到 RN8 最后一个码片之后等待至少 192 μs，随机选择一个命令发送，验证被测待标签是否正确返回响应；

注：步骤 h）中测试用读写器随机选择的命令不包括直接会话命令以及标签无响应的命令。

i） 使用矢量信号分析仪采集 I-Q 路的采样数据，经过后期处理，得到基带信号；

j） 测量步骤 h）中读写器命令最后一个码片结束到被测标签响应首个码片开始的时间间隔。

6.5.3 测试报告

测试报告应记录测试采用的调制方式、选取的测试命令、被测标签收发转换时间实测值，并说明被测标签收发转换时间符合/不符合 GB/T 28925—2012 的要求。

6.6 调制准确度

6.6.1 测试目的

验证标签调制方式是否符合 GB/T 28925—2012 中 5.3.1 或 5.3.3 的要求；标签发送信号调制准确度是否符合 GB/T 28925—2012 中 5.5 的要求。

6.6.2 测试步骤

采用图 3 装置测试标签调制准确度，测试步骤如下：

a) 被测标签处于就绪状态，工作信道为信道 0；
b) 根据被测标签支持的调制方式设置矢量信号分析仪调制方式，码片速率为 2 Mcps，中心频率与标签工作频率相同；
c) 设置矢量信号发生器发射功率为被测标签可接收的功率，调制方式为被测标签支持的调制方式，载波频率与标签工作频率相同；
d) 矢量信号发生器发送一个选择文件命令，命令内容见表 8；
e) 等待矢量信号分析仪采集到标签响应后，矢量信号发生器发送一个更新透明文件命令，命令内容见表 4；
f) 等待矢量信号分析仪采集到标签响应后，矢量信号发生器发送一个读透明文件命令，命令内容见表 9；
g) 使用矢量信号分析仪采集步骤 f) 的标签响应，以被测标签支持的调制方式解调该标签响应，并测量被测标签调制准确度；
h) 改变标签工作信道，被测标签处于就绪状态，重复步骤 b) 至 g)，直至所有 16 个信道的调制准确度测试完毕。

6.6.3 测试报告

测试报告应记录被测标签的调制方式、各信道的工作频率、各信道调制准确度的实测值，并说明被测标签调制方式和调制准确度符合/不符合 GB/T 28925—2012 的要求。

6.7 扩频序列

6.7.1 测试目的

验证支持 O-QPSK 调制的标签扩频序列是否符合 GB/T 28925—2012 中 5.3.1 表 3 的要求；验证支持 DBPSK 调制的标签扩频序列是否符合 GB/T 28925—2012 中 5.3.3 表 4 的要求，如果 DBPSK 调制自定义了扩频序列，验证扩频序列的不规则性是否符合 GB/T 28925—2012 中 5.3.3 的要求。

6.7.2 O-QPSK 调制的扩频序列测试步骤

采用图 3 装置测试标签 O-QPSK 调制的扩频序列，测试步骤如下：

a) 被测标签处于就绪状态；
b) 设置矢量信号分析仪的调制方式为 O-QPSK，码片速率为 2 Mcps，中心频率与标签工作频率相同；
c) 设置矢量信号发生器发射功率为标签可接收功率，调制方式为 O-QPSK，载波频率与标签工作频率相同；
d) 矢量信号发生器发送一个选择文件命令，命令内容见表 8；

e) 等待矢量信号分析仪采集到标签响应后，矢量信号发生器发送一个更新透明文件命令，命令内容见表4；

f) 等待矢量信号分析仪采集到标签响应后，矢量信号发生器发送一个读透明文件命令，命令内容见表9；

g) 使用矢量信号分析仪采集步骤f)的标签响应，以O-QPSK方式解调解扩该标签响应，扩频序列见GB/T 28925—2012中5.3.1表3；

h) 验证解调解扩后的标签响应数据字段内容是否与更新透明文件数据字段内容一致。

6.7.3 DBPSK调制的扩频序列测试步骤

采用图3装置测试标签DBPSK调制的扩频序列，测试步骤如下：

a) 被测标签处于就绪状态；

b) 设置矢量信号分析仪的调制方式为BPSK，码片速率为2 Mcps，中心频率与标签工作频率相同；

c) 设置矢量信号发生器发射功率为标签可接收功率，调制方式为DBPSK，载波频率与标签工作频率相同；

d) 矢量信号发生器发送一个选择文件命令，命令内容见表8；

e) 等待矢量信号分析仪采集到标签响应后，矢量信号发生器发送一个更新透明文件命令，命令内容见表4；

f) 等待矢量信号分析仪采集到标签响应后，矢量信号发生器发送一个读透明文件命令，命令内容见表9；

g) 使用矢量信号分析仪采集步骤f)的标签响应，以BPSK方式解调该标签响应；

h) 使用矢量信号仪分析获取解调后的码片序列，依据GB/T 28925—2012中5.3.3表4序列或被测标签自定义的扩频序列对该码片序列解扩，并依据GB/T 28925—2012中5.3.3的差分解码规则解码；

i) 验证解调解扩后的标签响应数据字段内容是否与更新透明文件数据字段内容一致；

j) 验证自定义扩频序列是否正交。

6.7.4 测试报告

测试报告应记录被测标签的调制方式、扩频序列实测值，说明被测标签扩频序列符合/不符合GB/T 28925—2012的要求。若被测标签支持DBPSK调制下的自定义扩频序列，还应说明自定义的扩频序列不规则性符合/不符合GB/T 28925—2012的要求。

6.8 码片速率

6.8.1 测试目的

验证标签O-QPSK调制码片速率是否符合GB/T 28925—2012中5.3.5表5的要求；DBPSK调制码片速率是否符合GB/T 28925—2012中5.3.5表6的要求；码片速率准确度是否符合GB/T 28925—2012中5.3.5的要求。

6.8.2 O-QPSK调制的码片速率测试步骤

采用图3装置测试标签O-QPSK调制的码片速率，测试步骤如下：

a) 被测标签处于就绪状态，工作信道为信道0；

b) 设置矢量信号分析仪的调制方式为 O-QPSK，码片速率为 2 Mcps，即码片速率的标称值 C_0，中心频率与标签工作频率相同；

c) 设置矢量信号发生器发射功率为标签可接收功率，调制方式为 O-QPSK，载波频率与标签工作频率相同；

d) 矢量信号发生器发送一个选择文件命令，命令内容见表 8；

e) 等待矢量信号分析仪采集到标签响应后，矢量信号发生器发送一个更新透明文件命令，命令内容见表 4；

f) 等待矢量信号分析仪采集到标签响应后，矢量信号发生器发送一个读透明文件命令，命令内容见表 9；

g) 使用矢量信号分析仪采集步骤 f)的标签响应，以 O-QPSK 方式解调解扩该标签响应，扩频序列见 GB/T 28925—2012 中 5.3.1 表 3；

h) 使用矢量信号分析仪测量码片速率，记录码片速率的实测值 C；

i) 验证解调解扩后的标签响应数据字段内容是否与更新透明文件数据字段内容一致；

j) 按照式(2)计算码片速率准确度 A_c；

k) 改变标签工作信道，被测标签处于就绪状态，重复步骤 b)至 j)，直至所有 16 个信道的码片速率都测试完毕。

6.8.3 DBPSK 调制的码片速率测试步骤

采用图 3 装置测试标签 DBPSK 调制的码片速率，测试步骤如下：

a) 被测标签处于就绪状态，工作信道为信道 0；

b) 设置矢量信号分析仪的调制方式为 BPSK，码片速率为 2 Mcps，即码片速率的标称值 C_0，中心频率与标签工作频率相同；

c) 设置矢量信号发生器发射功率为标签可接收功率，调制方式为 DBPSK，载波频率与标签工作频率相同；

d) 矢量信号发生器发送一个选择文件命令，命令内容见表 8；

e) 等待矢量信号分析仪采集到标签响应后，矢量信号发生器发送一个更新透明文件命令，命令内容见表 4；

f) 等待矢量信号分析仪采集到标签响应后，矢量信号发生器发送一个读透明文件命令，命令内容见表 9；

g) 使用矢量信号分析仪采集步骤 f)的标签响应，以 BPSK 方式解调该标签响应；

h) 使用矢量信号仪分析获取解调后的码片序列，依据 GB/T 28925—2012 中 5.3.3 表 4 序列或被测标签自定义的扩频序列对该码片序列解扩，并依据 GB/T 28925—2012 中 5.3.3 的差分解码规则解码；

i) 使用矢量信号分析仪测量码片速率，记录码片速率的实测值 C；

j) 验证解调解扩后的标签响应数据字段内容是否与更新透明文件数据字段内容一致；

k) 按照式(2)计算码片速率准确度 A_c；

l) 改变标签工作信道，被测标签处于就绪状态，重复步骤 b)至 k)，直至所有 16 个信道的码片速率都测试完毕。

6.8.4 测试报告

测试报告应记录被测标签的调制方式、码片速率标称值、码片速率实测值、码片速率准确度，并说明被测标签码片速率以及码片速率准确度符合/不符合 GB/T 28925—2012 的要求。

6.9 位速率

6.9.1 测试目的

验证标签 O-QPSK 调制位速率是否符合 GB/T 28925—2012 中 5.3.5 表 5 的要求；DBPSK 调制位速率是否符合 GB/T 28925—2012 中 5.3.5 表 6 的要求；位速率准确度是否符合 GB/T 28925—2012 中 5.3.5 的要求。

6.9.2 O-QPSK 调制的位速率测试步骤

采用图 3 装置测试标签 O-QPSK 调制的位速率，测试步骤如下：

a) 被测标签处于就绪状态，工作信道为信道 0；
b) 设置矢量信号分析仪的调制方式为 O-QPSK，码片速率为 2 Mcps，中心频率与标签工作频率相同；
c) 记录被测标签位速率的标称值 B_0 为 250 kbps；
d) 设置矢量信号发生器发射功率为标签可接收功率，调制方式为 O-QPSK，载波频率与标签工作频率相同；
e) 矢量信号发生器发送一个选择文件命令，命令内容见表 8；
f) 等待矢量信号分析仪采集到标签响应后，矢量信号发生器发送一个更新透明文件命令，命令内容见表 4；
g) 等待矢量信号分析仪采集到标签响应后，矢量信号发生器发送一个读透明文件命令，命令内容见表 9；
h) 使用矢量信号分析仪采集步骤 g)的标签响应，以 O-QPSK 方式解调解扩该标签响应，扩频序列见 GB/T 28925—2012 中 5.3.1 表 3；
i) 使用矢量信号分析仪测量码片速率，记录位速率的实测值 B 为码片速率除以 8；
j) 验证解调解扩后的标签响应数据字段内容是否与更新透明文件数据字段内容一致；
k) 按照式(3)计算位速率准确度 A_B；
l) 改变标签工作信道，被测标签处于就绪状态，重复步骤 b)至 k)，直至所有 16 个信道的位速率都测试完毕。

6.9.3 DBPSK 调制的位速率测试步骤

采用图 3 装置测试标签 DBPSK 调制的位速率，测试步骤如下：

a) 被测标签处于就绪状态，工作信道为信道 0；
b) 设置矢量信号分析仪的调制方式为 BPSK，码片速率为 2 Mcps，中心频率与标签工作频率相同；
c) 记录被测标签位速率的标称值 B_0 为 2 000 kbps 除以扩频序列长度；
d) 设置矢量信号发生器发射功率为标签可接收功率，调制方式为 DBPSK，载波频率与标签工作频率相同；
e) 矢量信号发生器发送一个选择文件命令，命令内容见表 8；
f) 等待矢量信号分析仪采集到标签响应后，矢量信号发生器发送一个更新透明文件命令，命令内容见表 4；
g) 等待矢量信号分析仪采集到标签响应后，矢量信号发生器发送一个读透明文件命令，命令内容见表 9；
h) 使用矢量信号分析仪采集步骤 g)的标签响应，以 BPSK 方式解调该标签响应；

i) 使用矢量信号仪分析获取解调后的码片序列，依据 GB/T 28925—2012 中 5.3.3 表 4 序列或被测标签自定义的扩频序列对该码片序列解扩，并依据 GB/T 28925—2012 中 5.3.3 的差分解码规则解码；
j) 使用矢量信号分析仪测量码片速率，记录位速率的实测值 B 为码片速率除以 8；
k) 验证解调解扩后的标签响应数据字段内容是否与更新透明文件数据字段内容一致；
l) 按照式(3)计算位速率准确度 A_B；
m) 改变标签工作信道，被测标签处于就绪状态，重复步骤 b)至 l)，直至所有 16 个信道的位速率都测试完毕。

6.9.4 测试报告

测试报告应记录被测标签的调制方式、位速率标称值、位速率实测值、位速率准确度，并说明被测标签位速率以及位速率准确度符合/不符合 GB/T 28925—2012 的要求。

6.10 前导码、同步码和校验码

6.10.1 测试目的

验证标签前导码是否符合 GB/T 28925—2012 中 6.2 的要求；同步码是否符合 GB/T 28925—2012 中 6.3 的要求；校验码是否符合 GB/T 28925—2012 中 6.7 的要求。

6.10.2 O-QPSK 调制的前导码、同步码和校验码测试步骤

采用图 3 装置测试标签 O-QPSK 调制前导码、同步码和校验码，测试步骤如下：
a) 被测标签处于就绪状态；
b) 设置矢量信号分析仪和矢量信号发生器的调制方式为 O-QPSK，码片速率为 2 Mcps，中心频率与标签工作频率相同；
c) 设置矢量信号发生器发射功率为被测标签可接收的功率，调制方式为 O-QPSK，载波频率与标签工作频率相同；
d) 矢量信号发生器发送一个选择文件命令，命令内容见表 8；
e) 使用矢量信号分析仪采集步骤 d)的标签响应，以 O-QPSK 方式解调解扩该标签响应，扩频序列见 GB/T 28925—2012 中 5.3.1 表 3；
f) 记录解调解扩后前导码、同步码和校验码内容。

6.10.3 DBPSK 调制的前导码、同步码和校验码测试步骤

采用图 3 装置测试标签 DBPSK 调制前导码、同步码和校验码，测试步骤如下：
a) 被测标签处于就绪状态；
b) 设置矢量信号分析仪和矢量信号发生器的调制方式为 BPSK，码片速率为 2 Mcps，中心频率与标签工作频率相同；
c) 设置矢量信号发生器发射功率为被测标签可接收的功率，调制方式为 DBPSK，载波频率与标签工作频率相同；
d) 矢量信号发生器发送一个选择文件命令，命令内容见表 8；
使用矢量信号分析仪采集步骤 d)的标签响应，以 BPSK 方式解调该标签响应；
e) 使用矢量信号仪分析获取解调后的码片序列，依据 GB/T 28925—2012 中 5.3.3 表 4 序列或被测标签自定义的扩频序列对该码片序列解扩，并依据 GB/T 28925—2012 中 5.3.3 的差分解码规则解码；
f) 记录解调解扩后前导码、同步码和校验码内容。

6.10.4 测试报告

测试报告应记录被测标签调制方式、测试命令内容、标签响应内容、前导码和同步码的实测值，并说明前导码、同步码和校验码符合/不符合 GB/T 28925—2012 的要求。

6.11 帧选项

6.11.1 测试目的

验证标签的帧选项是否符合 GB/T 28925—2012 中 6.5 的要求。

6.11.2 O-QPSK 调制的帧选项测试步骤

采用图 3 装置测试标签 O-QPSK 调制的帧选项，测试步骤如下：

a) 被测标签处于就绪状态；
b) 设置矢量信号分析仪的调制方式为 O-QPSK，码片速率为 2 Mcps，中心频率为标签工作频率；
c) 设置矢量信号发生器发射功率为标签可接收功率，调制方式为 O-QPSK，载波频率与标签工作频率相同；
d) 矢量信号发生器发送一个接入帧起始命令，命令内容见表 5；
e) 矢量信号发生器发送一个接入时隙起始命令，命令内容见表 6；
f) 使用矢量信号分析仪采集标签响应信号，以 O-QPSK 方式解调解扩该标签响应，扩频序列为 GB/T 28925—2012 中 5.3.1 表 3；
g) 验证解调解扩后的帧选项的 $b_0 \sim b_2$ 是否为 000_b，b_3 是否为 1_b，b_4 是否为 1_b；
h) 验证解扩后的消息数据长度是否为 1 字节。

6.11.3 DBPSK 调制的帧选项测试步骤

采用图 3 装置测试标签 DBPSK 调制的帧选项，测试步骤如下：

a) 被测标签处于就绪状态；
b) 设置矢量信号分析仪的调制方式为 BPSK，码片速率为 2 Mcps，中心频率为标签工作频率；
c) 设置矢量信号发生器发射功率为标签可接收功率，调制方式为 DBPSK，载波频率与标签工作频率相同；
d) 矢量信号发生器发送一个接入帧起始命令，命令内容见表 5；
e) 矢量信号发生器发送一个接入时隙起始命令，命令内容见表 6；
f) 使用矢量信号分析仪采集标签响应，以 BPSK 方式解调该标签响应；
g) 使用矢量信号仪分析获取解调后的码片序列，依据 GB/T 28925—2012 中 5.3.3 表 4 序列或被测标签自定义的扩频序列对该码片序列解扩，并依据 GB/T 28925—2012 中 5.3.3 的差分解码规则解码；
h) 验证解调解扩后的帧选项的 $b_0 \sim b_2$ 是否与标签位速率一致，b_3 是否为 1_b，b_4 是否为 1_b；
i) 验证解扩后的消息数据长度是否为 1 字节。

6.11.4 测试报告

测试报告应记录被测标签调制方式、标签响应内容、帧选项实测值，并说明被测标签帧选项符合/不符合 GB/T 28925—2012 的要求。

6.12 位传输顺序

6.12.1 测试目的

验证被测标签位传输顺序是否符合 GB/T 28925—2012 中 6.1 的要求。

6.12.2 O-QPSK 调制的位传输顺序测试步骤

采用图 3 装置测试标签 O-QPSK 调制的位传输顺序，测试步骤如下：

a) 被测标签处于会话状态；
b) 设置矢量信号分析仪的调制方式为 O-QPSK，码片速率为 2 Mcps，工作频率为标签的工作频率；
c) 设置矢量信号发生器发射功率为标签可接收功率，调制方式为被测标签支持的调制方式，载波频率与标签工作频率相同；
d) 矢量信号发生器发送一个选择文件命令，命令内容见表 8；
e) 等待矢量信号分析仪采集到标签响应后，矢量信号发生器发送一个更新透明文件命令，命令内容见表 4；
f) 等待矢量信号分析仪采集到标签响应后，矢量信号发生器发送一个读透明文件命令，命令内容见表 9；
g) 使用矢量信号分析仪采集步骤 f)的标签响应，以 O-QPSK 方式解调解扩该标签响应，扩频序列见 GB/T 28925—2012 中 5.3.1 表 3；
h) 依据 GB/T 28925—2012 中 6.1 规定的位传输顺序，获取标签响应字段内容；
i) 验证获取标签响应数据字段内容是否与更新透明文件数据字段内容一致。

6.12.3 DBPSK 调制的位传输顺序测试步骤

采用图 3 装置测试标签 DBPSK 调制的位传输顺序，测试步骤如下：

a) 被测标签处于会话状态；
b) 设置矢量信号分析仪的调制方式为 BPSK，码片速率为 2 Mcps，工作频率为标签的工作频率；
c) 设置矢量信号发生器发射功率为标签可接收功率，调制方式为被测标签支持的调制方式，载波频率与标签工作频率相同；
d) 矢量信号发生器发送一个选择文件命令，命令内容见表 8；
e) 等待矢量信号分析仪采集到标签响应后，矢量信号发生器发送一个更新透明文件命令，命令内容见表 4；
f) 等待矢量信号分析仪采集到标签响应后，矢量信号发生器发送一个读透明文件命令，命令内容见表 9；
g) 使用矢量信号分析仪采集步骤 f)的标签响应，以 BPSK 方式解调该标签响应；
h) 使用矢量信号仪分析获取解调后的码片序列，依据 GB/T 28925—2012 中 5.3.3 表 4 序列或被测标签自定义的扩频序列对该码片序列解扩，并依据 GB/T 28925—2012 中 5.3.3 的差分解码规则解码；
i) 依据 GB/T 28925—2012 中 6.1 规定的位传输顺序，获取标签响应字段内容；
j) 验证获取标签响应数据字段内容是否与更新透明文件数据字段内容一致。

6.12.4 测试报告

测试报告应记录被测标签的调制方式、标签响应内容的实测值，并说明被测标签位传输顺序符合/不符合 GB/T 28925—2012 的要求。

6.13 发起方

6.13.1 测试目的

验证标签是否符合 GB/T 28925—2012 中表 113 中 P：1 的要求。

6.13.2 测试步骤

采用图 3 测试装置测试标签的发起方，测试步骤如下：

a) 矢量信号分析仪切换到频谱分析模式或使用频谱分析仪，矢量信号分析仪或频谱分析仪中心频率为 2 450.0 MHz，扫频宽度为 150 MHz，扫描方式为最大保持，分辨率带宽不小于 1 MHz；
b) 矢量信号发生器不发送任何信号；
c) 被测标签上电；
d) 连续监测 15 min，观察矢量信号分析仪或频谱分析仪是否扫描到标签信号。

6.13.3 测试报告

测试报告应记录扫描到的信号频谱，并说明被测标签的发起方符合/不符合 GB/T 28925—2012 中表 113 中 P：1 的要求。

6.14 寻址方式

6.14.1 测试目的

验证标签的寻址方式是否符合 GB/T 28925—2012 表 113 中 P：2 的要求。

6.14.2 测试步骤

采用图 3 装置测试标签寻址方式，测试步骤如下：

a) 被测标签处于会话状态；
b) 设置矢量信号分析仪的调制方式为被测标签支持的调制方式，码片速率为 2 Mcps，工作频率为标签的工作频率；
c) 设置矢量信号发生器发射功率为标签可接收功率，调制方式为被测标签支持的调制方式，载波频率与标签工作频率相同；
d) 矢量信号发生器发送一个选择文件命令，选择文件 $A121_h$；
e) 矢量信号发生器依次发送 8 个读透明文件命令，每次读取一个字节，偏移依次为 00_h、02_h、04_h、06_h、07_h、05_h、03_h、01_h，读取出 $A121_h$ 文件 8 个字节的数据内容；
f) 使用矢量信号分析仪记录标签返回数据内容；
g) 验证标签返回数据内容是否依次为 00_h、22_h、44_h、66_h、77_h、55_h、33_h、11_h；
h) 矢量信号发生器发送一个选择文件命令，选择文件 $A122_h$；
i) 矢量信号发生器依次发送 4 个读记录文件命令，每次读取 4 个字节，记录指针分别为 0000_h、0002_h、0001_h、0003_h，模式为 04_h，偏移为 00_h，读取出 $A114_h$ 文件 4 个记录的数据内容；
j) 使用矢量信号分析仪记录标签返回记录内容；
k) 验证标签返回记录内容是否依次为 00000000_h、22222222_h、11111111_h 和 33333333_h。

6.14.3 测试报告

测试报告应记录依次标签返回的数据内容，并说明被测标签的寻址方式符合/不符合GB/T 28925—2012 中表 113 中 P：2 的要求。

6.15 TID

6.15.1 测试目的

验证标签的 TID 格式是否符合 GB/T 28925—2012 中 6.6.4 的要求。

6.15.2 测试步骤

采用图 3 装置测试标签 TID,测试步骤如下:

a) 被测标签处于收集状态;

b) 设置矢量信号分析仪的调制方式为标签支持的调制方式,码片速率为 2 Mcps,中心频率与标签工作频率相同;

c) 设置矢量信号发生器发射功率为标签可接收功率,调制方式为被测标签支持的调制方式,载波频率与标签工作频率相同;

d) 矢量信号发生器发送一个收集期起始命令,命令内容见表 11;

e) 使用矢量信号分析仪采用被测标签支持的方式解调解扩被测标签响应;

f) 验证解调解扩后的标签响应的文件标识符参数是否是 $A101_h$,长度参数是否为 08_h,数据参数的第一个字节是否为 $C0_h$。

表 11 收集期起始命令

数据项	命令代码	命令参数							
		时隙宽度	收发指示	起始时隙序号	结束时隙序号	文件标识符	偏移	长度	延时宽度
参数	21_h	0064_h	00_h	0000_h	0000_h	$A101_h$	0000_h	08_h	08_h

6.15.3 测试报告

测试报告应记录被测标签调制方式、TID 的实测值,并说明被测标签 TID 符合/不符合 GB/T 28925—2012 的要求。

6.16 存储区结构

6.16.1 测试目的

验证标签存储区结构是否符合 GB/T 28925—2012 第 7 章的要求。

6.16.2 测试步骤

用图 3 装置测试标签存储区结构,测试步骤如下:

a) 被测标签处于就绪状态;

b) 设置矢量信号分析仪的调制方式为被测标签支持的调制方式,码片速率为 2 Mcps,工作频率为标签的工作频率;

c) 设置矢量信号发生器发射功率为标签可接收功率,调制方式为被测标签支持的调制方式,载波频率与标签工作频率相同;

d) 矢量信号发生器发送一个选择文件命令,选择 GB/T 28925—2012 表 24 中规定的文件;

e) 使用矢量信号分析仪采集标签响应,解调解扩该标签响应;

f) 记录标签响应的内容;

g) 验证标签响应的执行状态参数、文件标识符参数、文件类型参数和安全控制参数等内容。

6.16.3 测试报告

测试报告应记录所选文件标识符内容，以及对应标签响应的实测值，并说明被测标签存储区结构符合/不符合 GB/T 28925—2012 的要求。

6.17 响应

6.17.1 测试目的

验证标签是否能够正确响应 GB/T 28925—2012 第 9 章规定的命令，并且符合 GB/T 28925—2012 第 10 章协议工作方式的要求。

6.17.2 测试步骤

采用图 4 装置测试标签响应，测试步骤如下：

a) 被测标签处于附录 E 中相应测试流程中规定的测试状态；
b) 设置矢量信号分析仪的调制方式为标签支持的调制方式，码片速率为 2 Mcps，中心频率与标签工作频率相同；
c) 设置测试用读写器发射功率为标签可接收功率，调制方式为标签支持的调制方式，载波频率与标签工作频率相同；
d) 测试用读写器依据附录 E 中被测标签响应的测试流程发送命令；
e) 测试用读写器等待被测标签返回响应；
f) 通过矢量信号分析仪对采集到的被测标签信号进行解调解扩，记录标签响应内容；
g) 根据测试流程中规定的验证内容逐项分析采集到的被测标签返回的响应内容；
h) 测试用读写器继续发送下一个命令，直至标签响应测试流程结束。

6.17.3 测试报告

测试报告应记录附录 E 中各被测命令的内容，以及对应标签响应的实测值，并说明被测标签对支持命令的响应符合/不符合 GB/T 28925—2012 的要求。

6.18 状态转移

6.18.1 测试目的

验证标签状态转移是否符合 GB/T 28925—2012 中第 8 章的要求。

6.18.2 测试步骤

采用图 4 装置测试标签状态转移，测试步骤如下：

a) 被测标签处于附录 F 中相应测试流程中规定的测试状态；
b) 设置矢量信号分析仪的调制方式为标签支持的调制方式，码片速率为 2 Mcps，中心频率与标签工作频率相同；
c) 设置测试用读写器发射功率为标签可接收功率，调制方式为标签支持的调制方式，载波频率与标签工作频率相同；
d) 测试用读写器依据附录 F 中被测状态的测试流程发送命令；
e) 测试用读写器等待被测标签返回响应；
f) 通过矢量信号分析仪对采集到的被测标签信号进行解调解扩，记录标签响应内容；
g) 验证被测标签响应；
h) 测试用读写器继续发送下一个命令，直至被测状态规定测试流程全部完成；

i) 继续下一个流程的测试,直至所有规定的流程测试完成。

6.18.3 测试报告

测试报告应记录被测状态、各状态对应的测试命令及标签响应实测值,并说明被测标签的状态转移符合/不符合 GB/T 28925—2012 的要求。

6.19 防碰撞

6.19.1 测试目的

验证标签是否正确执行 GB/T 28925—2012 第 11 章防碰撞方法中的命令,实现多标签的识读。

6.19.2 测试步骤

标签防碰撞测试步骤如下:

a) 将至少 20 个被测标签按图 6 的所示方式进行排列,标签中心点间隔 200 mm,被测标签处于就绪状态;
b) 设置测试用读写器工作在最大发射功率下,读写器放置于能够与所有标签进行通信的位置;
c) 测试用读写器依据 GB/T 28925—2012 中第 11 章的防碰撞管理方法和附录 D 的防碰撞算法典型值对标签防碰撞进行测试,对所有被测标签进行识读;
d) 确认测试用读写器是否成功识读所有被测标签;
e) 记录测试用读写器发送首个接入帧起始命令到盘点结束所用的时间;
f) 记录测试用读写器在判断盘点结束后,识读到的标签个数;
g) 将至少 10 个被测标签和至少 10 个基准标签按图 7 所示方式进行排列,被测标签和基准标签交叉放置,标签中心点间隔 200 mm;
h) 重复步骤 b)至 f)。

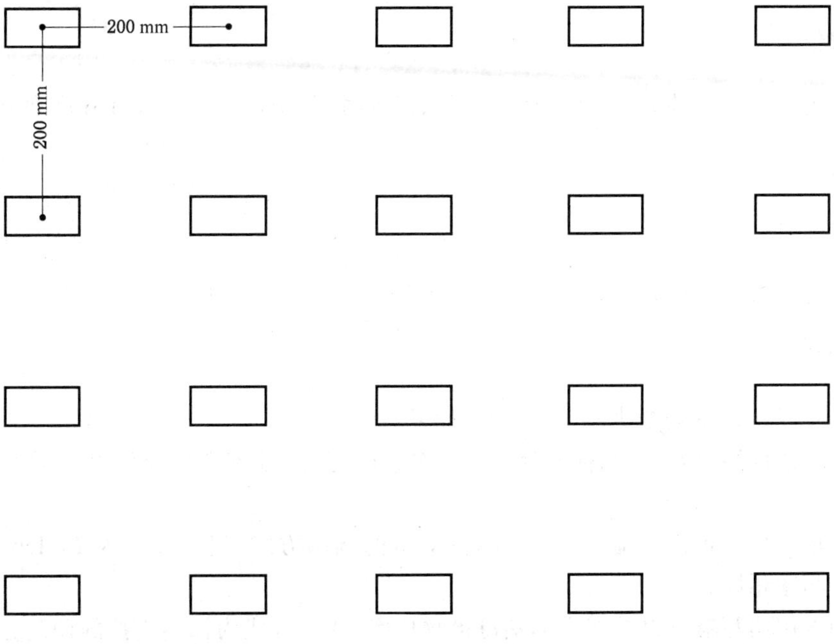

说明:

——被测标签。

图 6 被测标签排列方式

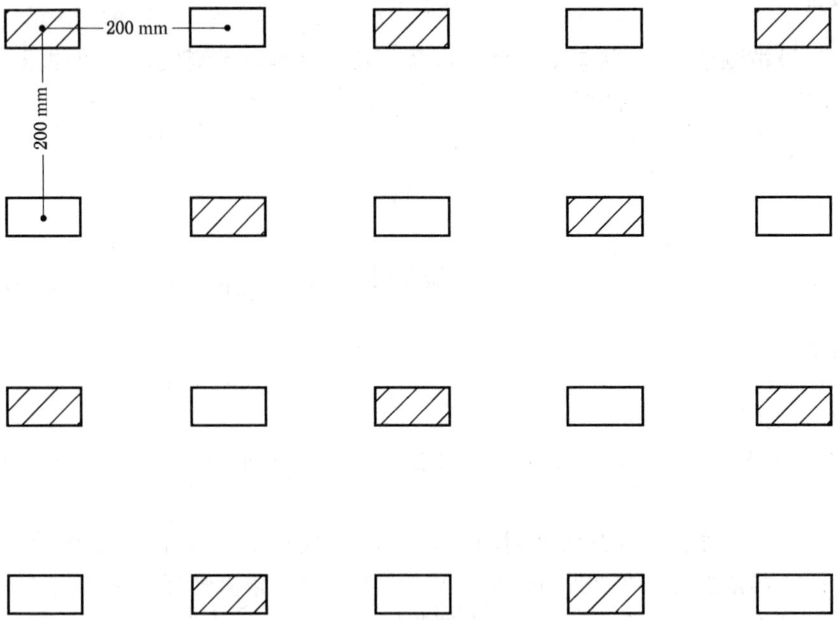

说明：

基准标签；

被测标签。

图 7　被测标签和基准标签排列方式

6.19.3　测试报告

测试报告应记录被测标签数目、基准标签数目、识读时间、识读个数以及标签排列方式。

6.20　安全协议

6.20.1　测试目的

验证标签支持的安全协议是否符合 GB/T 28925—2012 第 12 章的要求。

6.20.2　测试步骤

采用图 4 装置测试标签安全协议，测试步骤如下：

a）测试安全通信协议时，被测标签处于安全会话状态；其他安全协议测试时，被测标签处于会话状态；

b）设置矢量信号分析仪的调制方式为标签支持的调制方式，码片速率为 2 Mcps，中心频率与标签工作频率相同；

c）设置测试用读写器发射功率为标签可接收功率，调制方式为标签支持的调制方式，工作频率与标签工作频率相同；

d）根据被测安全协议选择附录 G 中对应的测试流程，测试用读写器依据所选择的测试流程发送命令；

e）测试用读写器等待被测标签返回响应；

f) 通过矢量信号分析仪对采集到的被测标签信号进行解调解扩，记录测试用读写器命令内容和被测标签响应内容；

g) 根据测试流程中规定的验证内容逐项分析采集到的被测标签返回的响应内容；

h) 测试用读写器继续发送下一个命令，直至标签安全协议测试流程结束。

6.20.3 测试报告

测试报告应记录被测安全协议名称、被测标签响应的期望值和实测值，并说明被测标签的安全协议符合/不符合 GB/T 28925—2012 的要求。

附 录 A
（资料性附录）
测试场地

A.1 测试场地和测试常规布置

A.1.1 概述

用于测试的场地分别有全电波暗室，半电波暗室和开阔场。

注：为了保证测试的复现性和可追溯性，测试中只能使用其中一种测试场地。

A.1.2 全电波暗室

全电波暗室是一个六面屏蔽的空间，在其内部的地板、墙壁和天花板上覆盖吸波材料。暗室里包括天线架和转台，一般分别安装在暗室的一端。典型的全电波暗室如图 A.1 所示。

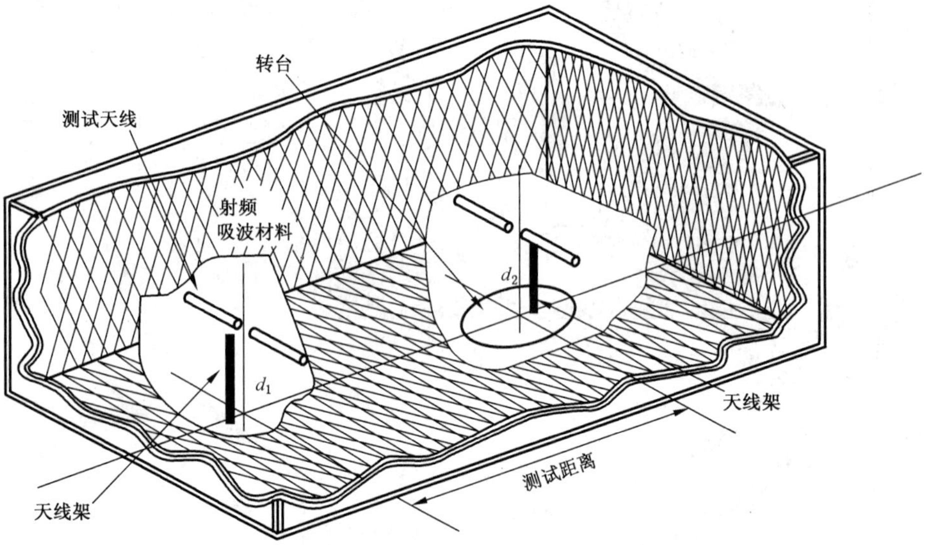

图 A.1 典型的全电波暗室

暗室进行屏蔽设计和安装吸波材料可以保证测试环境符合测试要求。

全电波暗室模拟自由空间的情况。

屏蔽体构成了测试空间，减小了外界电磁波信号的干扰及其他影响，同时，射频吸波材料可以减小由于墙壁和天花板的反射对测试结果的影响。实际上，屏蔽体的屏蔽效能可以达到 80 dB～140 dB，在这种情况下，外界环境的干扰可以忽略不计。

转台可以在水平方向旋转 360°，用于放置 DUT。测试天线高度为 d_1，一般来说，指定 DUT 相对地面的高度 d_2，比如 1 m。暗室的空间要保证测试距离至少为 3 m 或 $2(d_1+d_2)^2/\lambda$(m)二者较大的值。在实际测试中，需要在测试结果中记录测试距离。

同其他测试场地相比，全电波暗室的地面、天花板和墙壁反射最小，受外界环境干扰最小，并且不受外界天气的影响。然而它也有一些缺点,如有限的测试距离、锥形吸波材料尺寸造成的有限的低频性能。通常,采取同时使用铁氧体和吸波材料的方法以提高暗室的低频性能。

A.1.3 半电波暗室

半电波暗室的地板是导电的,外壳通常为屏蔽体,内部的墙壁和天花板覆盖吸波材料。半电波暗室的地板是金属的,不需要覆盖吸波材料。暗室里包括天线架和转台,一般分别安装在暗室的一端。典型的半电波暗室如图 A.2 所示。

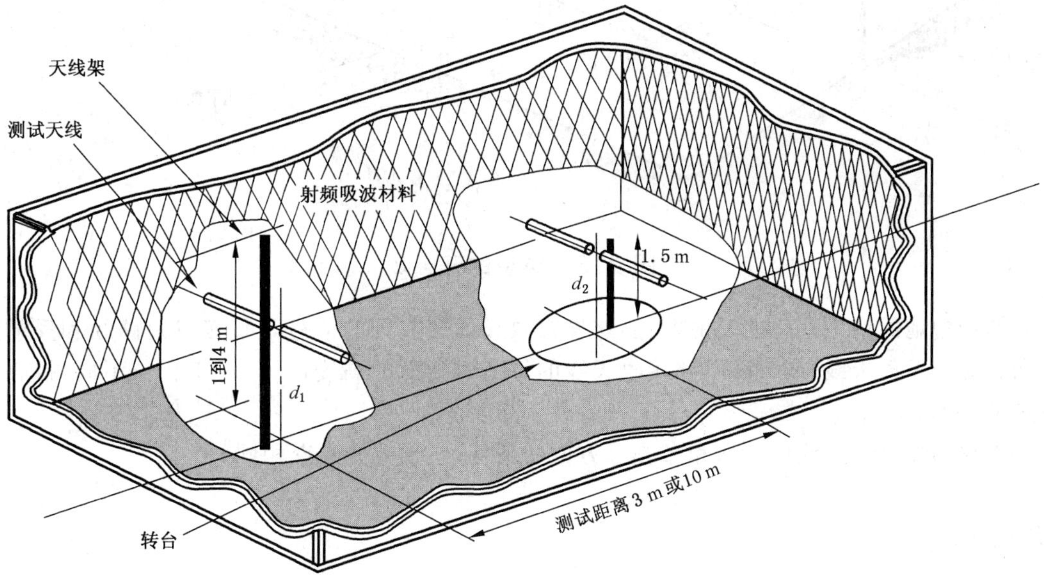

图 A.2 典型的半电波暗室

半电波暗室模拟理想的开阔场,开阔场的主要特性是具有一个无限大的良好的导电地平面。

在半电波暗室中地面产生任意反射路径,这样接收天线接收到的信号是直接发射路径和反射路径信号的总和。对于发射天线(或 DUT)和接收天线的每个对地面的高度而言,接收到的信号电平是唯一的。

天线架是用来在 1 m～4 m 调节天线高度的设施,通过调节天线高度,可以获得发射天线(或 DUT)与接收天线之间的最大耦合信号,测试天线高度为 d_1。

转台可以在水平面旋转 360°,用来支撑测试样品在一个指定的高度 d_2,通常是地面以上 1.5 m。暗室的空间要保证测试距离至少为 3m 或 $2(d_1+d_2)2/\lambda$(m)二者较大的值。在实际测试中,需要在测试结果中记录测试距离。

A.1.4 开阔场

开阔场由放置在地面上的转台和可以升降高度的天线架组成,转台和天线架分别放置在开阔场的两端,理想情况下,开阔场的地面具有良好的导电性,面积无限大。典型的开阔场如图 A.3 所示。

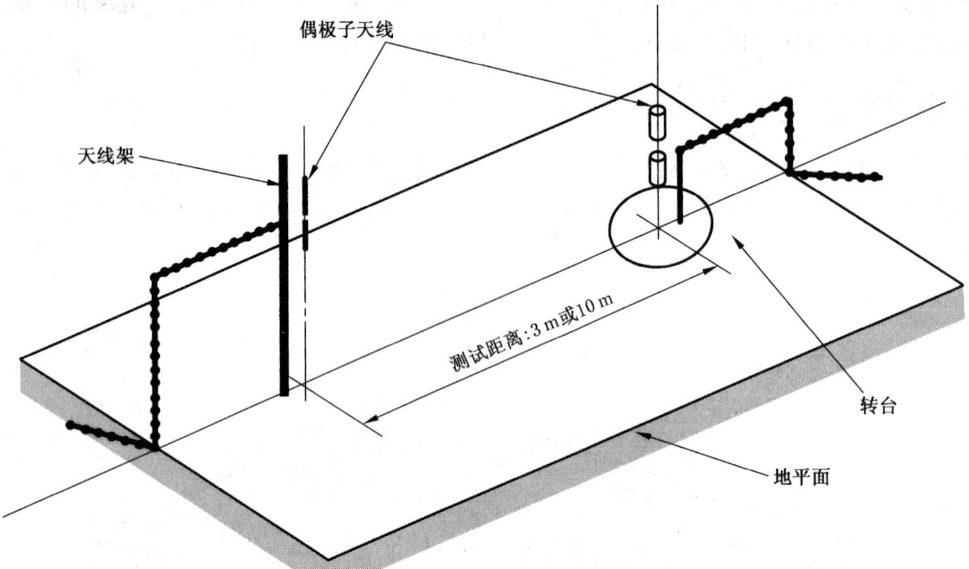

图 A.3　典型的开阔场

在开阔场中地面产生期望的反射路径,这样接收天线接收到的信号是直接发射路径和反射路径信号的总和。对于发射天线(或 DUT)和接收天线的每个对地面的高度而言,由于相位不同,接收到的信号电平是唯一的。

涉及天线高度、转台、测试距离和布置等方面的条件,与半电波暗室相同。

A.2　场地准备

测试场地两端的连接电缆在测试区域内需要至少 2 m 的水平方向的布线(除非在暗室中进行测试,天线与暗室墙壁的距离较短),然后可以垂直方向布线,并且通过接地平面或隔板与测试仪器连接。为了减小电缆的电磁干扰,需要采取必要的预防措施(例如使用磁环或其他负载)。对于电缆的布线和使用磁环等负载应当与验证过程的布置相一致。

注:对于存在地面反射的场地(即半电波暗室和开阔场),一般在天线架上配合使用电缆线盘,对于这种情况,上述的有关电缆长度 2 m 的要求不适用。

所有测试设备都应具备有效的校准数据。

所有电缆和衰减器的校准数据应当包括针对所有测试频率范围的插入损耗和驻波系数。所有插入损耗和驻波系数需要在测试项目的日志文件中存档。

当需要修正系数的时候,相关数据可以迅速获得。

对于所有的测试仪器,应当知道仪器的最大误差以及分布特性。

比如,电缆损耗:符合±0.5 dB 的矩形分布。

测试接收机:符合 1.0 dB(标准偏差)信号电平准确度高斯误差分布。

在测试开始之前,应检查所有将使用的测试仪器。

附　录　B
（资料性附录）
测试方法与基础标准要求的关系

本标准中测试条款与 GB/T 28925—2012 的对应关系见表 B.1。

表 B.1　本标准与 GB/T 28925—2012 对照表

GB/T 28925—2012 条款	GB/T 28925—2012 标题	本标准条款	本标准标题
5.1	工作频率	5.1、6.1	工作频率
		5.3、6.3	占用信道带宽
5.2	发射频谱密度模板	5.2、6.2	发射频谱密度模板
5.3	调制与扩频	5.6、6.6	调制准确度
		5.7、6.7	扩频序列
		5.8、6.8	码片速率
		5.9、6.9	位速率
5.4	收发转换时间	5.4、6.4	发收转换时间
		5.5、6.5	收发转换时间
6.1	概述	5.12、6.12	位传输顺序
6.2/6.3/6.7	前导码/同步码/校验码	5.10、6.10	前导码、同步码和校验码
6.4/6.6	数据长度/消息数据	5.13	命令
		6.17	响应
6.5	帧选项	5.11、6.11	帧选项
7	标签存储区结构	6.16	存储区结构
8	标签状态转移	6.18	状态转移
9	读写器命令与标签响应	5.13	命令
		6.17	响应
10	协议工作方式	5.13	命令
		6.17	响应
11	防碰撞方法	5.14	防碰撞方法
		6.19	防碰撞
12	安全协议	5.15	安全协议
		6.20	安全协议
13	空中接口表中其他参数	6.13	发起方
		6.14	寻址方式
		6.15	TID

附 录 C
（规范性附录）
读写器命令测试流程

C.1 就绪命令和休眠命令

就绪命令和休眠命令的测试流程见表C.1～表C.5。

表C.1 就绪命令测试流程

发送顺序	被测读写器	通信方向	测试用标签	验证内容
1	就绪命令（命令代码：01_h，信道序号：00_h，就绪/休眠口令：00000000_h）	⟶		前导码、同步码、数据长度、帧选项、命令代码、命令参数和校验码

表C.2 直接会话命令测试流程

发送顺序	被测读写器	通信方向	测试用标签	验证内容
1	直接会话命令（命令代码：05_h，信道序号：00_h，就绪/休眠口令：00000000_h，响应等待时间：0064_h，文件标识符：$A101_h$，休眠控制符：00_h）	⟶		前导码、同步码、数据长度、帧选项、命令代码、命令参数和校验码

表C.3 休眠所有标签命令测试流程

发送顺序	被测读写器	通信方向	测试用标签	验证内容
1	休眠所有标签命令（命令代码：02_h，就绪/休眠口令：00000000_h）	⟶		前导码、同步码、数据长度、帧选项、命令代码、命令参数和校验码

表C.4 休眠除某一类标签外所有标签命令测试流程

发送顺序	被测读写器	通信方向	测试用标签	验证内容
1	休眠除某一类标签外所有标签命令（命令代码：03_h，就绪/休眠口令：00000000_h，文件标识符：$A101_h$，偏移：00_h，长度：08_h，数据：{$C0_h$，22_h，33_h，44_h，55_h，66_h，77_h，88_h}）	⟶		前导码、同步码、数据长度、帧选项、命令代码、命令参数和校验码

表 C.5　休眠除某个标签外所有标签命令测试流程

发送顺序	被测读写器	通信方向	测试用标签	验证内容
1	休眠除某个标签外所有标签命令(命令代码:04_h, TID:{$C0_h$,22_h,33_h,44_h,55_h,66_h,77_h,88_h}, 就绪/休眠口令:00000000_h)	⟶		前导码、同步码、数据长度、帧选项、命令代码、命令参数和校验码

C.2　接入命令

测试前测试用标签处于就绪状态。接入命令测试流程见表 C.6～表 C.10。

表 C.6　接入帧起始命令测试流程

发送顺序	被测读写器	通信方向	测试用标签	验证内容
1	接入帧起始命令(命令代码:11_h,Q:00_h,N:01_h)	⟶		前导码、同步码、数据长度、帧选项、命令代码、命令参数和校验码

表 C.7　接入时隙起始命令测试流程

发送顺序	被测读写器	通信方向	测试用标签	验证内容
1	接入帧起始命令(命令代码:11_h,Q:00_h,N:01_h)	⟶		前导码、同步码、数据长度、帧选项、命令代码、命令参数和校验码
		⟵	无	
2	接入时隙起始命令(命令代码:12_h,SN:00_h)	⟶		前导码、同步码、数据长度、帧选项、命令代码、命令参数和校验码

表 C.8　接入失败确认命令测试流程

发送顺序	被测读写器	通信方向	测试用标签	验证内容
1	接入帧起始命令(命令代码:11_h,Q:00_h,N:01_h)	⟶		前导码、同步码、数据长度、帧选项、命令代码、命令参数和校验码
		⟵	无	

表 C.8（续）

发送顺序	被测读写器	通信方向	测试用标签	验证内容
2	接入时隙起始命令（命令代码：12_h，SN：00_h）	⟶		前导码、同步码、数据长度、帧选项、命令代码、命令参数和校验码
		⟵	校验错误的 RN8	
3	接入失败确认命令（命令代码：13_h）	⟶		前导码、同步码、数据长度、帧选项、命令代码、命令参数和校验码

表 C.9 接入成功确认命令测试流程

发送顺序	被测读写器	通信方向	测试用标签	验证内容
1	接入帧起始命令（命令代码：11_h，Q：00_h，N：01_h）	⟶		前导码、同步码、数据长度、帧选项、命令代码、命令参数和校验码
		⟵	无	
2	接入时隙起始命令（命令代码：12_h，SN：00_h）	⟶		前导码、同步码、数据长度、帧选项、命令代码、命令参数和校验码
		⟵	RN8	
3	接入成功确认命令（命令代码：14_h，SN：0000_h，RN8）	⟶		前导码、同步码、数据长度、帧选项、命令代码、命令参数和校验码

表 C.10 重新接入命令测试流程

发送顺序	被测读写器	通信方向	测试用标签	验证内容
1	接入帧起始命令（命令代码：11_h，Q：00_h，N：01_h）	⟶		前导码、同步码、数据长度、帧选项、命令代码、命令参数和校验码
		⟵	无	

表 C.10（续）

发送顺序	被测读写器	通信方向	测试用标签	验证内容
2	接入时隙起始命令（命令代码：12_h，SN：00_h）	⟶		前导码、同步码、数据长度、帧选项、命令代码、命令参数和校验码
3	接入失败确认命令（命令代码：13_h）	⟶		前导码、同步码、数据长度、帧选项、命令代码、命令参数和校验码
		⟵	无	
4	重新接入命令（命令代码：15_h）	⟶		前导码、同步码、数据长度、帧选项、命令代码、命令参数和校验码

C.3 收集命令

测试前测试用标签处于收集状态。收集命令测试流程见表 C.11～表 C.13。

表 C.11 收集期起始命令测试流程

发送顺序	被测读写器	通信方向	测试用标签	验证内容
1	收集期起始命令（命令代码：21_h，时隙宽度：0064_h，收发指示：00_h，起始时隙序号：0000_h，结束时隙序号：0000_h，文件标识符：$A101_h$，偏移：00_h，长度：08_h，延迟宽度：08_h）	⟶		前导码、同步码、数据长度、帧选项、命令代码、命令参数和校验码

表 C.12 收集失败确认命令测试流程

发送顺序	被测读写器	通信方向	测试用标签	验证内容
1	收集期起始命令（命令代码：21_h，时隙宽度：0064_h，收发指示：00_h，起始时隙序号：0000_h，结束时隙序号：0000_h，文件标识符：$A101_h$，偏移：00_h，长度：08_h，延迟宽度：08_h）	⟶		前导码、同步码、数据长度、帧选项、命令代码、命令参数和校验码

表 C.12（续）

发送顺序	被测读写器	通信方向	测试用标签	验证内容
		←	无	
2	收集失败确认命令（命令代码：22_h，时隙序号：0000_h，收发指示：00_h，文件标识符：$A101_h$）	→		前导码、同步码、数据长度、帧选项、命令代码、命令参数和校验码

表 C.13 收集成功确认命令测试流程

发送顺序	被测读写器	通信方向	测试用标签	验证内容
1	收集期起始命令（命令代码：21_h，时隙宽度：0064_h，收发指示：00_h，起始时隙序号：0000_h，结束时隙序号：0000_h，文件标识符：$A101_h$，偏移：00_h，长度：08_h，延迟宽度：08_h）	→		前导码、同步码、数据长度、帧选项、命令代码、命令参数和校验码
		←	命令代码：21_h，执行状态：0000_h，时隙序号：0000_h，文件标识符：$A101_h$，长度：08_h，数据：{$C0_h$，22_h，33_h，44_h，55_h，66_h，77_h，88_h}	
2	收集成功确认命令（命令代码：23_h）	→		前导码、同步码、数据长度、帧选项、命令代码、命令参数和校验码

C.4 文件访问命令

测试前测试用标签处于就绪状态。文件访问命令测试流程见表 C.14～表 C.23。

表 C.14 选择文件命令测试流程

发送顺序	被测读写器	通信方向	测试用标签	验证内容
1	选择文件命令（命令代码：31_h，文件标识符：$A111_h$）	→		前导码、同步码、数据长度、帧选项、命令代码、命令参数和校验码

表 C.15 验证文件口令命令测试流程

发送顺序	被测读写器	通信方向	测试用标签	验证内容
1	选择文件命令(命令代码:31_h,文件标识符:$A111_h$)	⟶		前导码、同步码、数据长度、帧选项、命令代码、命令参数和校验码
		⟵	命令代码:31_h,执行状态:0000_h,文件标识符:$A111_h$,文件类型:01_h,最大允许长度:0008_h,最大允许记录数:0001_h,实际长度:0008_h,安全控制:80_h	安全控制参数的 b_6b_7 为 01_b
2	验证文件口令命令(命令代码:32_h,操作类别:02_h,口令:00000000_h)	⟶		前导码、同步码、数据长度、帧选项、命令代码、命令参数和校验码

表 C.16 文件无效命令测试流程

发送顺序	被测读写器	通信方向	测试用标签	验证内容
1	选择文件命令(命令代码:31_h,文件标识符:$A111_h$)	⟶		前导码、同步码、数据长度、帧选项、命令代码、命令参数和校验码
		⟵	命令代码:31_h,执行状态:0000_h,文件标识符:$A111_h$,文件类型:01_h,最大允许长度:0008_h,最大允许记录数:0001_h,实际长度:0008_h,安全控制:80_h	安全控制参数的 b_6b_7 为 01_b
2	验证文件口令命令(命令代码:32_h,操作类别:02_h,口令:00000000_h)	⟶		前导码、同步码、数据长度、帧选项、命令代码、命令参数和校验码
		⟵	命令代码:32_h,执行状态:0000_h	
3	文件无效命令(命令代码:33_h)	⟶		前导码、同步码、数据长度、帧选项、命令代码、命令参数和校验码

表 C.17 文件有效命令测试流程

发送顺序	被测读写器	通信方向	测试用标签	验证内容
1	选择文件命令(命令代码:31_h,文件标识符:$A111_h$)	→		前导码、同步码、数据长度、帧选项、命令代码、命令参数和校验码
		←	命令代码:31_h,执行状态:0000_h,文件标识符:$A111_h$,文件类型:01_h,最大允许长度:0008_h,最大允许记录数:0001_h,实际长度:0008_h,安全控制:80_h	安全控制参数的 b_6b_7 为 01_b
2	验证文件口令命令(命令代码:32_h,操作类别:02_h,口令:00000000_h)	→		前导码、同步码、数据长度、帧选项、命令代码、命令参数和校验码
		←	命令代码:32_h,执行状态:0000_h	
3	文件有效命令(命令代码:34_h)	→		前导码、同步码、数据长度、帧选项、命令代码、命令参数和校验码

表 C.18 列表文件命令测试流程

发送顺序	被测读写器	通信方向	测试用标签	验证内容
1	选择文件命令(命令代码:31_h,文件标识符:$A110_h$)	→		前导码、同步码、数据长度、帧选项、命令代码、命令参数和校验码
		←	命令代码:31_h,执行状态:0000_h,文件标识符:$A110_h$,文件类型:00_h,最大允许长度:0001_h,最大允许记录数:0008_h,实际长度:0001_h,安全控制:00_h	安全控制参数的 b_2b_3 为 00_b
2	列表文件命令(命令代码:35_h,文件偏移:00_h,模式:04_h)	→		前导码、同步码、数据长度、帧选项、命令代码、命令参数和校验码

表 C.19　读透明文件命令测试流程

发送顺序	被测读写器	通信方向	测试用标签	验证内容
1	选择文件命令(命令代码:31_h,文件标识符:$A101_h$)	→		前导码、同步码、数据长度、帧选项、命令代码、命令参数和校验码
		←	命令代码:31_h,执行状态:0000_h,文件标识符:$A101_h$,文件类型:01_h,最大允许长度:0008_h,最大允许记录数:0001_h,实际长度:0008_h,安全控制:$F0_h$	安全控制参数的 b_2b_3 为 00_b
2	读透明文件命令(命令代码:36_h,偏移:0000_h,长度:08_h)	→		前导码、同步码、数据长度、帧选项、命令代码、命令参数和校验码

表 C.20　更新透明文件命令测试流程

发送顺序	被测读写器	通信方向	测试用标签	验证内容
1	选择文件命令(命令代码:31_h,文件标识符:$A111_h$)	→		前导码、同步码、数据长度、帧选项、命令代码、命令参数和校验码
		←	命令代码:31_h,执行状态:0000_h,文件标识符:$A111_h$,文件类型:01_h,最大允许长度:0008_h,最大允许记录数:0001_h,实际长度:0008_h,安全控制:80_h	安全控制参数的 b_4b_5 为 00_b
2	更新透明文件命令(命令代码:37_h,偏移:0000_h,长度:08_h,数据:{AB_h,AB_h,AB_h,AB_h,BA_h,BA_h,BA_h,BA_h})	→		前导码、同步码、数据长度、帧选项、命令代码、命令参数和校验码

表 C.21 读记录文件命令测试流程

发送顺序	被测读写器	通信方向	测试用标签	验证内容
1	选择文件命令(命令代码:31_h,文件标识符:$A112_h$)	⟶		前导码、同步码、数据长度、帧选项、命令代码、命令参数和校验码
		⟵	命令代码:31_h,执行状态:0000_h,文件标识符:$A112_h$,文件类型:03_h,最大允许长度:0008_h,最大允许记录数:0008_h,实际长度:0008_h,安全控制:00_h	安全控制参数的 b_2b_3 为 00_b
2	读记录文件命令(命令代码:38_h,记录指针:0000_h,模式:04_h,偏移:0000_h,长度:08_h)	⟶		前导码、同步码、数据长度、帧选项、命令代码、命令参数和校验码

表 C.22 更新记录文件命令测试流程

发送顺序	被测读写器	通信方向	测试用标签	验证内容
1	选择文件命令(命令代码:31_h,文件标识符:$A112_h$)	⟶		前导码、同步码、数据长度、帧选项、命令代码、命令参数和校验码
		⟵	命令代码:31_h,执行状态:0000_h,文件标识符:$A112_h$,文件类型:03_h,最大允许长度:0008_h,最大允许记录数:0008_h,实际长度:0008_h,安全控制:00_h	安全控制参数的 b_4b_5 为 00_b
2	更新记录文件命令(命令代码:$3B_h$,记录指针:0001_h,模式:04_h,偏移:0000_h,长度:08_h,数据:{11_h,11_h,11_h,11_h,11_h,11_h,11_h,11_h})	⟶		前导码、同步码、数据长度、帧选项、命令代码、命令参数和校验码

表 C.23 检索记录命令测试流程

发送顺序	被测读写器	通信方向	测试用标签	验证内容
1	选择文件命令(命令代码:31_h,文件标识符:$A112_h$)	→		前导码、同步码、数据长度、帧选项、命令代码、命令参数和校验码
		←	命令代码:31_h,执行状态:0000_h,文件标识符:$A112_h$,文件类型:03_h,最大允许长度:0008_h,最大允许记录数:0008_h,实际长度:0008_h,安全控制:00_h	安全控制参数的 b_2b_3 为 00_b
2	检索记录命令(命令代码:$3A_h$,查询条件:{逻辑操作符:43_h,字段偏移:00_h,关系运算符:$3D_h$,数据长度:08_h,数据:[1111111111111111_h]})	→		前导码、同步码、数据长度、帧选项、命令代码、命令参数和校验码

C.5 监测命令

测试前测试用标签处于就绪状态。监测命令测试流程见表 C.24 和表 C.25。

表 C.24 监测周期配置命令测试流程

发送顺序	被测读写器	通信方向	测试用标签	验证内容
1	监测周期配置命令(命令代码:51_h,文件标识符:$A113_h$,偏移:00_h,数据长度:00_h,时隙序号:0000_h,上报周期:0004_h,监测周期:0001_h,时隙宽度:0064_h,传输时隙总数:0001_h,收发指示:00_h)	→		前导码、同步码、数据长度、帧选项、命令代码、命令参数和校验码

表 C.25 监测周期起始命令测试流程

发送顺序	被测读写器	通信方向	测试用标签	验证内容
1	监测周期配置命令(命令代码:51_h,文件标识符:$A113_h$,偏移:00_h,数据长度:00_h,时隙序号:0000_h,上报周期:0004_h,监测周期:0001_h,时隙宽度:0064_h,传输时隙总数:0001_h,收发指示:00_h)	→		前导码、同步码、数据长度、帧选项、命令代码、命令参数和校验码

表 C.25（续）

发送顺序	被测读写器	通信方向	测试用标签	验证内容
		←	命令代码：51_h，执行状态：0000_h	
2	监测周期起始命令（命令代码：52_h，起始时隙序号：0000_h，结束时隙序号：0000_h，延时宽度：08_h）			前导码、同步码、数据长度、帧选项、命令代码、命令参数和校验码

C.6　安全协议命令

测试安全通信命令前测试用标签应处于安全会话状态，测试其他安全协议命令前测试用标签应处于会话状态。安全协议命令测试流程见表 C.26～表 C.41。

表 C.26　获取标签安全参数命令测试流程

发送顺序	被测读写器	通信方向	测试用标签	验证内容
1	获取标签安全参数命令（命令代码：71_h）	→		前导码、同步码、数据长度、帧选项、命令代码、命令参数和校验码

表 C.27　异或鉴别请求命令测试流程

发送顺序	被测读写器	通信方向	测试用标签	验证内容
1	获取标签安全参数命令（命令代码：71_h）	→		前导码、同步码、数据长度、帧选项、命令代码、命令参数和校验码
		←	命令代码：71_h，密钥参数：KP，安全能力参数：SCP	SCP 的 b_1 为 1_b，b_7 为 1_b
2	异或鉴别请求命令（命令代码：72_h，命令参数：SRN_r）	→		前导码、同步码、数据长度、帧选项、命令代码、命令参数和校验码

表 C.28 双向鉴别的异或鉴别应答命令测试流程

发送顺序	被测读写器	通信方向	测试用标签	验证内容
1	获取标签安全参数命令(命令代码:71_h)	→		前导码、同步码、数据长度、帧选项、命令代码、命令参数和校验码
		←	命令代码:71_h,密钥参数:KP,安全能力参数:SCP	SCP 的 b_0b_1 为 11_b,b_7 为 1_b
2	异或鉴别请求命令(命令代码:72_h,命令参数:SRN_r)	→		前导码、同步码、数据长度、帧选项、命令代码、命令参数和校验码
		←	命令代码:72_h,应答数据:{$SORN_r$,SRN_t}	
3	异或鉴别应答命令(命令代码:74_h,命令参数:$SORN_t$)	→		前导码、同步码、数据长度、帧选项、命令代码、命令参数和校验码

表 C.29 异或鉴别激活命令测试流程

发送顺序	被测读写器	通信方向	测试用标签	验证内容
1	获取标签安全参数命令(命令代码:71_h)	→		前导码、同步码、数据长度、帧选项、命令代码、命令参数和校验码
		←	命令代码:71_h,密钥参数:KP,安全能力参数:SCP	SCP 的 b_0b_1 为 10_b,b_7 为 1_b
2	异或鉴别激活命令(命令代码:73_h)	→		前导码、同步码、数据长度、帧选项、命令代码、命令参数和校验码

表 C.30 单向鉴别的异或鉴别应答命令测试流程

发送顺序	被测读写器	通信方向	测试用标签	验证内容
1	获取标签安全参数命令(命令代码:71_h)	→		前导码、同步码、数据长度、帧选项、命令代码、命令参数和校验码
		←	命令代码:71_h,密钥参数:KP,安全能力参数:SCP	SCP 的 b_0b_1 为 10_b,b_7 为 1_b
2	异或鉴别激活命令(命令代码:73_h)	→		前导码、同步码、数据长度、帧选项、命令代码、命令参数和校验码
		←	命令代码:73_h,应答数据:SRN_t	
3	异或鉴别应答命令(命令代码:74_h,命令参数:$SORN_t$)	→		前导码、同步码、数据长度、帧选项、命令代码、命令参数和校验码

表 C.31 哈希鉴别请求命令测试流程

发送顺序	被测读写器	通信方向	测试用标签	验证内容
1	获取标签安全参数命令(命令代码:71_h)	→		前导码、同步码、数据长度、帧选项、命令代码、命令参数和校验码
		←	命令代码:71_h,密钥参数:KP,安全能力参数:SCP	SCP 的 b_1 为 1_b,b_4 为 1_b
2	哈希鉴别请求命令(命令代码:75_h,命令参数:RN_r)	→		前导码、同步码、数据长度、帧选项、命令代码、命令参数和校验码

表 C.32 双向鉴别的哈希鉴别应答命令测试流程

发送顺序	被测读写器	通信方向	测试用标签	验证内容
1	获取标签安全参数命令(命令代码:71_h)	→		前导码、同步码、数据长度、帧选项、命令代码、命令参数和校验码
		←	命令代码:71_h,密钥参数:KP,安全能力参数:SCP	SCP 的 b_0b_1 为 11_b,b_4 为 1_b
2	哈希鉴别请求命令(命令代码:75_h,命令参数:RN_r)	→		前导码、同步码、数据长度、帧选项、命令代码、命令参数和校验码
		←	命令代码:75_h,应答数据:{RN_r,RN_t,MIC_1}	
3	哈希鉴别应答命令(命令代码:77_h,命令参数:{RN_t,MIC_2})	→		前导码、同步码、数据长度、帧选项、命令代码、命令参数和校验码

表 C.33 哈希鉴别激活命令测试流程

发送顺序	被测读写器	通信方向	测试用标签	验证内容
1	获取标签安全参数命令(命令代码:71_h)	→		前导码、同步码、数据长度、帧选项、命令代码、命令参数和校验码
		←	命令代码:71_h,密钥参数:KP,安全能力参数:SCP	SCP 的 b_0b_1 为 10_b,b_4 为 1_b
2	哈希鉴别激活命令(命令代码:76_h)	→		前导码、同步码、数据长度、帧选项、命令代码、命令参数和校验码

表 C.34 单向鉴别的哈希鉴别应答命令测试流程

发送顺序	被测读写器	通信方向	测试用标签	验证内容
1	获取标签安全参数命令(命令代码:71_h)	→		前导码、同步码、数据长度、帧选项、命令代码、命令参数和校验码
		←	命令代码:71_h,密钥参数:KP,安全能力参数:SCP	SCP的b_0b_1为10_b,b_4为1_b
2	哈希鉴别激活命令(命令代码:76_h)	→		前导码、同步码、数据长度、帧选项、命令代码、命令参数和校验码
		←	命令代码:76_h,应答数据:RN_t	
3	哈希鉴别应答命令(命令代码:77_h,命令参数:{RN_t,MIC_2})	→		前导码、同步码、数据长度、帧选项、命令代码、命令参数和校验码
		←	命令代码:77_h,执行状态:0000_h	

表 C.35 对称鉴别请求命令测试流程

发送顺序	被测读写器	通信方向	测试用标签	验证内容
1	获取标签安全参数命令(命令代码:71_h)	→		前导码、同步码、数据长度、帧选项、命令代码、命令参数和校验码
		←	命令代码:71_h,密钥参数:KP,安全能力参数:SCP	SCP的b_1为1_b,b_5为1_b
2	对称鉴别请求命令(命令代码:78_h,命令参数:RN_r)	→		前导码、同步码、数据长度、帧选项、命令代码、命令参数和校验码

表 C.36　双向鉴别的对称鉴别应答命令测试流程

发送顺序	被测读写器	通信方向	测试用标签	验证内容
1	获取标签安全参数命令(命令代码:71_h)	→		前导码、同步码、数据长度、帧选项、命令代码、命令参数和校验码
		←	命令代码:71_h,密钥参数:KP,安全能力参数:SCP	SCP 的 b_0b_1 为 11_b,b_5 为 1_b
2	对称鉴别请求命令(命令代码:78_h,命令参数:RN_r)	→		前导码、同步码、数据长度、帧选项、命令代码、命令参数和校验码
		←	命令代码:78_h,应答数据:{RN_r,MAC}	
3	对称鉴别应答命令(命令代码:$7A_h$,命令参数:RN_t)	→		前导码、同步码、数据长度、帧选项、命令代码、命令参数和校验码

表 C.37　对称鉴别激活命令测试流程

发送顺序	被测读写器	通信方向	测试用标签	验证内容
1	获取标签安全参数命令(命令代码:71_h)	→		前导码、同步码、数据长度、帧选项、命令代码、命令参数和校验码
		←	命令代码:71_h,密钥参数:KP,安全能力参数:SCP	SCP 的 b_0b_1 为 10_b,b_5 为 1_b
2	对称鉴别激活命令(命令代码:79_h)	→		前导码、同步码、数据长度、帧选项、命令代码、命令参数和校验码

表 C.38 单向鉴别的对称鉴别应答命令测试流程

发送顺序	被测读写器	通信方向	测试用标签	验证内容
1	获取标签安全参数命令(命令代码:71_h)	→		前导码、同步码、数据长度、帧选项、命令代码、命令参数和校验码
		←	命令代码:71_h,密钥参数:KP,安全能力参数:SCP	SCP 的 b_0b_1 为 10_b,b_5 为 1_b
2	对称鉴别激活命令(命令代码:79_h)	→		前导码、同步码、数据长度、帧选项、命令代码、命令参数和校验码
		←	命令代码:79_h,应答数据:RN_t	
3	对称鉴别应答命令(命令代码:$7A_h$,命令参数:{RN_t,MAC})	→		前导码、同步码、数据长度、帧选项、命令代码、命令参数和校验码

表 C.39 公钥鉴别激活命令测试流程

发送顺序	被测读写器	通信方向	测试用标签	验证内容
1	获取标签安全参数命令(命令代码:71_h)	→		前导码、同步码、数据长度、帧选项、命令代码、命令参数和校验码
		←	命令代码:71_h,密钥参数:KP,安全能力参数:SCP	SCP 的 b_6 为 1_b
2	公钥鉴别激活命令(命令代码:$7B_h$,命令参数:ECDH)	→		前导码、同步码、数据长度、帧选项、命令代码、命令参数和校验码

表 C.40 公钥鉴别请求应答命令测试流程

发送顺序	被测读写器	通信方向	测试用标签	验证内容
1	获取标签安全参数命令(命令代码:71_h)	→		前导码、同步码、数据长度、帧选项、命令代码、命令参数和校验码
		←	命令代码:71_h,密钥参数:KP,安全能力参数:SCP	SCP 的 b_6 为 1_b
2	公钥鉴别激活命令(命令代码:$7B_h$,命令参数:ECDH)	→		前导码、同步码、数据长度、帧选项、命令代码、命令参数和校验码
		←	命令代码:$7B_h$,应答数据:{01_h,TTPID,RN_t,TPK_t}命令代码:$7B_h$,应答数据:{02_h,ECDH,Sig_t}	
3	公钥鉴别请求应答命令(命令代码:$7C_h$,命令参数:{01_h,TTPID,RN_t,RN_r,TPK_r,MIC_1}) (命令代码:$7C_h$,命令参数:{02_h,SIg_r,[RES_t,RES_r,Sig_{ttp}]})	→		前导码、同步码、数据长度、帧选项、命令代码、命令参数和校验码

表 C.41 安全通信命令测试流程

发送顺序	被测读写器	通信方向	测试用标签	验证内容
1	安全通信命令 (命令代码:$7D_h$,命令参数:{长度,负载})	→		前导码、同步码、数据长度、帧选项、命令代码、命令参数和校验码

C.7 其他命令

测试前被测标签处于就绪状态。除上述命令外的其他命令测试流程见表 C.42~表 C.45。

表 C.42 灭活命令测试流程

发送顺序	被测读写器	通信方向	测试用标签	验证内容
1	灭活命令(命令代码:91_h,灭活口令:00000000_h)	⟶		前导码、同步码、数据长度、帧选项、命令代码、命令参数和校验码

表 C.43 请求随机数命令测试流程

发送顺序	被测读写器	通信方向	测试用标签	验证内容
1	请求随机数命令(命令代码:92_h,随机数长度:02_h)	⟶		前导码、同步码、数据长度、帧选项、命令代码、命令参数和校验码

表 C.44 更新系统口令命令测试流程

发送顺序	被测读写器	通信方向	测试用标签	验证内容
1	请求随机数命令(命令代码:93_h,管理员口令:00000000_h,待更新口令索引:0002_h,模式:00_h,新口令:12345678_h)	⟶		前导码、同步码、数据长度、帧选项、命令代码、命令参数和校验码

表 C.45 数据广播命令测试流程

发送顺序	被测读写器	通信方向	测试用标签	验证内容
1	数据广播命令(命令代码:94_h,就绪/休眠口令:00000000_h,广播数据:{12345678_h})	⟶		前导码、同步码、数据长度、帧选项、命令代码、命令参数和校验码

附　录　D
（规范性附录）
读写器安全协议测试流程

GB/T 28925—2012 第 12 章读写器安全协议符合性测试流程见表 D.1～表 D.11。测试用标签在鉴别协议测试之前处于会话状态，安全通信协议测试之前处于安全会话状态。

表 D.1　基于异或运算的双向鉴别协议测试流程

发送顺序	被测读写器	通信方向	测试用标签	验证内容
1	获取标签安全参数命令（命令代码：71_h）	→		前导码、同步码、数据长度、帧选项、命令代码、命令参数和校验码
		←	命令代码：71_h，密钥参数：KP，安全能力参数：SCP	
2	异或鉴别请求命令（命令代码：72_h，命令参数：SRN_r）	→		前导码、同步码、数据长度、帧选项、命令代码、命令参数和校验码；SRN_r 长度为 8 字节
		←	命令代码：72_h，应答数据：{$SORN_r$，SRN_t}	
3	异或鉴别应答命令（命令代码：74_h，命令参数：$SORN_t$）	→		前导码、同步码、数据长度、帧选项、命令代码、命令参数和校验码；$SORN_t=(RN_t+O_n)\oplus PSK$，其中 $O_n=5555\ 5555\ 5555\ 5555_h$
		←	命令代码：74_h，执行状态：0000_h	

表 D.2　基于异或运算的读写器对标签单向鉴别协议测试流程

发送顺序	被测读写器	通信方向	测试用标签	验证内容
1	获取标签安全参数命令（命令代码：71_h）	→		前导码、同步码、数据长度、帧选项、命令代码、命令参数和校验码
		←	命令代码：71_h，密钥参数：KP，安全能力参数：SCP	

表 D.2（续）

发送顺序	被测读写器	通信方向	测试用标签	验证内容
2	异或鉴别请求命令（命令代码：72_h，命令参数：SRN_r）	→		前导码、同步码、数据长度、帧选项、命令代码、命令参数和校验码；验证 SRN_r 长度为 8 字节
		←	命令代码 72_h，应答数据：$SORN_r$	

表 D.3 基于异或运算的标签对读写器单向鉴别协议测试流程

发送顺序	被测读写器	通信方向	测试用标签	验证内容
1	获取标签安全参数命令（命令代码：71_h）	→		前导码、同步码、数据长度、帧选项、命令代码、命令参数和校验码
		←	命令代码：71_h，密钥参数：KP，安全能力参数：SCP	
2	异或鉴别激活命令（命令代码：73_h）	→		前导码、同步码、数据长度、帧选项、命令代码、命令参数和校验码
		←	命令代码：73_h，应答数据：SRN_t	
3	异或鉴别应答命令（命令代码：74_h，命令参数：$SORN_t$）	→		前导码、同步码、数据长度、帧选项、命令代码、命令参数和校验码；$SORN_t=(RN_t+O_n)\oplus PSK$，其中 $O_n=5555\ 5555\ 5555\ 5555_h$
		←	命令代码：74_h，执行状态：0000_h	

表 D.4 基于哈希运算的双向鉴别协议测试流程

发送顺序	被测读写器	通信方向	测试用标签	验证内容
1	获取标签安全参数命令（命令代码：71_h）	→		前导码、同步码、数据长度、帧选项、命令代码、命令参数和校验码
		←	命令代码：71_h，密钥参数：KP，安全能力参数：SCP	

表 D.4（续）

发送顺序	被测读写器	通信方向	测试用标签	验证内容
2	哈希鉴别请求命令（命令代码：75_h，命令参数：RN_r）	→		前导码、同步码、数据长度、帧选项、命令代码、命令参数和校验码
		←	命令代码：75_h，应答数据：{RN_r，RN_t，MIC_1}	
3	哈希鉴别应答命令（命令代码：77_h，命令参数：{RN_t，MIC_2}）	→		前导码、同步码、数据长度、帧选项、命令代码、命令参数和校验码；RN_t 与标签响应的 RN_t 相同；MIC_2 = MIC_2'，MIC_2'计算见 GB/T 28925—2012 中 12.1.3.2
		←	（命令代码：77_h，执行状态：0000_h）	

表 D.5 基于哈希运算的读写器对标签单向鉴别协议测试流程

发送顺序	被测读写器	通信方向	测试用标签	验证内容
1	获取标签安全参数命令（命令代码：71_h）	→		前导码、同步码、数据长度、帧选项、命令代码、命令参数和校验码
		←	命令代码：71_h，密钥参数：KP，安全能力参数：SCP	
2	哈希鉴别请求命令（命令代码：75_h，命令参数：RN_r）	→		前导码、同步码、数据长度、帧选项、命令代码、命令参数和校验码
		←	命令代码：75_h，应答数据：{RN_r，MIC_1}	

表 D.6 基于哈希运算的标签对读写器单向鉴别协议测试流程

发送顺序	被测读写器	通信方向	测试用标签	验证内容
1	获取标签安全参数命令（命令代码：71_h）	→		前导码、同步码、数据长度、帧选项、命令代码、命令参数和校验码
		←	命令代码：71_h，密钥参数：KP，安全能力参数：SCP	

表 D.6（续）

发送顺序	被测读写器	通信方向	测试用标签	验证内容
2	哈希鉴别激活命令（命令代码：76_h）	→		前导码、同步码、数据长度、帧选项、命令代码、命令参数和校验码
		←	命令代码：76_h，应答数据：RN_t	
3	哈希鉴别应答命令（命令代码：77_h，命令参数：{RN_t，MIC_2}）	→		前导码、同步码、数据长度、帧选项、命令代码、命令参数和校验码；RN_t 与标签响应的 RN_t 相同；$MIC_2 = MIC_2'$，MIC_2'计算见 GB/T 28925—2012 中 12.1.3.3
		←	命令代码：77_h，执行状态：0000_h	

表 D.7 基于对称密码算法的双向鉴别协议测试流程

发送顺序	被测读写器	通信方向	测试用标签	验证内容
1	获取标签安全参数命令（命令代码：71_h）	→		前导码、同步码、数据长度、帧选项、命令代码、命令参数和校验码
		←	命令代码：71_h，密钥参数：KP，安全能力参数：SCP	
2	对称鉴别请求命令（命令代码：78_h，命令参数：RN_r）	→		前导码、同步码、数据长度、帧选项、命令代码、命令参数和校验码
		←	命令代码：78_h，应答数据：{RN_r，MAC}	
3	对称鉴别应答命令（命令代码：$7A_h$，命令参数：RN_t）	→		前导码、同步码、数据长度、帧选项、命令代码、命令参数和校验码
		←	命令代码：$7A_h$，执行状态：0000_h	

表 D.8 基于对称密码算法的读写器对标签单向鉴别协议测试流程

发送顺序	被测读写器	通信方向	测试用标签	验证内容
1	获取标签安全参数命令(命令代码:71_h)	→		前导码、同步码、数据长度、帧选项、命令代码、命令参数和校验码
		←	命令代码:71_h,密钥参数:KP,安全能力参数:SCP	
2	对称鉴别请求命令(命令代码:78_h,命令参数:RN_r)	→		前导码、同步码、数据长度、帧选项、命令代码、命令参数和校验码
		←	命令代码:78_h,应答数据:{RN_r,MAC}	

表 D.9 基于对称密码算法的标签对读写器单向鉴别协议测试流程

发送顺序	被测读写器	通信方向	测试用标签	验证内容
1	获取标签安全参数命令(命令代码:71_h)	→		前导码、同步码、数据长度、帧选项、命令代码、命令参数和校验码
		←	命令代码:71_h,密钥参数:KP,安全能力参数:SCP	
2	对称鉴别激活命令(命令代码:79_h)	→		前导码、同步码、数据长度、帧选项、命令代码、命令参数和校验码
		←	命令代码:79_h,应答数据:RN_t	
3	对称鉴别应答命令(命令代码:$7A_h$,命令参数:{RN_t,MAC})	→		前导码、同步码、数据长度、帧选项、命令代码、命令参数和校验码;MAC = MAC',MAC'计算见 GB/T 28925—2012 中 12.1.4.3
		←	命令代码:$7A_h$,执行状态:0000_h	

表 D.10　基于公钥密码算法的双向鉴别协议测试流程

发送顺序	被测读写器	通信方向	测试用标签	验证内容
1	获取标签安全参数命令(命令代码:71_h)	→		前导码、同步码、数据长度、帧选项、命令代码、命令参数和校验码
		←	命令代码:71_h,密钥参数:KP,安全能力参数:SCP	
2	公钥鉴别激活命令(命令代码:$7B_h$,命令参数:ECDH)	→		前导码、同步码、数据长度、帧选项、命令代码、命令参数和校验码
		←	命令代码:$7B_h$,应答数据:{01_h, TTPID, RN_t, TPK_t} 命令代码:$7B_h$,应答数据:{02_h,ECDH,Sig_t}	
3	公钥鉴别请求应答命令 (命令代码:$7C_h$,命令参数:{01_h, TTPID, RN_t, RN_r, TPK_r,MIC_1}) (命令代码:$7C_h$,命令参数:{02_h, SIg_r, [RES_t, RES_r, Sig_{ttp}]})	→		前导码、同步码、数据长度、帧选项、命令代码、命令参数和校验码;第1个分片序号为01_h,验证第2个分片序号为02_h;RN_t与标签响应RN_t相同;$MIC_1 = MIC_1'$,MIC_1'计算见GB/T 28925—2012中12.1.5.2;当有TTP参与时需要验证RES_t,RES_r,SIG_{ttp}
		←	命令代码:$7C_h$,应答数据:{RN_r,MIC_2}	

表 D.11　安全通信协议测试流程

发送顺序	被测读写器	通信方向	测试用标签	验证内容
1	安全通信命令(命令代码:$7D_h$,命令参数:{长度,负载})	→		前导码、同步码、数据长度、帧选项、命令代码、命令参数和校验码
		←	命令代码:$7D_h$,应答数据:{执行状态,长度,负载}	

附 录 E
（规范性附录）
标签响应测试流程

E.1 就绪命令响应

就绪命令响应测试前标签处于休眠状态。对支持外部唤醒的标签，测试流程见表 E.1；对支持周期唤醒的标签，测试流程见表 E.2。

表 E.1 就绪命令响应测试流程 1

发送顺序	测试用读写器命令或唤醒器	通信方向	被测标签响应	验证内容
1	唤醒器发送唤醒信号	→		
		←	无	
2	就绪命令（命令代码：01_h，信道序号：00_h，就绪/休眠口令：00000000_h）	→		
		←	无	标签无响应
3	选择文件命令（命令代码：31_h，文件标识符：$A101_h$）	→		
		←	命令代码：31_h，执行状态：0000_h，文件标识符：$A101_h$，文件类型：01_h， 最大允许长度：0008_h， 最大允许记录数：0001_h， 实际长度：0008_h， 安全控制：$F0_h$	前导码、同步码、数据长度、帧选项、命令代码、命令参数和校验码

表 E.2 就绪命令响应测试流程 2

发送顺序	测试用读写器	通信方向	被测标签响应	验证内容
1	读写器在标签休眠周期内，连续发送就绪命令（命令代码：01_h，信道序号：00_h，就绪/休眠口令：00000000_h）	→		
		←	无	标签无响应
2	选择文件命令（命令代码：31_h，文件标识符：$A101_h$）	→		

表 E.2（续）

发送顺序	测试用读写器	通信方向	被测标签响应	验证内容
		←	命令代码：31_h，执行状态：0000_h，文件标识符：$A101_h$，文件类型：01_h，最大允许长度：0008_h，最大允许记录数：0001_h，实际长度：0008_h，安全控制：$F0_h$	前导码、同步码、数据长度、帧选项、命令代码、命令参数和校验码

直接会话命令响应测试前被测标签处于休眠状态。对支持外部唤醒的标签，测试流程见表 E.3，对支持周期唤醒的标签，测试流程见表 E.4。

表 E.3　直接会话命令响应测试流程 1

发送顺序	测试用读写器或唤醒器	通信方向	被测标签	验证内容
1	唤醒器发送唤醒信号	→		
		←	无	
2	直接会话命令（命令代码：05_h，信道序号：00_h，就绪/休眠口令：00000000_h，响应等待时间：0064_h，文件标识符：$A101_h$，休眠控制符：00_h）	→		
		←	命令代码：05_h，执行状态：0000_h，文件标识符：$A101_h$，长度：08_h，数据：{TID}	前导码、同步码、数据长度、帧选项、命令代码、命令参数、校验码和执行状态

表 E.4　直接会话命令响应测试流程 2

发送顺序	测试用读写器	通信方向	被测标签	验证内容
1	连续发送直接会话命令（命令代码：05_h，信道序号：00_h，就绪/休眠口令：00000000_h，响应等待时间：0064_h，文件标识符：$A101_h$，休眠控制符：00_h）	→		
		←	命令代码：05_h，执行状态：0000_h，文件标识符：$A101_h$，长度：08_h，数据：{TID}	前导码、同步码、数据长度、帧选项、命令代码、命令参数、校验码和执行状态

E.2 休眠命令响应

测试前被测标签处于会话状态。休眠命令响应测试流程见表 E.5～表 E.7。

表 E.5 休眠所有标签命令响应测试流程

发送顺序	测试用读写器	通信方向	被测标签响应	验证内容
1	选择文件命令(命令代码:31_h，文件标识符:$A101_h$)	→		
		←	命令代码:31_h，执行状态:0000_h，文件标识符:$A101_h$，文件类型:01_h，最大允许长度:0008_h，最大允许记录数:0001_h，实际长度:0008_h，安全控制:$F0_h$	前导码、同步码、数据长度、帧选项、命令代码、命令参数和校验码
2	休眠所有标签命令(命令代码:02_h，就绪/休眠口令:00000000_h)	→		
		←	无	
3	选择文件命令(命令代码:31_h，文件标识符:$A111_h$)	→		
		←	无	标签无响应

表 E.6 休眠除某一类标签外所有标签命令响应测试流程

发送顺序	测试用读写器	通信方向	被测标签	验证内容
1	选择文件命令(命令代码:31_h，文件标识符:$A101_h$)	→		
		←	命令代码:31_h，执行状态:0000_h，文件标识符:$A101_h$，文件类型:01_h，最大允许长度:0008_h，最大允许记录数:0001_h，实际长度:0008_h，安全控制:$F0_h$	前导码、同步码、数据长度、帧选项、命令代码、命令参数和校验码
2	休眠除某一类标签外所有标签命令(命令代码:03_h，就绪/休眠口令:00000000_h，文件标识符:$A101_h$，偏移:00_h，长度:08_h，数据:{TID})	→		
		←	无	

表 E.6（续）

发送顺序	测试用读写器	通信方向	被测标签	验证内容
3	选择文件命令(命令代码:31_h，文件标识符:$A101_h$)	→		
		←	命令代码:31_h，执行状态:0000_h，文件标识符:$A101_h$，文件类型:01_h，最大允许长度:0008_h，最大允许记录数:0001_h，实际长度:0008_h，安全控制:$F0_h$	前导码、同步码、数据长度、帧选项、命令代码、命令参数和校验码

表 E.7 休眠除某个标签外所有标签命令响应测试流程

发送顺序	测试用读写器	通信方向	被测标签	验证内容
1	选择文件命令(命令代码:31_h，文件标识符:$A101_h$)	→		
		←	命令代码:31_h，执行状态:0000_h，文件标识符:$A101_h$，文件类型:01_h，最大允许长度:0008_h，最大允许记录数:0001_h，实际长度:0008_h，安全控制:$F0_h$	前导码、同步码、数据长度、帧选项、命令代码、命令参数和校验码
2	休眠除某个标签外所有标签命令(命令代码:04_h，TID:{TID}，就绪/休眠口令:00000000_h)	→		
		←	无	
3	选择文件命令(命令代码:31_h，文件标识符:$A101_h$)	→		
		←	命令代码:31_h，执行状态:0000_h，文件标识符:$A101_h$，文件类型:01_h，最大允许长度:0008_h，最大允许记录数:0001_h，实际长度:0008_h，安全控制:$F0_h$	前导码、同步码、数据长度、帧选项、命令代码、命令参数和校验码

表 E.7（续）

发送顺序	测试用读写器	通信方向	被测标签	验证内容
4	休眠除某个标签外所有标签命令（命令代码：04h，TID：{$C0_h$，20_h，30_h，40_h，50_h，60_h，70_h，80_h}，就绪/休眠口令：00000000_h）	→		
		←	无	
5	选择文件命令（命令代码：31_h，文件标识符：$A101_h$）	→		
		←	无	标签无响应

E.3 接入命令响应

测试前被测标签处于就绪状态。接入命令响应测试流程见表 E.8～表 E.12。

表 E.8 接入帧起始命令响应测试流程

发送顺序	测试用读写器	通信方向	被测标签	验证内容
1	接入帧起始命令（命令代码：11_h，Q：00_h，N：01_h）	→		
		←	无	
2	接入时隙起始命令（命令代码：12_h，SN：00_h）	→		
		←	RN8（测试结束）	前导码、同步码、数据长度、帧选项、命令代码、命令参数和校验码
			无（执行发送顺序 3）	标签无响应
3	接入成功确认命令（命令代码：14_h，SN：0000_h，00_h）			
			RN8	前导码、同步码、数据长度、帧选项、命令代码、命令参数和校验码

表 E.9 接入时隙起始命令响应测试流程

发送顺序	测试用读写器	通信方向	被测标签	验证内容
1	接入帧起始命令(命令代码:11_h,Q:00_h,N:01_h)	→		
		←	无	
2	接入时隙起始命令(命令代码:12_h,SN:00_h)	→		
		←	RN8(测试结束)	前导码、同步码、数据长度、帧选项、命令代码、命令参数和校验码
			无(执行发送顺序 3)	标签无响应
3	接入成功确认命令(命令代码:14_h,SN:0000_h,00_h)			
			RN8	前导码、同步码、数据长度、帧选项、命令代码、命令参数和校验码

表 E.10 接入失败确认命令响应测试流程

发送顺序	测试用读写器	通信方向	被测标签	验证内容
1	接入帧起始命令(命令代码:11_h,Q:00_h,N:01_h)	→		
		←	无	
2	接入时隙起始命令(命令代码:12_h,SN:00_h)	→		
		←	RN8(执行发送顺序 3)	前导码、同步码、数据长度、帧选项、命令代码、命令参数和校验码
			无(执行发送顺序 4)	标签无响应
3	接入失败确认命令(命令代码:13_h)	→		
		←	新 RN8(测试结束)	前导码、同步码、数据长度、帧选项、命令代码、命令参数和校验码
			无(测试结束)	标签无响应
4	接入失败确认命令(命令代码:13_h)	→		
		←	无(测试结束)	标签无响应

表 E.11 接入成功确认命令响应测试流程

发送顺序	测试用读写器	通信方向	被测标签	验证内容
1	接入帧起始命令(命令代码:11_h,Q:00_h,N:01_h)	→		
		←	无	
2	接入时隙起始命令(命令代码:12_h,SN:00_h)	→		
		←	RN8(执行发送顺序 3)	前导码、同步码、数据长度、帧选项、命令代码、命令参数和校验码
			无(执行发送顺序 4)	标签无响应
3	接入成功确认命令(命令代码:14_h,SN:0000_h,RN8)	→		
		←	无(执行发送顺序 5)	标签无响应
4	接入成功确认命令(命令代码:14_h,SN:0000_h,00_h)			
			RN8(执行发送顺序 3)	前导码、同步码、数据长度、帧选项、命令代码、命令参数和校验码
5	收集期起始命令(命令代码:21_h,时隙宽度:0064_h,收发指示:00_h,起始时隙序号:0000_h,结束时隙序号:0000_h,文件标识符:$A101_h$,偏移:00_h,长度:08_h,延迟宽度:08_h)	→		
			命令代码:21_h,执行状态:0000_h,时隙序号:0000_h,文件标识符:$A101_h$,长度:08_h,数据:{TID}	前导码、同步码、数据长度、帧选项、命令代码、命令参数和校验码

表 E.12 重新接入命令响应测试流程

发送顺序	测试用读写器	通信方向	被测标签	验证内容
1	就绪命令(命令代码:01_h,信道序号:00_h,就绪/休眠口令:00000000_h)	→		
		←	无	

表 E.12(续)

发送顺序	测试用读写器	通信方向	被测标签	验证内容
2	接入帧起始命令(命令代码:11_h,Q:00_h,N:01_h)	→		
		←	无	
3	接入时隙起始命令(命令代码:12h,SN:00_h)	→		
		←	RN8(执行发送顺序4)	前导码、同步码、数据长度、帧选项、命令代码、命令参数和校验码
		←	无(执行发送顺序5)	标签无响应
4	重新接入命令(命令代码:15_h)	→		
		←	新RN8	前导码、同步码、数据长度、帧选项、命令代码、命令参数和校验码
5	重新接入命令(命令代码:15_h)	→		
		←	新RN8	前导码、同步码、数据长度、帧选项、命令代码、命令参数和校验码
		←	无	标签无响应

E.4 收集命令响应

测试前被测标签处于收集状态。收集命令响应测试流程见表E.13～表E.15。

表 E.13 收集期起始命令响应测试流程

发送顺序	测试用读写器	通信方向	被测标签	验证内容
1	收集期起始命令(命令代码:21_h,时隙宽度:0064_h,收发指示:00_h,起始时隙序号:0000_h,结束时隙序号:0000_h,文件标识符:$A101_h$,偏移:00_h,长度:08_h,延迟宽度:08_h)	→		
		←	命令代码:21_h,执行状态:0000_h,时隙序号:0000_h,文件标识符:$A101_h$,长度:08_h,数据:{TID}	前导码、同步码、数据长度、帧选项、命令代码、命令参数、校验码

表 E.14 收集失败确认命令响应测试流程

发送顺序	测试用读写器	通信方向	被测标签	验证内容
1	收集期起始命令(命令代码:21_h,时隙宽度:0064_h,收发指示:00_h,起始时隙序号:0000_h,结束时隙序号:0000_h,文件标识符:$A101_h$,偏移:00_h,长度:08_h,延迟宽度:08_h)	→		
		←	命令代码:21_h,执行状态:0000_h,时隙序号:0000_h,文件标识符:$A101_h$,长度:08_h,数据:{TID}	前导码、同步码、数据长度、帧选项、命令代码、命令参数和校验码
2	收集失败确认命令(命令代码:22_h,时隙序号:0000_h,收发指示:00_h,文件标识符:$A101_h$)	→		
		←	命令代码:21_h,执行状态:0000_h,时隙序号:0000_h,文件标识符:$A101_h$,长度:08_h,数据:{TID}	前导码、同步码、数据长度、帧选项、命令代码、命令参数和校验码

表 E.15 收集成功确认命令响应测试流程

发送顺序	测试用读写器	通信方向	被测标签	验证内容
1	收集期起始命令(命令代码:21_h,时隙宽度:0064_h,收发指示:00_h,起始时隙序号:0000_h,结束时隙序号:0000_h,文件标识符:$A101_h$,偏移:00_h,长度:08_h,延迟宽度:08_h)	→		
		←	命令代码:21_h,执行状态:0000_h,时隙序号:0000_h,文件标识符:$A101_h$,长度:08_h,数据:{TID}	前导码、同步码、数据长度、帧选项、命令代码、命令参数和校验码
2	收集成功确认命令(命令代码:23_h)	→		
		←	无	
3	选择文件命令(命令代码:31_h,文件标识符:$A101_h$)	→		
		←	命令代码:31_h,执行状态:0000_h,文件标识符:$A101_h$,文件类型:01_h,最大允许长度:0008_h,最大允许记录数:0001_h,实际长度:0008_h,安全控制:$F0_h$	前导码、同步码、数据长度、帧选项、命令代码、命令参数和校验码

E.5 文件访问命令响应

测试前被测标签处于就绪状态。会话命令响应测试流程见表 E.16～表 E.25。

表 E.16 选择文件命令响应测试流程

发送顺序	测试用读写器	通信方向	被测标签	验证内容
1	选择文件命令(命令代码:31_h,文件标识符:$A101_h$)	→		
		←	命令代码:31_h,执行状态:0000_h,文件标识符:$A101_h$,文件类型:01_h, 最大允许长度:0008_h, 最大允许记录数:0001_h, 实际长度:0008_h, 安全控制:$F0_h$	前导码、同步码、数据长度、帧选项、命令代码、命令参数和校验码

表 E.17 验证文件口令命令响应测试流程

发送顺序	测试用读写器	通信方向	被测标签	验证内容
1	选择文件命令(命令代码:31_h,文件标识符:$A111_h$)	→		
		←	命令代码:31_h,执行状态:0000_h,文件标识符:$A111_h$,文件类型:01_h, 最大允许长度:0008_h, 最大允许记录数:0001_h. 实际长度:0008_h, 安全控制:80_h	前导码、同步码、数据长度、帧选项、命令代码、命令参数和校验码
2	验证文件口令命令(命令代码:32_h,操作类别:02_h,口令:00000000_h)	→		
		←	命令代码:32_h,执行状态:0000_h	验证命令代码、执行状态与帧长度

表 E.18 文件无效命令响应测试流程

发送顺序	测试用读写器	通信方向	被测标签	验证内容
1	选择文件命令(命令代码:31_h,文件标识符:$A111_h$)	→		

表 E.18（续）

发送顺序	测试用读写器	通信方向	被测标签	验证内容
		←	命令代码：31h，执行状态：0000h，文件标识符：A111h，文件类型：01h，最大允许长度：0008h，最大允许记录数：0001h，实际长度：0008h，安全控制：80h	前导码、同步码、数据长度、帧选项、命令代码、命令参数和校验码；文件类型参数的 b_5 为 0_b
2	验证文件口令命令（命令代码：32h，操作类别：02h，口令：00000000h）	→		
		←	命令代码：32h，执行状态：0000h	前导码、同步码、数据长度、帧选项、命令代码、命令参数和校验码
3	文件无效命令（命令代码：33h）	→		
		←	命令代码：33h，执行状态：0000h	前导码、同步码、数据长度、帧选项、命令代码、命令参数和校验码
4	选择文件命令（命令代码：31h，文件标识符：A111h）	→		
		←	命令代码：31h，执行状态：0000h，文件标识符：A111h，文件类型：11h，最大允许长度：0008h，最大允许记录数：0001h，实际长度：0008h，安全控制：80h	前导码、同步码、数据长度、帧选项、命令代码、命令参数和校验码；文件类型参数的 b_5 为 1_b

表 E.19　文件有效命令响应测试流程

发送顺序	测试用读写器	通信方向	被测标签	验证内容
1	选择文件命令（命令代码：31h，文件标识符：A111h）	→		前导码、同步码、数据长度、帧选项、命令代码、命令参数和校验码
		←	命令代码：31h，执行状态：0000h，文件标识符：A111h，文件类型：01h，最大允许长度：0008h，最大允许记录数：0001h，实际长度：0008h，安全控制：80h	前导码、同步码、数据长度、帧选项、命令代码、命令参数和校验码

表 E.19（续）

发送顺序	测试用读写器	通信方向	被测标签	验证内容
2	验证文件口令命令（命令代码：32_h，操作类别：02_h，口令：00000000_h）	→		
		←	命令代码：32_h，执行状态：0000_h	前导码、同步码、数据长度、帧选项、命令代码、命令参数和校验码
3	文件无效命令（命令代码：33_h）	→		
		←	命令代码：33_h，执行状态：0000_h	前导码、同步码、数据长度、帧选项、命令代码、命令参数和校验码；验证文件类型参数的 b_5 为 1_b
4	选择文件命令（命令代码：31_h，文件标识符：$A111_h$）			
			命令代码：31_h，执行状态：0000_h，文件标识符：$A111_h$，文件类型：11_h， 最大允许长度：0008_h， 最大允许记录数：0001_h， 实际长度：0008_h， 安全控制：80_h	前导码、同步码、数据长度、帧选项、命令代码、命令参数和校验码
5	文件有效命令（命令代码：34_h）	→		
		←	命令代码：34_h，执行状态：0000_h	前导码、同步码、数据长度、帧选项、命令代码、命令参数和校验码及执行状态
6	选择文件命令（命令代码：31_h，文件标识符：$A111_h$）	→		
		←	命令代码：31_h，执行状态：0000_h，文件标识符：$A111_h$，文件类型：01_h， 最大允许长度：0008_h， 最大允许记录数：0001_h， 实际长度：0008_h， 安全控制：80_h	前导码、同步码、数据长度、帧选项、命令代码、命令参数和校验码；验证文件类型参数的 b_5 为 0_b

表 E.20 列表文件命令响应测试流程

发送顺序	测试用读写器	通信方向	被测标签	验证内容
1	选择文件命令(命令代码:31_h,文件标识符:$A110_h$)	→		
		←	命令代码:31_h,执行状态:0000_h,文件标识符:$A110_h$,文件类型:00_h, 最大允许长度:0001_h, 最大允许记录数:0008_h, 实际长度:0001_h, 安全控制:00_h	前导码、同步码、数据长度、帧选项、命令代码、命令参数和校验码
2	列表文件命令(命令代码:35_h,文件偏移:00_h,模式:04_h)	→		
		←	命令代码:35_h,执行状态:0000_h,文件标识符:$A110_h$,文件类型:00_h, 最大允许长度:0001_h, 最大允许记录数:0008_h, 实际长度:0001_h, 安全控制:00_h	前导码、同步码、数据长度、帧选项、命令代码、命令参数和校验码及执行状态

表 E.21 读透明文件命令响应测试流程

发送顺序	测试用读写器	通信方向	被测标签	验证内容
1	选择文件命令(命令代码:31_h,文件标识符:$A101_h$)	→		
		←	命令代码:31_h,执行状态:0000_h,文件标识符:$A101_h$,文件类型:01_h, 最大允许长度:0008_h, 最大允许记录数:0001_h, 实际长度:0008_h, 安全控制:$F0_h$	前导码、同步码、数据长度、帧选项、命令代码、命令参数和校验码
2	读透明文件命令(命令代码:36h,偏移:0000_h,长度:08_h)	→		
		←	命令代码:36_h,执行状态:0000_h,数据:{TID}	前导码、同步码、数据长度、帧选项、命令代码、命令参数和校验码

表 E.22 更新透明文件命令响应测试流程

发送顺序	测试用读写器	通信方向	被测标签	验证内容
1	选择文件命令(命令代码:31_h,文件标识符:$A111_h$)	→		
		←	命令代码:31_h,执行状态:0000_h,文件标识符:$A111_h$,文件类型:01_h,最大允许长度:0008_h,最大允许记录数:0001_h,实际长度:0008_h,安全控制:80_h	前导码、同步码、数据长度、帧选项、命令代码、命令参数和校验码
2	更新透明文件命令(命令代码:37_h,偏移:0000_h,长度:08_h,数据:{AB_h,AB_h,AB_h,AB_h,BA_h,BA_h,BA_h,BA_h})	→		
		←	命令代码:37_h,执行状态:0000_h	前导码、同步码、数据长度、帧选项、命令代码、命令参数和校验码
3	读透明文件命令(命令代码:36_h,偏移:0000_h,长度:08_h)	→		
		←	命令代码:36_h,执行状态:0000_h,数据:{AB_h,AB_h,AB_h,AB_h,AB_h,AB_h,AB_h,AB_h}	前导码、同步码、数据长度、帧选项、命令代码、命令参数和校验码;数据参数内容与更新透明文件数据参数内容一致

表 E.23 读记录文件命令响应测试流程

发送顺序	测试用读写器	通信方向	被测标签	验证内容
1	选择文件命令(命令代码:31_h,文件标识符:$A112_h$)	→		
		←	命令代码:31_h,执行状态:0000_h,文件标识符:$A112_h$,文件类型:03_h,最大允许长度:0008_h,最大允许记录数:0008_h,实际长度:0008_h,安全控制:00_h	前导码、同步码、数据长度、帧选项、命令代码、命令参数和校验码
2	读记录文件命令(命令代码:38_h,记录指针:0000_h,模式:04_h,偏移:0000_h,长度:08_h)	→		
		←	命令代码:38_h,执行状态:0000_h,数据:{00_h,00_h,00_h,00_h,00_h,00_h,00_h,00_h}	前导码、同步码、数据长度、帧选项、命令代码、命令参数、校验码和执行状态

表 E.24 更新记录文件命令响应测试流程

发送顺序	测试用读写器	通信方向	被测标签	验证内容
1	选择文件命令(命令代码:31_h,文件标识符:$A112_h$)	→		
		←	命令代码:31_h,执行状态:0000_h,文件标识符:$A112_h$,文件类型:03_h,最大允许长度:0008_h,最大允许记录数:0008_h,实际长度:0008_h,安全控制:00_h	前导码、同步码、数据长度、帧选项、命令代码、命令参数和校验码
2	更新记录文件命令(命令代码:$3B_h$,记录指针:0000_h,模式:04_h,偏移:0000_h,长度:08_h,数据:{11_h,11_h,11_h,11_h,11_h,11_h,11_h,11_h})	→		
		←	命令代码:$3B_h$,执行状态:0000_h	前导码、同步码、数据长度、帧选项、命令代码、命令参数和校验码
3	读记录文件命令(命令代码:38_h,记录指针:0000_h,模式:04_h,偏移:0000_h,长度:08_h)	→		
		←	命令代码:38_h,执行状态:0000_h,数据:{11_h,11_h,11_h,11_h,11_h,11_h,11_h,11_h}	前导码、同步码、数据长度、帧选项、命令代码、命令参数和校验码;验证数据参数内容与更新记录文件数据参数内容一致

表 E.25 检索记录命令响应测试流程

发送顺序	测试用读写器	通信方向	被测标签	验证内容
1	选择文件命令(命令代码:31_h,文件标识符:$A112_h$)	→		
		←	命令代码:31_h,执行状态:0000_h,文件标识符:$A112_h$,文件类型:03_h,最大允许长度:0008_h,最大允许记录数:0008_h,实际长度:0008_h,安全控制:00_h	前导码、同步码、数据长度、帧选项、命令代码、命令参数和校验码

表 E.25（续）

发送顺序	测试用读写器	通信方向	被测标签	验证内容
2	检索记录命令（命令代码：3A$_h$，查询条件：{逻辑操作符：43$_h$，字段偏移：00$_h$，关系运算符：3D$_h$，数据长度：08$_h$，数据：{11$_h$，11$_h$，11$_h$，11$_h$，11$_h$，11$_h$，11$_h$，11$_h$}}）	→		
		←	命令代码：3A$_h$，执行状态：0000$_h$，查询到的记录数：0001$_h$	前导码、同步码、数据长度、帧选项、命令代码、命令参数和校验码

E.6 监测命令响应

测试前被测标签处于就绪状态。监测命令响应测试流程见表 E.26～表 E.27。

表 E.26 监测周期配置命令响应测试流程

发送顺序	测试用读写器	通信方向	被测标签	验证内容
1	监测周期配置命令（命令代码：51$_h$，文件标识符：A101$_h$，偏移：00$_h$，数据长度：08$_h$，时隙序号：0000$_h$，上报周期：0004$_h$，监测周期：0001$_h$，时隙宽度：0064$_h$，传输时隙总数：0001$_h$，收发指示：00$_h$）	→		
		←	命令代码：51$_h$，执行状态：0000$_h$	前导码、同步码、数据长度、帧选项、命令代码、命令参数和校验码

表 E.27 监测周期起始命令响应测试流程

发送顺序	测试用读写器	通信方向	被测标签	验证内容
1	监测周期配置命令（命令代码：51$_h$，文件标识符：A101$_h$，偏移：00$_h$，数据长度：08$_h$，时隙序号：0000$_h$，上报周期：0004$_h$，监测周期：0001$_h$，时隙宽度：0064$_h$，传输时隙总数：0001$_h$，收发指示：00$_h$）	→		
		←	命令代码：51$_h$，执行状态：0000$_h$	前导码、同步码、数据长度、帧选项、命令代码、命令参数和校验码

表 E.27（续）

发送顺序	测试用读写器	通信方向	被测标签	验证内容
2	监测周期起始命令（命令代码：52_h，起始时隙序号：0000_h，结束时隙序号：0000_h，延时宽度：08_h）			
		←	命令代码：52_h，执行状态：0000_h，时隙序号：0000_h，文件标识符：$A101_h$，数据长度：08_h，数据内容：{$C0_h$，22_h，33_h，44_h，55_h，66_h，77_h，88_h}	前导码、同步码、数据长度、帧选项、命令代码、命令参数和校验码；数据内容与 TID 一致

E.7 安全协议命令响应

测试安全通信命令前被测标签应处于安全会话状态，测试其他安全协议命令前被测标签应处于会话状态。安全协议命令响应测试流程见表 E.28～表 E.46。

表 E.28 获取标签安全参数命令响应测试流程

发送顺序	测试用读写器	通信方向	被测标签	验证内容
1	获取标签安全参数命令（命令代码：71_h）	→		
		←	命令代码：71_h，密钥参数：KP，安全能力参数：SCP	前导码、同步码、数据长度、帧选项、命令代码、命令参数和校验码

表 E.29 双向鉴别的异或鉴别请求命令响应测试流程

发送顺序	测试用读写器	通信方向	被测标签	验证内容
1	获取标签安全参数命令（命令代码：71_h）	→		
		←	命令代码：71_h，密钥参数：KP，安全能力参数：SCP	前导码、同步码、数据长度、帧选项、命令代码、命令参数和校验码；SCP 的 b_0b_1 为 11_b，b_7 为 1_b
2	异或鉴别请求命令（命令代码：72_h，命令参数：SRN_r）	→		
		←	命令代码：72_h，应答数据：{$SORN_r$，SRN_t}	前导码、同步码、数据长度、帧选项、命令代码、命令参数和校验码

表 E.30 单向鉴别的异或鉴别请求命令响应测试流程

发送顺序	测试用读写器	通信方向	被测标签	验证内容
1	获取标签安全参数命令(命令代码:71_h)	→		
		←	命令代码:71_h,密钥参数:KP,安全能力参数:SCP	前导码、同步码、数据长度、帧选项、命令代码、命令参数和校验码;SCP 的 b_0b_1 为 01_b,b_7 为 1_b
2	异或鉴别请求命令(命令代码:72_h,命令参数:SRN_r)	→		
		←	命令代码 72_h,应答数据:$SORN_r$	前导码、同步码、数据长度、帧选项、命令代码、命令参数和校验码

表 E.31 异或鉴别激活命令响应测试流程

发送顺序	测试用读写器	通信方向	被测标签	验证内容
1	获取标签安全参数命令(命令代码:71_h)	→		
		←	命令代码:71_h,密钥参数:KP,安全能力参数:SCP	前导码、同步码、数据长度、帧选项、命令代码、命令参数和校验码; SCP 的 b_0b_1 为 10_b,b_7 为 1_b
2	异或鉴别激活命令(命令代码:73_h)	→		
		←	命令代码:73_h,应答数据:SRN_t	前导码、同步码、数据长度、帧选项、命令代码、命令参数和校验码

表 E.32 双向鉴别的异或鉴别应答命令响应测试流程

发送顺序	测试用读写器	通信方向	被测标签	验证内容
1	获取标签安全参数命令(命令代码:71_h)	→		
		←	命令代码:71_h,密钥参数:KP,安全能力参数:SCP	前导码、同步码、数据长度、帧选项、命令代码、命令参数和校验码;SCP 的 b_0b_1 为 11_b,b_7 为 1_b
2	异或鉴别请求命令(命令代码:72_h,命令参数:SRN_r)	→		
		←	命令代码:72_h,应答数据:{$SORN_r$,SRN_t}	前导码、同步码、数据长度、帧选项、命令代码、命令参数和校验码
3	异或鉴别应答命令(命令代码:74_h,命令参数:$SORN_t$)	→		
		←	命令代码:74_h,执行状态:0000_h	前导码、同步码、数据长度、帧选项、命令代码、命令参数和校验码

表 E.33 单向鉴别的异或鉴别应答命令响应测试流程

发送顺序	测试用读写器	通信方向	被测标签	验证内容
1	获取标签安全参数命令(命令代码:71_h)	→		
		←	命令代码:71_h,密钥参数:KP,安全能力参数:SCP	前导码、同步码、数据长度、帧选项、命令代码、命令参数和校验码;SCP 的 b_0b_1 为 10_b,b_7 为 1_b
2	异或鉴别激活命令(命令代码:73_h)	→		
		←	命令代码:73_h,应答数据:SRN_t	
3	异或鉴别应答命令(命令代码:74_h,命令参数:$SORN_t$)	→		
		←	命令代码:74_h,执行状态:0000_h	前导码、同步码、数据长度、帧选项、命令代码、命令参数和校验码

表 E.34 双向鉴别的哈希鉴别请求命令响应测试流程

发送顺序	测试用读写器	通信方向	被测标签	验证内容
1	获取标签安全参数命令(命令代码:71_h)	→		
		←	命令代码:71_h,密钥参数:KP,安全能力参数:SCP	前导码、同步码、数据长度、帧选项、命令代码、命令参数和校验码;SCP 的 b_0b_1 为 11_b,b_4 为 1_b
2	哈希鉴别请求命令(命令代码:75_h,命令参数:RN_r)	→		
		←	命令代码:75_h,应答数据:{RN_r,RN_t,MIC_1}	前导码、同步码、数据长度、帧选项、命令代码、命令参数和校验码

表 E.35 单向鉴别的哈希鉴别请求命令响应测试流程

发送顺序	测试用读写器	通信方向	被测标签	验证内容
1	获取标签安全参数命令(命令代码:71_h)	→		
		←	命令代码:71_h,密钥参数:KP,安全能力参数:SCP	前导码、同步码、数据长度、帧选项、命令代码、命令参数和校验码;SCP 的 b_0b_1 为 01_b,b_4 为 1_b
2	哈希鉴别请求命令(命令代码:75_h,命令参数:RN_r)	→		
		←	命令代码:75_h,应答数据:{RN_r,MIC_1}	前导码、同步码、数据长度、帧选项、命令代码、命令参数和校验码

表 E.36 哈希鉴别激活命令响应测试流程

发送顺序	测试用读写器	通信方向	被测标签	验证内容
1	获取标签安全参数命令(命令代码:71_h)	→		
		←	命令代码:71_h,密钥参数:KP,安全能力参数:SCP	前导码、同步码、数据长度、帧选项、命令代码、命令参数和校验码;SCP 的 b_0b_1 为 10_b,b_4 为 1_b
2	哈希鉴别激活命令(命令代码:76_h)	→		
		←	命令代码:76_h,应答数据:RN_t	前导码、同步码、数据长度、帧选项、命令代码、命令参数和校验码

表 E.37 双向鉴别的哈希鉴别应答命令响应测试流程

发送顺序	测试用读写器	通信方向	被测标签	验证内容
1	获取标签安全参数命令(命令代码:71_h)	→		
		←	命令代码:71_h,密钥参数:KP,安全能力参数:SCP	前导码、同步码、数据长度、帧选项、命令代码、命令参数和校验码;SCP 的 b_0b_1 为 11_b,b_4 为 1_b
2	哈希鉴别请求命令(命令代码:75_h,命令参数:RN_r)	→		
		←	命令代码:75_h,应答数据:{RN_r,RN_t,MIC_1}	前导码、同步码、数据长度、帧选项、命令代码、命令参数和校验码
3	哈希鉴别应答命令(命令代码:77_h,命令参数:{RN_t,MIC_2})	→		
		←	命令代码:77_h,执行状态:0000_h	前导码、同步码、数据长度、帧选项、命令代码、命令参数和校验码

表 E.38 单向鉴别的哈希鉴别应答命令响应测试流程

发送顺序	测试用读写器	通信方向	被测标签	验证内容
1	获取标签安全参数命令(命令代码:71_h)	→		
		←	命令代码:71_h,密钥参数:KP,安全能力参数:SCP	前导码、同步码、数据长度、帧选项、命令代码、命令参数和校验码;SCP 的 b_0b_1 为 10_b,b_4 为 1_b
2	哈希鉴别激活命令(命令代码:76_h)	→		
		←	命令代码:76_h,应答数据:RN_t	前导码、同步码、数据长度、帧选项、命令代码、命令参数和校验码
3	哈希鉴别应答命令(命令代码:77_h,命令参数:{RN_t,MIC_2})	→		
		←	命令代码:77_h,执行状态:0000_h	前导码、同步码、数据长度、帧选项、命令代码、命令参数和校验码

表 E.39 双向鉴别的对称鉴别请求命令响应测试流程

发送顺序	测试用读写器	通信方向	被测标签	验证内容
1	获取标签安全参数命令(命令代码:71_h)	→		
		←	命令代码:71_h,密钥参数:KP,安全能力参数:SCP	前导码、同步码、数据长度、帧选项、命令代码、命令参数和校验码;SCP 的 b_0b_1 为 11_b,b_5 为 1_b
2	对称鉴别请求命令(命令代码:78_h,命令参数:RN_r)	→		
		←	命令代码:78_h,应答数据:{RN_r,MAC}	前导码、同步码、数据长度、帧选项、命令代码、命令参数和校验码

表 E.40　单向鉴别的对称鉴别请求命令响应测试流程

发送顺序	测试用读写器	通信方向	被测标签	验证内容
1	获取标签安全参数命令(命令代码:71_h)	→		
		←	命令代码:71_h,密钥参数:KP,安全能力参数:SCP	前导码、同步码、数据长度、帧选项、命令代码、命令参数和校验码;SCP 的 b_0b_1 为 01_b,b_5 为 1_b
2	对称鉴别请求命令(命令代码:78_h,命令参数:RN_r)	→		
		←	命令代码:78_h,应答数据:{RN_t,MAC}	前导码、同步码、数据长度、帧选项、命令代码、命令参数和校验码

表 E.41　对称鉴别激活命令响应测试流程

发送顺序	测试用读写器	通信方向	被测标签	验证内容
1	获取标签安全参数命令(命令代码:71_h)	→		
		←	命令代码:71_h,密钥参数:KP,安全能力参数:SCP	前导码、同步码、数据长度、帧选项、命令代码、命令参数和校验码;SCP 的 b_0b_1 为 10_b,b_5 为 1_b
2	对称鉴别激活命令(命令代码:79_h)	→		
		←	命令代码:79_h,应答数据:RN_t	前导码、同步码、数据长度、帧选项、命令代码、命令参数和校验码

表 E.42 双向鉴别的对称鉴别应答命令响应测试流程

发送顺序	测试用读写器	通信方向	被测标签	验证内容
1	获取标签安全参数命令(命令代码:71_h)	→		
		←	命令代码:71_h,密钥参数:KP,安全能力参数:SCP	前导码、同步码、数据长度、帧选项、命令代码、命令参数和校验码;SCP 的 b_0b_1 为 11_b,b_5 为 1_b
2	对称鉴别请求命令(命令代码:78_h,命令参数:RN_r)	→		
		←	命令代码:78_h,应答数据:{RN_r,MAC}	前导码、同步码、数据长度、帧选项、命令代码、命令参数和校验码
3	对称鉴别应答命令(命令代码:$7A_h$,命令参数:RN_t)	→		
		←	命令代码:$7A_h$,执行状态:0000_h	前导码、同步码、数据长度、帧选项、命令代码、命令参数和校验码

表 E.43 单向鉴别的对称鉴别应答命令响应测试流程

发送顺序	测试用读写器	通信方向	被测标签	验证内容
1	获取标签安全参数命令(命令代码:71_h)	→		
		←	命令代码:71_h,密钥参数:KP,安全能力参数:SCP	前导码、同步码、数据长度、帧选项、命令代码、命令参数和校验码;SCP 的 b_0b_1 为 10_b,b_5 为 1_b
2	对称鉴别激活命令(命令代码:79_h)	→		
		←	命令代码:79_h,应答数据:RN_t	前导码、同步码、数据长度、帧选项、命令代码、命令参数和校验码
3	对称鉴别应答命令(命令代码:$7A_h$,命令参数:{RN_t,MAC})	→		
		←	命令代码:$7A_h$,执行状态:0000_h	前导码、同步码、数据长度、帧选项、命令代码、命令参数和校验码

表 E.44 公钥鉴别激活命令响应测试流程

发送顺序	测试用读写器	通信方向	被测标签	验证内容
1	获取标签安全参数命令(命令代码:71_h)	→		
		←	命令代码:71_h,密钥参数:KP,安全能力参数:SCP	前导码、同步码、数据长度、帧选项、命令代码、命令参数和校验码;b_6 为 1_b
2	公钥鉴别激活命令(命令代码:$7B_h$,命令参数:ECDH)	→		
		←	命令代码:$7B_h$,应答数据:{01_h, TTPID, RN_t, TPK_t} 命令代码:$7B_h$,应答数据:{02_h,ECDH,Sig_t}	前导码、同步码、数据长度、帧选项、命令代码、命令参数和校验码

表 E.45 公钥鉴别请求应答命令响应测试流程

发送顺序	测试用读写器	通信方向	被测标签	验证内容
1	获取标签安全参数命令(命令代码:71_h)	→		
		←	命令代码:71_h,密钥参数:KP,安全能力参数:SCP	前导码、同步码、数据长度、帧选项、命令代码、命令参数和校验码;b_6 为 1_b
2	公钥鉴别激活命令(命令代码:$7B_h$,命令参数:ECDH)	→		
		←	命令代码:$7B_h$,应答数据:{01_h, TTPID, RN_t, TPK_t} 命令代码:$7B_h$,应答数据:{02_h,ECDH,Sig_t}	
3	公钥鉴别请求应答命令(命令代码:$7C_h$,应答数据:{01_h, TTPID, RN_t,RN_r,TPK_r,MIC_1}) (命令代码:$7C_h$,应答数据:{02_h, SIg_r,[RES_t,RES_r,SIG_{ttp}]})	→		
		←	命令代码:$7C_h$,应答数据:{RN_r,MIC_2}	前导码、同步码、数据长度、帧选项、命令代码、命令参数和校验码

表 E.46　安全通信命令响应测试流程

发送顺序	测试用读写器	通信方向	被测标签	验证内容
1	安全通信命令（命令代码：$7D_h$，命令参数：{长度，负载}）	→		
		←	命令代码：$7D_h$，应答数据：{执行状态，长度，负载}	前导码、同步码、数据长度、帧选项、命令代码、命令参数和校验码

E.8　其他命令响应

对于不支持安全协议的被测标签，灭活命令响应测试前标签处于会话状态；否则处于安全会话状态。其余命令响应测试，测试前被测标签处于就绪状态。除上述命令外的其他命令响应测试流程见表 E.47～表 E.48。

表 E.47　灭活命令响应测试流程

发送顺序	测试用读写器	通信方向	被测标签	验证内容
1	选择文件命令（命令代码：31_h，文件标识符：$A101_h$）	→		
		←	命令代码：31_h，执行状态：0000_h，文件标识符：$A101_h$，文件类型：01_h，最大允许长度：0008_h，最大允许记录数：0001_h，实际长度：0008_h，安全控制：$F0_h$	前导码、同步码、数据长度、帧选项、命令代码、命令参数和校验码
2	灭活命令（命令代码：91_h，灭活口令：00000000_h）	→		
		←	命令代码：92_h，执行状态：0000_h	前导码、同步码、数据长度、帧选项、命令代码、命令参数和校验码
3	选择文件命令（命令代码：31_h，文件标识符：$A101_h$）	→		
			无	标签无响应

表 E.48　请求随机数命令响应测试流程

发送顺序	测试用读写器	通信方向	被测标签	验证内容
1	请求随机数命令（命令代码：92_h，随机数长度：02_h）	→		
		←	命令代码：92_h，执行状态：0000_h，随机数：RN16	前导码、同步码、数据长度、帧选项、命令代码、命令参数和校验码

附 录 F
（规范性附录）
标签状态转移测试流程

F.1 “休眠-侦听-就绪”测试流程

测试前标签处于休眠状态。对支持外部唤醒的标签，测试流程见表F.1；对支持周期唤醒的标签，测试流程见表F.2。

表 F.1 “休眠-侦听-就绪”状态转移测试流程 1

发送顺序	读写器命令或唤醒器信号	通信方向	标签响应	标签状态	验证内容
1	唤醒器发送唤醒信号	→		休眠	
		←	无	侦听	
2	读写器发送就绪命令（命令代码：01_h，信道序号：00_h，就绪/休眠口令：00000000_h）	→		侦听	
		←	无	就绪	
3	选择文件命令（命令代码：31_h，文件标识符：$A101_h$）	→		就绪	
		←	命令代码：31_h，执行状态：0000_h，文件标识符：$A101_h$，文件类型：01_h，最大允许长度：0008_h，最大允许记录数：0001_h，实际长度：0008_h，安全控制：$F0_h$	会话	前导码、同步码、数据长度、帧选项、命令代码、命令参数和校验码

表 F.2 “休眠-侦听-就绪”状态转移测试流程 2

发送顺序	读写器命令	通信方向	标签响应	标签状态	验证内容
1	读写器在标签休眠周期内，连续发送就绪命令（命令代码：01_h，信道序号：00_h，就绪/休眠口令：00000000_h）	→		休眠	
		←	无	就绪	
2	选择文件命令（命令代码：31_h，文件标识符：$A101_h$）	→		就绪	

表 F.2（续）

发送顺序	读写器命令	通信方向	标签响应	标签状态	验证内容
		←	命令代码：31_h，执行状态：0000_h，文件标识符：$A101_h$，文件类型：01_h，最大允许长度：0008_h，最大允许记录数：0001_h，实际长度：0008_h，安全控制：$F0_h$	会话	前导码、同步码、数据长度、帧选项、命令代码、命令参数和校验码

F.2 “就绪-会话”、“会话-休眠”状态转移测试

测试前被测标签处于就绪状态。“就绪-会话”、“会话-休眠”状态转移测试流程见表 F.3。

表 F.3 “就绪-会话-休眠”状态转移测试流程

发送顺序	读写器命令	通信方向	标签响应	标签状态	验证内容
1	选择文件命令（命令代码：31_h，文件标识符：$A101_h$）	→		就绪	
		←	命令代码：31_h，执行状态：0000_h，文件标识符：$A101_h$，文件类型：01_h，最大允许长度：0008_h，最大允许记录数：0001_h，实际长度：0008_h，安全控制：$F0_h$	会话	前导码、同步码、数据长度、帧选项、命令代码、命令参数和校验码
2	休眠所有标签命令（命令代码：02_h，就绪/休眠口令：00000000_h）	→		会话	
		←	无	休眠	
3	选择文件命令（命令代码：31_h，文件标识符：$A101_h$）	→		休眠	
		←	无	休眠	标签无响应

F.3 “就绪-仲裁”、“仲裁-休眠”状态转移测试

测试前被测标签处于就绪状态。“就绪-仲裁”、“仲裁-休眠”状态转移测试流程见表 F.4。

表 F.4 “就绪-仲裁-休眠”状态转移测试流程

发送顺序	读写器命令	通信方向	标签响应	标签状态	验证内容
1	接入帧起始命令(命令代码:11_h,Q:00h,N:01_h)	→		就绪	
		←	无	仲裁	
2	接入时隙起始命令(命令代码:12_h,SN:00_h)	→		仲裁	
		←	RN8(执行发送顺序 4)	仲裁	前导码、同步码、数据长度、帧选项、命令代码、命令参数和校验码
			无(执行发送顺序 3)		标签无响应
3	接入成功确认命令(命令代码:14_h,SN:0000_h,00_h)			仲裁	
			RN8(执行发送顺序 4)	仲裁	前导码、同步码、数据长度、帧选项、命令代码、命令参数和校验码
4	休眠所有标签命令(命令代码:02_h,就绪/休眠口令:00000000_h)	→		仲裁	
		←	无	休眠	
5	接入成功确认命令(命令代码:14_h,SN:0000_h,≠RN8)	→		休眠	
		←	无	休眠	标签无响应

F.4 “仲裁-收集”、“收集-休眠”状态转移测试

测试前被测标签处于就绪状态。“仲裁-收集”、“收集-休眠”状态转移测试流程见表 F.5。

表 F.5 “就绪-仲裁-收集-休眠”状态转移测试流程

发送顺序	读写器命令	通信方向	标签响应	标签状态	验证内容
1	接入帧起始命令(命令代码:11_h,Q:00_h,N:01_h)	→		就绪	
		←	无	仲裁	

表 F.5（续）

发送顺序	读写器命令	通信方向	标签响应	标签状态	验证内容
2	接入时隙起始命令（命令代码：12_{h}，SN：00_{h}）	→		仲裁	
		←	RN8（执行发送顺序 3）	仲裁	前导码、同步码、数据长度、帧选项、命令代码、命令参数和校验码
			无（执行发送顺序 4）		标签无响应
3	接入成功确认命令（命令代码：14_{h}，SN：0000_{h}，RN8）	→		仲裁	
		←	无（执行发送顺序 5）	收集	标签无响应
4	接入成功确认命令（命令代码：14_{h}，SN：0000_{h}，00_{h}）	→		仲裁	
		←	RN8（执行发送顺序 3）	收集	
5	收集期起始命令（命令代码：21_{h}，时隙宽度：0064_{h}，收发指示：00_{h}，起始时隙序号：0000_{h}，结束时隙序号：0000_{h}，文件标识符：$A101_{h}$，偏移：00_{h}，长度：08_{h}，延迟宽度：08_{h}）	→		收集	
		←	命令代码：21_{h}，执行状态：0000_{h}，时隙序号：0000_{h}，文件标识符：$A101_{h}$，长度：08_{h}，数据：{TID}	收集	前导码、同步码、数据长度、帧选项、命令代码、命令参数、校验码和数据内容
6	发送休眠所有标签命令（命令代码：02_{h}，就绪/休眠口令：00000000_{h}）	→		收集	
		←	无	休眠	
7	收集期起始命令（命令代码：21_{h}，时隙宽度：0064_{h}，收发指示：00_{h}，起始时隙序号：0000_{h}，结束时隙序号：0000_{h}，文件标识符：$A101_{h}$，偏移：00_{h}，长度：08_{h}，延迟宽度：08_{h}）	→		休眠	
		←	无	休眠	标签无响应

F.5 "收集-会话"、"会话-休眠"状态转移测试

测试前被测标签处于收集状态。"收集-会话"、"会话-休眠"状态转移测试流程见表 F.6。

表 F.6 "收集-会话-休眠"状态转移测试流程

发送顺序	读写器命令	通信方向	标签响应	标签状态	验证内容
1	收集期起始命令(命令代码:21_h,时隙宽度:0064_h,收发指示:00_h,起始时隙序号:0000_h,结束时隙序号:0000_h,文件标识符:$A101_h$,偏移:00_h,长度:08_h,延迟宽度:08_h)	→		收集	
		←	命令代码:21_h,执行状态:0000_h,时隙序号:0000_h,文件标识符:$A101_h$,长度:08_h,数据:{TID}	收集	前导码、同步码、数据长度、帧选项、命令代码、命令参数、校验码和数据内容
2	收集成功确认命令(命令代码:23_h)	→		收集	
		←	无	会话	
3	选择文件命令(命令代码:31_h,文件标识符:$A101_h$)	→		会话	
		←	命令代码:31_h,执行状态:0000_h,文件标识符:$A101_h$,文件类型:01_h,最大允许长度:0008_h,最大允许记录数:0001_h,实际长度:0008_h,安全控制:$F0_h$	会话	命令代码、执行状态与帧长度
4	发送休眠所有标签命令(命令代码:02_h,就绪/休眠口令:00000000_h)	→		会话	
		←	无	休眠	
5	选择文件命令(命令代码:31_h,文件标识符:$A101_h$)	→		休眠	
		←	无	休眠	标签无响应

F.6 "收集-就绪"状态转移测试

测试前被测标签处于收集状态。"收集-就绪"状态转移测试流程见表 F.7。

表 F.7 "收集-就绪"状态转移测试流程

发送顺序	读写器命令	通信方向	标签响应	标签状态	验证内容
1	收集期起始命令(命令代码:21_h,时隙宽度:0064_h,收发指示:00_h,起始时隙序号:0000_h,结束时隙序号:0000_h,文件标识符:$A101_h$,偏移:00_h,长度:08_h,延迟宽度:08_h)	→		收集	
		←	命令代码:21_h,执行状态:0000_h,时隙序号:0000_h,文件标识符:$A101_h$,长度:08_h,数据:{TID}	收集	前导码、同步码、数据长度、帧选项、命令代码、命令参数、校验码和数据内容
2	收集失败确认命令(命令代码:22_h,时隙序号:0000_h,收发指示:01_h,文件标识符:$A101_h$)	→		收集	
		←	无	就绪	
3	选择文件命令(命令代码:31_h,文件标识符:$A101_h$)	→		就绪	
		←	命令代码:31_h,执行状态:0000_h,文件标识符:$A101_h$,文件类型:01_h, 最大允许长度:0008_h, 最大允许记录数:0001_h, 实际长度:0008_h, 安全控制:$F0_h$	会话	前导码、同步码、数据长度、帧选项、命令代码、命令参数和校验码

F.7 "侦听-会话"状态转移测试

测试前被测标签处于休眠状态。对支持外部唤醒的标签,测试流程见表 F.8;对周期唤醒的标签,测试流程见表 F.9。

表 F.8 “休眠-侦听-会话”状态转移测试流程 1

发送顺序	读写器命令或唤醒器信号	通信方向	标签响应	标签状态	验证内容
1	唤醒器发送唤醒信号	→		休眠	
		←	无	侦听	
2	直接会话命令(命令代码：05_h，信道序号：00_h，就绪/休眠口令：00000000_h，响应等待时间：0064_h，文件标识符：$A101_h$，休眠控制符：00_h)	→		侦听	
		←	命令代码：05_h，执行状态：0000_h，文件标识符：$A101_h$，长度：08_h，数据：{TID}	会话	前导码、同步码、数据长度、帧选项、命令代码、命令参数和校验码

表 F.9 “休眠-侦听-会话”状态转移测试流程 2

发送顺序	读写器命令	通信方向	标签响应	标签状态	验证内容
1	读写器在标签休眠周期内，连续发送直接会话命令(命令代码：05_h，信道序号：00_h，就绪/休眠口令：00000000_h，响应等待时间：0064_h，文件标识符：$A101_h$，休眠控制符：00_h)	→		休眠	
		←	命令代码：05_h，执行状态：0000_h，文件标识符：$A101_h$，长度：08_h，数据：{TID}	会话	前导码、同步码、数据长度、帧选项、命令代码、命令参数和校验码

F.8 “会话-安全会话”状态转移测试

测试前被测标签处于会话状态。根据标签支持的安全协议，选择表 F.10～表 F.16 中的测试流程进行测试。

表 F.10 基于异或运算的双向鉴别“会话-安全会话”状态转移测试流程

发送顺序	读写器命令	通信方向	标签	状态	验证内容
1	获取标签安全参数命令(命令代码：71_h)	→		会话	

表 F.10（续）

发送顺序	读写器命令	通信方向	标签	状态	验证内容
		←	命令代码：71_h，密钥参数：KP，安全能力参数：SCP	会话	前导码、同步码、数据长度、帧选项、命令代码、命令参数和校验码
2	异或鉴别请求命令（命令代码：72_h，命令参数：SRN_r）	→		会话	
		←	命令代码：72_h，应答数据：{$SORN_r$，SRN_t}	会话	前导码、同步码、数据长度、帧选项、命令代码、命令参数和校验码
3	异或鉴别应答命令（命令代码：74_h，命令参数：$SORN_t$）	→		会话	
		←	命令代码：74_h，执行状态：0000_h	安全会话	前导码、同步码、数据长度、帧选项、命令代码、命令参数、校验码和执行状态

表 F.11 基于异或运算的标签对读写器单向鉴别"会话-安全会话"状态转移测试流程

发送顺序	读写器命令	通信方向	标签响应	标签状态	验证内容
1	获取标签安全参数命令（命令代码：71_h）	→		会话	
		←	命令代码：71_h，密钥参数：KP，安全能力参数：SCP	会话	前导码、同步码、数据长度、帧选项、命令代码、命令参数和校验码
2	异或鉴别激活命令（命令代码：73_h）	→		会话	
		←	命令代码：73_h，应答数据：SRN_t	安全会话	前导码、同步码、数据长度、帧选项、命令代码、命令参数和校验码

表 F.12 基于哈希运算的双向鉴别“会话-安全会话”状态转移测试流程

发送顺序	读写器命令	通信方向	标签响应	标签状态	验证内容
1	获取标签安全参数命令(命令代码:71_h)	→		会话	
		←	命令代码:71_h,密钥参数:KP,安全能力参数:SCP	会话	前导码、同步码、数据长度、帧选项、命令代码、命令参数和校验码
2	哈希鉴别请求命令(命令代码:75_h,命令参数:RN_r)	→		会话	
		←	命令代码:75_h,应答数据:{RN_r,RN_t,MIC_1}		前导码、同步码、数据长度、帧选项、命令代码、命令参数和校验码
3	哈希鉴别应答命令(命令代码:77_h,命令参数:{RN_t,MIC_2})	→		会话	
		←	命令代码:77_h,执行状态:0000_h	安全会话	前导码、同步码、数据长度、帧选项、命令代码、命令参数、校验码和执行状态

表 F.13 基于哈希运算的标签对读写器单向鉴别“会话-安全会话”状态转移测试流程

发送顺序	读写器命令	通信方向	标签响应	标签状态	验证内容
1	获取标签安全参数命令(命令代码:71_h)	→		会话	
		←	命令代码:71_h,密钥参数:KP,安全能力参数:SCP	会话	前导码、同步码、数据长度、帧选项、命令代码、命令参数和校验码
2	哈希鉴别激活命令(命令代码:76_h)	→		会话	
		←	命令代码:76_h,应答数据:RN_t	会话	前导码、同步码、数据长度、帧选项、命令代码、命令参数和校验码

表 F.13（续）

发送顺序	读写器命令	通信方向	标签响应	标签状态	验证内容
3	哈希鉴别应答命令（命令代码：77_h，命令参数：{RN_t，MIC_2}）	→		会话	
		←	命令代码：77_h，执行状态：0000_h	安全会话	前导码、同步码、数据长度、帧选项、命令代码、命令参数、校验码和执行状态

表 F.14　基于对称密码算法的双向鉴别“会话-安全会话”状态转移测试流程

发送顺序	读写器命令	通信方向	标签响应	标签状态	验证内容
1	获取标签安全参数命令（命令代码：71_h）	→		会话	
		←	命令代码：71_h，密钥参数：KP，安全能力参数：SCP	会话	前导码、同步码、数据长度、帧选项、命令代码、命令参数和校验码
2	对称鉴别请求命令（命令代码：78_h，命令参数：RN_r）	→		会话	
		←	命令代码：78_h，应答数据：{RN_r，MAC}		前导码、同步码、数据长度、帧选项、命令代码、命令参数和校验码
3	对称鉴别应答命令（命令代码：$7A_h$，命令参数：RN_t）	→		会话	
		←	命令代码：$7A_h$，执行状态：0000_h	安全会话	前导码、同步码、数据长度、帧选项、命令代码、命令参数、校验码和执行状态

表 F.15 基于对称密码算法的标签对读写器单向鉴别“会话-安全会话”状态转移测试流程

发送顺序	读写器命令	通信方向	标签响应	标签状态	验证内容
1	获取标签安全参数命令(命令代码:71_h)	→		会话	
		←	命令代码:71_h,密钥参数:KP,安全能力参数:SCP	会话	前导码、同步码、数据长度、帧选项、命令代码、命令参数和校验码
2	对称鉴别激活命令(命令代码:79_h)	→		会话	
		←	命令代码:79_h,应答数据:RN_t	会话	前导码、同步码、数据长度、帧选项、命令代码、命令参数和校验码
3	对称鉴别应答命令(命令代码:$7A_h$,命令参数:{RN_t,MAC})	→		会话	
		←	命令代码:$7A_h$,执行状态:0000_h	安全会话	前导码、同步码、数据长度、帧选项、命令代码、命令参数、校验码和执行状态

表 F.16 基于公钥密码算法的双向鉴别“会话-安全会话”状态转移测试流程

发送顺序	读写器命令	通信方向	标签响应	标签状态	验证内容
1	获取标签安全参数命令(命令代码:71_h)	→		会话	
		←	命令代码:71_h,密钥参数:KP,安全能力参数:SCP	会话	前导码、同步码、数据长度、帧选项、命令代码、命令参数和校验码
2	公钥鉴别激活命令(命令代码:$7B_h$,命令参数:ECDH)	→		会话	
		←	命令代码:$7B_h$,应答数据:{01_h,TTPID,RN_t,TPK_t} 命令代码:$7B_h$,应答数据:{02_h,ECDH,Sig_t}	会话	前导码、同步码、数据长度、帧选项、命令代码、命令参数和校验码

表 F.16（续）

发送顺序	读写器命令	通信方向	标签响应	标签状态	验证内容
3	公钥鉴别请求应答命令（命令代码：$7C_h$，命令参数：{01_h，TTPID，RN_t，RN_r，TPK_r，MIC_1}）（命令代码：$7C_h$，命令参数：{02_h，Ig_r，[RES_t，RES_r，Sig_{ttp}]}）	→		会话	
		←	命令代码：$7C_h$，应答数据：{RN_r，MIC_2}	安全会话	前导码、同步码、数据长度、帧选项、命令代码、命令参数和校验码

F.9 “安全会话-休眠”状态转移测试

测试前被测标签处于安全会话状态。“安全会话-休眠”状态转移测试流程见表 F.17。

表 F.17 “安全会话-休眠”状态转移测试流程

发送顺序	读写器命令	通信方向	标签响应	标签状态	验证内容
1	休眠所有标签命令（命令代码：02_h，就绪/休眠口令：00000000_h）	→		安全会话	
		←	无	休眠	
2	选择文件命令（命令代码：31_h，文件标识符：$A101_h$）	→		休眠	
		←	无	休眠	标签无响应

F.10 “安全会话-灭活”状态转移测试

被测标签至少支持一种鉴别方式，且处于安全会话状态。“安全会话-灭活”状态转移测试流程见表 F.18。

表 F.18 “安全会话-灭活”状态转移测试流程

发送顺序	读写器命令	通信方向	标签响应	标签状态	验证内容
1	灭活命令（命令代码：91_h，灭活口令：由用户提供）	→		安全会话	
		←	命令代码：91_h，应答数据：{执行状态：0000_h}	灭活	前导码、同步码、数据长度、帧选项、命令代码、命令参数、校验码和执行状态

F.11 “会话-灭活”状态转移测试

被测标签不支持任何鉴别方式，且处于会话状态。“会话-灭活”状态转移测试流程见表 F.19。

表 F.19 “会话-灭活”状态转移测试流程

发送顺序	读写器命令	通信方向	标签响应	标签状态	验证内容
1	灭活命令(命令代码：91_h，灭活口令：由用户提供)	→		安全会话	
		←	命令代码：91_h，应答数据：{执行状态：0000_h}	灭活	前导码、同步码、数据长度、帧选项、命令代码、命令参数、校验码和执行状态

F.12 超时情况下的状态转移测试

测试前标签处于休眠状态。对支持外部唤醒的标签，侦听状态超时状态转移测试流程见表 F.20；对支持周期唤醒的标签，侦听状态超时状态转移测试流程见表 F.21。

表 F.20 “侦听状态超时”状态转移测试流程 1

发送顺序	读写器命令或唤醒器信号	通信方向	标签响应	标签状态	验证内容
1	唤醒器发送唤醒信号	→		休眠	
		←	无	侦听	
2	等待 T_1 时间不发送任何命令和信号	→			
		←	无	休眠	
2	直接会话命令(命令代码：05_h，信道序号：00_h，就绪/休眠口令：00000000_h，响应等待时间：0064_h，文件标识符：$A101_h$，休眠控制符：00_h)	→		休眠	
		←	无	休眠	标签无响应
T_1——见 GB/T 28925—2012 中 8.3。					

表 F.21 "侦听状态超时"状态转移测试流程 2

发送顺序	读写器命令	通信方向	标签响应	标签状态	验证内容
1	读写器在标签休眠周期内，连续发送就绪命令（命令代码：01_h，信道序号：00_h，就绪/休眠口令：00000000_h）	→		休眠	
		←	无	就绪	
2	选择文件命令（命令代码：31_h，文件标识符：$A101_h$）	→		就绪	
		←	命令代码：31_h，执行状态：0000_h，文件标识符：$A101_h$，文件类型：01_h，最大允许长度：0008_h，最大允许记录数：0001_h，实际长度：0008_h，安全控制：$F0_h$	会话	前导码、同步码、数据长度、帧选项、命令代码、命令参数和校验码
3	休眠所有标签命令（命令代码：02_h，就绪/休眠口令：000000000_h）	→		会话	
		←	无	休眠	
	等待被测标签的休眠时间不发送任何命令和信号	→			
		←	无	侦听	
4	等待 T_1 时间不发送任何命令和信号	→			
		←	无	休眠	
5	直接会话命令（命令代码：05_h，信道序号：00_h，就绪/休眠口令：00000000_h，响应等待时间：0064_h，文件标识符：$A101_h$，休眠控制符：00_h）	→		休眠	
		←	无	休眠	标签无响应
T_1——见 GB/T 28925—2012 中 8.3。					

测试前被测标签处于收集状态。就绪状态超时状态转移见表 F.22。

表 F.22 “就绪状态超时”状态转移测试流程

发送顺序	读写器命令	通信方向	标签响应	标签状态	验证内容
1	收集期起始命令(命令代码:21_h,时隙宽度:0064_h,收发指示:00_h,起始时隙序号:0000_h,结束时隙序号:0000_h,文件标识符:$A101_h$,偏移:00_h,长度:08_h,延迟宽度:08_h)	→		收集	
		←	命令代码:21_h,执行状态:0000_h,时隙序号:0000_h,文件标识符:$A101_h$,长度:08_h,数据:{TID}	收集	前导码、同步码、数据长度、帧选项、命令代码、命令参数、校验码和数据内容
2	收集失败确认命令(命令代码:22_h,时隙序号:0000_h,收发指示:01_h,文件标识符:$A101_h$)	→		收集	
		←	无	就绪	
3	等待 T_2 时间不发送任何命令和信号	→			
		←	无	休眠	
4	选择文件命令(命令代码:31_h,文件标识符:$A101_h$)	→		休眠	
		←	无	休眠	标签无响应
T_2——见 GB/T 28925—2012 中 8.3。					

测试前被测标签处于就绪状态。仲裁状态超时状态转移见表 F.23。

表 F.23 “仲裁状态超时”状态转移测试流程

发送顺序	读写器命令	通信方向	标签响应	标签状态	验证内容
1	接入帧起始命令(命令代码:11_h,Q:00_h,N:01_h)	→		就绪	
		←	无	仲裁	
2	等待 T_3 时间不发送任何命令和信号	→		仲裁	
		←	无	就绪	

表 F.23（续）

发送顺序	读写器命令	通信方向	标签响应	标签状态	验证内容
3	选择文件命令（命令代码：31_h，文件标识符：$A101_h$）	→		就绪	
		←	命令代码：31_h，执行状态：0000_h，文件标识符：$A101_h$，文件类型：01_h，最大允许长度：0008_h，最大允许记录数：0001_h，实际长度：0008_h，安全控制：$F0_h$	会话	前导码、同步码、数据长度、帧选项、命令代码、命令参数和校验码
T_3——见 GB/T 28925—2012 中 8.3。					

测试前被测标签处于收集状态。收集状态超时状态转移见表 F.24。

表 F.24 "收集状态超时"状态转移测试流程

发送顺序	读写器命令	通信方向	标签响应	标签状态	验证内容
1	收集期起始命令（命令代码：21_h，时隙宽度：0064_h，收发指示：00_h，起始时隙序号：0000_h，结束时隙序号：0000_h，文件标识符：$A101_h$，偏移：00_h，长度：08_h，延迟宽度：08_h）	→		收集	
		←	命令代码：21_h，执行状态：0000_h，时隙序号：0000_h，文件标识符：$A101_h$，长度：08_h，数据：{TID}	收集	前导码、同步码、数据长度、帧选项、命令代码、命令参数、校验码和数据内容
2	等待 T_4 时间不发送任何命令和信号	→		收集	
		←	无	就绪	
3	选择文件命令（命令代码：31_h，文件标识符：$A101_h$）	→		就绪	
		←	命令代码：31_h，执行状态：0000_h，文件标识符：$A101_h$，文件类型：01_h，最大允许长度：0008_h，最大允许记录数：0001_h，实际长度：0008_h，安全控制：$F0_h$	会话	前导码、同步码、数据长度、帧选项、命令代码、命令参数和校验码
T_4——见 GB/T 28925—2012 中 8.3。					

测试前被测标签处于会话状态。会话状态超时状态转移见表 F.25。

表 F.25 “会话状态超时”状态转移测试流程

发送顺序	读写器命令	通信方向	标签响应	标签状态	验证内容
1	选择文件命令(命令代码:31_h, 文件标识符:$A101_h$)	→		会话	
		←	命令代码:31_h,执行状态:0000_h,文件标识符:$A101_h$,文件类型:01_h, 最大允许长度:0008_h, 最大允许记录数:0001_h, 实际长度:0008_h, 安全控制:$F0_h$	会话	命令代码、执行状态与帧长度
2	等待 T_5 时间不发送任何命令和信号	→		会话	
		←	无	就绪	
3	接入帧起始命令(命令代码:11_h,Q:00_h,N:01_h)	→		就绪	
		←	无	仲裁	
4	接入时隙起始命令(命令代码: 12_h,SN:00_h)	→		仲裁	
		←	RN8(测试结束)	仲裁	前导码、同步码、数据长度、帧选项、命令代码、命令参数和校验码
			无(执行发送顺序 5)		标签无响应
5	接入成功确认命令(命令代码:14_h,SN:0000_h,00_h)			仲裁	
			RN8	仲裁	前导码、同步码、数据长度、帧选项、命令代码、命令参数和校验码
T_5——见 GB/T 28925—2012 中 8.3。					

测试前被测标签处于安全会话状态。安全会话状态超时状态转移见表 F.26。

表 F.26 "安全会话状态超时"状态转移测试流程

发送顺序	读写器命令	通信方向	标签响应	标签状态	验证内容
1	选择文件命令(命令代码:31_h, 文件标识符:$A101_h$)	→		安全会话	
		←	命令代码:31_h,执行状态:0000_h,文件标识符:$A101_h$,文件类型:01_h, 最大允许长度:0008_h, 最大允许记录数:0001_h, 实际长度:0008_h, 安全控制:$F0_h$	安全会话	命令代码、执行状态与帧长度
2	等待 T_6 时间不发送任何命令和信号	→		安全会话	
		←	无	就绪	
3	接入帧起始命令(命令代码:11_h,Q:00_h,N:01_h)	→		就绪	
		←	无	仲裁	
4	接入时隙起始命令(命令代码:12_h,SN:00_h)	→		仲裁	
		←	RN8(测试结束)	仲裁	前导码、同步码、数据长度、帧选项、命令代码、命令参数和校验码
			无(执行发送顺序 5)		标签无响应
5	接入成功确认命令(命令代码:14_h,SN:0000_h,00_h)			仲裁	
			RN8	仲裁	前导码、同步码、数据长度、帧选项、命令代码、命令参数和校验码
T_6——见 GB/T 28925—2012 中 8.3。					

附 录 G
（规范性附录）
标签安全协议测试流程

GB/T 28925—2012 第 12 章标签安全协议符合性测试流程见表 G.1～表 G.11。被测标签在鉴别协议测试之前处于会话状态，安全通信协议测试之前处于安全会话状态。

表 G.1 基于异或运算的双向鉴别协议测试流程

发送顺序	测试用读写器	通信方向	被测标签	验证内容
1	获取标签安全参数命令（命令代码：71_h）	→		
		←	命令代码：71_h，密钥参数：KP，安全能力参数：SCP	前导码、同步码、数据长度、帧选项、命令代码、命令参数和校验码；KP 的 b_0 为 1_b；SCP 的 b_0～b_1 为 11_b，SCP 的 b_4～b_7 为 0001_b
2	异或鉴别请求命令（命令代码：72_h，命令参数：SRN_r）	→		
		←	命令代码：72_h，应答数据：{$SORN_r$，SRN_t}	前导码、同步码、数据长度、帧选项、命令代码、命令参数和校验码；$SORN_r = (RN_r + O_n) \oplus PSK$
3	异或鉴别应答命令（命令代码：74_h，命令参数：$SORN_t$）	→		
		←	命令代码：74_h，执行状态：0000_h	前导码、同步码、数据长度、帧选项、命令代码、命令参数、校验码和执行状态

表 G.2 基于异或运算的读写器对标签单向鉴别协议测试流程

发送顺序	测试用读写器	通信方向	被测标签	验证内容
1	获取标签安全参数命令（命令代码：71_h）	→		
		←	命令代码：71_h，密钥参数：KP，安全能力参数：SCP	前导码、同步码、数据长度、帧选项、命令代码、命令参数和校验码；KP 的 b_0 为 1_b；SCP 的 b_0～b_1 为 01_b，SCP 的 b_4～b_7 为 0001_b

表 G.2（续）

发送顺序	测试用读写器	通信方向	被测标签	验证内容
2	异或鉴别请求命令（命令代码：72_h，命令参数：SRN_r）	→		
		←	命令代码：72_h，应答数据：$SORN_r$	前导码、同步码、数据长度、帧选项、命令代码、命令参数和校验码；$SORN_r$ 长度为 8 字节；$SORN_r = (RN_r + O_n) \oplus PSK$

表 G.3 基于异或运算的标签对读写器单向鉴别协议测试流程

发送顺序	测试用读写器	通信方向	被测标签	验证内容
1	获取标签安全参数命令（命令代码：71_h）	→		
		←	命令代码：71_h，密钥参数：KP，安全能力参数：SCP	前导码、同步码、数据长度、帧选项、命令代码、命令参数和校验码；KP 的 b_0 为 1_b；SCP 的 $b_0 \sim b_1$ 为 10_b，SCP 的 $b_4 \sim b_7$ 为 0001_b
2	异或鉴别激活命令（命令代码：73_h）	→		
		←	命令代码：73_h，应答数据：SRN_t	前导码、同步码、数据长度、帧选项、命令代码、命令参数和校验码
3	异或鉴别应答命令（命令代码：74_h，命令参数：$SORN_t$）	→		
		←	命令代码：74_h，执行状态：0000_h	前导码、同步码、数据长度、帧选项、命令代码、命令参数、校验码和执行状态

表 G.4 基于哈希运算的双向鉴别协议测试流程

发送顺序	测试用读写器	通信方向	被测标签	验证内容
1	获取标签安全参数命令(命令代码:71_h)	→		
		←	命令代码:71_h,密钥参数:KP,安全能力参数:SCP	前导码、同步码、数据长度、帧选项、命令代码、命令参数和校验码;KP 的 b_0 为 1_b;SCP 的 b_0~b_1 为 11_b,SCP 的 b_4~b_7 为 1000_b
2	哈希鉴别请求命令(命令代码:75_h,命令参数:RN_r)	→		
		←	命令代码:75_h,应答数据:{RN_r,RN_t,MIC_1}	前导码、同步码、数据长度、帧选项、命令代码、命令参数和校验码;RN_r 与读写器发送 RN_r 相同;验证 MIC_1 = MIC_1',MIC_1'计算见 GB/T 28925—2012 中 12.1.3.2
3	哈希鉴别应答命令(命令代码:77_h,命令参数:{RN_t,MIC_2})	→		
		←	(命令代码:77_h,执行状态:0000_h)	前导码、同步码、数据长度、帧选项、命令代码、命令参数、校验码和执行状态

表 G.5 基于哈希运算的读写器对标签单向鉴别协议测试流程

发送顺序	测试用读写器	通信方向	被测标签	验证内容
1	获取标签安全参数命令(命令代码:71_h)	→		
		←	命令代码:71_h,密钥参数:KP,安全能力参数:SCP	前导码、同步码、数据长度、帧选项、命令代码、命令参数和校验码;KP 的 b_0 为 1_b;SCP 的 b_0~b_1 为 01_b,SCP 的 b_4~b_7 为 1000_b

表 G.5(续)

发送顺序	测试用读写器	通信方向	被测标签	验证内容
2	哈希鉴别请求命令(命令代码:75_h,命令参数:RN_r)	→		
		←	命令代码:75_h,应答数据:{RN_r,MIC_1}	前导码、同步码、数据长度、帧选项、命令代码、命令参数和校验码;RN_r 与读写器发送 RN_r 相同;MIC_1 = MIC_1',MIC_1'计算见 GB/T 28925—2012 中 12.1.3.4

表 G.6 基于哈希运算的标签对读写器单向鉴别协议测试流程

发送顺序	读写器	通信方向	标签	验证内容
1	获取标签安全参数命令(命令代码:71_h)	→		
		←	命令代码:71_h,密钥参数:KP,安全能力参数:SCP	前导码、同步码、数据长度、帧选项、命令代码、命令参数和校验码;KP 的 b_0 为 1_b;SCP 的 b_0~b_1 为 10_b,SCP 的 b_4~b_7 为 1000_b
2	哈希鉴别激活命令(命令代码:76_h)	→		
		←	命令代码:76_h,应答数据:RN_t	前导码、同步码、数据长度、帧选项、命令代码、命令参数和校验码
3	哈希鉴别应答命令(命令代码:77_h,命令参数:{RN_t,MIC_2})	→		
		←	命令代码:77_h,执行状态:0000_h	前导码、同步码、数据长度、帧选项、命令代码、命令参数、校验码和执行状态

表 G.7 基于对称密码算法的双向鉴别协议测试流程

发送顺序	测试用读写器	通信方向	被测标签	验证内容
1	获取标签安全参数命令(命令代码:71_h)	→		
		←	命令代码:71_h,密钥参数:KP,安全能力参数:SCP	前导码、同步码、数据长度、帧选项、命令代码、命令参数和校验码;KP 的 b_0 为 1_b;SCP 的 $b_0 \sim b_1$ 为 11_b,SCP 的 $b_4 \sim b_7$ 为 0100_b
2	对称鉴别请求命令(命令代码:78_h,命令参数:RN_r)	→		
		←	命令代码:78_h,应答数据:{RN_r,MAC}	前导码、同步码、数据长度、帧选项、命令代码、命令参数和校验码;RN_r 与读写器发送 RN_r 相同;MAC = MAC',MAC'计算见 GB/T 28925—2012 中 12.1.4.2
3	对称鉴别应答命令(命令代码:$7A_h$,命令参数:RN_t)	→		
		←	命令代码:$7A_h$,执行状态:0000_h	前导码、同步码、数据长度、帧选项、命令代码、命令参数、校验码和执行状态

表 G.8 基于对称密码算法的读写器对标签单向鉴别协议测试流程

发送顺序	测试用读写器	通信方向	被测标签	验证内容
1	获取标签安全参数命令(命令代码:71_h)	→		
		←	命令代码:71_h,密钥参数:KP,安全能力参数:SCP	前导码、同步码、数据长度、帧选项、命令代码、命令参数和校验码;KP 的 b_0 为 1_b;SCP 的 $b_0 \sim b_1$ 为 01_b,SCP 的 $b_4 \sim b_7$ 为 0100_b

表 G.8（续）

发送顺序	测试用读写器	通信方向	被测标签	验证内容
2	对称鉴别请求命令(命令代码：78_h，命令参数：RN_r)	→		
		←	命令代码：78_h，应答数据：{RN_r，MAC}	前导码、同步码、数据长度、帧选项、命令代码、命令参数和校验码；RN_r 与读写器发送 RN_r 相同；MAC = MAC’，MAC’计算见 GB/T 28925—2012 中 12.1.4.4

表 G.9 基于对称密码算法的标签对读写器单向鉴别协议测试流程

发送顺序	测试用读写器	通信方向	被测标签	验证内容
1	获取标签安全参数命令(命令代码：71_h)	→		
		←	命令代码：71_h，密钥参数：KP，安全能力参数：SCP	前导码、同步码、数据长度、帧选项、命令代码、命令参数和校验码；KP 的 b_0 是否置为 1_b；SCP 的 $b_0 \sim b_1$ 为 10_b，SCP 的 $b_4 \sim b_7$ 为 0100_b
2	对称鉴别激活命令(命令代码：79_h)	→		
		←	命令代码：79_h，应答数据：RN_t	前导码、同步码、数据长度、帧选项、命令代码、命令参数和校验码
3	对称鉴别应答命令(命令代码：$7A_h$，命令参数：{RN_t，MAC})	→		
		←	命令代码：$7A_h$，执行状态：0000_h	前导码、同步码、数据长度、帧选项、命令代码、命令参数、校验码和执行状态

表 G.10 基于公钥密码算法的双向鉴别协议测试流程

发送顺序	测试用读写器	通信方向	被测标签	验证内容
1	获取标签安全参数命令(命令代码:71_h)	→		
		←	命令代码:71_h,密钥参数:KP,安全能力参数:SCP	前导码、同步码、数据长度、帧选项、命令代码、命令参数和校验码;KP 的 b_0 为 1_b;SCP 的 $b_0 \sim b_1$ 为 11_b,SCP 的 $b_4 \sim b_7$ 为 1110_b
2	公钥鉴别激活命令(命令代码:$7B_h$,命令参数:ECDH)	→		
		←	命令代码:$7B_h$,应答数据:{ 01_h, TTPID, RN_t, TPK_t} 命令代码:$7B_h$,应答数据:{02_h,ECDH,Sig_t}	前导码、同步码、数据长度、帧选项、命令代码、命令参数和校验码;第 1 个分片序号为 01_h,第 2 个分片序号为 02_h;
3	公钥鉴别请求应答命令 (命令代码:$7C_h$,应答数据:{01_h,TTPID,RN_t,RN_r,TPK_r,MIC_1}) (命令代码:$7C_h$,应答数据:{02_h,SIg_r,[RES_t,RES_r,SIG_{ttp}]})	→		
		←	命令代码:$7C_h$,应答数据:{RN_r,MIC_2}	前导码、同步码、数据长度、帧选项、命令代码、命令参数和校验码;RN_r 与读写器发送 RN_r 相同;MIC_2 = MIC_2',MIC_2'计算见 GB/T 28925—2012 中 12.1.5.2

表 G.11 安全通信协议测试流程

发送顺序	测试用读写器	通信方向	被测标签	验证内容
1	安全通信命令(命令代码:$7D_h$,命令参数:{长度,负载})	→		
		←	命令代码:$7D_h$,应答数据:{执行状态,长度,负载}	前导码、同步码、数据长度、帧选项、命令代码、命令参数和校验码

ICS 03.080.01
A 12

中华人民共和国国家标准

GB/T 28927—2012

度假社区服务质量规范

Specification for service quality of resort community

2012-11-20 发布 2013-01-01 实施

中华人民共和国国家质量监督检验检疫总局
中国国家标准化管理委员会 发布

前　言

本标准按照 GB/T 1.1—2009 给出的规则起草。

本标准由全国休闲标准化技术委员会(SAC/TC 498)提出并归口。

本标准起草单位:北京同和时代旅游规划设计院。

本标准主要起草人:魏小安、付磊、朱莉蓉、胡安明、罗先佳。

度假社区服务质量规范

1 范围

本标准规定了度假社区在建设、管理与服务等方面的基本要求。

本标准适用于具有休闲度假功能的各类社区。

2 规范性引用文件

下列文件对于本文件的应用是必不可少的。凡是注日期的引用文件，仅注日期的版本适用于本文件。凡是不注日期的引用文件，其最新版本(包括所有的修改单)适用于本文件。

GB 3095 环境空气质量标准

GB 3096 声环境质量标准

GB 3838 地表水环境质量标准

GB/T 10001.1 标志用公共信息图形符号 第1部分:通用符号

GB/T 10001.2 标志用公共信息图形符号 第2部分:旅游休闲符号

3 术语和定义

下列术语和定义适用于本文件。

3.1

社区 community

聚居在一定的地域内的相互关联、相互交往的人群形成的具有共同生活特征的相对独立的地域性社会单元。

3.2

度假 vacation

离开常住居所、在特定目的地过夜并停留较长时间，以休养身心、享受生活、获得深度体验为主要诉求或综合其他诉求的生活方式。

3.3

度假社区 resort community

以满足人们的度假生活需求为主要功能，人居设施舒适，活动空间宽松，文化氛围浓郁，景观环境优美，休闲项目丰富，管理和服务专业化程度高，崇尚人与自然和谐发展，具有一定规模的高品质社区。按照对特定度假功能的侧重，可分为运动型度假社区、养生型度假社区、文化型度假社区、生态型度假社区、特色型度假社区(细分人群)、综合型度假社区等类型；按照社区所处的区位，可分为城市型度假社区、乡村型度假社区、山地型度假社区、滨水型度假社区、森林型度假社区等类型。

3.4

社区公共设施 public facility of community

为社区居民所共享的道路系统、信息系统、综合管线、环境卫生等设施的总称。

3.5

休闲设施 leisure facility

满足社区居民休闲和外来度假者需求的消费场所和设施。

示例：温泉、高尔夫、游乐场、运动场、露营地、主题俱乐部、养生中心、餐厅、酒店、购物店、歌舞厅、棋牌室。

3.6

道路用地　urban traffic land use

社区内道路、小区路、组团路及非公建配建的居民汽车地面停放场地。

3.7

公共绿地　public green space

满足规定的日照要求，适于设置游憩活动设施、供居民共享的集中绿地。

示例：社区内公园、小游园、组团绿地及其他块状带状绿地。

3.8

容积率　floor area ratio

每公顷社区用地上拥有的各类建筑的建筑面积（m^2/hm^2），或以总建筑面积（万 m^2）与社区用地面积（万 m^2）的比值表示。

注：也称建筑面积毛密度。

3.9

建筑密度　building density

社区内所有建筑的基底总面积与社区用地面积的比率（%）。

3.10

绿地率　greening rate

社区内各类绿地面积的总和占社区用地面积的比率（%）。

示例：公共绿地、宅旁绿地、公共服务设施所属绿地和道路绿地（即道路红线内的绿地），其中包括满足当地植树绿化覆土要求、方便居民出入的地下或半地下建筑的屋顶绿地，不包括其他屋顶、晒台的人工绿地。

3.11

地面停车率　parking rate on the ground

居民汽车的地面停车位数量与居住户数的比率（%）。

3.12

日照间距系数　coefficient of the buildings insolate interval

根据日照标准确定的房屋间距与遮挡房屋檐高的比值。

3.13

建筑小品　architectural oddments

既有功能要求，又有点缀、装饰和美化作用，从属于某一建筑空间环境的小体量建筑、游憩观赏设施和指示性标志物等的统称。

3.14

绿道　greenway

沿着河滨、溪谷、树林、山脊线等自然走廊，或是沿着用作游憩活动的废弃铁路线、沟渠、风景道路等人工走廊所建立的线型开敞空间，包括所有可供步行和非机动车使用者进入的自然景观线路和人工景观线路，是社区连接郊野公园、自然保护区、风景区、历史古迹等生态和文化区域的带状或线型绿地。

4　社区区位

4.1　社区位置应综合体现地形地貌、地质条件、生态环境、气候气象、社会文化、经济基础等因素的有利影响，符合科学的风水格局原理，趋利避害，内外和谐，安全稳定。

4.2　周边应有海洋、湖泊、河流、山地、森林、温泉、古城、古镇、古迹、主题公园等生态和人文资源中的两种（含）以上。

4.3 周边宜有A级旅游景区、旅游度假区、风景名胜区、森林公园、地质公园等品牌旅游区。
4.4 周边应有安全农产品基地,方便社区居民采购。
4.5 周边不宜有工业污染源或其他污染源。
4.6 与周边的城乡生产、生活区域应有生态缓冲带。

5 道路交通

5.1 外部连接路

5.1.1 社区与周边城市、旅游区以及飞机场、火车站、汽车站、高速公路出入口、码头等交通枢纽有便捷的交通连接线,可顺畅抵达。
5.1.2 路面整洁,行车通畅,交通标识正确规范、美观醒目。
5.1.3 道路两侧绿化效果好,环境优美,无视觉污染。
5.1.4 道路沿途应设有加油站或汽车服务点。
5.1.5 社区与旅游区(点)的连接道路,应沿道路建设或通过划线方式设置自行车道,并配套服务站点。
5.1.6 进入社区前应有醒目的提示性标识,宜在社区入口设立引导区。
5.1.7 社区进出道路应为非过境道路,或为过境车辆设置绕行道路。
5.1.8 临近社区处,宜设立户外营地,并配套服务设施。

5.2 社区内部道路

5.2.1 社区应至少有2个出入口,各出入口应有功能分工,门区外设有临时泊车位。社区内主要道路应至少有2个方向与外围道路相连。
5.2.2 道路结合地形,随形就势,利于空气的循环流通和雨水的收集排放。
5.2.3 社区内应设置多级别的道路系统,包括社区道路、小区路、组团路和宅间小路四级,其结构体系和路宽应符合下列规定:

a) 道路体系结构合理,有利于各功能区的划分和联络;
b) 社区道路:红线宽度不小于20 m;
c) 小区路:路面宽5 m~8 m;建筑控制线之间的宽度:采暖区不小于14 m,非采暖区不小于10 m;
d) 组团路:路面宽3 m~5 m;建筑控制线之间的宽度:采暖区不小于10 m,非采暖区不小于8 m;
e) 宅间小路;路面宽不小于2.5 m;
f) 在多雪地区,应满足堆积清扫道路积雪的面积需求,道路宽度可适度增加。

5.2.4 社区内尽端式道路的长度不宜大于120 m,并应设不小于12 m×12 m的回车场地。
5.2.5 应设置专门的自行车道体系,通达区域广。
5.2.6 应设置专门的健身步行道体系,通达区域广。
5.2.7 可设置专门的马道。
5.2.8 在保障安全的前提下,可根据需求,设置体验性强的特种道路或线路。
5.2.9 各级道路应满足无障碍通行要求。
5.2.10 坡度大于8%的社区内用地,应辅以梯步解决竖向交通,并在梯步旁附设推行自行车的坡道。
5.2.11 在严寒多雪的山坡地段,路面应考虑防滑措施;在地震设防地区,应采用柔性路面。
5.2.12 道路沿线绿化、美化效果好,形成景观带。

5.3 停泊系统

5.3.1 公共停车场

5.3.1.1 停车容量可以满足社区居民与度假者的需求。

5.3.1.2 停车场应为生态型场地，视觉效果好。

5.3.1.3 车辆出入分流，高峰时期调度有效。

5.3.1.4 车位类型结构合理，可停泊一定数量的大中型客车。

5.3.2 私家停车位

5.3.2.1 地面停车率不宜超过20%。

5.3.2.2 每户宜有2个以上(含)车位(含地下车库车位)。

5.3.3 其他

5.3.3.1 滨水型度假社区应有公共游船码头，有私家游艇泊位。

5.3.3.2 根据需要，设置直升机、热气球、飞艇等特种交通娱乐工具停泊区。

5.4 交通集散

5.4.1 应设立服务外来者的交通集散服务中心，配备换乘交通工具。

5.4.2 应采用低能耗、低排放、使用清洁能源的交通工具。

5.4.3 应多采用非机动交通方式。

5.4.4 科学组织人流、车流和车辆停泊，内部交通安全有序。

6 景观环境

6.1 景观系统

6.1.1 有专门的景观规划与设计，体现尊重生态、尊重文化、提升功能、营造氛围的原则，并付诸实施。

6.1.2 景观体系完整，构筑物、绿地、水体、山地、道路等形成视觉和谐的有机整体。

6.1.3 景观体系彰显创意，形成自身特色，与休闲度假的功能相吻合。

6.1.4 社区内部景观与外部景观协调，整体效果好。

6.1.5 社区内形成绿道体系，并与外部生态环境有机连通。

6.1.6 建筑物体现独特风情，布局错落有致、聚散有度，成为景观体系的有机构成。

6.1.7 应有1个以上标志型景观，5个以上的重要景观点。

6.1.8 应有水系，如河流、湖泊、池塘、溪流、叠水等，并形成水体景观。

6.1.9 建筑小品应反映社区的文化主题，有良好的景观效果。

6.1.10 夜晚景观整体效果优良，按照不同功能区的要求，合理分配照度。

6.1.11 宜有体现历史文化的文物、遗址，并实施有效保护，形成景观。

6.1.12 无裸露的土方工程断面，已有断面的生态恢复效果好。

6.1.13 各类管线入地敷设，室外无飞线。

6.2 建筑物形态

6.2.1 建筑物形态和结构应充分体现居住与度假功能的统一。

6.2.2 建筑形态美观，从不同距离、不同角度欣赏均具有视觉吸引力。

6.2.3 建筑物外观与环境和谐，建筑立面协调，不同建筑物之间整合有序，无低劣瓷砖贴面等视觉污染。

6.2.4 实施立体绿化，包括阳台、屋顶、墙面等，视觉效果优良。

6.2.5 对有价值的古建筑、老建筑保护得当，科学修缮，合理利用，形成独特景观。

6.2.6 无乱搭建、乱设摊现象。

6.3 绿地系统

6.3.1 绿地系统完整,包括公共绿地、宅旁绿地、公建所属绿地和道路绿地等。
6.3.2 社区内一切可绿化的用地均应绿化,整体绿地率不低于50%。
6.3.3 绿地布局应体现集中与分散相结合,点、线、面相结合的原则。
6.3.4 绿地范围宜保留社区用地的原有植被。
6.3.5 绿地内乔灌草结合,大树数量多,季相变化丰富。
6.3.6 宜有古树和其他珍贵植物,实施有效保护,并在景观上予以突出。
6.3.7 公共绿地体系完整,包括住宅区公园(住宅区级)、小游园(小区级)和组团绿地(组团级),以及儿童游戏场和其他的块状、带状公共绿地等。
6.3.8 公共绿地的总指标,应根据居住人口规模分别达到:组团不少于0.5 m^2/人,小区(含组团)不少于1 m^2/人,住宅区(含小区与组团)不少于1.5 m^2/人。
6.3.9 公共绿地应设置建筑小品和驻留休憩设施。
6.3.10 社区宜设有温室花园。
6.3.11 住宅区宜有私家园地。

6.4 环境卫生

6.4.1 对废弃物实施分类收集,每日一清,运送区外规范处理。
6.4.2 垃圾收集设施齐备,数量充足,材料环保,形态美观。
6.4.3 道路、广场、绿地等公共区域无积水现象,无垃圾堆积。
6.4.4 应有公共厕所,标识清楚,器具洁净、无污垢、堵塞、破损和异味。
6.4.5 无尘土、烟气、噪音和玻璃幕墙光污染。
6.4.6 无乱张贴、乱涂画现象。

6.5 标识系统

6.5.1 图形符号应符合GB/T 10001.1和GB/T 10001.2的要求。
6.5.2 信息表达清晰准确,中、外文对照。
6.5.3 数量充足,分布合理,便于发现,指引有效。
6.5.4 使用绿色环保材料,外观形态与环境协调,体现社区特色。

7 人居设施

7.1 建筑密度

7.1.1 社区整体的建筑密度应不高于30%。
7.1.2 住宅建筑在社区整体的建筑密度应不高于25%。
7.1.3 以独立别墅为主的社区的容积率应不高于0.5;以联排别墅为主的度假社区的容积率应不高于0.7;其他度假社区的容积率应不高于1。

7.2 空间布局

7.2.1 居住区与商业区等社区公共区域有绿地缓冲带。
7.2.2 居住区应集中体现处在区位、地形、环境、功能等方面的优越性。
7.2.3 建筑布局应有利于空气循环和自然采光。
7.2.4 建筑正面间距应保证每户在冬至日能获得满窗日照时间达到3 h以上。

7.2.5 建筑侧面间距应不小于 25 m。

7.2.6 底层的住宅应配有小花园或庭院。

7.2.7 在高层住宅应能看到优良的景观。

7.3 单套住宅要求

7.3.1 内部功能结构合理,应有起居室、客厅、厨房、卫生间、阳台,以及满足度假生活需要的其他空间。

7.3.2 一层以上住宅的南侧阳台面积应大于 15 m^2。

7.3.3 每户至少有两个房间朝阳。

7.3.4 单个采光窗户的面积应不小于 4 m^2,宜有转角飘窗。

7.4 健康住宅

7.4.1 不使用易挥发出化学物质的胶合板、墙体装修材料,避免引起化学物质过敏症。

7.4.2 设有换气性能良好的换气设备,能将室内污染物质排至室外;采用高气密性、高隔热性建筑材料的度假社区,应采用具有风管的中央换气系统进行定时换气。

7.4.3 厨房灶具或吸烟处应设局部排气设备。

7.4.4 室内温度宜保持在 17 ℃～27 ℃之间。

7.4.5 室内湿度宜保持在 40%～70%之间。

7.4.6 室内二氧化碳应低于 $1\ 000 \times 10^{-6}$。

7.4.7 室内悬浮粉尘浓度应低于 0.15 mg/m^2。

7.4.8 室内噪声应小于 50 dB。

7.4.9 住宅建筑具有足够的抗自然灾害的能力。

7.4.10 应便于护理老龄者和残疾人。

8 休闲项目与服务

8.1 基本休闲项目

8.1.1 应有具备相应住宿接待条件并体现文化主题的酒店或会所。

8.1.2 应有规模适宜的休闲购物和餐饮中心。

8.1.3 社区附近应有三种以上的休闲体育设施,例如网球场、乒乓球馆、篮球场、保龄球馆、游泳池(馆)、健身房等。

8.1.4 应有三种以上的主题俱乐部,如红酒、棋牌、书画、运动等。

8.1.5 应有老年人活动中心和儿童活动中心(托管中心)。

8.2 户外运动

8.2.1 应有两种以上的户外运动设施,例如高尔夫球场、游艇会、跑马场、滑雪场、山地运动基地、水上运动基地、拓展训练营地等。

8.2.2 户外运动场所能举行一定规模的赛事活动。

8.2.3 宜设有专门的户外运动俱乐部。

8.2.4 每年组织户外运动活动达 5 次以上。

8.3 养生休闲

8.3.1 有两种以上的养生设施,例如体检中心、理疗中心、温泉 SPA、药膳调养、按摩保健等。

8.3.2 有专业的养生教练队伍提供指导。

8.4 文化休闲

8.4.1 有规模适宜的社区文化中心。

8.4.2 每年组织开展特色文化活动达5次以上。

8.4.3 宜有具备一定规模和藏书量的图书馆或图书室。

9 生态建设

9.1 环境质量

9.1.1 空气质量应达到GB 3095中的一级标准。

9.1.2 居住区噪声质量应达到GB 3096中的1类要求。

9.1.3 地表水环境质量应达到GB 3838中要求的Ⅲ类标准。

9.2 绿色环保

9.2.1 制定和执行绿色环保的相关规章制度。

9.2.2 全面采用雨水回收、中水处理和节能灌溉系统,能满足绿化和保洁用水需求。

9.2.3 清洁能源的使用比例高。

9.2.4 公共区域应使用绿色照明和高效节能照明灯,采用智能型和节能型照明控制系统。

9.2.5 充分使用绿色环保的建筑材料。

9.2.6 绿色食品定点采购,满足社区内消费需要。

9.2.7 人与自然和谐相处,社区内可见鸟类、鱼类等小动物。

9.2.8 全面倡导低碳绿色的生活方式,得到居民广泛认同和执行。

10 文化精神

10.1 社区文化

10.1.1 有特色鲜明、内涵深刻的社区标志(LOGO)。

10.1.2 有积极健康、表述清晰、广泛认同的社区文化或社区精神。

10.1.3 居民的凝聚力高,对公共活动的参与度高。

10.1.4 积极承担社会责任,经常举行和参加公益性活动。

10.1.5 有一定规模的社区志愿者。

10.1.6 居民不欺生,不敲诈,乐于帮助外来休闲度假者。

10.2 社区关系

10.2.1 邻里间相互帮助,关系和谐。

10.2.2 业主与物业管理者关系和睦,业主对物业满意度达到90%以上。

10.2.3 商业经营者与业主、物业管理者关系和睦,业主对商户的满意度达到90%以上。

10.2.4 经常举行社区内部的交流活动。

10.2.5 与其他社区达成友好关系,并常有交流活动。

11 公共服务

11.1 基本要求

11.1.1 社区公共服务应包括幼儿教育服务、医疗保健服务、金融服务、商业与商务服务、安全保障、物业管理等。

11.1.2 公共服务相关设施应与住宅同步规划、同步建设和同时投入使用。

11.2 幼儿教育服务

11.2.1 社区宜有双语幼儿园。

11.2.2 有针对幼儿教育的各类培训课，如保姆课、业主课等。

11.3 医疗保健服务

11.3.1 设置医疗服务中心或诊所，有急救服务体系，有定点医院及完备的急救设施与人员。

11.3.2 设置健康服务中心，设施完善，配备专业人员，提供定期检查和日常保健服务。

11.4 金融服务

11.4.1 设置银行营业网点，可办理银行综合业务。

11.4.2 有自助银行设备，提供24小时服务。

11.5 商业与商务服务

11.5.1 度假社区内商业服务体系完善，有超市、便利店、24小时零售店、24小时药店、快餐店等。

11.5.2 有专门的会议场所，设施齐备，能提供专业的会议服务。

11.5.3 有专门的商务中心，可有效协助居民和度假者的商务活动。

11.6 安全保卫

11.6.1 建立社区安全管理制度，安全责任落实到人。

11.6.2 在公共区域应有全时全覆盖的监控体系，设立门禁系统。

11.6.3 在室内活动场所及住宅内，均设有紧急呼救或报警设备。

11.6.4 有社区保安室，人员充足，制度健全，设备完善，运转正常。

11.6.5 消防设施设备齐全、有效，定期检查。消防通道保持畅通，有明显标识。

11.6.6 有突发事件应急预案，事故处理及时、有效。

11.7 物业管理

11.7.1 制定和执行物业管理规章制度。

11.7.2 制定和执行服务规范手册。

11.7.3 对员工定期进行培训，实行资格认证制度，专业岗位员工持证上岗率达100%。

11.7.4 与业主大会形成有效的监督和沟通机制。

11.7.5 定期开展居民和消费者满意度调查，不断完善服务。

11.7.6 在醒目处设置质量监督电话，专人负责。

11.7.7 对投诉受理及时，处理得当，整改到位，档案记录完整、准确。

11.7.8 应开设社区网站,并使用信息技术,开展电子商务及数字化服务。

11.8 其他公共服务

11.8.1 有专业的家政服务机构,提供保洁、维修、管护等服务项目。

11.8.2 有邮政快递营业点,提供上门取、送件服务。

11.8.3 有旅行服务营业点,提供旅行安排和票务预订等服务。

11.8.4 应为特殊人群(老年人、残障人士、孕妇等)提供服务。

11.8.5 引入管家式服务模式,为业主提供定制化、个性化服务。

ICS 03.080.01
A 12

中华人民共和国国家标准

GB/T 28928—2012

社区休闲服务质量导则

Guidelines for community leisure service

2012-11-20 发布　　2013-01-01 实施

中华人民共和国国家质量监督检验检疫总局
中国国家标准化管理委员会　发布

前　言

本标准按照GB/T 1.1—2009给出的规则起草。

本标准由全国休闲标准化技术委员会(SAC/TC 498)提出并归口。

本标准起草单位:中国社会工作协会、北京世纪唐人旅游发展有限公司。

本标准主要起草人:马学理、魏小安、张晓军、李飞、郄春燕。

社区休闲服务质量导则

1 范围

本标准规定了社区休闲服务在休闲空间、休闲设施、休闲环境、休闲资源整合、公共服务、公共管理等方面的基本要求。

本标准适用于城市社区。农村社区亦可参照。

2 规范性引用文件

下列文件对于本文件的应用是必不可少的。凡是注日期的引用文件,仅注日期的版本适用于本文件。凡是不注日期的引用文件,其最新版本(包括所有的修改单)适用于本文件。

GB 3095 环境空气质量标准

GB 3096 声环境质量标准

GB 3838 地表水环境质量标准

GB 9664 文化娱乐场所卫生标准

GB/T 10001.1 标志用公共信息图形符号 第1部分:通用符号

3 术语和定义

下列术语和定义适用于本文件。

3.1

社区 community

聚居在一定地域内,相互关联、交往的人群形成的具有共同生活特征的相对独立的地域性社会单元。

注:亦可表述为居住在一定地域范围内的人们所组成的多种社会关系的生活共同体。

3.2

休闲 leisure

个人在除工作、学习、家务劳动、睡眠等日常谋生和生理必需的时间以外,按照个人偏好,以积极方式求得身心愉悦,达到生命保健、体能恢复、精神满足、自我实现与发展目的的活动。

注:包括日常休闲、周末休闲和节假日休闲等。

3.3

社区休闲 community leisure

在社区生活中产生需求并得到满足的休闲活动,是塑造社区个性、形成社区文化、彰显社区品质的主要动力,具有便利性、社会性、民生性等特点。

3.4

休闲空间 leisure space

满足人们休闲活动需求的空间和场所。

注:公共休闲空间是为满足休闲主题公共休闲需求所营造的专用公共空间。

示例:既包括广场、绿地、居住区户外场地、城市公园等公共产品,又包括集聚商业和娱乐元素的中央商业区。

3.5

社区休闲空间 community leisure space

满足社区成员或来访者休闲需要的场所、设施、设备和服务构成的综合体。

3.6

社区休闲服务 community leisure service

为了满足社区居民和外来者休闲需要，在社区休闲空间内依托休闲设施而产生的各种服务行为。分为基础性休闲服务和特色化休闲服务。

4 休闲设施

4.1 设施的建设、运营和管理符合规划、标准及相关法规。

4.2 社区具有至少一个面积适宜，能够满足一般性、日常性户外休闲需求，兼具居民交流功能的中心休闲广场。

4.3 充分发挥本社区已有休闲设施作用的同时，整合社区周边和其他社区的特色休闲设施，满足社区居民的休闲需要。

4.4 依据社区共建、共享的原则，驻区单位的休闲设施，应在不影响内部使用的前提下，向社区居民开放。

5 休闲环境

5.1 自然环境

5.1.1 环境指标

5.1.1.1 社区空气质量不低于 GB 3095 规定的二类区执行的二级标准。

5.1.1.2 地表水环境质量不低于 GB 3838 规定的三类标准。

5.1.1.3 社区噪声质量应不低于 GB 3096 规定的二级标准。

5.1.1.4 社区绿地率不低于 30%。

5.1.2 环境行为

5.1.2.1 社区面貌整洁，无违反城市管理法规的行为。

5.1.2.2 居民环保意识强，珍惜自然资源，爱护文物古迹。

5.1.2.3 住宅功能区分布合理，绿化、美化有规划，并形成一定规模。

5.1.2.4 公共卫生设施有专人管理，保持清洁。

5.2 人文环境

5.2.1 社区氛围

5.2.1.1 社区具有布局合理、容量适宜的文化活动场所，主题突出、个性鲜明的文化氛围。

5.2.1.2 社区居民公共意识强，邻里关系和睦，互帮互助。

5.2.1.3 社区居民对外态度友好，敬语普及程度高，随时帮助来访者。

5.2.2 人居环境

5.2.2.1 生态环境质量满足居住需要，不受有害气体、污水及噪声等污染的影响。

5.2.2.2 住宅建筑立面简洁大方，视觉效果良好，注重节能和无障碍设计环节。

5.2.2.3 各类场所全部达到GB 9664规定的卫生标准。

5.2.2.4 公共厕所布局合理、设施齐全,数量能够满足居民及来访者需求,引导标识明确、易识别,管理有序。

5.2.2.5 垃圾及时收集、清理,实现分类回收,垃圾回收处理设施、场所布局合理、标识统一,外观整洁。

6 休闲服务

6.1 交通服务

6.1.1 道路建设应同时符合交通、文化、生态等要求。

6.1.2 社区交通布局合理,道路网络便利畅通,人车分流。

6.1.3 停车场所设置合理,能够基本满足社区居民和来访者的停车需求。

6.1.4 能够满足老、幼、残、孕等特殊群体的需求。

6.1.5 标识导引系统完善,图形符号符合GB/T 10001.1的相关要求。

6.2 信息服务

6.2.1 通过社区服务中心(站)、社区宣传栏、互联网、新媒体等多种平台、技术和手段,建立休闲信息服务体系。

6.2.2 在社区服务中心(站),摆放各种休闲文化品,通过多媒体终端随时发布和更新各种服务信息,供社区居民和来访者免费使用。

6.2.3 社区宣传栏布局合理,造型和材质符合社区文化特征,内容定时更新。

6.2.4 定期编制、发放社区休闲服务指南类印刷品。

6.2.5 开通社区网站,通过论坛等形式形成社区居民之间、社区居民与休闲服务提供者之间的广泛互动。

6.3 医疗保健服务

6.3.1 整合利用驻区和社区周边医疗机构,提供基本医疗、医疗急救服务。

6.3.2 建立紧急救援机制,能够及时处理紧急求助。

6.3.3 提供内容比较丰富的保健项目与服务。

6.4 安全服务

6.4.1 拥有专门机构,建立健全安全管理制度,落实安全责任人。

6.4.2 安全设施设备齐全,运行良好,定期检修。

6.4.3 消防设施完好、齐备,普及消防安全意识和基本消防技能。

6.4.4 危险警示标识明显,危险地段防护设施有效,安全警告标识齐全、醒目,设置规范。

6.4.5 有突发事件应急预案,拥有社区应急通讯体系,事故处理及时、妥当,档案记录准确、齐全。

7 休闲安排

7.1 休闲活动

7.1.1 社区内活动丰富,面向不同需求群体,定期组织多样性的特色休闲活动。

7.1.2 依托社区内不同行业的专业人力资源,举办特色休闲活动,并形成社区休闲品牌。

7.1.3 开展社区间各类主题性休闲活动,通过比赛、表演、教学等形式,增进社区间的交流和互动。

7.2 行为引导

7.2.1 不定期开展社区休闲资源和需求调查,建立社区休闲资源数据库,并不断补充、更新数据库。

7.2.2 制定社区休闲服务规划和行动计划。

7.2.3 由社区休闲服务指导机构监督休闲服务质量,采取问卷、走访等形式,形成灵活有效的休闲服务诚信评价体系,并定期公布评价结果。

7.2.4 引导培育居民自发组织各类沙龙、文艺表演团队、体育健身协会、居民兴趣小组等。

7.2.5 通过政府采购服务、企业赞助等形式,支持居民自发组织开展活动,发挥其在社区休闲服务中的积极作用。

7.3 人文关怀

7.3.1 通过政府购买服务,休闲服务机构公益行为等多种形式,主动满足特殊群体的休闲需求。

7.3.2 引导驻区单位开展社区共建,发挥驻区单位在人力资源、场地设施等方面的特色优势,开展面向社区居民的休闲服务。

7.3.3 立足居民需求,利用特色资源,提供特色休闲服务,塑造社区个性。

7.4 休闲服务

7.4.1 鼓励社区居民之间开展互助互惠式休闲服务。

7.4.2 发动乐于奉献爱心、具有相应能力的社区居民,成立成员相对固定、积极开展活动的社区休闲服务志愿者队伍。

8 休闲公共机制

8.1 专业机构

8.1.1 成立“社区休闲服务中心(站)”,提供休闲信息交流、咨询服务,开展休闲技能培训,拓宽社区休闲需求空间。

8.1.2 成立由居民自治组织、主要休闲服务机构、驻区单位、社区居民代表等利益相关方组成的社区休闲服务指导机构,指导社区休闲服务。

8.2 休闲培训

8.2.1 制定并实施面向社区居民的休闲领域培训计划。

8.2.2 定期对政府派出机构、居民自治组织、驻区单位、物业公司等相关机构的工作人员进行休闲专业培训,提高休闲服务水平。

8.2.3 定期举办社区休闲讲座等多种形式和内容的培训,传播健康休闲理念,传授新的休闲技能,引导社区居民开展积极休闲。

8.2.4 各机构工作人员受训比率达到100%。

参 考 文 献

[1] GB 8978—2002 污水综合排放标准
[2] GB 17945—2010 消防应急照明和疏散指示系统
[3] GB/T 20647—2006 社区服务指南
[4] GB/T 28101—2011 城市公共休闲服务与管理 基础术语

ICS 03.080.01
A 12

中华人民共和国国家标准

GB/T 28929—2012

休闲农庄服务质量规范

Specification for service quality of recreation granges

2012-11-20 发布　　2013-01-01 实施

中华人民共和国国家质量监督检验检疫总局
中国国家标准化管理委员会　发布

前　言

本标准按照 GB/T 1.1—2009 给出的规则起草。

本标准由全国休闲标准化技术委员会(SAC/TC 498)提出并归口。

本标准起草单位:北京同和时代旅游规划设计院。

本标准主要起草人:张灵光、郝赪、魏小安、付磊、刘汉奇、朱莉蓉。

引　言

在休闲生活中亲近自然，享受田园，是现代人的基本生活追求。多年以来，农家乐在各地蓬勃发展，需要转型升级，休闲农庄在这一背景下应运而生。休闲农庄以休闲生活为追求，以多元农业为根本，以乡村文化为灵魂，以乡土体验为特色。为规范休闲农庄服务质量，维护消费者权益，提高休闲农庄运营水平，促进休闲农庄健康成长，推动城乡一体化发展，特制定本标准。

休闲农庄服务质量规范

1 范围

本标准规定了休闲农庄规划、运营、环境、设施与服务的基本要求。

本标准适用于以休闲为主要功能的各类农业园区。

2 规范性引用文件

下列文件对于本文件的应用是必不可少的。凡是注日期的引用文件，仅注日期的版本适用于本文件。凡是不注日期的引用文件，其最新版本（包括所有的修改单）适用于本文件。

GB 3095 环境空气质量标准

GB 3096 声环境质量标准

GB 3838 地表水环境质量标准

GB 5768 道路交通标志和标线

GB 8978 污水排放综合标准

GB 16153 饭馆（餐厅）卫生标准

GB/T 18973 旅游厕所质量等级的划分与评定

3 术语和定义

下列术语和定义适用于本文件。

3.1

休闲农庄 recreation grange

有明确的区域范围和经营主体，具备一定生产规模，休闲服务功能突出，文化特色鲜明的农业园区。

3.2

社区支持 community support

在建设、生产和消费等方面，休闲农庄与相关社区或居民群体形成较为稳定的互动关系。

4 规划布局

4.1 由具有相应资质的规划单位编制规划，在规划指导下建设休闲农庄。

4.2 应与城乡规划、土地利用规划等规划有效衔接。

4.3 应编制风貌保护或风貌控制规划，防止城镇化。

4.4 注重对资源的多元化、集约化利用，在有效整合基础上进行要素配置。

4.5 结合资源特色和主题定位，合理划分功能区。一般包括公共服务区、特色风貌区、生产体验区、生活享乐区、休闲文化区、景观游憩区等功能区。

4.6 宜立足社区支持模式来编制规划。

5 农业生产

5.1 形成新型农业发展模式，就地利用原材料，就地培育人才，就地形成市场，达到产品和服务就地升值。

5.2 所生产的农产品全面通过国家农产品质量安全认证。

5.3 宜保持部分传统工艺，生产特色农产品并形成品牌。如稻田养鱼、林下种植等。

5.4 生产工艺和流程实现产品化、体验化，娱乐化。如插秧体验、抓泥鳅、钓螃蟹等。

5.5 农产品生产与收获等环节的游客参与度高。

5.6 农产品用于休闲消费的比例高。

5.7 生产管理具有示范性，工艺完善，流程衔接紧密。

6 总体运营要求

6.1 传承农业文明

6.1.1 宜设立农庄历史陈列展示场所。

6.1.2 设立传统生产方式和工具展示场所。

6.1.3 保留部分老建筑，成为特色风貌区的重要组成部分。

6.1.4 形成对农业文明的个性化传承与体验方式。

6.2 深化休闲体验

6.2.1 传统农事活动仪式化，如祭天、祭地、祭祖等。

6.2.2 特色活动娱乐化，如垂钓比赛、乡村歌会、时令果蔬品采摘等。

6.2.3 节庆活动公众化，形成共享共乐氛围，如中秋赏月、过大年等。

6.2.4 设立专门的特色娱乐项目，强化参与性，如斗羊、斗鸡、跑猪等。

6.3 构造休闲氛围

6.3.1 开展感受田园的生产体验活动。

6.3.2 开展感受家园的生活体验活动，形成庭院体验。

6.3.3 休闲消费设施比较丰富，如酒吧、茶室、观景台等。

6.3.4 因地制宜开展体育休闲活动。

6.4 营造浪漫风情

6.4.1 增强戏剧性，增加表演性，体现处处是舞台、时时有场景、人人是演员、个个是观众的氛围。

6.4.2 挖掘传统文化，形成系列故事。

6.4.3 树立农庄传奇性人物，形成标志性体现。

6.4.4 发动顾客参与设计主题情节，形成全面互动。

6.4.5 采取多种方式，营造晚间娱乐氛围。

6.5 注重品牌建设

6.5.1 设计品牌标识和主题词，并形成系列，全面展现。

6.5.2 采用多种营销方式，突出品牌影响。

6.5.3 培育品牌餐饮、品牌娱乐、品牌节事活动。

7 环境

7.1 整体景观

7.1.1 应保持地形地貌的自然形态,减少人为扰动。

7.1.2 自然环境怡人,田园风光优美。

7.1.3 人文景观随形就势,与自然景观协调。

7.1.4 构造大地艺术等有视觉冲击力的农作物景观。

7.1.5 宜有比较集中的特色建筑景观区。

7.2 建筑景观

7.2.1 大门形成第一印象区,风格与农庄主题吻合。

7.2.2 公共活动场所布局合理,疏密适度,景观突出。

7.2.3 建筑具有浓郁特色,色彩与外观符合当地传统。

7.2.4 建筑体量因地制宜,不宜求高求大。

7.2.5 对庭院、屋顶、窗台等空间宜进行立体绿化。

7.2.6 建筑密度适宜,不宜超过 0.3。

7.2.7 有相对集中的休闲活动区域,有若干尺度适宜的公共广场。

7.2.8 有传统的文化活动场所,如侗族鼓楼、打麦场等。

7.2.9 设立有特色的建筑小品。

7.3 自然环境保护

7.3.1 植被得到有效保护,林相丰富,形成四季景观。

7.3.2 保护生物多样性,人与生物和谐共处。

7.3.3 环境保护投入有制度化保障。

7.3.4 环境空气质量达到 GB 3095 规定的一级标准。

7.3.5 声环境质量达到 GB 3096 规定的一类标准。

7.3.6 地表水环境质量达到 GB 3838 规定的要求。

7.3.7 污水排放达到 GB 8978 规定的要求。

7.4 人文环境培育

7.4.1 发掘和保护乡村手工艺,培育手工业,吸引顾客参与制作,如雕刻、刺绣、剪纸、泥塑。

7.4.2 深入挖掘民间、民俗文化,有展示场所、工艺体现和传承人。

7.4.3 弘扬乡土生活方式,体现乡村生活风貌,如观星空、听故事、点油灯、烧烤等。

7.4.4 有定期集中的农业文化表演及参与性活动,如社火、社戏、农户婚嫁等。

7.4.5 开展面向青少年的传统礼仪、农事技能等方面的教育活动。

7.4.6 社会环境友善、热情,不欺客、宰客。

7.4.7 宗教场所与活动可使外来游客有参与感。

7.5 生产生活环境优化

7.5.1 日常农业和休闲活动应不影响生产生活环境,宜有利于促进周围环境的改善。

7.5.2 与周边农户和居民关系和谐,互相帮助,与周围其他农庄和社区关系友好。

8 基础设施

8.1 交通设施

8.1.1 外部通达性好，沿途形成交通路、生态路、文化路、景观路合一的格局。

8.1.2 设立规模适合需求的生态停车场。

8.1.3 交通标志规范、清晰、美观，符合 GB 5768 的要求。

8.1.4 外部交通与内部交通有序衔接，不干扰正常的生产生活体系。

8.1.5 内部道路应充分利用原有通道，尺度适宜，路面平整；有下水沟槽，排水通畅。

8.1.6 应形成自行车、步行等多层次的道路体系，沿途景观绿化良好。

8.1.7 有农机具专用通道及停放场所。

8.2 给排水设施

8.2.1 有给排水系统并保持通畅。

8.2.2 有污水处理措施并有效落实，宜实施雨水收集和中水回收利用。

8.3 能源利用

8.3.1 清洁和可再生能源使用率高，如生物质能、太阳能等，制定并有效实施节能减排计划。

8.3.2 有妥善处理能源污染的设施和措施。

8.3.3 电力设施和取暖设施布局合理，不影响景观质量。

8.4 通讯设施

8.4.1 移动通讯全面覆盖，基塔位置适宜，不严重影响景观。

8.4.2 互联网全面联通，农庄内可无线上网。

8.4.3 应能在线搜索和预订农庄。

9 服务设施

9.1 总体要求

9.1.1 相对集中与适当分散相结合，最大限度方便顾客。

9.1.2 靠近交通便捷区域，避开农业生产区域。

9.1.3 与农庄环境有效融合，减少对生态环境的干扰。

9.1.4 以人为本，注重细节，突出文化。

9.2 问询设施

9.2.1 应设立问询处、问询电话等设施，并有专人服务。

9.2.2 问询设施标志醒目，功能完备，运转正常。

9.3 住宿设施

9.3.1 应有一定数量的客房和床位，并形成乡村酒店、乡村旅舍、青年旅舍、农家乐的体系化格局。

9.3.2 客房整洁舒适，设施齐全，装饰体现农业文化特色。

9.4 餐饮设施

9.4.1 餐厅装饰具有地域特色，与农庄文化相协调。
9.4.2 能提供乡村特色菜品或传统民俗节日餐饮。
9.4.3 特色食材主要来源于本农庄。

9.5 游憩设施

9.5.1 应有一定数量的亭、廊、花架等游览、休憩设施。
9.5.2 游憩设施布局合理，造型别致，能提升农庄整体景观效果。
9.5.3 有相应的特色游憩活动，如户外游戏、音乐品鉴等。

9.6 购物设施

9.6.1 购物场所环境整洁，陈列丰满，有当地特色。
9.6.2 提供数量与品质均能满足需求的自产手工艺品和土特产品。

9.7 无障碍设施

各类服务设施的设计建设应考虑残障人士的需求，配备无障碍设施。

10 特色服务项目

10.1 项目组织以农为本，突出体现农业文化主题。
10.2 能提供若干观赏性或参与性的民俗文化活动，如戏曲表演、跑马、射箭、歌会、节庆礼仪、刺绣、草编、竹编、石雕、木雕、泥塑、年画、书法、绘画、剪纸等。
10.3 能提供若干体验性或参与性的传统农事活动，如育苗、插秧、除草、施肥、收割、脱粒、舂米、推磨、纺纱、织布、挤奶、踏水车、捕捞、养殖、采摘等，并提供相应的参与性指导。
10.4 可提供若干具有现代气息的服务项目，如冷餐会、酒会等，做到传统与现代的交融。
10.5 有亲子活动项目。

11 特色服务要求

11.1 服务人员应着特色服饰。
11.2 服务用语适度使用乡土语言。
11.3 接待顾客使用当地迎客待客礼仪。
11.4 提示顾客注意当地习俗中的禁忌。
11.5 展示传统特色技艺，如茶艺等。
11.6 应提供休闲技能指导，如指导顾客品酒、骑马、垂钓等。

12 安全与卫生

12.1 安全

12.1.1 安全法规

落实公安、劳动、质监、旅游等有关部门制定和颁布的各项安全法规的制度措施并有效执行。

12.1.2 安全机构

设有负责安全的专门机构，规章制度健全，人员配置合理。

12.1.3 安全设施设备

12.1.3.1 锅炉、机电等设施设备有安全认证，标识齐全有效，定期检修，无超期服役现象。
12.1.3.2 消防、防盗、救护、防护等设施设备完好有效。
12.1.3.3 员工熟练掌握安全操作规范。

12.1.4 安全警告标志

农庄内山坡、道路、水域、变电站等危险地段的安全警告标志醒目、规范。

12.1.5 安全宣传

采取顾客喜闻乐见的方式进行安全宣传，注重实效。

12.1.6 安全措施

12.1.6.1 接待高峰期和特殊时段应有健全的安全保障制度与措施，并能有效实施。
12.1.6.2 对可能存在的安全隐患进行预评估，消除隐患，并制定突发事件应急处理预案，事故处理档案记录完整、准确。

12.1.7 医疗救护

12.1.7.1 建立紧急救援机制，设置紧急救援电话，能及时处理顾客发出的求助信号。
12.1.7.2 配备专职医务人员和常用药品，有必要的医疗救护设施，有定点医院。

12.2 卫生

12.2.1 环境卫生

12.2.1.1 农庄环境应保持整洁，地面和服务设施周围无垃圾和杂物。
12.2.1.2 设有专职岗位和人员负责日常环境卫生管理与维护。

12.2.2 餐饮卫生

12.2.2.1 餐饮场所达到GB 16153规定的卫生要求。
12.2.2.2 食品卫生条件符合国家有关规定，餐饮服务配备消毒设备。
12.2.2.3 厨房布局流程合理，卫生条件良好。

12.2.3 公共厕所

12.2.3.1 达到GB/T 18973规定的三星级及以上标准。
12.2.3.2 位置设计合理，数量满足需要，引导标识易识别。

12.2.4 接待户厕所

应有水冲式厕所，达到单坑、有门、不臭、无污渍。

12.2.5 垃圾处理

12.2.5.1 坚持垃圾减量化、资源化。

12.2.5.2 垃圾应及时收集、清理,实现分类回收,防止污染。

12.2.5.3 电池、污油等危险废弃物应专门分类回收。

12.2.5.4 垃圾收集箱设置合理,标志统一,外观整洁,与环境相协调。

13 培训与教育

13.1 培训

13.1.1 制定并有效实施当地农民和员工教育培训计划。

13.1.2 管理、技术、专业服务等岗位应实行持证上岗制度。

13.1.3 特殊休闲活动应配备具有相应资质的服务人员。

13.2 休闲行为指引

13.2.1 应采用多种方式对顾客进行生态环境保护的宣传教育。

13.2.2 提示顾客不随意抛洒废弃物,鼓励顾客主动收集垃圾,倡导保护环境行为。

13.2.3 农庄内的各种休闲活动宜制定相应的顾客指南。

13.2.4 应采取多种措施,鼓励顾客积极参与各种休闲农庄活动。

13.2.5 宜对常客给予奖励。

13.2.6 宜对帮助农庄营销的社区和顾客给予奖励。

ICS 13.100
C 56

中华人民共和国国家标准

GB/T 28930—2012

学生使用电脑卫生要求

Hygienic requirements of computer usage for students

2012-11-20 发布　　2013-05-01 实施

中华人民共和国卫生部
中国国家标准化管理委员会　发布

前　言

本标准按照 GB/T 1.1—2009 给出的规则起草。

请注意本文件的某些内容可能涉及专利。本文件的发布机构不承担识别这些专利的责任。

本标准由中华人民共和国卫生部提出并归口。

本标准起草单位:复旦大学公共卫生学院。

本标准主要起草人:谭晖、汪玲、王震维。

学生使用电脑卫生要求

1 范围

本标准规定了学生使用电脑的姿势要求、电脑组件布置要求和使用环境卫生要求，以及学生使用电脑的持续时间、组织休息要求和卫生学教育要求。

本标准适用于开展计算机教育的各级各类学校，学生使用电脑的其他场所亦可参照执行。

2 规范性引用文件

下列文件对于本文件的应用是必不可少的。凡是注日期的引用文件，仅注日期的版本适用于本文件。凡是不注日期的引用文件，其最新版本(包括所有的修改单)适用于本文件。

GB/T 3976—2002 学校课桌椅功能尺寸

GB 7793 中小学校教室采光和照明卫生标准

GB/T 12984 人类工效学 视觉信息作业基本术语

GB 50034 建筑照明设计标准

3 术语和定义

GB/T 12984 中界定的以及下列术语和定义适用于本文件。

3.1

腕部背屈 wrist extension

手腕向手背侧屈曲。

3.2

腕部掌屈 wrist flexion

手腕向手掌侧屈曲。

3.3

腕部尺侧偏 ulnar deviation with wrist

手腕向尺骨侧偏展。

3.4

腕部桡侧偏 radial deviation with wrist

手腕向桡骨侧偏展。

3.5

肘屈角度 elbow bent angle

上臂自然垂放于身体两侧，前臂与上臂之间的夹角。

3.6

膝屈角度 kness bent angle

双足平踏于地面或搁脚板上，大腿保持水平时，大腿与小腿之间的夹角。

4 学生使用电脑的姿势要求

4.1 使用键盘打字时宜采用正直坐姿；使用鼠标浏览屏面时宜采用后位坐姿。

4.2 头颈部宜保持正直或略微前倾，眼睛到屏面的水平距离不宜小于 50 cm。应避免头颈部侧偏、过度前伸、后仰或过度低头。

4.3 腰背挺直，避免弓背、扭转或向一侧偏斜。

4.4 肩部放松，上臂自然垂放于躯体两侧，前臂略低于水平，肘屈角度等于或略大于 90°。避免耸肩，肘部外展或过度前伸。

4.5 手腕自然舒展，与前臂形成一条直线（如图 1）；避免腕部背屈或掌屈（如图 2），避免腕部尺侧偏或桡侧偏（如图 3）。

4.6 双足平踏于地面或搁脚板上，大腿保持水平，膝屈角度等于或略大于 90°。

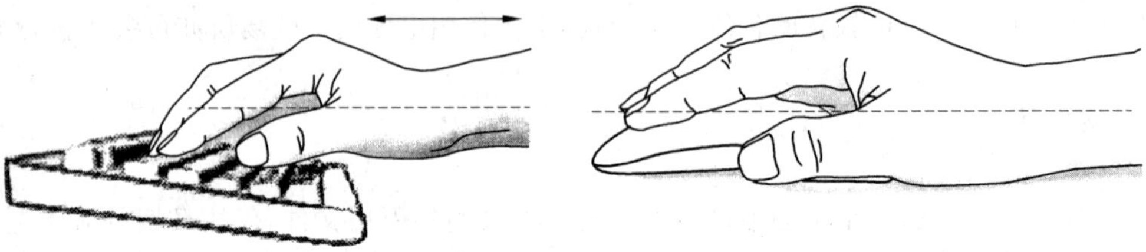

图 1 正确的手腕操作姿势

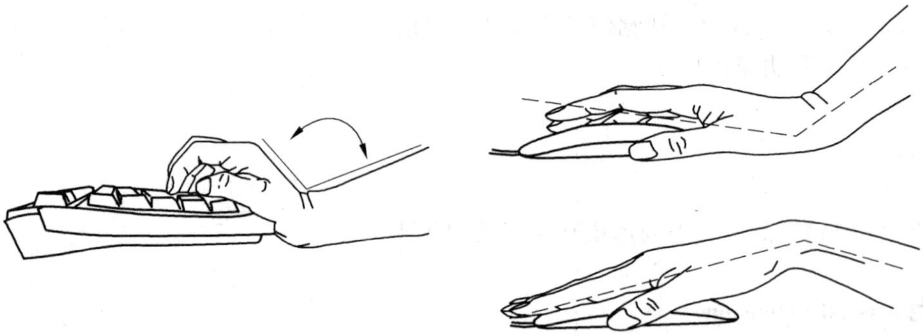

图 2 错误的手腕操作姿势——手腕背屈或掌屈

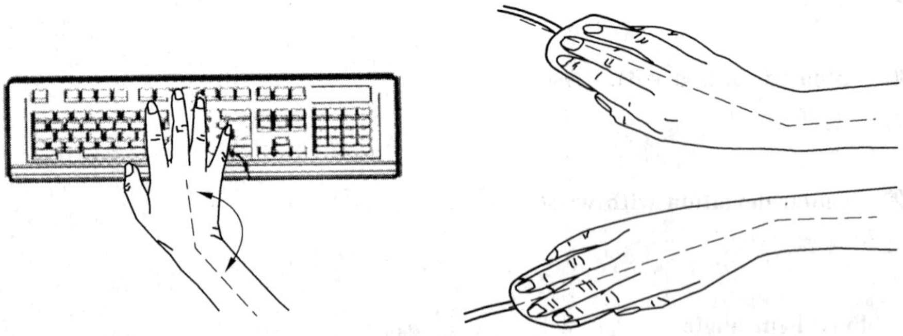

图 3 错误的手腕操作姿势——手腕尺侧或桡侧偏

5 电脑组件布置要求

5.1 电脑桌椅、显示器、键盘、鼠标等组件

5.1.1 便于使用者采用良好的操作姿势。

5.1.2 有足够的桌下净空，能够使使用者腿部自由活动。

5.1.3 椅靠背能够有效地支撑使用者腰部。

5.1.4 电脑屏幕上缘略低于使用者水平视线。

5.2 学校计算机教室中电脑桌椅

5.2.1 电脑桌椅布置宜采用平行教室前墙的形式，前后排之间的净距离和纵向走道的净距离均不应小于700 mm。

5.2.2 除桌面深外，电脑桌椅尺寸应符合GB/T 3976—2002中的相应要求；电脑桌面深不宜小于550 mm，放置液晶显示屏时，桌面深尺寸可适当减小。

5.2.3 宜配置搁脚板，搁脚板的高度范围为40 mm～110 mm。身材较矮的学生在操作电脑时宜使用适当高度的搁脚板，以满足使用姿势的要求。

6 使用电脑的环境要求

6.1 采光照明

6.1.1 计算机教室自然采光应符合GB 7793中教室的采光标准要求。

6.1.2 室内照明应符合GB 50034中学校建筑多媒体教室照明标准值。

6.1.3 宜采取下列措施控制眩光：

a) 配备并使用窗帘或百叶窗等设备，控制来自于窗户的天然光；

b) 调整显示屏方向，避开室内光源在屏幕上形成的眩光点；

c) 使用滤光屏等设备，对显示器屏面进行防眩光处理；

d) 电脑桌面和室内墙面使用无光泽材料。

6.2 噪声

6.2.1 室内环境噪声等效声级不宜大于50 dB(不包括使用者产生的噪声)。

6.2.2 计算机室应远离噪声源，室内不宜设置高噪声的空调设备。

6.3 室内微小气候

6.3.1 使用电脑时，环境温度宜在18 ℃～28 ℃，温度变化每小时不宜超过5 ℃，设备不应有结露现象。

6.3.2 使用电脑时，环境相对湿度宜在40%～65%范围内。

6.3.3 采用各种有组织的通风措施，使室内二氧化碳浓度不高于0.15%。

7 学生使用电脑的持续时间和组织休息要求

7.1 宜采用多次短时间的组织休息原则，避免长时间的固定坐姿。

7.2 使用电脑每15 min宜放松眼睛，可将视线从屏幕上移开，眺望他处或快速眨眼；每30 min～40 min宜休息3 min～5 min，可采取伸展、站立、走动等形式变换身体姿势。

8 学生使用电脑的卫生学教育要求

学校应承担培养学生良好的使用电脑行为习惯的教育义务，建立有关教育、指导、规范学生使用电脑姿势和合理组织休息等方面的规章制度。

ICS 11.080
C 59

中华人民共和国国家标准

GB 28931—2012

二氧化氯消毒剂发生器安全与卫生标准

Safety and sanitation standard for chlorine dioxide disinfectant generator

2012-11-20 发布　　2013-05-01 实施

中华人民共和国卫生部
中国国家标准化管理委员会　发布

前　言

为保证化学法二氧化氯消毒剂发生器的消毒效果和使用安全，依据《中华人民共和国传染病防治法》和卫生部《消毒管理办法》，特制定本标准。

本标准5.3、5.4、8.6为强制性条款，其他为推荐性条款。

本标准由中华人民共和国卫生部提出并归口。

本标准由中华人民共和国卫生部负责解释。

本标准负责起草单位：中国疾病预防控制中心环境与健康相关产品安全所、山东省疾病预防控制中心。

本标准参加起草单位：大连雅希科技有限公司、山东山大华特科技股份有限公司、深圳欧泰华环保技术有限公司、青岛金海晟环保设备有限公司、南京华源水处理工业设备有限公司和成都齐力水处理科技有限公司。

本标准主要起草人：李涛、周景洋、张流波、刘善新、章艺、徐光、王竞、王永仪、周铁生、范祥、穆超银。

二氧化氯消毒剂发生器
安全与卫生标准

1 范围

本标准规定了化学法二氧化氯消毒剂发生器(以下简称发生器)的技术要求、应用范围、使用方法、检验方法、标志与包装、运输和贮存、使用说明书和铭牌与注意事项。

本标准适用于以化学反应产生二氧化氯的发生器或消毒机。

2 规范性引用文件

下列文件对于本文件的应用是必不可少的。凡是注日期的引用文件,仅注日期的版本适用于本文件。凡是不注日期的引用文件,其最新版本(包括所有的修改单)适用于本文件。

GB/T 191 包装储运图示标志

GB 317 白砂糖

GB 320 工业用合成盐酸

GB 338 工业用甲醇

GB/T 534 工业硫酸

GB 1616 工业过氧化氢

GB/T 1618 工业氯酸钠

GB 2440 尿素

GB/T 3624 钛及钛合金无缝管

GB 5083 生产设备安全卫生设计 总则

GB 5749 生活饮用水卫生标准

GB/T 8170 数值修约规则与极限数值的表示和判定

GB/T 8269 柠檬酸

GB/T 9969 工业产品使用说明书 总则

GB/T 10002.1 给水用硬聚氯乙烯(PVC-U)管材

GB/T 10002.2 给水用硬聚氯乙烯(PVC-U)管件

GB/T 13384 机电产品包装通用技术条件

GB/T 22789.1 硬质聚氯乙烯板材 分类、尺寸和性能 第1部分:厚度1 mm以上板材

GB 25025 搪玻璃设备技术条件

GB/T 25295 电气设备安全设计导则

GBZ 2.1 工作场所有害因子职业接触限值

HG/T 3250 工业亚氯酸钠

HG 20536 聚四氯乙烯衬里设备

JB/T 2932 水处理设备制造技术条件

生活饮用水消毒剂和消毒设备卫生安全评价规范(试行)2005年版 卫生部

消毒产品标签说明书管理规范2005年版 卫生部

化学危险物品安全管理条例 化学工业部

3 术语和定义

下列术语和定义适用于本文件。

3.1

二氧化氯消毒剂发生器 chlorine dioxide disinfectant generator

使用反应原料发生化学反应生成主要产物为二氧化氯并用于消毒的设备。

注：当该设备能直接对空气、医疗器械进行消毒时也称二氧化氯消毒机。

3.1.1

纯二氧化氯消毒剂发生器 pure chlorine dioxide disinfectant generator

产物中二氧化氯纯度大于等于95%的二氧化氯消毒剂发生器。

3.1.2

二氧化氯与氯混合消毒剂发生器 mixed disinfectant generator of chlorine and chlorine dioxide

以氯酸钠和盐酸为主要原料经化学反应生成二氧化氯和氯气等混合溶液的发生装置。

3.2

二氧化氯浓度 chlorine dioxide concentration

发生器出口溶液中单位体积所含二氧化氯的质量，单位为mg/L。

3.3

二氧化氯产量 the output of chlorine dioxide

二氧化氯发生器在额定工作状态下，单位时间产生二氧化氯的质量，单位为g/h或kg/h。

3.4

氯的浓度 chlorine concentration

发生器出口溶液中单位体积所含氯的质量，单位为mg/L。

3.5

氯产量 the output of chlorine

二氧化氯与氯混合消毒剂发生器在正常额定工作状态下，单位时间产生氯的质量，单位为g/h或kg/h。

3.6

二氧化氯纯度 the purity of chlorine dioxide

发生器在额定工作状态下，出口溶液中二氧化氯物质的量浓度与所有氯氧化物质的量浓度总和之百分比。计算公式为：

$$纯度=\frac{二氧化氯物质的量浓度}{所有氯氧化物质的量浓度总和}\times 100\%$$

注：所有氯氧化物质的量浓度总和是指：ClO_2、Cl_2、ClO_2^-、ClO_3^- 物质的量浓度之和。

3.7

二氧化氯收率 conversion rate of chlorine dioxide

一定时间内经测定的二氧化氯产量与按主反应方程式计算的理论值的百分比。

3.8

中水 graywater

城市污水经处理后达到有关水质标准，可在一定范围内重复使用的非饮用水。其水质介于自来水（上水）与排入管道内污水（下水）之间。

4 名称与型号

4.1 名称

二氧化氯发生器名称应符合《消毒产品标签说明书管理规范(2005 年版)》的规定。

4.2 型号

商品名—C—□

- □ ——额定二氧化氯产量,g/h
- C ——纯二氧化氯消毒剂发生器

商品名—H—□-□

- 第二个□ ——二氧化氯产量,g/h
- 第一个□ ——额定氯产量,g/h
- H ——二氧化氯与氯混合消毒剂发生器

示例 1:商品名—C—100

指额定二氧化氯产量为 100 g/h 的纯二氧化氯消毒剂发生器。

示例 2:商品名—H—100-90

指额定氯产量为 100 g/h,二氧化氯产量为 90 g/h 的二氧化氯与氯混合消毒剂发生器。

5 技术要求

5.1 发生器结构

发生器应包含:原料供给系统、反应系统、吸收系统、测量控制系统和安全系统。

5.2 原料要求

根据反应原理,最终产物的纯度和用途应选用相应规格和纯度的化学原料。所用原料应符合 GB/T 534、GB 338、GB/T 1618、GB 1616、HG/T 3250、GB 320、GB/T 8269、GB 2440、GB 317 或相应的国家标准和卫生安全要求。

5.3 安全性要求

5.3.1 发生器的设计应符合 GB 5083 的要求,其电气设计应符合 GB/T 25295 的要求。

5.3.2 发生器采用的材料应符合 GB/T 10002.1、GB/T 10002.2、GB/T 22789.1、GB/T 3624、HG 20536 和 GB 25025 的要求。

5.3.3 发生器的制造应符合 JB/T 2932 的要求。

5.3.4 发生器应具有安全措施和自动保护功能,故障时应报警停机。

5.3.5 原料输送应采用精确计量装置,当计量装置异常时应报警停机;在正常工况下,连续无故障使用寿命不低于 8 000 h。

5.3.6 发生器的外观不应出现划痕、皱纹、起泡、漏涂或砂粒等缺陷,涂层表面应平整光亮,颜色均匀一致,涂层牢固。

5.3.7 用于饮水消毒的发生器,应符合《生活饮用水消毒剂和消毒设备卫生安全评价规范》相关要求。

5.3.8 氯酸钠法制备二氧化氯的发生器用于饮水消毒时应配备相关的分离装置，将二氧化氯、氯与其他物质进行分离，并将分离出的氯和氯酸盐等进行相关处置。

5.3.9 环境温度：5 ℃～40 ℃；环境湿度：相对湿度≤90%。

5.4 技术指标的要求

5.4.1 发生器的技术指标应符合表1要求。

表1 发生器的技术指标要求

项目	指标
产量波动范围	额定值±15%
二氧化氯纯度	纯二氧化氯消毒剂发生器≥95%
二氧化氯与氯气的质量比值	二氧化氯与氯混合消毒剂发生器≥0.9
二氧化氯收率[a]	纯二氧化氯消毒剂发生器≥75%
	二氧化氯与氯混合消毒剂发生器≥60%
二氧化氯收率[b]	纯二氧化氯消毒剂发生器≥70%
	二氧化氯与氯混合消毒剂发生器≥55%

[a] 为无分离装置的数值。

[b] 为饮水消毒加分离器的数值。

5.4.2 产物二氧化氯溶液的理化指标应符合表2要求。

表2 产物二氧化氯溶液的理化指标要求

项目	指标
出口溶液外观	黄色透明，无不溶物
出口溶液 pH（二氧化氯浓度为 200 mg/L）	>1.5

5.4.3 在饮用水消毒时，出厂水的亚氯酸根、氯酸根、铅（Pb）、汞（Hg）、镉（Cd）、砷（As）应满足 GB 5749 的要求。

5.4.4 连续运转稳定性要求：发生器调试稳定后 72 h 内，平均抽样不少于10次，实际产量与额定产量符合表1要求。

5.5 饮水消毒控制方式及要求

处理不同流量水时，二氧化氯消毒剂发生器应采用以下几种方式控制二氧化氯的产量和投加量：

a) 当处理水（管道中）的流量恒定时，向水中投加二氧化氯的量亦不变，因此二氧化氯发生器可以外部触点（水泵、电磁阀等）联动，这样可以保持处理后水的余量恒定；

b) 当处理水（管道中）的流量变化较大时，必须根据水的瞬时流量按比例投加二氧化氯。利用流量计检测水的流量，流量控制器把流量信号转换成脉冲/4 mA～20 mA 电流信号控制二氧化氯发生器的二氧化氯发生量，从而实现二氧化氯的比例投加，使处理后的水的余量保持恒定；

c) 当处理水（管道中/水池中）余量要保持恒定，可以通过使用二氧化氯监控仪表控制二氧化氯发生器的发生量来实现。通过 PI（比例积分）或 PID（比例积分微分）控制可以使水池中的水的余量保持在很小范围内波动，而且可以实时和直接观察到水中二氧化氯的浓度。

6 应用范围

6.1 水的消毒

a) 生活饮用水：集中式供水单位的给水处理消毒，也用于二次供水消毒；

b) 游泳池、浴池水消毒；

c) 医院污水消毒；

d) 中水消毒。

6.2 食饮具、食品加工行业的管道容器及设备消毒和瓜果蔬菜消毒。

6.3 一般物体表面消毒。

6.4 医疗器械消毒。

6.5 室内空气消毒。

6.6 疫源地消毒。

7 二氧化氯消毒液使用方法

用于水、食饮具、一般物体表面和医疗器械消毒的推荐使用浓度和消毒方式见表3。

表3 二氧化氯溶液消毒的推荐使用浓度和消毒方式

消毒对象	作用浓度	作用时间 min	消毒方式
供水单位提供的生活饮用水	1 mg/L～2 mg/L	30	投加并混匀
二次供水的生活饮用水	0.5 mg/L～2 mg/L	10～30	投加并混匀
浴池污水	5 mg/L～10 mg/L	15	投加并混匀
医院污水	20 mg/L～40 mg/L	30～60	投加并混匀
食饮具、食品加工管道、容器、设备	100 mg/L～150 mg/L	10～20	浸泡
瓜果蔬菜消毒	100 mg/L～150 mg/L	10～20	浸泡
一般物体表面	50 mg/L～100 mg/L	10～15	喷雾和擦拭
医疗器械(非金属)	400 mg/L～600 mg/L	15～30	浸泡
中水消毒	5 mg/L～10 mg/L	30	投加并混匀
室内空气消毒	0.75 mg/m³～2.5 mg/m³	15～60	喷雾
疫源地消毒	500 mg/L～1 000 mg/L	10～15	喷雾和擦拭

8 检验规则

8.1 出厂检验

8.1.1 每台产品均应进行出厂检验，由厂质量检验部门出具合格证明，方能出厂。

8.1.2 出厂检验项目和结果应符合5.3.1～5.3.6、5.4.1～5.4.2的要求。

8.1.3 每台发生器由生产厂的质量监督检验部门按本标准的规定进行检验。生产厂应保证所有出厂的发生器都符合本标准的要求。

8.2 型式检验

8.2.1 本标准规定的发生器的所有要求项目为型式检验项目。在申请和更换国家卫生许可批件时，每生产100台(年产少于100台的每年进行1次)进行1次型式检验。进行型式检验时，以每台发生器为采样单元，随机抽取不少于采样单元数3%的样机，但最低不少于1台。

8.2.2 检验结果如有一项指标不符合本标准要求时，应重新加倍抽样复验，仍不符合要求应停止生产，待查清原因后，重新进行型式检验。

8.3 验收

使用单位有权按照本标准的规定对所收到的发生器进行验收，验收宜在到货之日算起的一个月内进行。

8.4 数据分析

化学分析数据按GB/T 8170的修约值比较法判定结果是否符合本标准。

8.5 用于水消毒的采样

用于水消毒的采样时，每次采样量宜为每小时发生量的1/80～1/20，再按照附录A规定的方法(消毒剂中二氧化氯含量和纯度的测定方法——五步碘量法)采样检测。

8.6 在线监测与控制要求

8.6.1 发生器用于连续工作的场合，应配置在线监测和连续控制设备，采用自动控制型发生器。

8.6.2 发生器用于非连续工作的场合宜配置二氧化氯在线监测设备。无在线监测设备时，应提供二氧化氯测定方法(附录A)。

9 标志与包装

9.1 发生器包装上应有牢固清晰的标志，内容包括：生产厂名、厂址、产品名称、商标、规格、净重、批号或生产日期、执行标准编号及GB/T 191中规定“防止倒置”和“防湿”标志。

9.2 包装方式：发生器采用箱装，个别备件也可采用捆装。箱装应防潮、防震、包装件外形尺寸和重量应符合GB/T 13384的规定。

9.3 随机文件应包括：使用说明书、安全操作规程、产品合格证、装箱单、随机备件、附件清单、其他有关技术文件资料。

10 运输和贮存

10.1 发生器运输过程中防止碰撞和震动，发生器不得倒置，应防止日晒和雨淋。

10.2 发生器应贮存在干燥通风的场地，防止日晒和雨淋，周围无腐蚀性的气体。

11 使用说明书和铭牌

11.1 每台出厂的发生器应附有产品使用说明书，应符合GB/T 9969和卫生部《消毒产品标签说明书管理规范(2005)年版》的要求。内容应包括：生产厂名、厂址、产品名称、商标、规格、批号或生产日期、发生器的主要技术参数、操作方法、二氧化氯的应用浓度和作用时间、注意事项、产品质量符合执行标准的证明和执行标准编号。

11.2　每台设备应在明显的位置固定铭牌，铭牌的内容主要应包括：生产厂名、产品名称、商标、规格、生产日期或批号、产品的主要技术参数、产品执行标准编号。

12　注意事项

12.1　发生器以亚氯酸钠为主要原料时，亚氯酸钠属强氧化剂，性质活泼，遇碰撞或摩擦容易爆炸，水溶液浓度超过30%也容易发生爆炸，贮存和运输要求严格，包装需用金属桶，以防静电，使用时要轻拿轻放，不能与皮肤直接接触。

12.2　盐酸、硫酸在采购、储存、使用时应依照《化学危险物品安全管理条例》的规定。

12.3　二氧化氯对金属有腐蚀性，金属材质的物品消毒时应慎用。

12.4　发生器产生的二氧化氯液体对衣物有一定漂白作用，在制备过程中应注意自身防护。

12.5　严格按发生器的使用说明书进行操作，且须戴防护手套和眼镜，做好呼吸道防护。

12.6　发生器制造和使用场所的空气中二氧化氯最大允许浓度应当符合GBZ 2.1要求。

12.7　发生器产生的二氧化氯液体应现用现生产。

12.8　生产的产品应放置在无爆炸介质、无障碍、通风良好的场所。

附　录　A
（规范性附录）
二氧化氯含量和纯度的测定方法——五步碘量法

A.1　范围

本方法规定了用五步碘量法测定消毒剂中二氧化氯。同时还可以测定消毒剂中的氯气、亚氯酸根离子、氯酸根离子的含量。

本方法适用于由亚氯酸盐、氯酸盐为原料制成的二氧化氯消毒剂。

本方法最低检出浓度为0.1 mg/L。

A.2　原理

该法是利用不同pH条件下ClO_2、Cl_2、ClO_2^-、ClO_3^-分别与I^-反应来测定各响应物质的含量。反应方程式如下：

$Cl_2 + 2I^- = I_2 + 2Cl^-$　　(pH=7, pH≤2, pH<0.1)

$2ClO_2 + 2I^- = I_2 + 2ClO_2^-$　　(pH=7)

$2ClO_2 + 10I^- + 8H^+ = 5I_2 + 2Cl^- + 4H_2O$　(pH≤2, pH<0.1)

$ClO_2^- + 4I^- + 4H^+ = 2I_2 + Cl^- + 2H_2O$　　(pH≤2, pH<0.1)

$ClO_3^- + 6I^- + 6H^+ = 3I_2 + Cl^- + 3H_2O$　　(pH<0.1)

然后用硫代硫酸钠作滴定剂，分步滴定反应产生的I_2。

A.3　试剂

A.3.1　分析中所用试剂均为分析纯，用水为无氧化性氯二次蒸馏水。

A.3.2　无氧化性氯二次蒸馏水：蒸馏水中加入亚硫酸钠，将氧化性氯还原为氯离子（以DPD检查不显色），再进行蒸馏，所得水为无氧化性氯二次蒸馏水。

A.3.3　硫代硫酸钠标准溶液(0.1 mol/L)：称取26 g$Na_2S_2O_3 \cdot 5H_2O$于1 000 mL棕色容量瓶中，加入0.2 g无水碳酸钠，用水定容至刻度，摇匀。放于暗处，30 d后经过滤并标定其浓度。

硫代硫酸钠标准溶液的标定：准确称取120 ℃烘干至恒重的基准重铬酸钾0.05 g～0.10 g，记录读数为m，置于250 mL碘量瓶中，加蒸馏水40 mL溶解。加2 mol/L硫酸15 mL和100 g/L碘化钾溶液10 mL，盖上盖混匀，加蒸馏水数滴于碘量瓶盖缘，置暗处10 min后再加蒸馏水90 mL。用硫代硫酸钠标准溶液滴定至溶液成淡黄色，加5 g/L淀粉溶液10滴（溶液立即变蓝色），继续滴定到溶液由蓝色变成亮绿色。记录硫代硫酸钠溶液的总毫升数，同时作空白校正。

硫代硫酸钠标准溶液的浓度按式(A.1)计算：

$$c = \frac{m}{49.03 \times (V_2 - V_1) \times 10^{-3}} \qquad \cdots\cdots (A.1)$$

式中：

c　　——硫代硫酸钠标准溶液的浓度，单位为摩尔每升(mol/L)；

m　　——基准重铬酸钾质量数，单位为克(g)；

49.03——$1/6K_2Cr_2O_7$的摩尔质量，单位为克每摩尔(g/mol)；

V_2 ——重铬酸钾消耗硫代硫酸钠标准溶液的体积数，单位为毫升(mL)；

V_1 ——试剂空白消耗硫代硫酸钠标准溶液的体积数，单位为毫升(mL)。

A.3.4 硫代硫酸钠标准溶液(0.01 mol/L)：吸取 10.0 mL A.3.3 中硫代硫酸钠溶液于 100 mL 容量瓶中，用水定容至刻度。临用时现配。

A.3.5 2.5 mol/L 盐酸溶液。

A.3.6 100 g/L 碘化钾溶液：称取 10 g 碘化钾溶于 100 mL 蒸馏水中，储于棕色瓶中，避光保存于冰箱中，若溶液变黄需重新配制。

A.3.7 饱和磷酸氢二钠溶液：用十二水合磷酸氢二钠与蒸馏水配成饱和溶液。

A.3.8 pH=7 磷酸盐缓冲溶液：溶解 25.4 g 无水 KH_2PO_4 和 216.7g$Na_2HPO_4 \cdot 12H_2O$ 于 800 mL 蒸馏水中，用水稀释成 1 000 mL。

A.3.9 50 g/L 溴化钾溶液：溶解 5 g 溴化钾于 100 mL 水中，储于棕色瓶中，每周重配一次。

A.3.10 淀粉溶液：5 g/L。

A.4 仪器

A.4.1 25 mL 酸式滴定管。

A.4.2 250 mL、500 mL 碘量瓶。

A.4.3 高纯氮钢瓶。

A.5 采样

A.5.1 应用清洁干燥的棕色广口瓶采集样品。采样时，将发生器采样口的管子直接插到瓶底，打开采样口阀门，直至样品溶液溢出达采样瓶体积的一倍时，关闭阀门，立即盖上瓶盖。

A.5.2 样品应密闭避光 10 ℃以下低温保存，2 h 内使用；如超过 2 h，应重新采样。

A.5.3 移取分析试样时，应将移液管插入样品瓶的底部取样，取样操作宜在通风橱中进行。

A.6 分析步骤

A.6.1 滴定过程中氧化性物质的质量不得大于 15 mg，可根据需要将样品适当稀释；以下所有试验操作应在室温 20 ℃～25 ℃条件下进行。

A.6.2 在 500 mL 的碘量瓶中加 200 mL 蒸馏水，吸取 2.0 mL～5.0 mL 样品溶液或稀释液于碘量瓶中，加入适量磷酸盐缓冲液，用 pH 计校核溶液 pH 至 7.0(对于 pH<3 溶液应先用 1 mol/L 或 0.1 mol/L 氢氧化钠溶液调至 pH>3 后，再用缓冲液调节)。加入 10 mL 碘化钾溶液，用硫代硫酸钠标准溶液滴至淡黄色时，加 1 mL 淀粉溶液，继续滴至蓝色刚好消失为止，记录读数为 V_1。

A.6.3 在上述 A.6.2 滴定后的溶液中加入 3.0 mL 2.5 mol/L 盐酸溶液，调节 pH≤2，并放置暗处 5 min，用硫代硫酸钠标准溶液滴定至蓝色消失，记录读数为 V_2。

A.6.4 在 500 mL 碘量瓶中加 200 mL 蒸馏水，吸取 2.0 mL～5.0 mL 样品溶液或稀释液于碘量瓶中，加入与 A.6.2 同量的磷酸盐缓冲液，然后通入高纯氮气吹(约 10 min)至溶液无色后，再继续吹 30 min，加入 10 mL 碘化钾溶液，用硫代硫酸钠标准溶液滴定至淡黄色时，加 1 mL 淀粉溶液，继续滴至蓝色刚好消失为止。

A.6.5 在上述 A.6.4 滴定后的溶液中加入 3.0 mL 2.5 mol/L 盐酸溶液，调节 pH≤2，并放置暗处 5 min，用硫代硫酸钠标准溶液滴定至蓝色刚好消失为止，记录读数为 V_3。

A.6.6 在 50 mL 碘量瓶中加入 1 mL 溴化钾溶液和 10 mL 浓盐酸，混匀，吸取 2.0 mL～5.0 mL 样品

溶液于碘量瓶中,立即塞住瓶塞并混匀,置于暗处反应 20 min,然后加入 10 mL 碘化钾溶液,剧烈震荡 5 s,立即转移至有 25 mL 饱和磷酸氢二钠溶液的 500 mL 碘量瓶中,清洗 50 mL 碘量瓶并将洗液转移至 500 mL 碘量瓶中,使溶液最后体积在 200 mL～300 mL,再用硫代硫酸钠标准溶液滴定至淡黄色时,加 1 mL 淀粉溶液,继续滴至蓝色刚好消失为止,同时用蒸馏水作空白对照,得读数为 V_4＝样品读数－空白读数。

A.7 计算

X_1、X_2、X_3、X_4 分别按式(A.2)～式(A.5)计算:

$$X_1=\frac{(V_2-V_3)\times c\times 16\,863}{V} \qquad \text{(A.2)}$$

$$X_2=\frac{V_3\times c\times 16\,863}{V} \qquad \text{(A.3)}$$

$$X_3=\frac{[V_4-(V_1+V_2)]\times c\times 13\,908}{V} \qquad \text{(A.4)}$$

$$X_4=\frac{[V_1-(V_2-V_3)\div 4]\times c\times 35\,450}{V} \qquad \text{(A.5)}$$

式中:

X_1 ——ClO_2 的浓度,单位为毫克每升(mg/L);

X_2 ——ClO_2^- 的浓度,单位为毫克每升(mg/L);

X_3 ——ClO_3^- 的浓度,单位为毫克每升(mg/L);

X_4 ——Cl_2 的浓度,单位为毫克每升(mg/L);

V_1、V_2、V_3、V_4 ——上述各步中硫代硫酸钠标准溶液用量,单位为毫升(mL);

c ——硫代硫酸钠标准溶液的浓度,单位为摩尔每升(mol/L);

V ——二氧化氯溶液的样品体积,单位为毫升(mL)。

A.8 精密度

在重复性条件下获得的两次独立测定结果的绝对差值不得超过算术平均值的 10%。

A.9 注意事项

上述两种分析方法,在实验操作时要防止阳光直射,准备工作要充分到位,尽可能缩短操作时间,以防止二氧化氯因挥发、分解而影响测定的准确性。

ICS 13.100
C 56

GB

中华人民共和国国家标准

GB 28932—2012

中小学校传染病预防控制工作管理规范

Regulation of infectious diseases prevention and control in primary and secondary schools

2012-12-31 发布　　2013-05-01 实施

中华人民共和国卫生部
中国国家标准化管理委员会　发布

前言

本标准第4.7和4.8为强制性条款,其余为推荐性条款。

本标准按照GB/T 1.1—2009给出的规则起草。

本标准由中华人民共和国卫生部提出并归口。

本标准起草单位:北京市疾病预防控制中心。

本标准主要起草人:郭欣、邓瑛、曾晓芃、符筠、刘亨辉、耳玉亮、段佳丽、刘峥、徐文婕。

中小学校传染病预防控制工作管理规范

1 范围

本标准规定了中小学校法定传染病及其他可能导致学生群体流行或暴发的非法定传染病的预防控制工作要求和内容。

本标准适用于各级各类中小学校，托幼机构可参照执行。

2 规范性引用文件

下列文件对于本文件的应用是必不可少的。凡是注日期的引用文件，仅注日期的版本适用于本文件。凡是不注日期的引用文件，其最新版本(包括所有的修改单)适用于本文件。

GB 5749 生活饮用水卫生标准

GB/T 17226 中小学校教室换气卫生标准

GB 50099 中小学校建筑设计规范

WS/T 100 学生营养午餐营养供给量

建标 109 农村普通中小学校建设标准

3 术语和定义

下列术语和定义适用于本文件。

3.1

学校卫生专业技术人员 school health professionals

医学院校毕业或已获得医士(护士)以上职称者，以医药卫生专业技术为主要职责，在各级各类学校从事卫生保健工作人员。

3.2

保健教师 health-care teachers

非医学院校毕业的教师，因工作需要，经培训考核合格后而从事专职或兼职学校卫生保健工作的人员。

3.3

学校传染病疫情报告人 school epidemic information reporters

负责传染病疫情报告的学校专职或者兼职卫生专业技术人员、保健教师，或经培训合格的学校其他在编人员。

4 组织保障与制度

4.1 学校在教育主管部门的领导和管理下开展本校传染病预防控制工作，并接受卫生部门的监督和技术指导。

4.2 学校成立由校长作为第一责任人的传染病预防控制工作小组，全面负责学校的各项传染病预防控制管理工作。小组成员应该包括学校各相关部门的负责人，职责明确，责任到人，并随着学校人事变动，小组成员应及时调整。

4.3 学校每年应制定传染病预防控制工作计划并予以落实，同时将其纳入学校年度工作考评。

4.4 学校每年应拨出一定比例的专项经费用于传染病的预防控制，以保证各项传染病预防控制工作的落实。

4.5 寄宿制学校和600人以上的学校应设立医务室或者卫生室，并按不低于学生人数600∶1的比例配备专职学校卫生专业技术人员。

4.6 学生人数不足600人的非寄宿制学校，可以配备专职或者兼职卫生专业技术人员或者保健教师，开展学校传染病预防控制工作。

4.7 学校应明确传染病疫情报告人。学校传染病疫情报告人的设置优先考虑专职或者兼职卫生专业技术人员。

4.8 学校应在卫生部门的技术指导下，制定传染病预防控制的应急预案和相关制度：

——传染病疫情及相关突发公共卫生事件的应急预案；

——传染病疫情及相关突发公共卫生事件的报告制度；

——学生晨检制度；

——因病缺课登记、追踪制度；

——复课证明查验制度；

——学生健康管理制度；

——学生免疫规划的管理制度；

——传染病预防控制的健康教育制度；

——通风、消毒等制度。

4.9 学校应严格落实各项传染病预防控制制度，并根据传染病预防控制形势及时调整和完善。

5 预防

5.1 健康教育

5.1.1 学校每学期都应安排日常的传染病预防控制健康教育，利用课堂、讲座、板报、广播等多种形式对学生进行有针对性的传染病预防控制知识教育，内容包括常见传染病的基本知识、传播途径和预防措施，提高学生对传染病的预防控制意识和应对能力。

5.1.2 学校应积极开展对教职员工的传染病预防控制健康教育，提高其对传染病的应对能力。

5.1.3 学校可根据传染病预防的需要对学生家长开展传染病预防控制健康教育，告知其配合学校传染病预防控制工作。

5.2 晨检

5.2.1 班主任每日早自习或早晨第一节课前对学生进行晨检，了解学生的出勤和健康状况。

5.2.2 晨检内容包括：观察学生的精神状态、询问学生健康状况、登记因病缺勤情况。教师应通过观察、询问等手段，重点检查学生中有无发热、皮疹、腹泻、黄疸、结膜充血等症状发生；调查了解学生缺勤原因、所患何种疾病或症状等信息。

5.2.3 晨检中发现学生有发热、皮疹、腹泻、黄疸、结膜充血等症状或其他异常时，应及时告知学校疫情报告人，并做好记录。

5.2.4 学校疫情报告人负责指导各班开展学生晨检工作，对各班晨检结果进行核实、排查和处理，做到传染病病人的早发现、早报告。

5.2.5 传染病流行时期宜在下午第一节课前增加午检，住宿制学校宜对住校学生进行晚检。

5.3 因病缺课的登记、追踪

5.3.1 班主任每日登记因病缺课学生的患病情况，包括发病时间、症状、就诊情况等信息，协助学校疫情报告人对其病情和转归进行追踪。

5.3.2 学校疫情报告人负责指导各班开展因病缺课登记追踪工作，对各班登记结果进行核实、汇总，做到传染病病人的早发现、早报告。

5.4 健康管理

5.4.1 学校应落实学生健康管理制度，认真做好学生体检和健康筛查的组织工作。

5.4.2 学校教职员工中的传染病病人、病原携带者和疑似传染病病人，在传染期内或者在排除传染病前，不得从事法律、行政法规和国务院卫生行政部门规定禁止的易使该传染病扩散的工作。

5.5 预防接种

5.5.1 学校应在学生入学时查验预防接种证，发现未依照国家免疫规划受种的学生，应当向所在地的县级疾病预防控制机构或者学生居住地承担预防接种工作的接种单位报告，并配合疾病预防控制机构或者接种单位督促监护人在学生入学后及时到接种单位补种。

5.5.2 学校应按照县级以上人民政府或国务院卫生主管部门的决定，积极配合卫生部门组织学生进行疫苗接种。

5.6 卫生条件

5.6.1 学校应按照 GB 5749、WS/T 100 和 GB/T 17226 等有关标准的规定保障学生的饮食、饮用水安全，提供安全、卫生的环境设施，消除鼠害和蚊、蝇、蟑等病媒生物的危害。

5.6.2 学校应按照 GB 50099 和建标 109 的要求为学生设置厕所和洗手设施。寄宿制学校应为学生提供相应的洗漱等卫生设施。

5.7 物资储备

学校根据可能发生的传染病疫情，按照学校规模、学生数量以及传染病预防控制要求储备一定数量的物资，并严格掌握使用期限。

6 控制

6.1 报告

6.1.1 发生法定传染病疫情或突发公共卫生事件时，学校疫情报告人应在传染病防治法规定的时限内向属地疾病预防控制机构和教育行政部门报告。

6.1.2 出现以下任一情况时，学校传染病疫情报告人应在 24 h 内向属地疾病预防控制机构和教育行政部门报告：

——在同一宿舍或者同一班级，1 d 内有 3 例或者连续 3 d 内有多个学生(5 例以上)患病，并有相似症状(如发热、皮疹、腹泻、呕吐、黄疸等)或者有共同用餐、饮水史；

——个别学生出现不明原因的高热、呼吸急促或剧烈呕吐、腹泻等症状；

——学校发生群体性不明原因疾病或者其他突发公共卫生事件。

6.2 控制措施

6.2.1 教育行政部门与卫生等部门配合，共同制定符合本地区实际的学校应对传染病疫情的对策、措施及应急预案；督促学校落实各项传染病预防控制措施；配合卫生行政部门严密监测学校疫情动态和调查处理工作，并适时做出预警；指导下级教育行政部门及学校紧急应对和处置疫情；协调解决学校应对疫情所需的物资和经费等保障。

6.2.2 卫生行政部门指导学校开展疫情预防控制工作，帮助教育行政部门和学校完善预防控制预案；组织协调和督促医疗卫生机构对学校疫情预防控制工作进行指导；及时通报疫情动态，并根据疫情变化情况，指导教育行政部门和学校及时调整和完善预防控制措施。

6.2.3 各级各类医疗及疾病预防控制机构负责指导学校传染病预防控制工作；负责辖区内学校疫情分析报告、病例诊治以及流行病学调查和疫情处理工作；协调和指导学校落实密切接触者的管理；指导学校根据疫情变化及时调整和完善预防控制措施。

6.2.4 学校在教育、卫生行政部门及疾病预防控制机构的监督和指导下，做好以下疫情控制工作：

a) 对确诊患有法定传染病的学生、疑似病人或传染病密切接触者，学校应配合卫生部门依法对确诊学生进行隔离或者医学观察，并安排其及时就诊，做好检疫期相关记录。

b) 配合属地疾病预防控制机构对疫点开展消毒、疫情调查和宣传教育等工作。

c) 学生病愈且隔离期满时，应持复课证明到学校医务室或者卫生室查验后方可进班复课。

d) 在传染病暴发、流行时，学校应根据当地人民政府的决定，停止举办大型师生集会和会议，采取临时停课或暂时关闭措施，并配合属地疾病控制机构对学校人群进行预防性服药和应急预防接种工作。

6.3 个人防护

教职员工在照顾患病学生、接触可能受到污染的物品或排泄物时，应根据实际情况采取必要的个人防护措施，如配戴手套、口罩、帽子等。

ICS 03.080.99
A 02

中华人民共和国国家标准

GB/T 28933—2012

职业经理人通用考评要素

General evaluation elements of professional managers

2012-11-20 发布　　2013-01-01 实施

中华人民共和国国家质量监督检验检疫总局
中国国家标准化管理委员会　发布

前　言

本标准按照 GB/T 1.1—2009 给出的规则起草。

本标准由全国职业经理人考试测评标准化技术委员会(SAC/TC 502)提出并归口。

本标准起草单位：职业经理研究中心、国务院发展研究中心企业研究所、北京师范大学管理学院。

本标准主要起草人：温亚震、赵长清、王冠宇、姜琳琳、王帅、王继承、于海波。

职业经理人通用考评要素

1 范围

本标准从职业道德、职业素养、职业知识、职业通用能力方面，规定了职业经理人通用考评要素的内容。

本标准适用于各类企业职业经理人通用考评与其培训等相关工作。

2 规范性引用文件

下列文件对于本文件的应用是必不可少的。凡是注日期的引用文件，仅注日期的版本适用于本文件。凡是不注日期的引用文件，其最新版本(包括所有的修改单)适用于本文件。

GB/T 26999—2011 职业经理人相关术语

3 术语和定义

GB/T 26999—2011 中界定的以及下列术语和定义适用于本文件。

3.1

通用考评要素 general evaluation elements

用于考量、评价职业经理人职业道德、职业素养、职业知识、职业通用能力等综合素质的必要因素。

4 职业道德

4.1 恪守诚信

忠于企业，信守合同，依法纳税，取信于客户和员工；讲求信誉，兑现承诺，维护企业和消费者利益。

4.2 公正履职

秉公办事，执行制度一视同仁；恪尽职守，履行与企业达成的契约。

4.3 社会责任

注重服务质量，保护消费者权益和安全；为员工提供良好的工作环境和发展机会，维护员工的合法权益；促进企业发展，增加就业机会；注重节能减排，保护生态环境；参与社会公益事业。

4.4 竞业避止

严守商业秘密，尊重知识产权；依据与企业订立的契约回避同业竞争。

5 职业素养

5.1 合规经营

遵守法律法规，公平竞争；遵守企业章程及管理制度，自律守节。

5.2 协作共赢

具有协作精神，从企业利益出发，达成利益相关方的共同目标，使多方受益。

5.3 直面挑战

面对压力，果敢自信；面对困难，采取积极合理的方式争取成功。

5.4 国际视野

以世界贸易角度观察市场运行和企业发展，确定与调整企业发展战略和经营布局。

6 职业知识

6.1 战略管理

企业战略内涵、构成要素和类型；企业战略制定流程、方法、评价标准；企业战略的分解、子战略的落实；企业战略实施控制的程序、特征、方法；相关法律法规及政策。

6.2 市场营销

市场营销内涵、环境分析与市场定位；市场调研、市场营销策略、市场营销渠道管理；品牌与品牌战略内涵、品牌战略实施、品牌的塑造与传播；客户关系管理；相关法律法规及政策。

6.3 生产管理

生产管理内涵、生产与作业计划、生产过程组织管理与控制；质量管理；采购方式、供应商管理、库存管理、一体化物流、成本控制；相关法律法规及政策。

6.4 财务金融

财务分析、财务预算、财务决策、财务控制；投融资、企业理财；资产重组、兼并收购、资金管理；相关法律法规及政策。

6.5 人力资源管理

劳动经济理论、人力资本理论、心理学理论；企业人力资源规划、工作分析与工作设计、员工招聘与配置、薪酬管理、绩效管理、培训与开发、劳动关系管理、社会保险；相关法律法规及政策。

6.6 技术管理

技术创新内涵、技术创新组织与管理、技术转移与技术交易、技术创新与知识产权管理；企业研究与发展管理、技术合同管理；信息化技术与管理；相关法律法规及政策。

7 职业通用能力

7.1 团队领导能力

为团队确定目标；通过分工提高团队效率，保障团队获得资源；促进团队协作，维护团队利益；激励与约束团队成员；对团队成员提供指导、支持和培养。

7.2 经营决策能力

把握市场和行业发展趋势，确定战略发展方向；规划经营目标，制定经营方针及经营策略；评价和选择经营决策方案，并组织实施；根据阶段性实施效果，调整和优化经营决策活动。

7.3 风险管控能力

建立风险预警机制，识别和控制风险因子；分析各种风险成因，制定防范策略，建立风险防控体系；处理风险事件，维护公共关系；降低风险损失。

7.4 变革创新能力

优化工作流程，提升管理效率；调整业务模式、组织架构、管理规章制度以适应环境变化；打破惯性思维，塑造革新文化；把握企业阶段发展规律，适时推进转型。

7.5 沟通协调能力

领会意图清楚，工作部署明确；察觉并消除误解，促进相互理解，获取支持与配合；加强信息交流，达成合作共识。

7.6 目标执行能力

准确理解与把握工作目标；建立责任机制，加强规范管理；监督制度和计划的实施情况，控制工作流程和进度；加强信息反馈，及时纠正偏差；实施有效激励，提高执行效率。

ICS 03.080.99
A 20

中华人民共和国国家标准

GB/T 28934—2012

职业经理人培训规范

Training specification for professional managers

2012-11-20 发布　　2013-01-01 实施

中华人民共和国国家质量监督检验检疫总局
中国国家标准化管理委员会　发布

前　言

本标准按照GB/T 1.1—2009给出的规则起草。

本标准由全国职业经理人考试测评标准化技术委员会(SAC/TC 502)提出并归口。

本标准起草单位:职业经理研究中心、国家行政学院培训中心、清华大学继续教育学院、北京经济管理职业学院。

本标准主要起草人:温亚震、田平、阎桂芝、周景勤、王国文、赵长清、王冠宇、姜琳琳。

职业经理人培训规范

1 范围

本标准规定了职业经理人培训内容、培训教材、培训机构、培训师、培训组织、培训评估、培训管理等方面的内容。

本标准适用于各类企业职业经理人培训。

2 规范性引用文件

下列文件对于本文件的应用是必不可少的。凡是注日期的引用文件,仅注日期的版本适用于本文件。凡是不注日期的引用文件,其最新版本(包括所有的修改单)适用于本文件。

GB/T 26998—2011 职业经理人考试测评

GB/T 26999—2011 职业经理人相关术语

GB/T 28933—2012 职业经理人通用考评要素

3 术语和定义

GB/T 26999—2011 中界定的以及下列术语和定义适用于本文件。

3.1

培训 training

提升培训对象的职业道德、职业素养、职业知识和职业能力,达到职业经理人通用考评要素要求的教学与训练活动。

3.2

资质 qualification

满足某种资格要求的综合素质或条件。

4 培训内容

4.1 GB/T 26998—2011 及 GB/T 28933—2012 所规定的内容。

4.2 与提升职业经理人素质相关的内容。

5 培训教材

培训教材依据培训内容编写和选用。

6 培训机构

6.1 机构资质

6.1.1 机构性质

承担企业经营管理培训、咨询和顾问服务等相关业务的法人,或具有独立法人资格的办学实体。

6.1.2 资金要求

注册资金不少于50万元。

6.1.3 机构从业者

6.1.3.1 机构管理者应具备以下条件：

a) 具有大学本科以上学历，3年以上的培训经历或丰富的培训经验；
b) 具有较高职业意识和理论素养；
c) 具备较强组织领导与管理能力。

6.1.3.2 教职工队伍应具备以下条件：

a) 具有5名以上熟悉培训业务并有组织实施能力的骨干员工；
b) 具备3名以上专职或兼职培训师；
c) 具备良好的规范服务意识和执行能力。

6.1.4 教学基础设施应具备以下条件：

a) 具有满足职业经理人培训要求的培训场所；
b) 具有突出职业经理人能力训练的情景模拟现场；
c) 教学设施和教学器材满足实践教学和训练要求；
d) 具有供培训对象实习的企业实训基地。

6.1.5 管理制度应包括以下内容：

a) 具有规范的培训计划、培训规程和师资管理等管理制度；
b) 具有严格的培训组织评估考核制度；
c) 具有健全的财务管理制度。

6.2 资质取得

6.2.1 培训机构自行申请，职业经理人考评组织机构组织评审并公布评审结果。

6.2.2 评审中应在职业经理人考评组织机构网站公示。

6.2.3 职业经理人考评组织机构定期组织评估培训机构资质。

7 培训师

7.1 基本条件

7.1.1 遵守中华人民共和国宪法和法律，遵守职业道德，具有社会责任感。

7.1.2 符合下列条件之一：

a) 在企业管理岗位上具有独特的管理经验、见解和突出贡献，绩效显著，并得到社会或业界认可、语言表达能力强的企业经营管理者；
b) 有丰富的现代管理知识，参与过现代管理实践，为企业提供过培训、咨询、管理等服务，且受到好评的专家学者；
c) 社会认可的国内外职业培训师。

7.2 授课方式

7.2.1 运用多媒体授课。

7.2.2 运用管理教练、案例教学、情景模拟等教学与训练形式。

7.2.3 随时更新知识，调整授课方式，不断充实和完善培训内容。

7.3 资质取得

7.3.1 职业经理人培训师应参加职业经理人相关国家标准培训。

7.3.2 职业经理人考评组织机构组织认定职业经理人培训师资质并定期评估。

8 培训组织

8.1 培训计划应包括但不限于以下内容：

a) 培训对象、需求、目标和具体要求；

b) 培训方式、师资和主要内容；

c) 培训过程的监督管理。

8.2 落实培训经费、培训场地、培训资料和培训设备设施等。

8.3 培训时间不少于 60 h。

9 培训档案

9.1 建立培训对象学习档案，作为受训者单位、培训机构和有关部门查询、检查、评审的依据。

9.2 档案采用计算机和文字管理方式，存档期限 8 年。

10 继续教育

10.1 职业经理人取得资质证书后，因经济形势、企业环境或自身条件发生变化，为完善与更新职业经理人知识结构、提高职业能力，应参加继续教育。

10.2 职业经理人考评组织机构制定继续教育实施细则，组织相关机构实施。

11 培训评估

11.1 评估主体

11.1.1 培训机构自我评估，以完善自身职业经理人培训。

11.1.2 职业经理人考评组织机构定期组织对培训机构评估，以持续提高培训机构培训质量。

11.2 评估原则应包括以下内容：

a) 客观性原则：公平、公开、公正，实事求是，杜绝人为因素；

b) 实用性原则：突出行为评估，真实反映培训后素质提升效果；

c) 系统性原则：针对培训对象进行素质全面评估；

d) 连续性原则：对培训效果进行及时、长期和连续评估。

11.3 评估内容

11.3.1 培训过程评估

11.3.1.1 培训对象对授课内容、授课方式等方面的满意度。

11.3.1.2 培训对象对自身素质提高的感受度。

11.3.2 培训效果评估

11.3.2.1 培训对象培训后自身绩效有所提升。

11.3.2.2 培训对象培训后的表现对组织绩效有帮助和支持。

11.3.2.3 培训对象的现实表现影响到其他经营管理者。

11.4 评估方法

包括但不限于:问卷调查、访谈、实地考察等。

12 培训管理

职业经理人考评组织机构制定职业经理人培训管理细则,组织获得相应资质的培训机构实施。

ICS 97.220.40
Y 55

中华人民共和国国家标准

GB/T 28935—2012

拆装式游泳池

Assembled swimming pool

2012-11-20 发布　　2013-05-01 实施

中华人民共和国国家质量监督检验检疫总局
中国国家标准化管理委员会　发布

前　言

本标准按照 GB/T 1.1—2009 给出的规则起草。

本标准由国家体育总局提出。

本标准由全国体育标准化技术委员会设施设备分技术委员会(SAC/TC 456/SC 1)归口。

本标准起草单位:中国游泳协会、国家体育总局体育设施建设和标准办公室、江阴四方游泳设备有限公司、优尔浦泳池技术(深圳)有限公司、华体集团有限公司、北京华安联合认证检测中心有限公司。

本标准主要起草人:史方度、江斌波、张梅、曹庆珠、梅红兵、张伟、赵英魁、焦洪旺。

拆装式游泳池

1 范围

本标准规定了拆装式游泳池的要求、检验方法、检验规则、运输贮存、安装及施工验收。

本标准适用于拆装式游泳池。

2 规范性引用文件

下列文件对于本文件的应用是必不可少的。凡是注日期的引用文件，仅注日期的版本适用于本文件。凡是不注日期的引用文件，其最新版本(包括所有的修改单)适用于本文件。

GB/T 529 硫化橡胶或热塑性橡胶撕裂强度的测定(裤形、直角形和新月形试样)(GB/T 529—2008,ISO 34-1:2004,MOD)

GB/T 531.1 硫化橡胶或热塑性橡胶 压入硬度试验方法 第1部分:邵氏硬度计法(邵尔硬度)(GB/T 531.1—2008,ISO 7619-1:2004,IDT)

GB/T 1033.1 塑料 非泡沫塑料密度的测定 第1部分:浸渍法、液体比重瓶法和滴定法(GB/T 1033.1—2008, ISO 1183-1:2004,IDT)

GB/T 1040.2 塑料 拉伸性能的测定 第2部分:模塑和挤塑塑料的试验条件(GB/T 1040.2—2006,ISO 527-2:1993,IDT)

GB/T 1043.1 塑料 简支梁冲击性能的测定 第1部分:非仪器化冲击试验(GB/T 1043.1—2008,ISO 179-1:2000,IDT)

GB/T 1462 纤维增强塑料吸水性试验方法

GB/T 1633 热塑性塑料维卡软化温度(VST)的测定(GB/T 1633—2000,ISO 306:1994,IDT)

GB/T 2406.2 塑料 用氧指数法测定燃烧行为 第2部分:室温试验(GB/T 2406.2—2009,ISO 4589-2:1996,IDT)

GB/T 2411 塑料和硬橡胶 使用硬度计测定压痕硬度(邵氏硬度)(GB/T 2411—2008,ISO 868:2003,IDT)

GB/T 4100—2006 陶瓷砖(ISO 13006:1998,MOD)

GB/T 9341 塑料 弯曲性能的测定(GB/T 9341—2008,ISO 178:2001,IDT)

GB/T 11982.1 聚氯乙烯卷材地板 第1部分:带基材的聚氯乙烯卷材地板

GB 12952 聚氯乙烯防水卷材

GB/T 17219—1998 生活饮用水输配水设备及防护材料安全性评价标准

GB/T 18244 建筑防水材料老化试验方法

CJJ 122 游泳池给水排水工程技术规程

CJ 244—2007 游泳池水质标准

3 要求

3.1 结构

3.1.1 拆装式游泳池结构应由斜撑、泳池围板、支撑件和泳池内衬等部分组成，结构形式参见图1和

图 2。

3.1.2 为保证整个池体结构的稳定性和可靠性，应对其进行载荷验算，包括静荷载、活荷载作用下的极限承载力试验、使用人数限制验算等。

3.2 尺寸

对公众开放的游泳池水深不应大于 1.35 m，长度和宽度可根据需要确定，不宜大于标准游泳池规模。用于竞赛的游泳池应符合相应竞赛规则的要求。

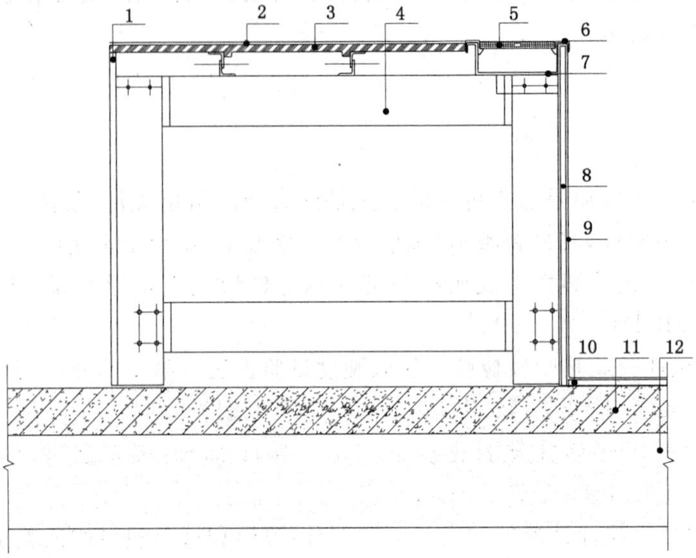

说明：

1——泳池外围板；

2——防滑地胶；

3——木质地板；

4——池体；

5——格栅；

6——内衬专用扣件；

7——泳池溢水槽；

8——泳池内围板；

9——泳池内衬；

10——池底保护垫；

11——混凝土基础；

12——地坪。

图 1 地上拆装式游泳池池体截面示意图

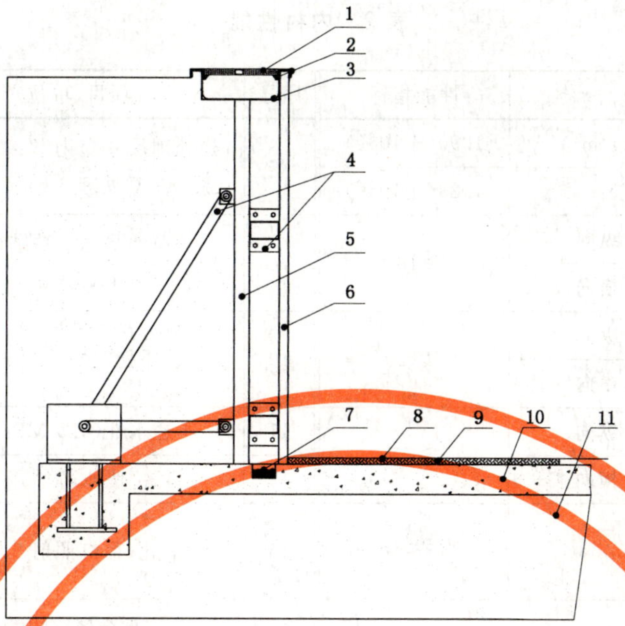

说明：
1——格栅；
2——内衬专用扣件；
3——泳池溢水槽；
4——池体；
5——泳池外围板；
6——泳池内围板；
7——排水沟；
8——泳池内衬；
9——池底保护垫；
10——混凝土基础；
11——地坪。

图2 地下拆装式游泳池池体截面示意图

3.3 性能

3.3.1 泳池围板物理机械性能应符合表1的要求。拆装式游泳池装配完成后结构应稳定，尺寸误差不应超过±10 mm。注满水后管路系统应无渗漏，池体10天内尺寸变形不应超过±10 mm。

表1 泳池围板物理机械性能

序号	项目(单位)	性能指标	序号	项目(单位)	性能指标
1	拉伸强度/MPa	≥35	5	燃烧性能(氧指数)/%	≥30
2	弯曲强度/MPa	≥65	6	硬度(HRR)	≥70
3	维卡软化点/℃	≥80	7	简支梁冲击强度(23℃)/(kJ/m^2)	≥7
4	断裂伸长率/%	≥80			

3.3.2 泳池内衬性能应符合表2的要求。

表 2　内衬性能

序号	项目(单位)		性能指标	序号	项目(单位)		性能指标
1	单位面积质量/(kg/m^2)		1.90(±10%)	8	热处理尺寸变化率(%,80 ℃处理 6 h)	纵向	≤0.2
2	密度/(g/cm^3)		1.23(±10%)			横向	
3	拉力/(N/cm)	纵向	≥180	9	剪切状态下粘结性/(N/mm)		≥800
		横向					
4	断裂伸长率/%	纵向	≥120	10	色泽稳定性	蓝色	7
		横向				灰色	4
5	撕裂强度/(kN/m)	纵向	≥75	11	不透水性(0.3 MPa、3 h)		不渗水
		横向		12	吸水率/%		≤0.5
6	硬度(邵尔 A)		75～80	13	耐老化(氙灯照射 5 000 h)		性能下降≤10%
7	低温弯折性		－25 ℃无裂纹	14	重金属溶出量(Pb、Cd、Sb、Cu)/(mg/L)		不得检出

3.4　外接设备

拆装式游泳池应考虑与水处理设备配套,水处理设备应符合 CJJ 122 中的要求。

3.5　安全

3.5.1　一般安全要求

3.5.1.1　泳池池底平面不应有明显坡度。表面、池岸平台、游泳池外边缘和踏板应防滑,静摩擦系数不应小于 0.5。

3.5.1.2　泳池基础部分应具有相应的承载能力,基础的承载能力应根据拆装式游泳池本身的重量和最大盛水重量进行计算。

3.5.1.3　泳池平台的最大承载能力不应小于 3.5 kN/m^2。

3.5.1.4　泳池安装完成后,充水及使用过程中水质应符合 CJ 244—2007 的要求。

3.5.1.5　泳池内衬应平整、光洁、防滑,静摩擦系数不应小于 0.5。

3.5.2　附加设施安全要求

3.5.2.1　手扶弯头

3.5.2.1.1　抓握部分的转角交叉处应设计为圆形、卵圆形、圆角或椭圆。非完全嵌入式梯子的手扶弯头不应伸出梯子的垂直面。完全嵌入式梯子的手扶弯头不应伸出池壁的垂直面。

3.5.2.1.2　嵌壁式的梯子不应伸入游泳池。

3.5.2.2　梯子和踏板

3.5.2.2.1　梯子两侧应有栏杆,栏杆的末端应向下弯曲到水平方向,栏杆和梯子应具有同样的倾角。

3.5.2.2.2　两相邻踏板之间的高度差不应超过 250 mm。最上面的踏板应与泳池边缘平齐。上面台阶的前缘与其随后下面的台阶的后缘应在同一垂直面上。

3.5.2.2.3 可变脚踏梯宜与移动式地板结合使用。栏杆与梯子本身应具有相同的倾斜度。

3.5.2.3 防滑板

防滑板的铺设应平整，缝隙不应大于 10 mm。

4 检验方法

4.1 尺寸

3.2 和 3.5.2 规定的尺寸应采用Ⅰ级钢卷尺或更高精度的长度测量设备进行检验。

4.2 性能

4.2.1 泳池围板的物理机械性能的检验方法见表 3。

4.2.2 内衬性能的检验方法见表 4。

表 3 泳池围板物理机械性能检验标准

序号	检验项目	检验标准	序号	检验项目	检验标准
1	拉伸强度	GB/T 1040.2	5	燃烧性能(氧指数)	GB/T 2406.2
2	弯曲强度	GB/T 9341	6	硬度	GB/T 2411
3	维卡软化点	GB/T 1633	7	简支梁冲击强度(23 ℃)	GB/T 1043.1
4	断裂伸长率	GB/T 1040.2			

表 4 内衬性能检验标准

序号	检验项目	检验标准	序号	检验项目	检验标准
1	单位面积质量	按实际厚度检测	8	热处理尺寸变化率(80 ℃处理 6 h)	GB 12952
2	密度	GB/T 1033.1	9	剪切状态下粘结性	GB 12952
3	拉力	GB 12952	10	色泽稳定性	GB/T 11982.1
4	断裂伸长率	GB 12952	11	不透水性(0.3 MPa、3 h)	GB 12952
5	撕裂强度	GB/T 529	12	吸水率	GB/T 1462
6	硬度(邵尔 A)	GB/T 531.2	13	耐老化(氙灯照射 10 000 h)	GB/T 18244
7	低温弯折性	GB 12952	14	重金属溶出量(Pb、Cd、Sb、Cu)	GB/T 17219—1998 附录 B、附录 C

4.3 安全

4.3.1 静摩擦系数

使用静摩擦系数测试设备，应按照 GB/T 4100—2006 中附录 M 的方法进行测试。

4.3.2 泳池平台的最大承载能力

在泳池平台随机选择至少3个1 m^2 区域，分别施加3.5 kN/m^2 重物并持续1 h，试验完成后观察平台结构是否出现裂缝和变形。

4.3.3 手扶弯头、梯子和踏板

采用观察的方法进行确认。

5 检验规则

5.1 检验分出厂检验和型式检验两种。

5.2 出厂检验项目见3.5。

5.3 当工艺改变和使用材料发生变化时应按第3章的要求进行型式检验。

6 运输贮存

在装卸运输过程中应防止抛撞击，并避免硬物摩擦，贮存时应整齐堆放在平整的地面。

7 安装及施工验收

7.1 根据游泳池规格和用户要求进行现场施工，安装时应按生产厂家质量控制程序操作，按图施工。

7.2 对地面不应造成任何形式的破坏。

7.3 游泳池装配后，结构应稳定。

7.4 应无渗水、漏水。

7.5 水处理设备应运行正常，达到设计要求。

7.6 安装次数宜控制在一次。

7.7 产品制造商应对拆装式游泳池的保养、使用注意事项以及使用年限等方面向用户提供明确说明。

参 考 文 献

［1］ CECS 208:2006 泳池用聚氯乙烯膜片应用技术规程

［2］ EN 13451.4-2004 Swimming pool equipment—Part 4: Additional specific safety requirements and test methods for starting platforms

［3］ EN 13451.11-2004 Swimming pool equipment—Part 11: Additional specific safety requirements and test methods for moveable pool floors and moveable bulkheads

ICS 97.220.40
Y 55

中华人民共和国国家标准

GB/T 28939—2012

游泳池拆装式垫层

Assembled padding for swimming pool

2012-11-20 发布 2013-05-01 实施

中华人民共和国国家质量监督检验检疫总局
中国国家标准化管理委员会 发布

前　言

本标准按照 GB/T 1.1—2009 给出的规则起草。

本标准由国家体育总局提出。

本标准由全国体育标准化技术委员会设施设备分技术委员会(SAC/TC 456/SC 1)归口。

本标准起草单位:中国游泳协会、国家体育总局体育设施建设和标准办公室、江阴四方游泳设备有限公司、华体集团有限公司、北京华安联合认证检测中心有限公司。

本标准主要起草人:史方度、江斌波、张梅、曹庆珠、张伟、焦洪旺、赵英魁。

游泳池拆装式垫层

1 范围

本标准规定了游泳池拆装式垫层的要求、检验方法、检验规则及运输和贮存。

本标准适用于游泳池拆装式垫层。

2 规范性引用文件

下列文件对于本文件的应用是必不可少的。凡是注日期的引用文件，仅注日期的版本适用于本文件。凡是不注日期的引用文件，其最新版本（包括所有的修改单）适用于本文件。

GB/T 4100—2006 陶瓷砖（ISO 13006:1998，MOD）

GB/T 17219—1998 生活饮用水输配水设备及防护材料的安全性评级标准

3 要求

3.1 材料卫生

所用型材材质、连接件及紧固件等卫生要求应符合 GB/T 17219—1998 中表 2 和 3.4.1 及 3.5 的要求。

3.2 外观

垫层的面层颜色宜为浅色，或由供求双方商定。泳道标志线应为黑色或蓝色。垫层表面平整光洁，不应有影响使用的伤痕、凹凸和裂纹缺陷。

3.3 结构

3.3.1 游泳池拆装式垫层应使用环保、卫生的硬聚氯乙烯型材为骨架、面板，ABS 工程塑料为连接件，用不锈钢或高强度尼龙紧固件组装、拼接而成。

3.3.2 为保障垫层面板和框架连接稳定可靠，面板和框架应采用螺栓固定连接。

3.3.3 立柱纵向间距不应大于 900 mm（两块板接点处），横向间距不应大于 1 250 mm，立柱间距标称值的允差不大于 10 mm。

3.3.4 垫层表面的缝隙在一个方向上不应大于 8 mm，一个方向上垫层的刚性部分和游泳池之间的缝隙不应大于 50 mm。

3.4 结构强度

垫层表面按照下列方法进行试验时，不应出现裂缝或变形。

——在垫层表面任意区域（如图 1）施加 60 kg（沙袋）、2 kg（钢球）进行冲击试验；

——垫层任意区域（满布）施加均布荷载 2.0 kN/m^2。

3.5 安全护栏

当垫层没有全部做满时，应采取以下措施防止从该端口掉入：

——使用露出水面 300 mm 的安全护栏把垫层区与深水区分隔开，栏杆应为垂直拉杆，护拦栏杆间距应为 90 mm～120 mm，宜用平板封闭。

——使用明显的飘浮线，安装在垫层表面距离地板开口端前面 1 m 处。垫层开口端边沿外扩 100 mm 宽的范围应使用强对比色标示出来。

3.6 封闭格栅

垫层有开口端时，应在垫层开口端处安装封闭格栅，格栅间隙应不大于 120 mm。

3.7 摩擦系数

拆装式游泳池垫层面层，在湿状态下静摩擦系数不应小于 0.5。

3.8 水深

3.8.1 游泳池开放期间应按水深深度设有标识，如垫层有坡度，则显示内容应至少包括最浅和最深区域水深，实际水深应向走入并站立在垫层上的使用者显示。

3.8.2 禁止在垫层区域使用出发台，安装了垫层的游泳池不应用于跳水。

3.8.3 当垫层安装在跳水池，并且未达到规定的最小跳水水深时，应避免使用跳水设施，并且开启“严禁跳水”的警示信号。

3.9 安装精度

3.9.1 应根据游泳池大小和用户要求先设计，再制作构件，现场安装施工。安装时应保持定位准确、牢固，无漂移现象，不破坏游泳池任何设备，垫层模组之间平面高度差不大于 8 mm。

3.9.2 组装时不能用金属锤击，以防损坏和影响表面光洁。构件组装应配合严密，间隙均匀，水循环畅通。组装后垫层及其缝隙表面应平滑、无棱角毛刺等尖锐物。

3.9.3 安装后水深与用户要求误差不应大于 20 mm，泳道线与原有的泳道线相吻合(非标准池除外)。

4 检验方法

4.1 材料卫生

材料卫生试验按照 GB/T 17219—1998 中附录 B 的方法进行浸泡试验，按照 GB/T 17219—1998 附录 C 的方法进行急性经口毒性试验。

4.2 外观

在自然光线下目测。

4.3 结构

用Ⅰ级钢卷尺或更高精度的长度测量工具测量垫层立柱间距、表面缝隙、垫层与泳池间隙。

4.4 结构强度

如图 1 所示，在无水状态下，分别用 60 kg 砂袋和 2 kg 钢球从 1 m 高度自由落体冲击垫层表面 1 m^2 的区域，连续冲击 3 次完成后在同一区域施加均布荷载 2.0 kN/m^2，持续 1 h，试验完成后观察垫层结构是否出现裂缝和变形。

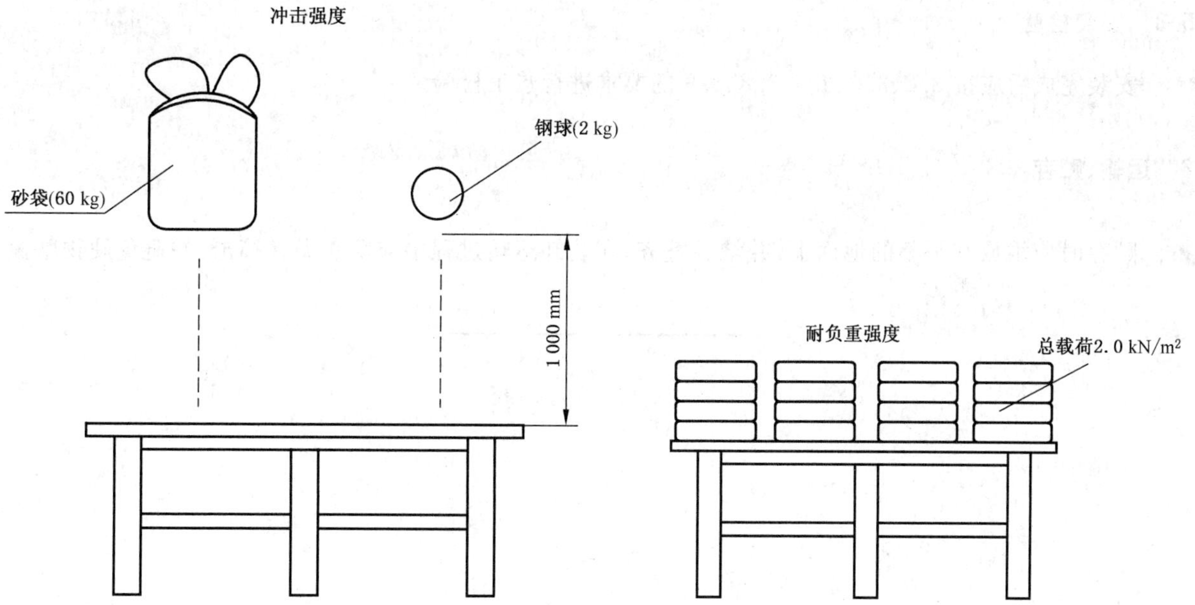

图 1 结构完整性检验示意图

4.5 安全护栏

现场观察是否设置安全护栏，使用Ⅰ级钢卷尺或更高精度的长度测量工具测量护栏高度、护栏栏杆间距及距离开口前段位置。

4.6 封闭格栅

使用Ⅰ级钢卷尺或更高精度的长度测量工具垫层开口端处封闭格栅间隙。

4.7 摩擦系数

在垫层安装到泳池之前，应用湿润的布制材料将垫层表面擦拭干净。使用静摩擦系数测试设备，按照 GB/T 4100—2006 中附录 A 4.2 的方法进行测试。

4.8 水深

现场观察水深标志和在垫层区域是否设置禁止使用出发台的警示标志。

4.9 安装精度

安装完成后，观察安装外观质量，使用Ⅰ级钢卷尺和钢板尺测量安装精度。

5 检验规则

5.1 出厂检验

出厂检验项目为 3.2～3.7 的要求。

5.2 型式检验

当原料配方或结构设计改变时应按第 3 章的要求做型式检验。

5.3 安装检验

安装完成后应按3.2、3.5、3.6、3.8、3.9的要求进行竣工检验。

6 运输、贮存

贮存时应堆放在平整的地面上，并堆放整齐，在装卸运输过程中应防止抛摔撞击，并避免硬物摩擦。

ICS 11.020
C 05

GB

中华人民共和国国家标准

GB/T 28940—2012

病媒生物感染病原体采样规程　鼠类

Sampling procedure of vector infected by pathogens—Rodent

2012-11-20 发布　　　　2013-05-01 实施

中华人民共和国卫生部
中国国家标准化管理委员会　发布

前　言

本标准按照 GB/T 1.1—2009 给出的规则起草。

本标准由中华人民共和国卫生部提出并归口。

本标准主要起草单位:北京出入境检验检疫局、中国人民解放军军事医学科学院微生物流行病研究所、中国疾病预防控制中心传染病预防控治所。

本标准主要起草人:郭天宇、刘艳华、任彤、董言德、鲁亮、夏连续。

病媒生物感染病原体采样规程　鼠类

1　范围

本标准规定了鼠及鼠血样和脏器取样方法、样本的保存方法以及整个过程的安全防护。

本标准适用于感染或可能感染病原体的鼠类现场采样和保存。

2　规范性引用文件

下列文件对于本文件的应用是必不可少的。凡是注日期的引用文件，仅注日期的版本适用于本文件。凡是不注日期的引用文件，其最新版本(包括所有的修改单)适用于本文件。

GB 19489　实验室生物安全通用要求

WS 233　微生物和生物医学实验室生物安全通用准则

3　试剂及材料

3.1　消毒剂

2%碘酊、75%酒精。

3.2　抗凝剂

乙二胺四乙酸(EDTA)、草酸盐合剂、肝素、枸橼酸钠、氟化钠、草酸钾。制备及用量参见附录A。

3.3　组织、脏器保存液

20%中性甘油盐水、50%甘油磷酸盐缓冲液、组织保存液、RNAlater保存液。制备及用量参见附录B。

3.4　麻醉剂

乙醚、氯仿。

3.5　其他

液氮、干冰。

4　实验用品

4.1　实验用仪器设备

生物安全柜、-80 ℃低温冰箱、高压灭菌器、液氮罐、离心机、移液器、带盖搪瓷盘、3号～5号一次性针头注射器、直头眼科镊、眼科剪刀、大号镊子、吸管、平皿、冻存管、针线、鼠袋、鼠固定板、鼠固定盒、焚尸炉。

4.2 个人防护用具

白(浅)色防护服(连体服)、白色长筒袜、长筒雨靴、无粉手套、口罩、眼罩、杀虫气雾剂。

5 鼠样本采集

5.1 采集要求

捕获鼠单体装鼠袋。登记捕获方法、时间、地点、状态(活体、死亡、是否腐败等)、鼠样本基本信息(重量、性别、体长、尾长、右后足长、耳高等)。采血和脏器组织样本前,用麻醉剂麻醉鼠和鼠体寄生虫,梳检寄生虫后,再进行血液和脏器组织的采集。

5.2 鼠样本采集方法

5.2.1 鼠笼法

将鼠笼放置在鼠洞口或鼠道等有鼠活动的地方采集鼠类,诱饵为生花生米、油条、瓜子、红薯块等。

5.2.2 鼠夹法

将鼠夹放置在鼠洞口或鼠道等有鼠活动的地方采集鼠类,诱饵为生花生米。

5.2.3 粘鼠板法

将粘鼠板放置在鼠洞口或鼠道等有鼠活动且雨水淋不到的地方采集鼠类,无需诱饵。

5.2.4 毒饵毒杀法

选择有鼠活动的场所采用毒饵灭鼠,采集毒毙鼠。

5.2.5 熏蒸法

选择有鼠活动的密闭场所采用熏蒸灭鼠药灭鼠,采集毒毙鼠。

5.2.6 其他方法

选择有鼠活动的场所采用翻草堆或掘灌等人工捕捉方法采集鼠类。

5.3 鼠血样采集方法

5.3.1 左前肢腋窝下采血

将鼠仰卧固定于鼠固定板上,消毒后将左胸皮肤剪开,并将皮肤与肌肉剥离,向左前肢展开而成一袋状,以消毒剪刀将左前肢腋下静脉剪开,用吸管或注射器吸取流出的血液。

5.3.2 尾静脉采血

将鼠装入固定盒内,盖上盒盖,露出鼠尾,用手揉擦或用温水(45 ℃～50 ℃)加温鼠尾,也可用二甲苯等化学药物涂擦鼠尾,使鼠尾静脉充分充血后,用剪刀剪去尾尖,尾静脉血即可流出。用手轻轻从尾根部向尾尖部挤几下,可以采到数滴血。

5.3.3 心脏采血

将鼠仰卧固定于鼠固定板上,剪去心区部位的被毛,用碘酊、酒精消毒皮肤。在左侧底 3 肋～4 肋间，用左手食指摸到心搏，右手取连有3号～5号针头的注射器，选择心搏最强处穿刺。当针头正确刺到心脏时，鼠血由于心搏自然进入注射器，即可进行取血。

5.3.4 眼眶动脉和静脉采血

用左手抓住鼠，拇指和食指尽量将鼠头皮肤捏紧，使鼠眼球突出。右手取直头眼科镊，在鼠右侧眼球根部将眼球摘去，并将鼠倒置，头朝下，此时眼眶内很快流血，将血滴入预先加有抗凝剂的平皿内，直到无血液流出为止。

5.3.5 后眼眶静脉丛连续穿刺采血

取血时，手从背部捉住鼠，拇指和食指握住颈部，利用对颈部所加的压力，使头部静脉淤血，在突出的眼球旁分辨出后眼眶静脉。将消毒的吸管用抗凝剂湿润其内壁，从内侧眼角将吸管转向前，并轻压刺入Tenon氏筋膜，然后由鼻侧眼眶壁平行地对喉头方向推进，深约4.5 mm就达到后眼眶静脉丛，血液自然进入吸管内。

5.3.6 断头采血

实验者右手握住鼠头部，左手握住背部，露出颈部，助手用剪刀在鼠颈部将鼠头剪掉。立即将鼠颈向下，对准已准备好的平皿(内放凝血剂)，鼠血即可从颈部很快滴入容器内。

5.3.7 颈静脉采血

将鼠仰卧固定于鼠固定板上，将一侧颈部外侧的被毛剪去，用消毒液消毒皮肤，作一般外颈静脉分离手术，颈静脉暴露清楚后，用注射器针头沿静脉平行方向刺入，抽取所需血量。

5.3.8 股静脉或股动脉采血

大鼠可进行股静脉或股动脉采血。将鼠麻醉后，剪开腹股沟处皮肤，即可看到股静脉，把此静脉剪断或用注射器采血即可，股动脉较深需剥离出，再采血。

5.4 鼠脏器及脑组织采集步骤

5.4.1 所用解剖用具应煮沸或高压消毒灭菌，将应用器械以剖解顺序分次排列在灭菌有盖的搪瓷盘内。整个过程在生物安全柜中进行。

5.4.2 鼠尸固定于解剖盘上，腹部向上，用消毒液消毒腹部皮肤。

5.4.3 以镊子提起耻骨缝前面的皮肤，用剪刀剪开。并沿正中线直剪到下颌部。然后用钝头剪刀或刀柄剥离皮肤，再把皮肤向四肢剪开，翻转皮肤。剪开腹壁前先用碘酊或酒精消毒。

5.4.4 用无菌剪刀沿正中线自阴部至膈肌为止剪开再行横切开，并切取肝、脾、肾等脏器放入冻存管中，保存在低温冰箱或加保存液保存。

5.4.5 另换灭菌剪刀，切开膈肌，剪断胸骨两侧软肋骨(呈倒V型)，翻起胸骨，再切取心脏和肺脏放入冻存管，保存在低温冰箱中或加保存液保存。

5.4.6 取脑组织时，固定头部，用碘酊消毒，剪开头皮露出头骨。再以碘酊消毒，更换一套无菌剪、镊，沿脑部边缘剪开头骨用剪使脑与骨剥离，取出整个鼠脑放入冻存管，保存在低温冰箱中或加保存液保存。

5.4.7 剖解完毕，高压后按实验室垃圾处理，或将鼠尸投入焚尸炉焚化，或在75%酒精中消毒后深埋。用75%酒精处理生物安全柜台面，紫外消毒30 min。所用的器械都要高压消毒。

6 样本保存

6.1 鼠样本的保存

6.1.1 活鼠

将捕获的活鼠连同鼠笼(夹)装入鼠袋,扎紧袋口,严防跳蚤逃逸。

6.1.2 死鼠

将捕获的死鼠从鼠夹上取下,单只装入鼠袋,扎紧袋口,严防跳蚤逃逸。

6.2 用于病原体检测鼠脏器样本的保存

6.2.1 冷冻保存

用于细菌、病毒分离和检测的样本可直接冷冻保存(−80 ℃冰箱),也可用化学制冷剂(如干冰)或在液氮罐中保存。

6.2.2 保存液保存

含鼠疫耶尔森菌的组织或脏器的样本可用20%中性甘油盐水保存。用于病毒检测的组织样本可放在50%甘油磷酸盐缓冲液中,在5 ℃条件下保存数周;也可用组织保存液保存;或保存于RNAlater保存液(用于核酸检测的样本方可用这种方法,无法再进行病原分离检测),样品储存液中保存的新鲜样品37 ℃下稳定保存1 d,18 ℃～25 ℃保存7 d,2 ℃～8 ℃稳定4周,−20 ℃永久保存。

6.3 血液样本保存

根据不同检测目的选取冷藏保存或加相应的抗凝剂保存,详见资料性附录A。

7 安全防护要求

7.1 现场采集的防护要求

7.1.1 工作人员应穿白(浅)色防护服(连体服)、防蚤袜。放(收)夹时戴白色线手套,2人1组,可以相互检查身体是否有蚤或蜱,发现后及时清除。身体暴露部位也可使用驱避剂防护。

7.1.2 收夹时,不要用手直接接触鼠。装鼠袋时,动作要快,随即扎紧袋口。对死(自毙)鼠或捕获口鼻出血的鼠,需用大号镊子,装入鼠袋后,外套1个塑料袋。鼠笼捕获的鼠,需连同鼠笼一起装入大号鼠袋。

7.2 实验室安全防护要求

7.2.1 在鼠传疾病疫区采集鼠类样本时,工作人员应经过严格生物安全防护培训,合格后方可进行工作。

7.2.2 鼠类样本采集、解剖时工作人员应做好个人防护,防止被病原体感染或鼠体外寄生虫叮咬。采血及解剖过程应按相应病原体生物安全级别在相应的实验室中进行,做好相应防护。

7.2.3 开展病原体检测的实验室属专用实验室,其结构、防护水平、工作制度、工作人员着装(个人防护)、实验操作规程以及污物处理和意外事故的处理都符合相应的规定,详细参照GB 19489、WS 233。

7.3 预防接种

工作人员应提前接种相关疫苗。

附 录 A
（资料性附录）
常用抗凝剂的制备及用量

A.1 乙二胺四乙酸（EDTA）

EDTA 的钠盐或钾盐常在实验中作为抗凝剂，每毫升血样加 1.5 mg～2.2 mg。加 EDTA 抗凝剂的新鲜冰冻血浆在－20 ℃以下可保存 1 a。

A.2 草酸盐合剂

草酸铵 1.2 g、草酸钾 0.8 g、福尔马林 1.0 mL、蒸馏水加至 100 mL。每毫升血样加 0.1 mL。

A.3 肝素

20 U 肝素可抗凝 1 mL 血液。1％肝素溶液 0.1 mL 于试管内，旋转试管，使溶液均匀浸湿试管内壁，放入 80 ℃～100 ℃烘箱烤干，每管能使 5 mL～10 mL 血液不凝。急性血压实验时可在充满生理盐水的动脉套管内注入肝素 20 mg～25 mg。体内抗凝：500 U/kg～1 000 U/kg。

A.4 枸橼酸钠

配成 3％～5％水溶液，每毫升血样加 0.1 mL；也可直接加粉剂，每毫升血样加 3 mg～5 mg。

A.5 氟化钠

每毫升血样加 6 mg 氟化钠。

A.6 草酸钾

每毫升血样加 1 mg～2 mg 草酸钾。或配置成 10％水溶液，每毫升血样加 0.01 mL～0.02 mL。

在试管内加饱和草酸钾溶液 2 滴（或 10％溶液 0.2 mL），轻轻敲击试管，使溶液分散到管壁四周，置 80 ℃以下的烘箱中烤干（烘烤温度过高，可使草酸钾分解为碳酸钾而失效），每管能使 3 mL～5 mL 血液不凝。供钾、钙含量测定的血样不能用草酸钾抗凝。

附 录 B
(资料性附录)
常用组织、脏器保存液的制备及用量

B.1 20%中性甘油盐水

中性甘油(化学纯)20 mL、氯化钠 0.85 g、蒸馏水 80 mL 混匀后分装,高压灭菌。

B.2 50%甘油磷酸盐缓冲液

取等体积的甘油与等体积的 0.2 mol/L 磷酸盐缓冲液(pH 7.4)混合,调节 pH 即可。

100 mL 0.2 mol/L 磷酸盐缓冲液(pH 7.4)具体配方为:0.2 mol/L Na_2HPO_4 81 mL 和 0.3 mol/L NaH_2PO_4 19 mL 混合。

B.3 组织保存液

0.5%水解乳蛋白、2%小牛血清、青霉素 500 U/mL、链霉素 50 U/mL、制霉菌素 50 U/mL 组成的溶液。

B.4 RNAlater 保存液

10 μL/1 mg 组织,采样后立即将新鲜样品浸入此试剂,RNAlater 可以迅速渗透到组织中,保护 RNA 完整不被降解,确保下游分析得到的数据真实反应样品的表达信息。

ICS 11.020
C 05

中华人民共和国国家标准

GB/T 28941—2012

病媒生物感染病原体采样规程　蚊虫

Sampling procedure of vector infected by pathogens—Mosquito

2012-11-20 发布　　　　2013-05-01 实施

中华人民共和国卫生部
中国国家标准化管理委员会　发布

前　言

本标准按照 GB/T 1.1—2009 给出的规则起草。

本标准由中华人民共和国卫生部提出并归口。

本标准由中华人民共和国卫生部负责解释。

本标准主要起草单位:中国人民解放军军事医学科学院微生物流行病研究所、北京市疾病预防控制中心、中国疾病预防控制中心传染病预防控制所。

本标准主要起草人:赵彤言、董言德、佟颖、张映梅、鲁亮。

病媒生物感染病原体采样规程　蚊虫

1　范围

本标准规定了现场蚊虫感染病原体的采样规程。

本标准适用于多种可传播疾病的蚊虫感染或可能感染病原体的采样。

2　规范性引用文件

下列文件对于本文件的应用是必不可少的。凡是注日期的引用文件，仅注日期的版本适用于本文件。凡是不注日期的引用文件，其最新版本(包括所有的修改单)适用于本文件。

GB/T 23797—2009　病媒生物密度监测方法　蚊虫

3　试剂材料及仪器设备

乙醚、干冰、驱避剂、冻存管、布袋，二氧化碳(CO_2)诱蚊灯、孕卵蚊诱集器、诱蚊灯、手持式电动吸蚊器、电蚊拍、液氮罐、冰盒。

4　操作步骤

4.1　采集样点的选择

选择疫源地或输入性蚊媒传染病的疫点的人居、动物圈舍和野外环境进行蚊虫的采集。

4.2　采集方法

4.2.1　二氧化碳(CO_2)诱蚊灯采集法

4.2.1.1　适用范围

适用于中华按蚊、嗜人按蚊、三带喙库蚊、淡色库蚊等蚊虫的采集。

4.2.1.2　操作步骤

依据不同地区、不同蚊种的活动规律(见附录A)，在蚊虫活动高峰期悬挂二氧化碳(CO_2)诱蚊灯，集蚊盒每30 min更换一次，并将采集的蚊虫标本及时带回实验室。

4.2.2　孕卵蚊诱集器采集法

4.2.2.1　适用范围

适用于寻找产卵场所的淡色库蚊、致倦库蚊等蚊种雌蚊的采集。

4.2.2.2　操作步骤

每晚日落前1 h放置诱集器，盘内装不少于2 L的产卵诱集物。每天日出后1 h移走新诱集的蚊虫带回实验室。每晚更换产卵诱集物。

诱集器结构图及产卵诱集物的制作参照GB/T 23797—2009附录B。

4.2.3 诱蚊灯法

4.2.3.1 适用范围

适用于嗜吸动物血液的三带喙库蚊、中华按蚊、淡色库蚊等蚊虫的采集。

4.2.3.2 操作步骤

依据不同地区、不同蚊种的活动规律，在每日蚊虫活动高峰期，将诱蚊灯悬挂于动物圈舍内，集蚊盒每30 min更换一次，并将采集的蚊虫标本带回实验室。

4.2.4 吸蚊器法

4.2.4.1 适用范围

适用于人居或动物圈舍中栖息的中华按蚊、嗜人按蚊、三带喙库蚊、微小按蚊、淡色库蚊、致倦库蚊等蚊虫的采集。

4.2.4.2 操作步骤

依据不同蚊种的生态习性，选择蚊虫栖息时间及蚊虫栖息场所，在手电筒的照明下，使用手持式电动吸蚊器捕获栖息的蚊虫，将捕获的蚊虫带回实验室。

4.3 标本保存

将采集到的蚊虫带回实验室冷冻或麻醉致死后，进行分类，同种以30只～50只为一组分装于冻存管内，并进行编号，记录标本名称、数量、采集地点、场所、时间，采集人(见附录B)。编号的冻存管再用布袋装好，并对布袋进行编号，详细记录布袋中冻存管的编号情况。

所有采集的蚊虫标本需冻结保存，可用干冰、液氮或低温冰箱(−80 ℃)保存。

5 安全防护要求

5.1 进行蚊虫采集工作时，采集人员需要穿着严密，手戴乳胶手套，头戴防蚊头罩，可能的裸露部位要涂抹蚊虫驱避剂。

5.2 分类鉴定时，应在能够防止蚊虫逃逸的实验室或装置中进行操作，工作人员应戴乳胶手套、口罩和帽子，并准备电蚊拍作为临时防护工具。

附　录　A
（资料性附录）
常见病媒蚊种活动规律

表 A.1

蚊种	活动高峰
微小按蚊	日落后 30 min 开始至黎明均有刺叮活动，子夜前后达到高峰
嗜人按蚊	
大劣按蚊	
中华按蚊	日落后 30 min 开始至黎明均有刺叮活动，日落后 1 h～2 h 有一明显高峰，日出前另有一高峰
淡色库蚊	
致倦库蚊	
三带喙库蚊	
埃及伊蚊	白昼吸血，日出后 1 h～2 h 有一活动高峰，或在日落前 2 h～3 h 有另一活动高峰
白纹伊蚊	

附 录 B
（资料性附录）
采集标本记录表

表 B.1

冻存管编号	标本名称	标本数量	采集地点、场所	采集时间	采集人

ICS 11.020
C 05

中华人民共和国国家标准

GB/T 28942—2012

病媒生物感染病原体采样规程　蚤

Sampling procedure of vector infected by pathogens—Flea

2012-11-20 发布　　2013-05-01 实施

中华人民共和国卫生部
中国国家标准化管理委员会　发布

前　言

本标准按照GB/T 1.1—2009给出的规则起草。

本标准由中华人民共和国卫生部提出并归口。

本标准主要起草单位：中国人民解放军军事医学科学院微生物流行病研究所、中国疾病预防控制中心传染病预防控制所、北京市疾病预防控制中心。

本标准主要起草人：赵彤言、张映梅、董言德、鲁亮、张勇。

病媒生物感染病原体采样规程　蚤

1　范围

本标准规定了现场蚤感染病原体的采样规程。

本标准适用于多种可传播疾病的蚤感染或可能感染病原体的采样。

2　试剂材料及仪器设备

乙醚、干冰、冰块、鼠笼、鼠夹、粘蚤纸、探蚤棒、搪瓷盘、眼科镊子、鼠袋、冻存管、布袋、冰盒、液氮罐、低温冰箱(−80 ℃)。

3　操作步骤

3.1　标本的采集

3.1.1　动物体表蚤采集

采用鼠夹法或鼠笼法采集动物。将鼠夹捕获的动物取下后,装入鼠袋,扎紧鼠袋;鼠笼捕获的动物直接装于鼠袋,扎紧鼠袋,带回实验室,在密闭的空间内用乙醚麻醉后,将动物和鼠袋放于搪瓷盘内,从动物体表和鼠袋表面仔细查找蚤。

3.1.2　动物巢穴蚤采集

掏取宿主窝巢中的草屑等内容物和浮土,装入鼠袋,带回实验室,麻醉后,可采取以下方法的其中之一处理:

a) 放入水盘中,水面没过内容物至少 5 cm,将废弃物挑出,之后搅动水面,使蚤类漂浮于水面后捡蚤;

b) 直接从内容物中查蚤。

3.1.3　洞干蚤采集

用探蚤棒(制作方法参见附录 A)伸入洞干中拉动,取出后将探蚤棒上的粘蚤物放入鼠袋,带回实验室麻醉后拣蚤。

3.1.4　地面游离蚤的采集

每日黄昏前 1 h～2 h 在室内墙角放置粘蚤纸(制作方法参见附录 A),次日黎明时回收,检取粘附的蚤。

3.2　标本保存

将采集的蚤依据采集的宿主分装于冻存管,并进行编号,详细记录标本的名称、数量、采集地点、生境、时间、采集人及宿主动物名称等信息(见附录 B)。编号的冻存管再用布袋装好,并对布袋进行编号,详细记录布袋中冻存管的编号情况。

用于细菌学检验标本应在4 ℃～8 ℃中保存，可用加冰块的冰盒保存；用于其他病原体检验标本应冻结保存，可用干冰、液氮或－80 ℃冰箱保存。

4 安全防护要求

4.1 现场采集时应有专用的交通工具装载鼠笼、鼠夹，且与人员隔离。装载鼠夹和鼠笼的车辆待工作结束后及时消毒杀虫。

4.2 进行采集工作时，采集人员需要穿着浅色的防护服，防蚤袜，雨靴、戴乳胶手套，可能裸露部位涂抹驱避剂。

4.3 用鼠夹法采蚤时，采集人员不可用手直接接触采获的动物。对口鼻出血的动物装入鼠袋后，鼠袋外层应加套一个塑料袋。

4.4 分类鉴定时，应在能够防止蚤类逃逸的实验室或装置中进行操作，蚤应冷冻或麻醉致死后才能进行收集和分类工作，工作人员要求穿着连体式生物防护服，戴乳胶手套、口罩和帽子。

4.5 接种相关疫苗。

附 录 A
（资料性附录）
粘蚕纸和探蚕棒制作方法

A.1 粘蚕纸制作方法

用16开的白纸或牛皮纸单面涂上一层用两份松香和蓖麻油（或凡士林）、豆油各一份合制而成的粘剂，并用刷子涂抹均匀。粘蚕纸在使用当天现用现配。

A.2 探蚕棒制作方法

用直径2.5 cm、长1 m左右具有一定弹性的橡皮管，外套以白布或缠以棉花即可。

附　录　B
（资料性附录）
采集标本记录表

表 B.1

冻存管编号	标本名称	标本数量	采集地点、场所	采集时间	采集人	宿主动物

ICS 11.020
C 05

中华人民共和国国家标准

GB/T 28943—2012

病媒生物危害风险评估原则与指南 鼠类

Principle and guideline of risk assessment of vectors—Rodent

2012-11-20 发布 2013-05-01 实施

中华人民共和国卫生部
中国国家标准化管理委员会 发布

前　言

本标准按照 GB/T 1.1—2009 给出的规则起草。

本标准由中华人民共和国卫生部提出并归口。

本标准起草单位：湖北省疾病预防控制中心、中国疾病预防控制中心传染病预防控制所、北京市疾病预防控制中心。

本标准主要起草人：岳木生、刘起勇、谭梁飞、孟凤霞、钱坤、鲁亮、张令要、王谷生、刘晓华、彭清华。

病媒生物危害风险评估原则与指南 鼠类

1 范围

本标准规定了鼠类危害风险评估原则、评估步骤、风险等级划分、判定指标的要求。

本标准适用于鼠类危害风险评估。

2 规范性引用文件

下列文件对于本文件的应用是必不可少的。凡是注日期的引用文件，仅注日期的版本适用于本文件。凡是不注日期的引用文件，其最新版本(包括所有的修改单)适用于本文件。

GB/T 23798—2009 病媒生物密度监测方法 鼠类

3 术语和定义

下列术语和定义适用于本文件。

3.1

鼠类危害风险评估 risk assessment of rodent

对鼠类进行危害识别、危害描述、危害评估，对所估计的风险进行的价值判断，并确定风险是否接受，划出风险等级。

3.2

风险要素 risk factor

在鼠类危害风险分析过程中，所选择的重要的、相对稳定的和易于评估的对鼠类危害风险等级划分起决定作用的相关因素。

3.3

风险等级 risk grade

鼠类危害在各种可能的风险要素作用下，对人类的生产生活造成各种不同程度的危害，并对各种危害的风险结果根据危害程度划分为不同等级。

4 审查

启动鼠类病媒生物风险评估，应先审核需求情况，检查是否做过类似的病媒生物风险评估，如果已经做过，应确定是否有效，仍然有效的不再进行新的病媒生物风险评估。需要开展此项工作的，可根据具体情况进行评估。

5 成立工作组

应成立专门的工作组进行风险评估，工作组通常由鼠类病媒生物领域专家、风险评估专家、管理专家和计算机技术专家组成。工作组成立后应首先确定风险评估的目标、范围和计划，以及评估的方法和程序，而后由工作组成员分工负责，完成评估报告，并撰写相应的技术文件。

6 信息收集

正式开展风险评估前应尽可能广泛地收集相关信息，在评估过程中还应继续查询和补充相关信息。

7 鼠类危害风险评估的基本原则

7.1 符合性原则

鼠类危害风险评估的方法及程序应符合风险评估的一般方法和原则。

7.2 标准性原则

鼠类危害风险评估的方法、程序和原则可适用于鼠源性疾病的风险评估和鼠类骚扰危害的风险评估，具有标准的效力。

7.3 灵活性原则

根据评估对象和使用者的不同，在使用过程中应能根据具体情况做相应调整，例如对具体鼠种、鼠源性疾病可做必要的调整。

8 鼠类危害风险评估步骤

8.1 风险评估程序

风险评估的程序见附录A。

8.2 鼠类危害识别

鼠类具有传播疾病和对城镇居民的骚扰作用。鼠源性疾病的爆发流行需要有传染源、传播途径、易感人群三个基本条件，鼠源性疾病暴发的风险评估应围绕这三个环节进行分析。并选择重要的、相对稳定的决定鼠类危害风险产生的关键因素来设计风险评估表。

8.3 鼠类危害描述

根据鼠类危害的各有关要素判断风险后果的严重程度见附录B。

8.4 鼠类危害暴露评估

鼠类危害风险判定参考指标及风险发生的可能性分析见附录C。

鼠类密度监测方法参照GB/T 23798—2009。

8.5 鼠类危害风险描述

根据风险发生的可能性和灾难程度矩阵来划分鼠类危害风险评估水平等级，见附录D。

8.6 风险等级划分

8.6.1 划分原则

通过对各风险要素的收集整理，对各项指标采取定性风险分析的方法，进行风险等级评估，设定

4 个风险评估水平，低度风险（Ⅰ级）；中度风险（Ⅱ级）；高度风险（Ⅲ级）；极高风险（Ⅳ级）。

8.6.2 **低度风险（Ⅰ级）**

鼠密度极低、传染源、传播途径各因素风险等级为“低度风险”；或个别因素风险等级为“中度风险”，但预防和控制措施全面有效。

8.6.3 **中度风险（Ⅱ级）**

鼠密度较低、传染源、传播途径各因素中某些因素风险等级为“中度风险”，有一定的预防和控制措施；或个别因素风险等级达“高度风险”，但预防和控制措施全面有效。

8.6.4 **高度风险（Ⅲ级）**

鼠密度较高、传染源、传播途径各因素中多数因素风险等级为“高度风险”，有一定的预防和控制措施；或鼠源性疾病普遍发生、传染源、传播途径中个别因素风险等级达“高度风险”，缺乏有效的预防和控制措施；或传染源、传播途径中个别因素达“极高风险”，但预防和控制措施全面有效。

8.6.5 **极高风险（Ⅳ级）**

鼠密度很高、传染源、传播途径各因素中多数因素风险等级为“高度风险”；或鼠源性疾病大量暴发、传染源、传播途径各因素中个别因素达“极高风险”，但缺乏预防和控制措施不全面有效。

9 形成鼠类危害风险评估报告

鼠类危害进行风险评估应全面系统地形成文件，并与风险管理人员进行交流。为确保风险评估的可靠性，需要有风险评估整个过程的记录，便于其他风险评估人员能重复或修正风险评估结果。正式的风险评估报告和摘要应指明限制性因素、不确定性因素和假设因素对风险评估结果所产生的影响。

10 重新评估

当获得新的相关信息和数据时，能够对鼠类危害进行风险评估，以达到预计评估可靠性。鼠类危害风险评估人员需要对目前已经预测到的风险评估等级与已报告新的鼠源性疾病数据进行比较。再次重新进行鼠类危害风险评估。

附　录　A

（规范性附录）

鼠类危害风险评估程序

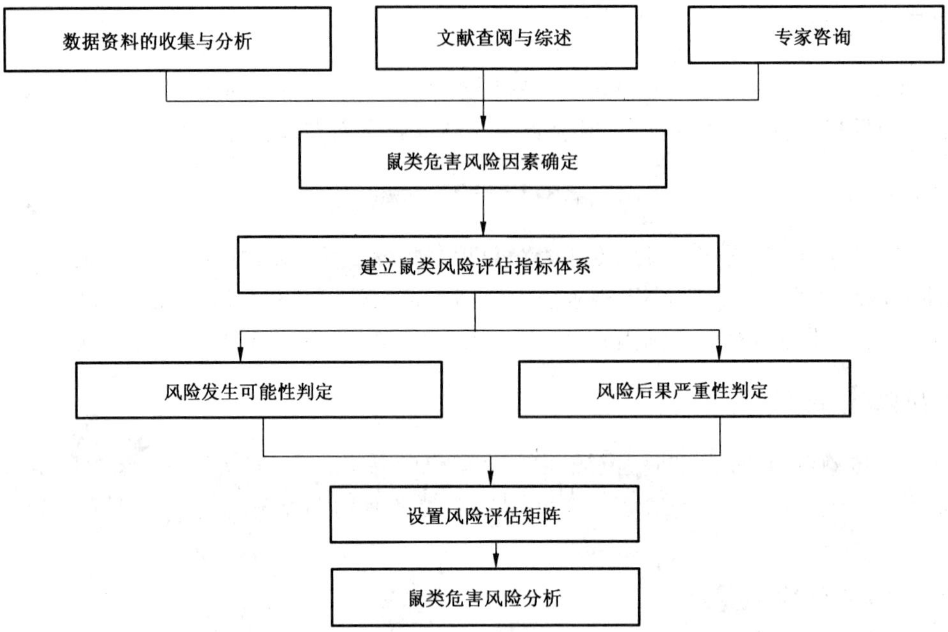

附 录 B
（规范性附录）
鼠类危害风险后果严重程度（风险结局）分析

表 B.1

水平	风险后果严重程度（风险结局）	对风险后果严重程度（风险结局）的界定
1	灾难性	鼠密度很高，鼠带病菌（毒）率高，鼠源性疾病病例数高（如鼠疫等），疾病暴发的风险极高，且无全面有效控制措施
2	中等	鼠密度较高，人感染病例数高（如流行性出血热等），且有一定有效控制措施
3	较小	鼠密度较低，疾病暴发的风险极低，且预防和控制措施全面有效
4	可忽略	鼠密度极低，非自然疫源地，无人感染病例发生，无疾病暴发风险

附　录　C
（资料性附录）
鼠类危害风险判定参考指标

表 C.1

评估体系指标	风险发生的可能性				
	不太可能发生	极少出现	可能会发生	很可能发生	确定会发生
鼠源性疾病分布	无	极少	少数	较广	很广
鼠源性疾病例输入状况	无	偶尔	少量	部分	大量
鼠类种类	无	极少	少数	很多	大量
鼠类分布	无	极少	少数	较广	很广
携带病原体鼠种生命周期	极短	较短	较高	很长	极长
鼠源性疾病发生频率	零	低	较低	较高	很高
截获带病鼠难易程度	没有捕获	很难捕获	较难捕获	较易捕获	捕获量多
鼠源性疾病早期发现能力	很强	强	弱	很弱	无
鼠密度(捕获率)	极低	较低	较高	很高	极高
鼠带病菌(毒)率	零	低	较低	较高	很高
鼠类抗药性	无	极少数个体	少数个体	较多个体	形成种群
杀灭控制鼠类能力	很强	强	一般	弱	无
人群免疫情况	全部	绝大部分	部分	少数	无
人群易感程度	零	低	较低	较高	很高

附　录　D
（规范性附录）
鼠类危害风险评估水平等级的划分

表 D.1

风险评估水平		风险发生的可能性				
		确定会发生	很可能	可能	不太可能	不可能
风险后果严重程度（风险结局）	灾难性	E	E	H	H	M
	中等	E	H	H	M	L
	较小	H	M	M	L	L
	可忽略	M	L	L	L	L

注：风险评估水平用字母表示，E 表示极高风险(Extremely High)，H 表示高度风险(High)，M 表示中度风险(Moderate)，L 表示低度风险(Low)。

ICS 11.020
C 05

中华人民共和国国家标准

GB/T 28944—2012

病媒生物应急监测与控制　水灾

Vector surveillance and control in emergencies—Flood disaster

2012-11-20 发布　　2013-05-01 实施

中华人民共和国卫生部
中国国家标准化管理委员会　发布

前 言

本标准按照 GB/T 1.1—2009 给出的规则起草。

本标准由中华人民共和国卫生部提出并归口。

本标准主要起草单位:中国疾病预防控制中心传染病预防控制所、湖北省疾病预防控制中心、北京市疾病预防控制中心。

本标准主要起草人:刘起勇、孟凤霞、李贵昌、岳木生、鲁亮、谭梁飞、张令要、付学锋。

病媒生物应急监测与控制　水灾

1　范围

本标准规定了在水灾发生时，病媒生物应急监测和控制的原则、方法与技术。

本标准适用于病媒生物应急监测与控制协调机构和疾病预防控制专业技术部门，在水灾发生前的应急能力储备，以及在水灾发生时，专业人员对病媒生物应急监测和控制。

2　规范性引用文件

下列文件对于本文件的应用是必不可少的。凡是注日期的引用文件，仅注日期的版本适用于本文件。凡是不注日期的引用文件，其最新版本(包括所有的修改单)适用于本文件。

GB/T 23796—2009　病媒生物密度监测方法　蝇类

GB/T 23797—2009　病媒生物密度监测方法　蚊虫

GB/T 23798—2009　病媒生物密度监测方法　鼠类

3　术语和定义

下列术语和定义适用于本文件。

3.1

水灾　flood disaster

由于暴风雨、长期连续降雨等极端雨量，台风、龙卷风等极端强风引发的强降雨，海啸等地貌活动导致的洪水泛滥、暴雨积水等对人类社会造成的灾害。水灾具有区域性、季李性和周期性发生的特点。

4　本底资料收集

4.1　水灾前的水文地貌本底

我国水患多发，水体与地区相对固定，对于经常发生水灾的地区，应收集其水患前自然状态下河道、流量、地形、地貌、水体周边土地利用状况等相关本底资料。在灾害发生后，根据本底信息更加有效地确定危险区域与控制范围。

4.2　水灾前病媒生物种类本底

收集当地主要病媒生物的种类、分布、种类构成、季节消长、密度等本底资料；收集受灾地区所处的地理位置、地形地貌、动植物群落和积水类型等资料，作为应急监测与控制的参考基线。

4.3　水灾前病媒生物性传染病及易感人群的基本资料

在水灾发生时，应了解当地病媒生物性传染病的种类、发病率、分布范围、发病季节及易感人群，为对病媒生物的风险评估和制定控制方案提供依据。

5 水灾病媒生物应急监测与控制的储备

5.1 物质储备

交通和信息采集工具、施药器械、杀虫杀鼠药物、个人防护用品等(见附录A)。

可能受灾地区的大比例尺行政区划图、地形图以及相关水文资料。

5.2 技术储备

经过考核并演练的适宜技术方案、应急预案,监测与控制的操作规程等。

5.3 人员储备

编制以当地及周边地区病媒生物专家为主,涉及病媒生物和相关传染病方面的专家的资源名录,其中包括专家通讯方式、专业特长等信息。

储备病媒生物监测与控制技能的专业技术队伍,包括各级疾病预防控制机构、卫生监督机构、医院、社区卫生服务中心以及有害生物防制公司的相关人员,并对其进行病媒生物应急监测与控制技能的培训及考核,包括常见病媒生物的种群分布、生态习性、监测方法、防治方法等基本知识和杀虫剂的配制、药械使用、个人防护要求等现场操作技术。

5.4 储备要求

储备物资应定期检查更新,保证杀虫杀鼠药剂在保质期内使用。应急处理后对储备物资要及时补充,对储备技术及时评估完善。

6 水灾时病媒生物应急监测

6.1 水灾时病媒生物应急监测的启动与终止

根据病媒生物风险评估结果,决定是否启动病媒生物应急监测。

经确认水灾影响已消除,或病媒生物发生季节结束,终止病媒生物应急监测工作。

6.2 水灾发生时病媒生物发生的风险评估

水灾发生时,通过对水灾灾情和传染病疫情的了解,结合当地已有的病媒生物相关本底资料,分析病媒生物种类、发生范围、发生强度等趋势,开展风险评估。

6.3 蚊虫监测

水灾发生时,应进行蚊虫的监测。幼虫和蛹的监测采用勺捕法、吸管法,产卵情况的监测采用诱卵器法,成蚊监测采用诱蚊灯法、栖息蚊虫捕捉法、人诱停落法、人帐诱法。上述各种监测方法见GB/T 23797—2009。

6.4 蝇类监测

水灾发生时,应进行蝇类的监测。幼虫采用目测法,成虫采用目测法、笼诱法、粘捕法等,见GB/T 23796—2009。

6.5 鼠类监测

水灾发生时,应进行鼠类的监测。鼠类监测采用夹(笼)夜法、粘鼠板法、粉迹法、鼠迹法、盗食法监测鼠密度。上述各种监测方法见 GB/T 23798—2009。

根据鼠洞密度和群众反映，可间接推测鼠情。

6.6 蚤类监测

水灾发生时，应进行蚤类的监测。采用鼠体蚤指数法、游离蚤指数法，方法详见附录 B。

7 水灾发生时病媒生物应急控制

7.1 水灾时病媒生物应急控制的启动与终止

水灾发生后，基于病媒生物及相关传染病风险评估，建议是否启动病媒生物应急控制工作。

灾后生活秩序恢复正常，经监测确定无病媒生物性传染病暴发流行、病媒生物密度恢复到不足以引起传染病暴发的最低密度阈值的安全水平时，终止病媒生物控制工作。

7.2 水灾时病媒生物控制的关键措施

7.2.1 健康教育

在灾区，通过宣传画、手册、广播、电视等方式，普遍开展关于病媒生物及其相关传染病的危害、预防控制和个人防护的科普教育，全民动员预防控制病媒生物，减少或避免由病媒生物引发的灾后次生灾害的发生。

7.2.2 环境治理

水灾发生时，应及时处理人和动物尸体，搭建临时厕所，集中处理粪便，清理街道或居民区周围的淤泥和垃圾，填平或疏导地面积水，倾倒容器积水并倒置容器，生活垃圾集中堆放。环境治理是水灾后病媒生物预防控制的最有效的措施之一。

7.2.3 化学防治

化学杀虫剂因具有快速和高效的杀虫特点，广泛用于水灾灾区的病媒生物预防和控制。在使用化学杀虫剂时，应注意：

a) 化学防治药剂选用具有农业部药检所审批的登记证；

b) 根据环境特点选用速效的空间喷洒或长效的滞留喷洒药剂；

c) 各类诱饵有明显的警戒色，严防人畜中毒；

d) 根据抗药性及生物群落背景资料，科学选择药物种类及剂型，合理运用技术，以提高药效，避免浪费、污染及抗药性的产生；

e) 高温高湿容易发生农药中毒事件，施药人员应重视个人防护，使用防护服、眼罩、口罩、手套、防护袜、防护面具、工作鞋等避免中毒。

7.3 病媒生物控制

7.3.1 蚊虫控制

室外空间喷洒杀虫剂，迅速杀灭成蚊，应选用热烟雾、超低容量制剂及相应器械。

室内或帐篷内壁应用持效性长的杀虫剂做滞留喷洒，或使用热烟雾剂或超低容量剂空间喷洒，或使用气雾剂喷洒、蚊香熏杀或驱避，灾民或救灾人员夜间休息应使用杀虫剂浸泡处理的蚊帐以阻断病媒与人接触并能杀灭室内蚊虫。

户外活动工作时使用驱避剂涂抹。

根据蚊虫孳生地监测情况，在密度较高的区域使用灭幼剂。对周围区域实施环境治理。

7.3.2 蝇类控制

室内或帐篷内墙壁、顶棚应用持效性长的杀虫剂滞留喷洒。应用毒绳、毒饵、毒水灭蝇，也可用粘蝇彩带粘蝇。

室外可用空间喷雾杀灭成蝇，也可用诱蝇笼诱捕成蝇。

公共厕所、私厕、垃圾堆等蝇类孳生地可使用杀虫剂杀灭幼虫。

7.3.3 鼠类控制

应使用高效、安全的抗凝血杀鼠剂，在潮湿环境中应使用蜡块毒饵。如果情况紧急，经相关管理部门批准，才可以使用急性鼠药。

若需当地配制毒饵，应由专业技术人员统一配制。根据鼠情决定毒饵投放量。投饵工作由受过培训的灭鼠员承担，投饵点应有醒目标记。诱饵放置在儿童不易接触到的位置，应有毒物标示，以防误食。投毒后及时搜寻死鼠，管好禽畜。投饵结束应收集剩余毒饵，焚烧或在适当地点深埋。卫生部门要做好中毒急救的准备。

灭鼠时，应在居住区喷洒杀虫剂，消灭离开鼠体的蚤、螨等。

7.3.4 蚤类控制

应先施药，再清理环境和灭鼠，再施药。

灭鼠蚤用杀虫粉剂处理鼠类的栖息场所，沿鼠道、鼠洞周围喷洒 20 cm～25 cm 宽，厚度适中的杀虫粉剂，每个鼠洞喷洒粉剂 30 g。

灭游离蚤时用杀虫剂喷洒卧室、床铺、被褥、沿墙地面、缝隙，牲畜圈等。

8 病媒生物应急监测与控制的评估

8.1 病媒生物控制效果评估

病媒生物应急控制实施后，由卫生行政部门指定专业人员进行效果评估。

评估内容应包括现场调查环境整治效果，防护设施完善程度，孳生地清理情况，群众对病媒生物及相关传染病的知晓率，公众对病媒生物骚扰控制的满意度，控制前后病媒生物监测结果计算密度变化(计算公式见附录 C)，综合判定是否达到预期目标。

8.2 监测与控制过程评估

评估灾区前期物资储备是否充足，是否有应急监测与控制预案，是否建立起病媒生物监测系统，收集的监测数据是否完整，杀虫剂是否正确使用，是否根据抗药性水平确定用药方案。

根据评估结果，进一步完善、更新病媒生物应急监测与控制预案。

附　录　A
（资料性附录）
推荐药剂、器具和防护设备

表 A.1　推荐为水灾病媒生物控制储备的药剂、使用方法及防治对象

有效成分	类型	使用方法	控制对象
杀螟硫磷	有机磷	滞留喷洒、空间喷洒	成蚊、成蝇、蝇蛆、蚤类
马拉硫磷	有机磷	滞留喷洒、空间喷洒	成蚊、成蝇、蚤类
甲基嘧啶磷	有机磷	滞留喷洒、空间喷洒	成蚊、成蝇
倍硫磷	有机磷	颗粒剂、乳油	蚊幼、蝇蛆
双硫磷	有机磷	颗粒剂、乳化浓缩剂	蚊幼
噁虫威	氨基甲酸酯	滞留喷洒	成蚊、成蝇
残杀威	氨基甲酸酯	滞留喷洒	成蚊、成蝇、蚤类
顺式氯氰菊酯	拟除虫菊酯	滞留喷洒	成蚊、成蝇、蚤类
联苯菊酯	拟除虫菊酯	滞留喷洒	成蚊、成蝇
氟氯氰菊酯	拟除虫菊酯	滞留喷洒、空间喷洒	成蚊、成蝇
溴氰菊酯	拟除虫菊酯	滞留喷洒、空间喷洒	成蚊、成蝇、蚤类
醚菊酯	拟除虫菊酯	滞留喷洒、空间喷洒	成蚊、成蝇
高效氯氰菊酯	拟除虫菊酯	滞留喷洒	成蚊、成蝇、蚤类
苏云金杆菌以色列亚种(Bti)	微生物	水分散粒剂撒施	蚊幼
溴鼠灵	抗凝血剂	毒饵、蜡块	鼠类
杀鼠灵	抗凝血剂	粉剂、毒饵	鼠类
溴敌隆	抗凝血剂	蜡块、毒饵	鼠类
氟鼠灵	抗凝血剂	蜡块	鼠类

注：各地可以根据当地的实际情况选择性储备，根据推荐使用说明剂量和方法使用。并注意药剂的有效期随时更换。

表 A.2　施药器具

器　具	名　称	用　处
喷雾器	小型家用手动塑料喷雾器	室内喷雾
喷雾器	手动压缩式喷雾器	室内滞留喷洒、室外小面积喷雾
喷雾器	弥雾喷雾器	室外喷雾、喷烟
喷雾器	超低容量喷雾	室外喷雾
喷雾器	烟雾机	大面积卫生杀虫、消毒
喷雾器	车载喷雾设备	处理大面积蚊蝇孳生地
喷雾器	飞机喷洒设备	大面积卫生杀虫、消毒

表 A.2(续)

器　具	名　称	用　处
配药设备	量筒	称量
	量杯	称量
	玻璃棒	搅拌
蚊、蝇、鼠监测	吸管	采集幼虫
	诱蚊灯	诱捕成蚊
	诱蝇笼	诱捕蝇类
	鼠夹	捕捉鼠类

表 A.3　防护设备

名　称	用　　处
防护服	隔离有毒物质,防止蚊虫叮咬及隔离生物侵害
眼罩	保护眼睛
耳塞	隔音,保护听力
胶皮手套	防止危害性物质侵染手部
口罩	预防呼吸道疾病传播,防止有害物质的吸入
鞋套	防止污物沾着
工作鞋	便于工作时,防水透气要好

附 录 B
（资料性附录）
蚤类监测技术

B.1 鼠体蚤指数法

采用鼠笼法捕活鼠，检查计数每只鼠体上的寄生蚤数。将一定数量的捕鼠笼，根据鼠的活动习性布放一个夜晚或一个白天，把捕获的活鼠连同鼠笼放入布袋内，以防蚤逃逸。将鼠及蚤用乙醚或氯仿麻醉处死，将死鼠置于白纸上或搪瓷盘内，一手用镊子挟住尾巴，另一手以篦子或毛刷反复篦刷鼠毛，如有跳蚤便会落到纸上或盘内。然后以湿毛笔沾蚤放入70%酒精瓶内，同时进行计数。如尚有个别活蚤，可用乙醚棉球按住后放入酒精瓶内。装鼠的布袋应仔细检查，如有跳蚤也拣入酒精瓶内。

有条件应将蚤分类计数，求出分种蚤指数即某种蚤数/鼠，以便分析各种蚤指数与疾病的关系。

B.2 游离蚤指数法

用一定大小和数量的粘蚤纸，分放在室内地面上，如15 m^2～18 m^2 的室内，可用16开的粘蚤纸5张，分别放于室中心一张、室四角各一张。经一昼夜后，平均每张纸所粘得的蚤数即为游离蚤指数，单位为蚤数/张。如要评价蚤类防制效果，可在灭前、灭后，用同一方法连续进行调查。

粘蚤纸制作方法是先把油加热，然后将粉粹的松香末加入油中，油与松香比例为1∶1，混溶后拌匀，待冷却后涂于16开的白纸上即成。

附　录　C
（资料性附录）
病媒生物密度控制效果计算

病媒生物密度控制效果计算公式如下：

$$P=\frac{D_0-D_1}{D_0}\times 100\% \qquad \cdots\cdots(\text{C.1})$$

式中：

P ——杀灭率，%；

D_0——处理前病媒生物密度；

D_1——处理后病媒生物密度。

ICS 43.180
T 39

中华人民共和国国家标准

GB/T 28945—2012

便携式制动性能测试仪

Portable braking performance tester for vehicles

2012-12-31 发布 2013-06-01 实施

中华人民共和国国家质量监督检验检疫总局
中国国家标准化管理委员会 发布

前　言

本标准按照 GB/T 1.1—2009 给出的规则起草。

本标准由全国机动车运行安全技术检测设备标准化技术委员会(SAC/TC 364)提出并归口。

本标准起草单位:广州市计量检测技术研究院、中国测试技术研究院、上海西派埃自动化仪表工程有限责任公司、浙江江兴汽车检测设备有限公司、珠海高新区同力机械有限公司、淄博赛格电子有限公司、济南新凌志科技发展有限公司、广州福立分析仪器有限公司。

本标准主要起草人:李想堂、杨春生、罗发贵、蒋宇晨、亓凤、周申生、邱左先、邱峰、唐向臣、章彦辉。

便携式制动性能测试仪

1 范围

本标准规定了便携式制动性能测试仪的要求、试验方法、检验规则、标志、包装和贮存。

本标准适用于便携式制动性能测试仪(以下简称测试仪)。

2 规范性引用文件

下列文件对于本文件的应用是必不可少的。凡是注日期的引用文件,仅注日期的版本适用于本文件。凡是不注日期的引用文件,其最新版本(包括所有的修改单)适用于本文件。

GB/T 2423.1 电工电子产品环境试验 第2部分:试验方法 试验A:低温

GB/T 2423.2 电工电子产品环境试验 第2部分:试验方法 试验B:高温

GB/T 2423.3 电工电子产品环境试验 第2部分:试验方法 试验Cab:恒定湿热试验

GB/T 2423.10 电工电子产品环境试验 第2部分:试验方法 试验Fc:振动(正弦)

GB 7258 机动车运行安全技术条件

GB/T 17626.3 电磁兼容 试验和测量技术 射频电磁场辐射抗扰度试验

3 术语和定义

下列术语和定义适用于本文件。

3.1

便携式制动性能测试仪 portable braking performance tester for vehicles

通过记录车辆制动过程中减速度值的时间历程,计算出速度、距离后,可计算得到符合GB 7258要求的充分发出的平均减速度(MFDD)和制动协调时间,用于判别机动车的制动性能的便携式测试仪器。

3.2

充分发出的平均减速度 mean fully developed deceleration,MFDD

充分发出的平均减速度(MFDD)按式(1)计算:

$$MFDD=\frac{V_b^2-V_e^2}{25.92(S_e-S_b)} \quad \cdots\cdots(1)$$

式中:

MFDD——充分发出的平均减速度,单位为米每二次方秒(m/s^2);

V_b ——$0.8V_0$,试验车速,单位为千米每小时(km/h);

V_e ——$0.1V_0$,试验车速,单位为千米每小时(km/h);

V_0 ——试验车制动初速度,单位为千米每小时(km/h);

S_b ——试验车速从$V_0 \sim V_b$之间车辆行驶的距离,单位为米(m);

S_e ——试验车速从$V_0 \sim V_e$之间车辆行驶的距离,单位为米(m)。

3.3

制动协调时间 brake coordinated time

制动协调时间是指在急踩制动时,从脚接触制动踏板(或手触动制动手柄)时起至机动车减速度达到 GB 7258 规定的充分发出的平均减速度值的 75%时所需的时间。

4 要求

4.1 一般要求

4.1.1 组成

测试仪为便携式,由加速度传感器、主机、制动踏板触发开关及微型打印机等组成。

4.1.2 外观

4.1.2.1 测试仪各部件外表面应光洁、平整,不应有凹痕、划伤、裂缝、变形等缺陷;主机显示应清晰、完整,不得有文字和符号缺损现象。

4.1.2.2 测试仪上使用的文字、图形、标志应清晰、规范、耐久。显示屏、打印输出、操作说明、铭牌、标志中的文字应使用中文,根据需要也可以附有其他文字。

4.1.2.3 铭牌应标明制造商名称、商标、产品名称、型号规格、生产日期及出厂编号等。

4.2 基本功能

4.2.1 仪器供电方式

主机及打印机应自带电源,主机可连续使用时间应不少于 5 h。

4.2.2 电池电量提示

测试仪应有电池电量提示功能。

4.2.3 测试状态预设置及结果判定功能

测试仪应能对日期、时间、车牌号、车辆类型、满载或空载状态进行预设置,并能按 GB 7258 中规定的 MFDD、汽车或汽车列车制动协调时间进行合格性判定。

4.2.4 存储、打印、通信功能

测试仪应能对测试数据进行存储、打印,并可通过通讯接口与计算机通信;可存储数据不少于 30 组。

测试结果打印内容应包括:车牌号、车辆类型、载荷情况、日期、时间、MFDD、制动协调时间、制动初速度、合格性判定等。

通讯接口输出的数据应包含上述测试结果的内容以及整个测试过程中采集的全部减速度值,并应提供上位机软件来复现这些数据。测试仪说明书中应包含通讯协议的详细说明。

4.3 数据保持

断电后,主机内置时钟(日期、时间)应正常运行,各组测试数据不丢失或改变。

4.4 测量性能要求

4.4.1 减速度值测量范围

减速度值测量范围为 0 m/s^2～9.81 m/s^2。

4.4.2 显示分辨力

加速度：0.01 m/s^2。

4.4.3 静态检验

4.4.3.1 示值误差

减速度测量值为 0 m/s^2～5 m/s^2 时，示值误差为±0.10 m/s^2；
减速度测量值为其他值时，示值误差为±2.0%。

4.4.3.2 重复性

不超过示值误差绝对值的 50%。

4.4.3.3 减速度值鉴别力阈

鉴别力阈不大于 0.05 m/s^2。

4.4.3.4 零位漂移

不大于 0.05 m/s^2。

4.4.4 动态检验

充分发出的平均减速度(MFDD)示值误差为±5.0%。

4.5 电源电压适应性

当电源电压在标称电压值−20%～+15%范围内变化时，测试仪示值变化应不超过示值误差绝对值的 50%。

4.6 抗干扰

4.6.1 射频电磁场辐射抗扰度

射频电磁场辐射抗扰度试验等级为一级，试验中及试验后仪器主机和传感器不应出现电气故障，数据显示、记录功能应正常，贮存的数据不应丢失和发生变化。

4.6.2 抗汽车点火干扰

进行抗汽车点火干扰测试，试验中及试验后仪器的显示功能、记录功能、打印功能应正常，贮存的数据不应丢失和发生变化。

4.7 环境适应性

4.7.1 气候适应性

仪器放置在携带提箱内，在承受高温、低温、湿热等各项气候环境试验后，外观和示值误差应分别符合 4.1.2.1 和 4.4.3 的要求。

4.7.2 运输环境适应性

仪器在运输包装条件下，试样进行定频振动试验，试验后，各部分零件不得有松动和损坏现象，外观和示值误差应分别符合4.1.2.1和4.4.3的要求。

5 检验方法

5.1 检验条件

温度为0 ℃～40 ℃；
相对湿度为不大于85%。

5.2 检验设备

5.2.1 试验电源条件

试验电源电压的最大允许误差不得超过其标称值的±1%。
试验电源电压的纹波不得超过其标称值的±0.2%。

5.2.2 射频电磁场辐射抗扰度试验设备要求

试验用设备应符合GB/T 17626.3的相关要求。

5.2.3 汽车点火干扰试验设备要求

a) 放电电极间距为1 cm～1.5 cm；
b) 放电频率为12次/s～200次/s；
c) 放电电压为10 kV～20 kV。

5.2.4 测试范围及准确度要求

d) 静态测试装置的测试范围：0 m/s^2～9.81 m/s^2；
e) 室内动态校准装置的测试范围：0 m/s^2～9.81 m/s^2；
f) 汽车速度计的测试范围：
——速度：5.00 km/h～180.00 km/h；
——距离：1.00 m～999.99 m。

测试装置的总不确定度应不大于被测仪器基本误差限的1/3。

5.2.5 预热和预调

试验设备的预热时间应按制造厂的使用说明书有关规定，并在5.1规定的检验条件下使之稳定，预调应在预热时间内进行，在每项试验过程中不得进行调整。

5.3 基本功能检查

按使用说明书操作仪器，对其功能逐项进行检查，其基本功能应符合4.2的规定。

5.4 数据保持检查

仪器接通电源，使其处于正常工作状态，进行模拟制动性能测试并将结果存储记录。断电0.5 h后，对原贮存数据进行检查，应符合4.3的要求。

5.5 示值误差测试

5.5.1 静态测试法

将待测测试仪的加速度传感器敏感轴平面放置于已调好呈水平的测试平台上，接通电源，进行示值误差测试，此时测试仪的理论加速度示值应为0.00 m/s^2，改变加速度传感器敏感轴平面与水平面夹角，使夹角分别为12°、24°、37°、53°、90°等五个点，同时读取被测测试仪相应的示值；重复测量3次，按式

(2)、式(3)分别计算被测测试仪示值误差,应满足 4.4.3.1 的要求。

a) 减速度值为 0 m/s² ～5 m/s² 时,示值误差按式(2)计算:

$$\Delta_i = \overline{X}_i - A_i \quad \cdots\cdots (2)$$

式中:

Δ_i ——第 i 测量点时,被测测试仪示值误差,单位为米每二次方秒(m/s²);

$\overline{X}_i$ ——第 i 测量点时,被测测试仪 3 次测量值的平均值,单位为米每二次方秒(m/s²);

A_i ——第 i 测量点时,标准减速度值,单位为米每二次方秒(m/s²),按(3)式计算:

$$A_i = 9.80 \times \sin\alpha_i \quad \cdots\cdots (3)$$

式中:

α_i ——静态测试装置的平台第 i 测量点时的旋转角度值,单位为度(°)。

b) 减速度值为除 0 m/s² ～5 m/s² 以外其他值时,示值误差按式(4)计算:

$$\delta_j = \left(\frac{\overline{Y}_j}{A_j} - 1\right) \times 100\% \quad \cdots\cdots (4)$$

式中:

δ_j ——第 j 测量点时,被测测试仪示值误差,单位为米每二次方秒(m/s²);

$\overline{Y}_j$ ——第 j 测量点时,被测测试仪 3 次测量值的平均值,单位为米每二次方秒(m/s²);

A_j ——第 j 测量点时,标准减速度值,单位为米每二次方秒(m/s²),按式(5)计算:

$$A_j = 9.80 \times \sin\beta_j \quad \cdots\cdots (5)$$

式中:

β_j ——静态测试装置的平台第 j 测量点时的旋转角度值,单位为度(°)。

5.5.2 动态测试法

动态测试按照汽车速度计法或室内动态校准测试法进行。当测试仪经室内法测试后对其性能有质疑时,可用汽车速度计法进行复检。

5.5.2.1 汽车速度计法

选择一辆性能稳定的试验车辆,按相关说明书要求将汽车速度计及测试仪一起安装在试验车辆上,并接上踏板开关。

试验场地及方法应符合 GB 7258 相应规定。

在车辆速度约为 30 km/h、50 km/h 时分别进行制动试验,各重复测量 3 次,按式(6)计算各点、各次测量的 MFDD 示值误差。

$$\delta_{\mathrm{D}ij} = \left(\frac{a_{ij}}{a_{0ij}} - 1\right) \times 100\% \quad \cdots\cdots (6)$$

式中:

$\delta_{\mathrm{D}ij}$ ——第 i 点、第 j 次测量时,被测测试仪 MFDD 示值误差;

$i=1$ 时,车辆速度约为 30 km/h,$i=2$ 时,车辆速度约为 50 km/h,$j=1,2,3$;

a_{ij} ——第 i 点、第 j 次测量时,被测测试仪 MFDD 示值,单位为米每二次方秒(m/s²);

a_{0ij} ——第 i 点、第 j 次测量时,依据汽车速度计测试数据并按式(7)计算得到相应的 MFDD,单位为米每二次方秒(m/s²)。

$$a_{0ij} = \frac{V_{\mathrm{b}ij}^2 - V_{\mathrm{e}ij}^2}{25.92(S_{\mathrm{e}ij} - S_{\mathrm{b}ij})} \quad \cdots\cdots (7)$$

式中:

V_{0ij} ——第 i 点、第 j 次测量时,汽车速度计测得的试验车辆制动初速度,单位为千米每小时(km/h);

V_{bij} ——$0.8V_{0ij}$，单位为千米每小时(km/h)；

V_{eij} ——$0.1V_{0ij}$，单位为千米每小时(km/h)；

S_{bij} ——第 i 点、第 j 次测量时，车速从 $V_{0ij}\sim 0.8V_{0ij}$ 时，汽车速度计测得的试验车辆所行驶的距离，单位为米(m)；

S_{eij} ——第 i 点、第 j 次测量时，车速从 $V_{0ij}\sim 0.1V_{0ij}$ 时，汽车速度计测得的试验车辆所行驶的距离，单位为米(m)。

5.5.2.2 室内动态校准测试法

参照动态校准装置的说明书，将待测仪器的加速度传感器固定于动态校准装置的翻转平台上，动态校准装置按照一条模拟的车辆制动过程中的减速度变化曲线运行，被测仪器处于测试状态，这样在校准装置平台的翻转过程中，被测仪器将完成一次测试，并输出测得的减速度变化曲线以及测试结果，分析 MFDD 及制动协调时间的示值误差，应符合 4.4.4 的要求。

动态校准装置自动记录整个测试过程中翻转平台的倾斜角度-时间曲线，依式(3)或式(5)转换为标准减速度-时间曲线，通过积分得到速度-时间曲线，再次积分得到距离-时间曲线。标准 MFDD 按式(7)计算，其中 $i=1,2;j=1,2,\cdots,5$。MFDD 示值误差按式(6)计算，其中 $i=1,2;j=1,2,\cdots,5$。

5.6 示值重复性误差测试

在 5.5.1 基础上，按式(8)、式(9)计算其测量重复性，每一测量点的重复性均应满足 4.4.3.2 的要求。

a) 减速度值为 0 m/s² ～5 m/s² 时，示值重复性为

$$\Delta_{zi}=X_{i\max}-X_{i\min} \qquad\cdots\cdots(8)$$

式中：

Δ_{zi} ——第 i 测量点时，被测测试仪示值重复性，单位为米每二次方秒(m/s^2)；

$X_{i\max}$ ——第 i 测量点时，被测测试仪 3 次测量示值中的最大值，单位为米每二次方秒(m/s^2)；

$X_{i\max}$ ——第 i 测量点时，被测测试仪 3 次测量示值中的最小值，单位为米每二次方秒(m/s^2)。

b) 减速度值为除 0 m/s² ～5 m/s² 以外其他值时，示值重复性计算：

$$\delta_{zj}=\left(\frac{Y_{j\max}-Y_{j\min}}{A_j}\right)\times 100\% \qquad\cdots\cdots(9)$$

式中：

δ_{zj} ——第 j 测量点时，被测测试仪示值重复性；

$Y_{j\max}$ ——第 j 测量点时，被测测试仪 3 次测量示值中的最大值，单位为米每二次方秒(m/s^2)；

$Y_{j\min}$ ——第 j 测量点时，被测测试仪 3 次测量示值中的最小值，单位为米每二次方秒(m/s^2)；

A_j ——第 j 测量点时，标准减速度值，单位为米每二次方秒(m/s^2)。

5.7 鉴别力阈测试

a) 在静态测试装置的测试平台旋转角度为 37°时，读取被测测试仪相应示值。然后，将静态测试装置的测试平台旋转角度逐步增加为 37.3°、37.4°，待数据稳定后，被测测试仪示值应有变化。

b) 随后，反向旋转角度逐步减少至 36.7°、36.6°，被测测试仪示值应有变化。

若被测测试仪相应示值在上述情况下仍不改变，即为不满足 4.4.3.3 的要求。

5.8 零位漂移

将待测测试仪的加速度传感器敏感轴平面放在已调好呈水平的测试平台上，开机后，将测试仪调整至零位，每隔 5 min 记录一次读数，共记录 3 次。取最大的偏离零位值为零位漂移值，应符合 4.4.3.4

的要求。

5.9 电源电压适应性测试

当待测测试仪的电源电压在标称值及标称值的－20％和＋15％变化时，分别测量并计算测试仪的示值变化，应符合4.5的要求。

5.10 电量提示检查

对测试仪进行人工目测检查，应符合4.2.2的要求。

5.11 射频电磁场辐射抗扰度试验

按GB/T 17626.3的规定进行试验，试验等级为一级，试验中及试验后试样应符合4.6.1的要求。

5.12 汽车点火干扰试验

测试仪主机与传感器连接后开机，使测试仪处于工作状态，开启汽车点火干扰试验设备，设置在60次/s的放电频率，将测试仪主机与传感器放置于距放电电极中心40 cm以内的位置。然后连接制动踏板触点开关导线，分别使制动踏板触点开关和导线置于距放电电极中心5 cm～10 cm处，以12次/s～200次/s的放电频率扫频，观察测试仪工作有无异常，若有异常，在异常频率点持续试验5 min；若无异常则在60次/s的放电频率上持续试验10 min。试验中检查测试仪的功能，应符合4.6.2的要求。

5.13 环境适应性试验

5.13.1 耐高温性能

试验装置应符合GB/T 2423.2的要求。

将测试仪放置在携带提箱内，放入高温试验箱中，在50 ℃±2 ℃的温度条件下保持8 h，试验后，在5.1规定的检验条件下恢复放置至少24 h，进行外观检查和示值误差测试，其结果应符合4.7.1的要求。

5.13.2 耐低温性能

试验装置应符合GB/T 2423.1的要求。

将测试仪放置在携带提箱内，放入低温试验箱中，在－10 ℃±2 ℃条件下保持8 h，试验后，在5.1规定的检验条件下恢复放置至少24 h，进行外观检查和示值误差测试，其结果应符合4.7.1的要求。

5.13.3 抗湿热性能

试验装置应符合GB/T 2423.3的要求。

将测试仪放置在携带提箱内，放入湿热试验箱中，试验箱的温度为40 ℃±2 ℃，相对湿度为91％～95％，并保持48 h，试验后，在5.1规定的检验条件下恢复放置至少24 h，进行外观检查和示值误差测试，试验结果应符合4.7.1的要求。

5.13.4 运输环境适应性试验

试验装置应符合GB/T 2423.10的要求。

测试仪在运输包装条件下进行如下条件的定频振动试验：正弦频率33 Hz、加速度70 m/s^2、振动时间为上下4 h、左右2 h、前后2 h。试验后，检查外观和其示值误差，应符合4.7.2的要求。

6 检验规则

6.1 检验分类

测试仪的检验分型式检验和出厂检验。

6.2 型式检验

如有下列情况之一时,应进行型式检验:

a) 产品新设计试生产或产品定型鉴定时;

b) 转产或转厂;

c) 正式生产后,如结构、材料、工艺有较大改变,可能影响产品性能时;

d) 正常生产时,产量满500台后;

e) 产品停产一年后,恢复生产时;

f) 出厂检验结果与上次型式检验有较大差异时;

g) 国家质量监督机构提出进行型式检验要求时。

仪器型式检验项目见表1。型式检验的样品在出厂检验合格的产品中随机抽取3台,如果有一项试验不符合要求,允许加倍抽取样品复检,复检仍不合格,则判型式检验不合格。

表1 型式检验及出厂检验项

序号	检验项目		要求条款	检验方法条款	需检项目	
					型式检验	出厂检验
1	组成		4.1.1	—	√	
2	外观		4.1.2	—	√	√
3	基本功能		4.2	5.3	√	
4	数据保持		4.3	5.4	√	√
5	计量性能要求	示值误差	4.4.3.1,4.4.4	5.5	√	√
		示值重复性误差	4.4.3.2	5.6	√	√
		鉴别力阈	4.4.3.3	5.7	√	√
		零位漂移	4.4.3.4	5.8	√	√
6	电源电压适应性		4.5	5.9	√	√
7	电池电量提示		4.2.2	5.10	√	√
8	射频电磁场辐射抗扰度		4.6.1	5.11	√	
9	抗汽车点火干扰		4.6.2	5.12	√	
10	环境适应性		4.7	5.13	√	
注:"√"为需要检验的项目。						

6.3 出厂检验

每台测试仪出厂前均应进行出厂检验,检验合格后并附有产品合格证方能出厂。测试仪出厂检验项目见表1。

7 标志、标签、包装运输和贮存

7.1 标志、标签

7.1.1 外包装

产品的外包装应体现如下内容：

a) 产品的中文名称、规格型号；

b) 制造商名称、详细地址、邮编、电话、产品商标、制造日期、制造地；

c) 产品所执行的标准号及标准名称。

7.1.2 铭牌

主机外壳的适当位置上应有固定铭牌，铭牌上标明：

a) 产品中文名称、规格型号；

b) 制造商名称、商标；

c) 主机可识别的唯一性编号；

d) 制造日期。

7.1.3 产品合格证

每台出厂的仪器应有产品检验合格证，检验合格证应有如下内容：

a) 产品中文名称、型号；

b) 制造商名称、商标；

c) 产品编号；

d) 产品所执行的标准号及标准名称；

e) 出厂检验结论、检验日期；

f) 检验员标识。

7.2 包装运输

包装箱应符合防潮、防尘、防震及运输的要求。单个包装箱内应有使用说明书、保修卡、产品合格证及产品装箱单。

7.3 贮存

测试仪应贮放在－10 ℃～50 ℃、相对湿度不大于85%的通风室内，且空气中不含有对测试仪起腐蚀作用的有害物质。

ICS 43.180
R 17

中华人民共和国国家标准

GB/T 28946—2012

移动式摩托车安全技术检测线

Mobile motorcycle safety technology inspection lane

2012-12-31 发布　　2013-06-01 实施

中华人民共和国国家质量监督检验检疫总局
中国国家标准化管理委员会　发布

前　言

本标准按照 GB/T 1.1—2009 的规则起草。

本标准由全国机动车运行安全技术检测设备标准化技术委员会(SAC/TC 364)提出并归口。

本标准起草单位:石家庄华燕交通科技有限公司、河南省计量科学研究院、江西省计量测试研究院、山西省计量监督检定测试所、珠海高新区同力机械有限公司、北京市计量检测科学研究院、浙江省计量科学研究院、交通部公路科学研究院、成都驰达电子有限责任公司、中国测试技术研究院、辽宁省计量科学研究院。

本标准主要起草人:陈南峰、郑黎、戴映云、白敏、邱左先、刘嘉靖、严瑾、仝晓平、刘梅、罗发贵、刘广。

移动式摩托车安全技术检测线

1 范围

本标准规定了移动式摩托车安全技术检测线的术语和定义、分类和型号、要求、试验方法、检验规则、标志、包装、运输和贮存。

本标准适用于检测摩托车(含三轮摩托车、边三轮摩托车、两轮摩托车、两轮轻便摩托车)安全性能的移动式摩托车安全技术检测线(以下简称移动检测线)。

2 规范性引用文件

下列文件对于本文件的应用是必不可少的。凡是注日期的引用文件,仅注日期的版本适用于本文件。凡是不注日期的引用文件,其最新版本(包括所有的修改单)适用于本文件。

GB/T 191 包装储运图示标志

GB 1589 道路车辆外廓尺寸、轴荷及质量限值

GB 7947 导体的颜色或数字标识

GB/T 9239.1 机械振动 恒态(刚性)转子平衡品质要求 第1部分:规范与平衡允差的检验

GB/T 13306 标牌

GB/T 13563 滚筒式汽车车速表检验台

GB/T 13564 滚筒反力式汽车制动检验台

GB 21861 机动车安全技术检验项目和方法

JJG 688 汽车排放气体测试仪

JJG 745 机动车前照灯检测仪

JJG 910 摩托车轮偏检测仪

JJG 1014 机动车检测专用轴(轮)重仪

3 术语和定义

下列术语和定义适用于本文件。

3.1

移动式摩托车安全技术检测线 mobile motorcycle safety technology inspection lane

由设备载体、摩托车安全检测设备、引板、操作间、电气控制系统组成,用于进行摩托车安全技术性能检测的可移动检测线。

3.2

移动式两轮摩托车安全技术检测线 mobile two-wheel motorcycle safety technology inspection lane

检测两轮摩托车、两轮轻便摩托车安全技术性能的移动检测线。

3.3

移动式全车型摩托车安全检测线 mobile all models motorcycle safety technology inspection lane

检测正三轮摩托车、边三轮摩托车、两轮摩托车、两轮轻便摩托车安全技术性能的移动检测线。

3.4

设备载体　equipment carrier

用以承载和安装检测设备、引板、操作间、电气控制系统的钢性载体。

3.5

摩托车承载基面　equipment bearing base surface

设备载体上安装检测设备后，用于承载摩托车进行检测的平面。

3.6

检测通道　inspection channels

在检测状态下，设备载体中用于摩托车行驶的通道，不含引板部分。

4　分类和型号

4.1　分类

按被检车辆类型分为：

a)　移动式两轮摩托车安全技术检测线(以下简称移动式两轮摩检线)，承载质量(轮质量)不小于250 kg。

b)　移动式全车型摩托车安全检测线(以下简称移动式全车型摩检线)，承载质量(轴质量)不小于500 kg。

4.2　型号

MYJ-□　□

改进序号，用A、B、C… 表示

承载质量(kg)，用阿拉伯数字表示

产品分类代号。也可在前面加一位企业自定义识别代码

示例：承载质量为250 kg，第三次改进的移动检测线，其型号表示为：MYJ-250C。

5　要求

5.1　工作条件

移动检测线应能在下列条件下稳定工作：

a)　环境温度：0 ℃～40 ℃；

b)　相对湿度：不大于85%；

c)　电源适应性：AC 380 V±38 V，AC 220 V±22 V，(50±1)Hz；

d)　工作场地：平坦、硬化、空旷的场所；

e)　无振动、电磁干扰等。

5.2　功能

按GB 21861规定的摩托车检验项目要求，移动检测线应具备车速表检验、制动性能检验、轮(轴)荷检验、摩托车轮偏检验、前照灯检验、外观检验等功能，并根据当地环保部门的委托情况确定是否进行排气污染物检验。

5.3 基本要求

5.3.1 车速表检验台、制动检验台、轴重检验台、轮偏检验台承载轮荷的能力不低于 250 kg 。在按实测状态对设备施加 120%额定载荷时，设备表面下沉量不大于 2.0 mm。

5.3.2 设备载体应具备便于装车运输的升降装置，升降平稳、无爬行及卡阻现象。

5.3.3 在检测状态下，设备载体应刚性着地，车速表检验台、制动检验台、轴重检验台、轮偏检验台及前照灯检测仪轨道应与载体刚性连接。

5.3.4 应随车配备轮偏检验台的零位校准装置、制动检验台的制动力检定加力装置。

5.4 检测适应能力

5.4.1 适应轴距

前照灯检测、轮偏检测时，为保证摩托车检测时各轮接地点处于水平，检测时用于车轮停放的平面长度应能适应摩托车检测要求，移动式两轮摩检线检测轴距至少应满足 895 mm～1 655 mm，移动式全车型摩检线检测轴距至少应满足 895 mm～2 280 mm，具体尺寸要求如下：

a) 轮偏检测：前轮夹紧器前端到后轮夹紧器后端距离不小于 1 800 mm，前轮夹紧器后端到后轮夹紧器前端距离不大于 750 mm。

b) 前照灯检测：

——移动式两轮摩检线：在前照灯检测受光箱前(L−500)mm～(L+1 800)mm 区域；

——移动式全车型摩检线：在前照灯检测受光箱前(L−500)mm～(L+2 400)mm 区域。

注：L——前照灯检测仪规定的检测距离，单位为毫米(mm)。

5.4.2 适应轮距及轮宽

a) 摩托车移动检测线的制动台、车速台、轮偏台及夹紧器允许通过车轮的宽度为(30～250)mm；

b) 全车型摩托车移动检测线的制动台、车速台允许通过车轮的内跨距不大于 240 mm，外跨距不小于 1 450 mm。

5.4.3 检测通道高度

——移动式两轮摩检线不小于 1 800 mm；

——移动式全车型摩检线不小于 2 000 mm。

5.4.4 检测通道宽度

——移动式两轮摩检线不小于 1 500 mm；

——移动式全车型摩检线不小于 2 000 mm。

5.5 位置及平面高差

5.5.1 平面高差

在允许摩托车检测状态下，摩托车承载基面各点最大高度差不大于 8 mm。

5.5.2 轮偏台

前轮基面与后轮基面高度允许误差±5 mm。

5.5.3 前照灯检测仪轨道

前照灯检测仪应放置在水平轨道上，轨道水平度不大于 3 mm/m 。

5.6 性能要求

5.6.1 车速表检验台

5.6.1.1 测量范围

设备应具有电机拖动、调速功能。滚筒表面最高线速度不小于 50 km/h。

5.6.1.2 滚筒直径

滚筒直径不小于 175 mm,允许误差为标称尺寸的±0.2%。

5.6.1.3 滚筒平衡品质

滚筒平衡品质应不低于 GB/T 9239.1 要求的 G6.3 级。

5.6.1.4 滚筒表面径向圆跳动量

滚筒表面径向圆跳动量应不大于 0.40 mm。

5.6.1.5 滚筒母线平行度

前后滚筒内侧母线平行度应不大于 1 mm/m。

5.6.1.6 前滚筒表面处理

前滚筒表面应做防滑处理。

5.6.1.7 测速传感器安装

测速传感器应安装在前滚筒上。

5.6.1.8 耐久性试验

车速台按 40 km/h 运转 2 min,滚筒及轴承无异常现象。

5.6.1.9 举升保护装置

车速台的举升应有保护装置,当滚筒表面线速度大于 5 km/h 时不应产生举升装置举起或滚筒锁死动作。

5.6.1.10 示值误差

示值允许误差±1.0%。

5.6.2 滚筒反力式制动检验台

5.6.2.1 测量范围

轮制动力最大测量值不小于 1 800 N。

5.6.2.2 滚筒直径

滚筒直径不小于 175 mm,非金属表面允许误差±2 mm,金属表面允许误差±0.4 mm。

5.6.2.3 滚筒线速度

滚筒表面线速度不小于 0.2 km/h。

5.6.2.4 当量附着系数

当量附着系数不低于 0.70。

5.6.2.5 滚筒母线平行度

前、后滚筒内侧母线平行度不大于 1 mm/m。

5.6.2.6 示值误差

示值允许误差±20 N 或±3%。

5.6.2.7 其他计量性能指标

a） 分辨力不大于 5 N；
b） 零点漂移允许±10 N(30 min 内)；
c） 空载动态零值误差允许±20 N；
d） 对移动式全车型摩托车检测线，示值间差不大于 10 N 或 3%；
e） 重复性不大于 10 N 或 2%。

5.6.3 轮(轴)重检验台

5.6.3.1 测量范围

轮重最大测量值不小于 250 kg。

5.6.3.2 示值误差

示值允许误差±2 kg 或±2%。

5.6.3.3 其他计量性能指标

a） 分辨力不大于 1 kg；
b） 空载变动性允许 ± 1 kg；
c） 零点漂移允许 ±1 kg；
d） 左、右承载器示值间的差值，对移动式全车型摩检线，示值间差不大于 1 kg 或 2%；
e） 偏载：同一载荷在承载器不同位置示值间的差值应不大于 1 kg；
f） 重复性不大于 1 kg 或 1%。

5.6.4 轮偏检验台

5.6.4.1 测量范围

轮偏测量范围为－15 mm～＋15 mm。

5.6.4.2 示值误差

示值允许误差±0.2 mm。

5.6.4.3 其他计量性能指标

零值误差、零点漂移、滑板所需作用力应符合 JJG 910 的要求。

5.6.5 前照灯检测仪

5.6.5.1 发光强度

可选择手动或自动的前照灯检测仪，发光强度最大测量值不小于 40 000 cd。

5.6.5.2 计量性能

计量性能应符合 JJG 745 的要求。

5.6.6 排气分析仪

5.6.6.1 设备要求

至少配备具有两气(CO、HC)测量功能的排气分析仪，能适用于二冲程或四冲程汽油机摩托车的检测。

5.6.6.2 计量性能

计量性能应符合 JJG 688 的要求。

5.7 电气系统

5.7.1 系统应根据负荷的大小装有熔断器或断路器；电机控制应有过载、断相保护装置。
5.7.2 电气元件、部件、插接件装配牢靠；布线合理整齐、在易暴露或易磨损部位的导线应加套管防护；焊点光滑，无虚焊。
5.7.3 指示灯、按钮和导线的颜色应符合 GB 7947 的规定。
5.7.4 系统应有良好的绝缘性能，绝缘电阻应不小于 5 MΩ。
5.7.5 系统应有可靠的接地端子和明显的接地标志，接地电阻值不大于 4 Ω。
5.7.6 外接电源线插头应有防雨措施。

5.8 安全防护

5.8.1 承运车应随车配备消防灭火器。
5.8.2 设备载体与承运车之间应有可靠的锁定装置。
5.8.3 轮偏台应有锁紧装置。
5.8.4 电器仪表等在运输时应能固定牢靠，具防潮、抗振、抗冲击措施。

5.9 外观

5.9.1 所有螺栓、螺母均应经过表面处理，并连接牢固。
5.9.2 焊缝应平整、均匀，不应有焊穿、裂纹、虚焊等缺陷，并清除焊渣。
5.9.3 漆膜外观整洁，无明显突出颗粒，不应出现明显流挂、起泡、剥落、皱纹及划伤等缺陷。安装后的外露涂漆层应平整、光滑、颜色协调均匀、光泽一致。
5.9.4 固定安装在设备载体上的检测设备及操作间应具有防雨功能。
5.9.5 设备载体外包装使用防雨、防锈材料，所用电镀件应符合相关质量要求。
5.9.6 移动检测线装车运输时，外廓尺寸应符合 GB 1589 的规定。

6 检验方法

6.1 检验仪器设备及工具量具

检验仪器设备及工具量具见表 1,计量器具应经计量检定合格,并在有效期内。

表 1 检验仪器设备及工具量具

序号	名　称	规　格	准确度等级或分度值
1	转速仪(或测速仪)	50 r/min～5 000 r/min 或 0 km/h～80 km/h	0.1 级 (或 0.5%)
2	百分表	30 mm	1 级
3	游标卡尺	500 mm　长量爪	0.05 mm
4	钢卷尺	5 000 mm	Ⅱ级
5	接地电阻测量仪	100 Ω	1 Ω
6	兆欧表	500 V,500 MΩ	5 级
7	砝码	0.5,1,2,5,10,20 kg	M2
8	内径千分尺	350 mm～500 mm	1 级
9	制动力加载装置	自制	0.3%
10	水准仪	—	S3 级
轮偏台、前照灯检测仪、排气分析仪试验设备及工具量具应分别符合 JJG 910、JJG 745、JJG 688 要求。			

6.2 功能

目视检查,应符合 5.2 要求。

6.3 基本要求

6.3.1 选择一辆摩托车作为试验车,后轴的轴荷约为 120%额定载荷(必要时可配载)。将试验车后轴按实际测试状态分别停在轮偏检验台、制动检验台、轴重检验台、车速表检验台上,用水准仪测量各设备靠近后轮部位的下沉量(在各设备上选测量点,上车前先用水准仪测取基准高度,上车后再测量高度,两者之差的绝对值即为下沉量),应符合 5.3.1 要求。

6.3.2 通过控制设备载体升降装置的动作,从设备载体底部落地位置上升到设计极限高度,再下降到落地位置,连续往复 3 次,观察设备载体升降过程。应符合 5.3.2 要求。

6.3.3 目视检查,应符合 5.3.3,5.3.4。

6.4 检测适应能力

6.4.1 用钢卷尺测量,按 5.4.1 规定的区域,测量前照灯检测区域、轮偏检测区域的平面长度,应满足 5.4.1 要求。

6.4.2 用钢卷尺测量,应满足 5.4.2 要求。

6.4.3 用钢卷尺测量,检测通道的高度及宽度应符合 5.4.3、5.4.4 要求。

6.5 位置及平面高差

6.5.1 在允许摩托车检测状态下，在摩托车承载基面的四角附近水平面及中间部位附近平面上各选择1点，共5点，用水准仪测量5点的高度，5点间的最高点与最低点的高度差应符合5.5.1要求。

6.5.2 用水准仪测量轮偏检测台，前轮横向可滑动的轮偏台基面与后轮夹紧器基面高度允许误差应符合5.5.2要求 。

6.5.3 用水准仪和钢卷尺测量灯光检测设备，轨道水平度应符合5.5.3要求 。

6.6 性能要求

6.6.1 车速表检验台

6.6.1.1 测量范围

电机驱动滚筒，调速，从静止到车速表检验台规定的最高允许值，观察显示装置，应符合5.6.1.1要求。

6.6.1.2 滚筒直径

在车速表检验台各前滚筒上分别选择两端及中间共3点(如图1所示位置)，用游标卡尺检验滚筒直径，并分别计算各前滚筒3个测量值的平均值与标称直径的误差，均应符合5.6.1.2要求。各前滚筒直径测量的平均值作为滚筒测量直径，应符合5.6.1.2要求。

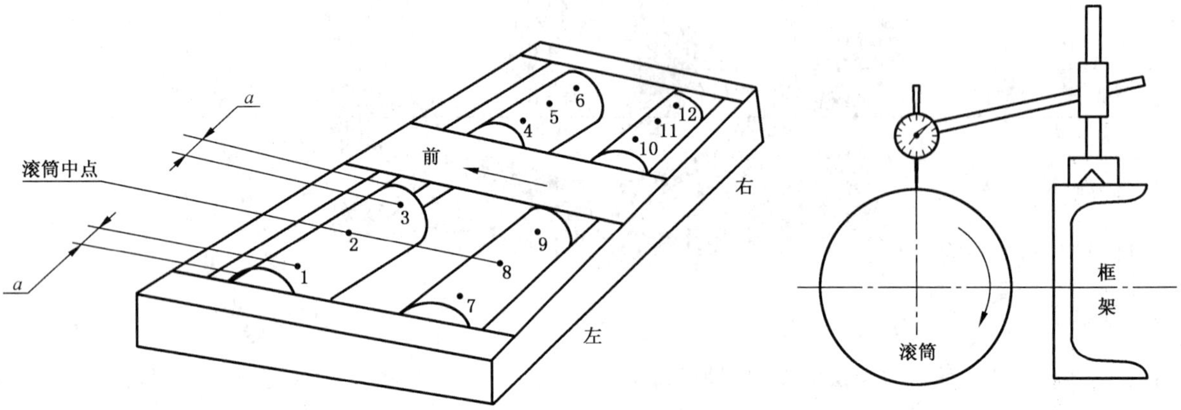

图1 滚筒表面测量

6.6.1.3 滚筒平衡品质

滚筒应有动平衡试验报告，试验数据应符合5.6.1.3要求。

6.6.1.4 滚筒表面径向圆跳动量

在车速表检验台每个滚筒上各选择两端及中间共3点，如图1所示用百分表测量其径向圆跳动量(必要时可在百分表上加装专用平面触头测量)，图1中a值为滚筒长度的5%。每点圆跳动量应符合5.6.1.4要求。

6.6.1.5 前后滚筒内侧母线平行度

如图2所示，分别用游标卡尺测出每组前后滚筒内侧母线A-A'间的距离值，与距此L长度的B-B'间距离值的差值及右边前后滚筒内侧母线上C-C'间的距离值与距L长度的D-D'间距离值的差值，应符合 5.6.1.5 要求。图 2 中 a 值为滚筒长度的 5%。

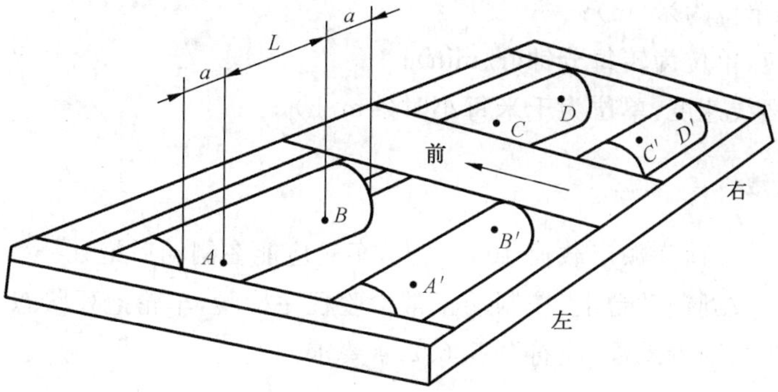

图 2　滚筒内侧母线平行度测量

6.6.1.6　前滚筒表面处理

人工检查，滚筒表面应做金属喷涂或拉花等防滑处理，符合 5.6.1.6 要求。

6.6.1.7　测速传感器安装

人工检查测速传感器安装位置，应符合 5.6.1.7 要求。

6.6.1.8　耐久性试验

启动车速电机或用车轮驱动，车速表检验台以 40 km/h 运转 2 min，应符合 5.6.1.8 要求。

6.6.1.9　举升保护装置

驱动滚筒旋转，使速度示值稳定在 5.5 km/h 左右，启动举升装置上升开关，应符合 5.6.1.9 要求。

6.6.1.10　示值误差

选择测试 20 km/h、30 km/h、40 km/h 点测试，按 GB/T 13563 试验方法试验，应符合 5.6.1.10 要求。

6.6.2　滚筒反力式制动检验台

6.6.2.1　测量范围

检查标牌，并在按 6.6.2.6 试验时观察测量范围，应符合 5.6.2.1 要求。

6.6.2.2　滚筒直径

在制动台各滚筒上分别选择两端及中间共 3 点(如图 1 所示位置)，用游标卡尺检验滚筒直径，并分别计算各前滚筒 3 个测量值的平均值与标称直径的误差，均应符合 5.6.2.2 要求。各滚筒直径测量的平均值作为滚筒测量直径，应符合 5.6.2.2 要求。

6.6.2.3　滚筒线速度

电机启动并运转稳定后，用转速仪测量制动主滚筒转速，并按式(1)计算滚筒表面线速度，应符合 5.6.2.3 要求。

$$V = 0.1884 \times D \times n \quad \cdots\cdots(1)$$

式中：

D ——滚筒直径，单位为米(m)；

n ——主滚筒转速，单位为转每分钟(r/min)；

V ——主滚筒表面线速度，单位为千米每小时(km/h)。

6.6.2.4 当量附着系数

选择试验车，试验轴轴荷为额定载荷40%以上，车轮应能在制动后抱死。

将试验车被测轴停放到制动台上，按制动正常检验程序检验，车轮抱死状态下测取的最大制动力与被测轴轴荷的比即为当量附着系数，应符合5.6.2.4要求。

6.6.2.5 前后滚筒内侧母线平行度

按6.6.1.5方法测量前后滚筒内侧母线平行度，应符合5.6.2.5要求。

6.6.2.6 示值误差

将制动力加载装置加装在主滚筒等效位置(在主滚筒表面或在主滚筒轴上直接加装的连接件上)，调整好水平，按JJG 906试验方法试验，应符合5.6.2.6要求。

6.6.2.7 其他计量性能

a) 零点漂移、空载动态零值误差、示值间差、重复性按GB/T 13564试验方法试验，应符合5.6.2.7要求；
b) 在20% F·S测量点附近，加1.4 d 的力检查分辨力，示值应有变化，应符合5.6.2.7要求。

6.6.3 轮(轴)荷检验台

6.6.3.1 测量范围

检查标牌，并在按6.6.3.2试验时观察测量范围，应符合5.6.3.1要求。

6.6.3.2 示值误差

按JJG 1014试验方法试验，应符合5.6.3.2要求。

6.6.3.3 其他计量性能

a) 空载变动性、零点漂移、左、右承载器示值间的差值、偏载、重复性按JJG 1014试验方法试验，应符合5.6.3.3要求；
b) 在20% F·S测量点附近，加1.4 d 质量的砝码检查分辨力，示值应有变化，应符合5.6.3.3要求。

6.6.4 轮偏检测台

6.6.4.1 测量范围

检查标牌，并在按6.6.4.2试验时观察测量范围，应符合5.6.4.1要求。

6.6.4.2 示值误差

按JJG 910检定方法试验，应符合5.6.4.2要求。

6.6.4.3 其他计量性能

零值误差、零点漂移、滑板所需作用力按 JJG 910 检定方法试验，应符合 5.6.4.3 要求。

6.6.5 前照灯检测仪

6.6.5.1 发光强度

检查标牌，并在按 6.6.5.2 试验时观察测量范围，应符合 5.6.5.1 要求。

6.6.5.2 计量性能

按 JJG 745 试验方法试验，应符合 5.6.5.2 要求。

6.6.6 排气分析仪

6.6.6.1 设备要求

检查标牌及说明书，应符合 5.6.6.1 要求。

6.6.6.2 计量性能

按 JJG 688 试验方法试验，应符合 5.6.6.2 要求。

6.7 电气系统

6.7.1 绝缘电阻

断开移动检测线与电网的连接线，将移动检测线电源开关置于接通状态，用兆欧表分别测量，电源导线的相线与设备机壳及与保护接地端子之间的电阻值、电源导线间电阻值，应符合 5.7.4 要求。

6.7.2 接地电阻

检查接地端子和接地标志，应符合 5.7.5 要求。

6.7.3 其他项目

通过人工检查，应符合 5.7.1、5.7.2、5.7.3、5.7.6 要求。

6.8 安全防护

人工检查，应符合 5.8 要求。

6.9 外观质量

6.9.1 移动检测线在装车可运输状态下，用钢卷尺测量外廓尺寸，应符合 5.9.6 要求。

6.9.2 人工检查设备外观质量，应符合 5.9 的要求。

7 使用前的调试要求

7.1 移动检测线到达检测场地，落地展开后，应进行水平调整、检查，合格后方可检测。

7.2 安装调试检验项目为 5.3.3、5.5.1、5.5.3，各设备信号控制、显示应正常。

8 检验规则

8.1 检验分类

移动检测线的检验分为型式检验、出厂检验。

8.2 型式检验

8.2.1 有下列情况之一时,应进行型式检验:

a) 产品转厂生产的试制定型鉴定;

b) 正式生产后,如结构材料工艺有较大改变可能影响产品性能时;

c) 正常生产,每三年或累积50套产量时;

d) 产品停产一年,恢复生产时;

e) 出厂检验结果与上次型式检验有较大差异时;

f) 国家质量技术监督机构提出进行型式检验的要求时。

8.2.2 型式检验内容为第5章的全部条款。

8.2.3 型式检验样品、抽检和判定原则:抽样基数三台,抽样样品数一台,在检验中出现不合格项时,允许在抽样基数中再抽样一台进行复检,复检合格,判型式检验合格,否则判型式检验不合格。

8.3 出厂检验

8.3.1 移动检测线经生产企业质检部门检验合格,并签发产品合格证后方可出厂。

8.3.2 出厂检验项目为5.3.2、5.5.1、5.5.2、5.6.1.2、5.6.1.4、5.6.1.5、5.6.1.10、5.6.2.2、5.6.2.5～5.6.2.7、5.6.3.2、5.6.3.3、5.6.4.2、5.6.4.3、5.6.5.2、5.6.6.2、5.7.2、5.7.6、5.8.4、5.9.1～5.9.3。

8.3.3 判定原则:出厂检验项中,有一项不合格则判为不合格,并不准出厂。

9 标志、包装、运输、贮存

9.1 标志

9.1.1 产品标志

9.1.1.1 移动检测线的产品标牌应安装在醒目位置。

9.1.1.2 产品标牌除符合GB/T 13306的规定外,还应包含下列内容:

a) 产品名称及型号;

b) 主要技术参数;

c) 商标;

d) 制造厂名;

e) 出厂日期及出厂编号。

9.1.2 安全标志

9.1.2.1 移动检测线的醒目位置上,移动式两轮摩检线应标有允许承载轮质量(kg),移动式全车型摩检线应标有允许承载轴质量(kg)。

9.1.2.2 移动检测线的强电接入端醒目位置上应标有警示标志。

9.2 包装

9.2.1 移动检测线部件应采用分类包装。

9.2.2 零散的部件需装箱或装包，不便于装箱或装包的部件应扎紧捆牢置于包装箱适当位置。

9.2.3 未做防锈处理的外露表面，应采取防锈措施。

9.2.4 包装箱应能防雨、防潮、防尘。

9.2.5 随机文件应包括：

a) 使用说明书；

b) 合格证明书；

c) 装箱单；

d) 其他有关技术文件。

9.3 运输

9.3.1 移动检测线在运输过程中，严禁抛掷、倒置、剧烈震动。

9.3.2 移动检测线应能承受－25 ℃～55 ℃温度范围内的长途运输。

9.3.3 排气分析仪、前照灯检测仪在运输状态下应有防震措施，微机底座应设防震垫。

9.4 贮存

9.4.1 移动检测线应贮存在环境温度－10 ℃～50 ℃、相对湿度不大于85％、周围空气中无酸、碱性和其他腐蚀性气体、通风良好的仓库中。

9.4.2 贮存时应单层放置。

ICS 47.020.50
U 20

中华人民共和国国家标准

GB/T 28947—2012/ISO 27991:2008

船舶与海上技术　海上撤离系统通信方法

Ships and marine technology—Marine evacuation systems—Means of communication

(ISO 27991:2008,IDT)

2012-12-31 发布　　2013-07-01 实施

中华人民共和国国家质量监督检验检疫总局
中国国家标准化管理委员会　发布

前　言

本标准按照 GB/T 1.1—2009 给出的规则起草。

本标准使用翻译法等同采用 ISO 27991:2008《船舶与海上技术　海上撤离系统　通信方法》(英文版)。

本标准作了下列编辑性修改：

——“本国际标准”改为“本标准”；

——删除了 ISO 27991:2008 的目录；

——删除了 ISO 27991:2008 的前言。

与本标准中规范性引用的国际文件有一致性对应关系的我国文件如下：

——GB 4208—2008　外壳防护等级(IEC 60529:2001,IDT)

本标准由中国船舶重工集团公司提出。

本标准由全国船舶舾装标准化技术委员会船舶救生分技术委员会归口。

本标准起草单位：中国船舶重工集团公司第七〇四研究所。

本标准主要起草人：郑芳霖、盛伟群。

引　言

本标准旨在为海上撤离系统的安全通信提供指导,并为按国际海上人命安全公约(SOLAS)的要求,在船上配备海上撤离系统的登乘站与平台或救生艇筏之间的人员疏散控制提供帮助。考虑到通信方法具备统一和可明显识别的重要性,本标准旨在规定适用于与海上撤离系统操作相关的通信方法,以保证人员从配备海上撤离系统的船舶上安全快速撤离。

船舶与海上技术　海上撤离系统
通信方法

1　范围

本标准规定了国际海上人命安全公约(SOLAS)第Ⅲ章6.4.4要求的海上撤离系统登乘站与和系统通道可靠连接的平台或救生艇筏之间的通信方法。

2　规范性引用文件

下列文件对于本文件的应用是必不可少的。凡是注日期的引用文件,仅注日期的版本适用于本文件。凡是不注日期的引用文件,其最新版本(包括所有的修改单)适用于本文件。

IEC 60529　外壳防护等级[Degress of protection provided by enclosure(IP code)]

3　术语和定义

下列术语和定义适用于本文件。

3.1

通信　communication

海上撤离系统操作人员之间基本信息的传递方法。

3.2

指挥员　controller

登乘站的总负责人。

3.3

海上撤离系统　marine evacuation system;MES

将人员从船舶的登乘甲板迅速转移到漂浮的救生艇筏上的设备。

3.4

通道　passage

海上撤离系统的一部分,用以提供人员从登乘站至平台或救生艇筏的转移。

3.5

平台　platform

可安装在通道末端,在救生艇筏入口处用以承载撤离者的漂浮物。

3.6

协助撤离员　receiver

通常在通道出口处协助撤离者从出口处撤离并指导其进入救生艇筏的人员。

3.7

救生艇筏　survival craft

从弃船时起能维持遇险人员生命的艇筏。

4　一般要求

4.1　总则

4.1.1　通信方法应能辅助海上撤离系统的控制和安全指挥。所有的通信方法应简单明确,易理解且无歧义。

4.1.2 通信方法一般在海上撤离系统通道的入口处和出口处之间使用。入口处配有一名指挥员，出口处通常配有若干名协助撤离员。通信需要信息适用于各种的高度或结构形式(斜滑道/垂直滑道/其他)的海上撤离系统，详见表1。这些信息为安全可控的撤离提供支持，是整个撤离过程中的关键指令。

表1 通信所需信息

指挥员方面	协助撤离员方面
开始撤离[a]	准备接收[a]
停止撤离[a]	停止撤离[a]
改变撤离速度	改变撤离速度
识别已发生事件	识别已发生事件
[a] 在通信系统故障中，使用不同通信方法传递信息时，所有被传递信息的含义在海上撤离系统操作手册或船舶训练手册中应明确定义。	

4.1.3 所有应用于海上撤离系统的信息在其操作手册中应明确规定。

4.1.4 对用于人员下滑的海上撤离系统，指挥员和协助撤离员应能观察整个通道的状况，且指挥员和协助撤离员应相互清晰识别。由于所有相关人员均应清楚观察整个撤离过程，因此仅有一种可视方式的通信就足够。

4.1.5 对于不符合4.1.4的海上撤离系统应给指挥员提供通信系统，该系统应提供撤离人员可听或可视状态的指示。

4.2 通信方法

通信方法为可视或可听。具体通信方法如下：

a) 可视
   1) 光信号，如LED指示灯或照明灯；
   2) 手势信号。
b) 可听
   1) 语音信号(如非放大声音)；
   2) 无线电通信；
   3) 高音喇叭/喇叭/汽笛/扩音器。

5 性能要求

5.1 一般要求

5.1.1 通信方法应符合人机工程要求，且不应干扰船上的其他救生器具的运行，特别是与设备相邻的器具。

5.1.2 所有通信方法应确保在撤离全过程中正常操作。

5.1.3 通信方法的性能应考虑下列因素：

a) 背景噪声及振动；
b) 人工强照明、自然日照，以及夜间操作和背景照明；
c) 受限条件或能见度降低；
d) 环境条件：−30 ℃～+65 ℃，湿度，能见度(如暴风雪中指挥员观测协助撤离员)，恶劣天气

（如蒲氏风力6级）；

e） 其强度应能承受布设和撤离过程中产生的环境和力；

f） 出现在个别海上撤离系统的通信系统与船舷操作、紧急状况以及损坏控制通信之间可能的混淆。

5.1.4 在海上撤离系统操作手册中应明确规定每个信号的含义，并/或符合船舶训练手册中的定义。

5.2 可视信号

5.2.1 一般要求

可视信号应清晰地将相关指令及控制信息传递给相关人员。

5.2.2 光信号

5.2.2.1 当采用红色或绿色光信号时，应符合下列国际公认的规定：

a） 红色：停止/危险；

b） 绿色：开始/安全。

5.2.2.2 所有使用光信号传递的通信方法应由相关位置的操作者发出，且发出的信号在他们的可视范围内。

5.2.2.3 与光信号相联的电路系统应固定，以便不干扰海上撤离系统通道中的撤离人员，并应对其位置适当密封。按GB 4208的相关规定，固定在甲板上设备的最小防护等级为IP 55，位于吃水线位置设备的最小防护等级为IP 66。

5.2.2.4 在日光条件下的正常操作位置，光信号应清晰可见。

5.2.2.5 光信号的电源应满足5.1.2的需要，光信号的亮度应符合5.2.2.4要求。

5.2.3 手势信号

当海上撤离系统操作人员之间相互清晰可见，且视野范围内无障碍时，可采用手势信号操作。

5.2.4 其他

当使用其他可视信号时，需其符合上述相关要求，且应按相同的位置、能见度和定义要求。

5.3 可听通信

5.3.1 一般要求

所有可听通信应考虑相关人员之间的距离、传递的信息量，以及可能出现的环境状况。

5.3.2 通话（非放大声音）

这种通信方法在条件允许的情况下使用，但不应是唯一的通信方法。

5.3.3 无线电通信

无线电通信系统应在符合本标准的情况下使用。

5.3.4 高音喇叭/喇叭/汽笛/扩音器

相关人员在工作岗位接收的高音喇叭/喇叭/汽笛/扩音器应清晰可辨。

5.3.5 其他

若其他所有可听信号能使相关操作人员接收到有效的通信信息，则可使用这种通信方法。

6 试验

6.1 在适用条件下，海上撤离系统的每一个通信方法或附属配置都应能正确安全运行，并在服务、布设和撤离环境下正常运行。

6.2 在明亮的日间或夜间环境下，通信信号能被清晰识别，且其性能满足5.1.3的要求。

6.3 在撤离人员从通道撤离的试验过程中，通信信号应能清晰识别。

6.4 通信方法需在蒲氏风力6级、海浪至少3 m的海况下通过有效性试验。

6.5 在海上撤离系统认可试验过程中，通信方法应符合6.1～6.4的要求，或在另一个合适的操作环境下进行。

参 考 文 献

[1] 高速艇 IMO 国际安全规则
[2] IMO 国际救生设备(LSA)规则[Res. MSC. 48(66)]
[3] IMO 议案　救生设备测试[Res. A. 689(17)、Res. MSC. 81(70)通过的修正案]
[4] 国际海上人命安全公约(SOLAS),1974[Res. MSC. 47(66)]

ICS 43.080
T 33

中华人民共和国国家标准

GB/T 28948—2012

商用车辆　前端牵引装置

Commercial vehicle—Front towing attachments

(ISO 8035:1991, Commercial road vehicles and buses over 3.5 t—Front towing attachments, NEQ)

2012-12-31 发布　　2013-07-01 实施

中华人民共和国国家质量监督检验检疫总局
中国国家标准化管理委员会　发布

前　　言

本标准根据 GB/T 1.1—2009 给出的规则起草。

本标准采用重新起草法，参考 ISO 8035:1991《质量超过 3.5 t 的商用道路车辆和客车　前端牵引装置》的内容，一致性程度为非等效。

本标准由全国汽车标准化技术委员会(SAC/TC 114)归口。

本标准起草单位：中国汽车技术研究中心、安徽江淮汽车股份有限公司、北汽福田汽车股份有限公司、汉阳专用汽车研究所。

本标准主要起草人：王学平、张铜柱、王颖、李玉刚、张丽丽、吴跃玲。

本标准为首次发布。

商用车辆　前端牵引装置

1　范围

本标准规定了安装在商用车辆前端的牵引连接装置的性能要求。

本标准适用于最大设计总质量超过 3.5 t 的客车、半挂牵引车和货车。

本标准不适用于专用作业车。

2　规范性引用文件

下列文件对于本文件的应用是必不可少的。凡是注日期的引用文件，仅注日期的版本适用于本文件。凡是不注日期的引用文件，其最新版本(包括所有的修改单)适用于本文件。

GB/T 3730.1—2001　汽车和挂车类型的术语和定义(ISO 3833:1999,MOD)

GB/T 3730.2—1996　道路车辆　质量　词汇和代码(idt ISO 1176:1990)

GB/T 4781　道路车辆　50 毫米牵引杆挂环的互换性(GB/T 4781—2006,ISO 1102:2001,IDT)

ISO 5422:1982　道路车辆　牵引绳索、缆绳或拉杆的固定点(Road vehicle—Anchorages for towing ropes,cables or bars)

3　术语和定义

GB/T 3730.1—2001 和 GB/T 3730.2—1996、ISO 5422 界定的术语和定义适用于本文件。

4　一般要求

4.1　最大设计总质量超过 3.5 t 的客车、半挂牵引车和货车应在设计和结构上保证能够牵引或被其他车辆牵引。

4.2　牵引装置可使用绳索、缆绳或拉杆之一，且不需要专用工具和辅助部件。

4.3　牵引装置的结构和形状由车辆制造厂决定，但性能应符合本标准的要求。

4.4　牵引装置应安装在车辆前端，其在水平面上的投影不得超过车辆外廓线(车身加保险杠)，处于牵引状态时除外。

4.5　牵引装置的所有可拆卸部件应可靠，以防失效。

4.6　牵引车和被牵引车间的牵引装置(钢绳或牵引杆)端部允许有水平±50°、垂直±6°的位移。

4.7　牵引过程中，牵引装置不得损坏绳索、缆绳或拉杆。

4.8　牵引过程中，绳索、缆绳或拉杆不得松动。

4.9　对于使用牵引杆的牵引装置，其外形应符合 GB/T 4781 的规定(限于插销式连接装置)。

5　性能要求

5.1　牵引装置能承受的最小静载荷 F 为：

a) 对于货车和半挂牵引车：$F=$最大允许总质量$\times g/2$ ……………………（1）

注：半挂牵引车的最大允许总质量包括由施加在本半挂牵引车后部的牵引装置或鞍座上的垂直静载荷构成的质量。

b) 对于客车：$F=$整车整备质量$\times g/2$ ……………………（2）

公式(1)和公式(2)中：

F ——牵引装置能承受的最小静载荷，单位为牛(N)；

g ——重力加速度，9.8 m/s^2。

5.2 在进行第6章规定的试验后，车辆应满足如下要求：

a) 牵引装置不应有影响正常工作的变形。

b) 安装在牵引装置附近的设备(例如灯光和信号装置，制动和转向系统)不应损坏或出现异常妨碍正常工作。

6 试验

6.1 试验条件

6.1.1 试验场地

试验场地为坚固平整的水平面。

6.1.2 试验车辆质量

试验车辆处于规定的质量状态：

a) 货车和半挂牵引车处于最大允许总质量状态；

b) 客车处于整车整备质量状态。

6.1.3 试验车辆固定

试验车辆应刚性地固定在带牵引装置试验设备的试验场地上。

6.1.4 牵引装置试验设备

试验设备连接在试验车辆的牵引装置上，按ISO 5422规定的要求固定。

6.2 试验程序

6.2.1 在车辆纵向水平方向进行牵引装置能承受的最小静载荷试验。

6.2.2 最小静载荷试验的牵引力值以低于规定值一半的数值开始逐渐增加，直至达到规定值。

6.3 替代试验

6.3.1 根据制造厂的选择，可以在车身或底盘上进行试验以替代整车试验。此时车身或底盘至少包括前1/3车长内所有部件，并且车身或底盘应被固定牢固。

6.3.2 根据制造厂的选择，可以采用计算的方法确定牵引装置能承受的最小静载荷。

ICS 43.060.20
T 13

GB

中华人民共和国国家标准

GB/T 28949—2012/ISO 5011:2000

内燃机和空气压缩机用进气空气滤清器性能试验

Inlet air cleaning equipment for internal combustion engines and compressors—Performance testing

(ISO 5011:2000,IDT)

2012-12-31 发布　　2013-07-01 实施

中华人民共和国国家质量监督检验检疫总局
中国国家标准化管理委员会　发布

前　言

本标准按照 GB/T 1.1—2009 给出的规则起草。

本标准使用翻译法等同采用国际标准 ISO 5011:2000《内燃机和空气压缩机用进气空气滤清器性能试验》(英文版)。

与本标准中规范性引用的国际文件有一致性对应关系的我国文件如下：

——GB/T 2624.1—2006　用安装在圆形截面管道中的差压装置测量满管流体流量　第1部分：一般原理和要求(ISO 5167-1:2003,IDT)；

——GB/T 28957.1—2012《道路车辆　用于滤清器评定的试验粉尘　第1部分:亚利桑那试验粉尘》(ISO 12103-1:1997,MOD)。

本标准做了下列编辑性修改：

——在 3.1.3 中增加了“**注**：也可以称为安全滤芯或防护滤芯。”；

——将 ISO 5011:2000 中 3.2 所附的表编为表 1,相应将 6.2.3 中原“表 1”改为“表 2”,将 7.1 中原“表 2”改为“表 3”；

——取消了 4.1 中三处表不测量精度值前的“±”；

——7.7.1.2 中公式“$q_{VA}=q_{VB}-q_{VC}$”更正为“$q_{VB}=q_{VA}-q_{VC}$”。

本标准由国家发展和改革委员会提出。

本标准由全国汽车标准化技术委员会(SAC/TC 114)归口。

本标准起草单位:蚌埠金威滤清器有限公司、中国汽车工程研究院、淄博永华滤清器制造有限公司、广州佳斌实业有限公司、南充市攀峰滤清器有限公司、浙江恒勃汽摩部件有限公司。

本标准主要起草人:李建国、周传高、罗宏伟、李永华、姚东斌、沈刚、周书忠。

本标准为首次发布。

内燃机和空气压缩机用进气空气滤清器性能试验

1 范围

本标准规定了内燃机和空气压缩机用进气空气滤清器试验室性能试验的试验程序、试验条件、试验设备及试验结果整理,从而使同类型空气滤清器的试验室性能试验结果之间具有可比性。

本标准适用于汽车及工业用途的内燃机和空气压缩机上用的进气空气滤清器。

2 规范性引用文件

下列文件对于本文件的应用是必不可少的。凡是注日期的引用文件,仅注日期的版本适用于本文件。凡是不注日期的引用文件,其最新版本(包括所有的修改单)适用于本文件。

ISO 5167-1 用安装在圆形截面管道中的差压装置测量满管流体流量 第1部分:一般原理和要求(Measurement of fluid flow by means of pressure differential devices inserted in circular cross-section conduits running full—Part 1:General principles and requirements)

ISO 12103-1 道路车辆 用于滤清器评定的试验粉尘 第1部分:亚利桑那试验粉尘(Road vehicles—Test dust for filter evaluation—Part 1:Arizona test dust)

3 术语和定义,参数名称、符号和单位

3.1 术语和定义

下列术语和定义适用于本文件。

3.1.1

空气滤清器 air filter/air cleaner

用以去除悬浮于被内燃机或空气压缩机吸入的新鲜空气中颗粒杂质的装置。

3.1.2

滤芯 filter element

空气滤清器中的可更换部件,它由过滤材料和支撑件组成。

3.1.3

二级滤芯 secondary element

装在主滤芯下游的空气滤芯,为发动机在下列情况下提供防尘保护:

a) 主滤芯因故失效时;

b) 主滤芯卸下保养而现场有灰尘时。

注:也可以称为安全滤芯或防护滤芯。

3.1.4

试验件 unit under test

一个完整的空气滤清器总成或一个单独的空气滤清器滤芯。

3.1.5

单级空气滤清器　single-stage air cleaner

不带有预滤器的空气滤清器。

3.1.6

多级空气滤清器　multi-stage air cleaner

经过两级或两级以上过滤的空气滤清器,第一级是预滤器,其后是一个或几个滤芯。

注:如果采用两个滤芯,第一个滤芯称为主滤芯,第二个滤芯则称为二级滤芯。

3.1.7

预滤器　pre-cleaner

通常利用惯性力或离心力去除部分进入滤芯前的灰尘的装置。

3.1.8

试验空气流量　test air flow

在空气滤清器出气口测量的单位时间内通过滤清器的空气量。

注:流量单位以立方米每分钟表示,并修正到标准状况。

3.1.9

额定空气流量　rated air flow

由用户或制造商规定的空气体积流量。

注:可以定为试验流量。

3.1.10

引射排尘空气流量　scavenge air flow

清除预滤器滤出灰尘所用的空气流量。

注:它以试验流量的百分比表示。

3.1.11

静压　static pressure

在试验空气流量下管道内的压力,用压力计连接到管壁上一个或多个通孔而测得。

注:在本标准规定的各项试验中,静压值是通过压力计(通常为液体压力计)来测得,相对于大气压是一个负的压差值,但在公式中用正值表示。

3.1.12

阻力　restriction

在试验件的下游测压点所测得的静压值。

3.1.13

压力差　differential pressure

在试验件的上游和下游测压点所测得的静压之差。

3.1.14

压力损失　pressure loss

在试验空气流量下测定的由空气滤清器引起的能量损失。

注1:在对测压点动压头进行修正后用压力差表示。

注2:详细的阐述见附录A。

3.1.15

绝对滤清器　absolute filter

安装在试验件下游用来收集透过试验件的灰尘的滤清器。

3.1.16

效果　efficiency

空气滤清器或部件在规定试验条件下滤除杂质的能力。

3.1.17

容灰量　capacity

在达到规定试验终止条件时，试验件滤除特定试验灰尘的总质量。

3.1.18

失油　oil carry-over

在空气滤清器出口处有油出现。

3.1.19

试验终止条件　test terminal condition

当空气滤清器出现下列情况时，试验应终止。

注：试验终止条件可以是下列条件之一：

——阻力或压力差达到规定值或商定值；

——效率或其他性能参数下降到规定值或商定值；

——出现失油现象；

——储灰室已积满。

3.1.20

车用　automotive application

通常用于乘用车内燃机上的空气滤清器。

3.1.21

工业用　industrial application

通常用于重型卡车、工程机械和农用拖拉机内燃机上的空气滤清器。

3.2　符号和单位

根据 ISO 1000 规定，本标准使用的符号和单位见表 1。

表 1　符号和单位

名　称	符　号	单　位	名　称	符　号	单　位
体积流量	q_V	m^3/min	阻　力	ΔP_r	Pa
速　度	v	m/s	压力差	ΔP_d	Pa
密　度	ρ	kg/m^3	压力损失	ΔP_l	Pa
质量流量	q_m	kg/min	质　量	m	g
压　力	p	Pa	时　间	t	s

4　测量精度和标准状况

4.1　测量精度

除变流量试验外，测量空气流量应在实际值的 2%以内；测量变流量允许为通过滤清器循环流量最大值的 2%。

测量压力差和阻力应在 25 Pa 以内。

测量温度应在 0.5 ℃以内。

除另有规定外，测量质量应在实际值的 1%以内。

测量相对湿度应在实际值的 2%以内。

测量大气压力应在 3 hPa 以内。

测量设备应在规定的时段内进行校准，以保证所要求的精度。

4.2 标准状况

温度为 20 ℃；大气压力为 1 013 hPa(1 013 mbar)。

所有空气流量测量值都应按标准状况加以修正，参见附录 G。

5 试验材料和试验条件

5.1 试验灰尘

5.1.1 试验灰尘等级

试验灰尘应为 ISO 12103-A2(ISO 细灰)或 ISO 12103-A4(ISO 粗灰)，由滤清器制造商和用户商定。其粒径分布和化学成分应符合 ISO 12103-1 要求。

如制造商和用户对试验灰尘未作商定，则单级滤清器试验时用细灰，多级滤清器试验时用粗灰。

5.1.2 试验灰尘的准备

试验灰尘在使用前应准备好满足试验需要的数量，置于密闭容器内混合至少 15 min。然后放置在试验环境中使其适应试验环境条件，保持质量恒定。

注：为了保证选用的加灰器有恒定的加灰速度，在灰尘加入喷射器之前需预先加热。

5.2 油浴式空气滤清器的试验油

油浴式空气滤清器的试验油应按制造商规定并经用户认可，适宜于合适的环境温度下使用。如果对试验油未作规定，则应当用重型润滑油。在试验温度下黏度应调整为：

——在失油和阻力或压力差试验中，黏度为 85 mm^2/s；

——在效率和容灰量试验，包括容灰量试验后的失油试验中，黏度为 330 mm^2/s。

5.3 绝对滤清器材料

5.3.1 过滤材料

绝对滤清器的过滤材料为玻璃纤维，最小厚度为 12.7 mm，最低密度为 9.5 kg/m^3，纤维直径为 (0.76～1.27)μm；在温度为 50 ℃、相对湿度为 95％的条件下搁置 96 h，其吸湿率应低于其质量的 1％。绝对过滤材料的毛面应朝向上游，安装在一个能够支撑过滤材料的密封框架内。绝对滤清器承受的迎面气流速度不得超过 0.8 m/s，以免过滤材料受到损伤。

无纺布等其他过滤材料如符合上述要求并且过滤效率符合 5.3.2 要求，也可使用。

为减少在测量中由于纤维或其他材料脱落引起的误差，绝对滤清器在试验称量前，应以额定空气体积流量的 110％，空抽 15 min 以上。

注：使用有支撑的绝对滤清器会使纤维脱落最少。

5.3.2 验证绝对滤清器材料的效率 E_a

将两只绝对滤清器串联连接，按照 6.4.3 或 7.5.2 所规定的试验程序进行滤清效率试验并确定每一只绝对滤清器的质量增量，按式(1)计算绝对滤清器的过滤效率：

$$E_a = \frac{\Delta m_A}{\Delta m_A + \Delta m_B} \times 100\% \qquad \cdots\cdots(1)$$

式中：

E_a ——绝对滤清器过滤效率；

Δm_A——上游绝对滤清器的质量增量；

Δm_B——下游绝对滤清器的质量增量。

绝对滤清器对试验灰的过滤效率应不低于99%。

5.4 绝对滤清器的质量

待绝对滤清器质量恒定后称量，精确到0.01 g。可以把绝对滤清器放在105 ℃±5 ℃的干燥箱内使其质量恒定，绝对滤清器应在干燥箱内称重。也可按5.5规定条件将绝对滤清器以试验空气流量空抽15 min后称重，重复这一过程直至绝对滤清器的质量恒定。

5.5 温度和湿度

全部试验应在空气滤清器进气温度为23 ℃±5 ℃、相对湿度为(55±15)%时进行。每次试验的称量阶段，湿度变化允许为±2%。

空气滤清器的试验结果受通过它的空气的相对湿度影响，超出相对湿度的许可范围的两次试验结果是不可比的。试验应在尽可能窄的温度和湿度范围内进行。

6 汽车用干式空气滤清器试验程序

6.1 总则

性能试验应在一只完整的空气滤清器总成上或一只单独的空气滤清器滤芯上进行，推荐采用一只完整的空气滤清器总成。试验应包括流量阻力/压力差试验、效率试验和容灰量试验。此外，还应对滤芯进行耐压破损试验。

6.2 试验设备

6.2.1 进行流量阻力/压力差试验、效率试验、容灰量试验以及滤芯耐压破损试验的典型试验装置如图B.1、图B.6～图B.11所示。

使用配有图B.2和图B.3所示的灰尘喷射器的加灰装置，该加灰装置应能在要求的加灰速度范围内计量出加灰量的多少，且不会改变试验灰的原始粒径分布。喂灰的空气压力最小为100 kPa，ISO重型喷射器的空气压力最小为280 kPa。

自动加灰装置的验证调试：

a) 将预先称量过的试验灰尘装入加灰装置中；

b) 同时启动加灰装置和计时器；

c) 每隔5 min测定一次加灰的质量，并连续测定在30 min内加入的试验灰尘增量；

d) 调整加灰装置，使平均加灰速度在规定加灰速度的5%以内，加灰速度的偏差不得超过平均值的5%。

6.2.2 在加灰装置与灰尘喷射器之间用一只导管连接，导管尺寸应能保证灰尘通过时处于悬浮状态。

6.2.3 按表2规定使用如图B.2、图B.3所示的灰尘喷射器。

表2 推荐使用的ISO灰尘喷射器

加灰速度/(g/min)	0～26	26～45	>45
喷射器型式	ISO喷射器	ISO喷射器或ISO重型喷射器	ISO重型喷射器

指定的灰尘喷射器适用于加灰速度不大于 45 g/min 时，当加灰速度需要更大时，允许采用多个灰尘喷射器同时加灰。应当注意，为加灰器供灰的系统的设计会影响加灰的最大速度，所能达到的最大加灰速度取决于试验所用的供灰和灰尘喷射装置。

注：灰尘喷射器喷嘴会自然磨损，因此推荐在设计中考虑配有可更换的喷嘴部件。

6.2.4 采用图 B.4 的进气口测压管，喷射器和进气口测压管应安装妥当，不允许出现漏灰。

6.2.5 采用符合规定精度的压力计或差压测量装置。

6.2.6 在进行空气滤清器总成试验时，采用经供需双方认可的壳体及装置，并符合图 B.11 规定的布置。对于空气滤芯试验，采用的试验装置和壳体应符合图 B.1 和图 B.5 的要求，或按图 B.6 或图 B.7 布置。

若试验设备按图 B.6 布置，为使灰尘被送进灰室后不粘附到灰室内壁上并能均匀分布，应用软管将干燥的压缩空气引入灰室搅动灰尘使之不会粘附。

当使用压缩空气搅动灰尘时，应注意不使灰尘溢出灰室。为此应使灰室内部保持一个负压。

6.2.7 采用图 B.4 的出气口测压管，出气管的横断面应与空气滤清器的出气管相同。如果由于采用特殊形状的出气管而使气流不稳定，应采取专门预防措施。

6.2.8 采用 4.1 规定测量精度的空气流量测量系统。可以采用符合 ISO 5167-1 规定的节流式流量计或符合 4.1 规定测量精度的其他流量计，空气流量值应修正到标准状况。

6.2.9 采用的空气流量控制系统，应能保证在恒定流量和变动流量试验期间流量指示值保持在选定值的 1%以内。

6.2.10 选用适当的真空泵或鼓风机，以适合被试滤清器的流量和压力特性，并要保证其流量脉冲低到使流量测量系统测不出来。

6.2.11 所有的试验设备应当接地，以减小静电的影响并增加试验结果的一致性。推荐对金属和非金属表面、壳体、灰尘输送管、喷射器和连接部件等进行接地。

6.3 阻力和压力差试验

6.3.1 本试验的目的是测定在给定条件下气流通过被试滤清器时的阻力/压力差/压力损失。气流阻力或压力差是用一只或几只干净的滤芯，在额定流量的 50%～150%之间取均布五点测量，或按用户或制造商指定的方式测量。测取的数据可绘成曲线图。

6.3.2 按 5.5 规定的温度和湿度条件，以试验流量通过试验件抽气至少 15 min，直到其质量恒定。

6.3.3 按图 B.8 或图 B.9 和图 B.14 或图 B.15 所示，安装好试验装置。应密封所有接口处以防漏气，接好压力表接头。

6.3.4 按额定流量的 50%、75%、100%、125%和 150%的流量或按指定的流量进行测量，并记录各相应流量点的阻力和压力差。

6.3.5 记录环境温度、大气压力和相对湿度。

6.3.6 按照附录 G 的要求将记录的阻力和压力差修正到标准状况。

6.3.7 按附录 A 中的公式计算压力损失。

6.3.8 将测量结果参照附录 E 中坐标图或类似的图表绘制成曲线图。

6.4 效率试验

6.4.1 目的

本试验的目的是确定试验件滤除灰尘的能力。本试验中的试验流量参数可以是恒定流量，也可以是变动流量；试验灰尘可以用粗灰，也可以用细灰。如需要，效率试验可与容灰量试验同时进行（参见

6.5)。恒定流量的效率测定可在额定流量或用户和制造商商定的百分比流量下进行，变流量的滤清效率测定按6.7变流量循环进行。

6.4.2 方式

效率试验可以按三种方式进行：

a) 全寿命效率：在试验终止条件达到时测定，例如达到终了压力差；

b) 递增效率：分别在达到终了压力差减去原始压力差之差值的10%、25%和50%时测定；

c) 原始滤清效率：在加灰量为20 g或6倍于试验流量(m^3/min)的等同数(取两数值中的大者)时测定。

6.4.3 试验程序——绝对滤清器法

6.4.3.1 根据试验空气流量按1.0 g/m^3计算加灰速度。特殊情况下(例如小型滤清器)可用0.25 g/m^3或0.5 g/m^3。

6.4.3.2 根据6.3.2要求对试验件进行适应性处理，称量并记录质量。

6.4.3.3 按5.4规定，将绝对过滤材料装入绝对滤清器壳体之前，对它进行称重并记录其质量。

6.4.3.4 如图B.11所示将空气滤清器总成装上试验台，或如图B.1、图B.6或图B.7所示装上滤芯，各接头处应密封以防漏气。

6.4.3.5 记录温度和相对湿度。

6.4.3.6 按5.1要求准备规定的试验灰尘，在合适的灰盘内称量所需数量的试验灰尘，精确到0.1 g。对于全寿命滤清效率，应按试验件容灰量的125%准备加灰量。记录灰盘和灰尘的质量，精确到0.1 g。

6.4.3.7 启动试验台，将流量调节到试验流量并使之稳定，记录压力差。

6.4.3.8 从灰盘向加灰装置内加灰，按6.4.3.1计算的结果调整加灰速度。必要时，要在试验过程中从灰盘再次向加灰装置内加灰。

6.4.3.9 按规定的时间间隔(推荐至少5个点)，记录在相应试验流量下的压力差和经过的时间。

6.4.3.10 继续试验，直至达到规定的试验终止条件。

6.4.3.11 记录温度和相对湿度。

6.4.3.12 仔细地收集粘附在空气滤清器外表面、试验滤芯灰室中和进气管内的灰尘，连同加灰装置内剩余的试验灰尘一起回收到预先称重过的灰盘内。

6.4.3.13 重新称量灰盘并从按6.4.3.6记录的质量中减去，所得差值即为加入试验件的灰尘量。

6.4.3.14 小心取下试验件，不要掉下试验灰尘。并注意检查密封处有无渗漏痕迹和异常情况。称量试验件的质量，精确到实际值的1%，单位为g。用该值减去试验件按6.4.3.2称量的质量，即为试验件的质量增量。在全寿命效率试验中[见6.4.2a)]，这个质量增量就是试验件的容灰量。

6.4.3.15 将试验件下游任何一点可以看到的试验灰尘刷到绝对过滤材料上去。小心地取出绝对过滤材料，重复6.4.3.3，确定其质量增量。这个增量就是绝对滤清器的质量增量。

6.4.3.16 计算试验灰的材料平衡率B，该值在0.98～1.02范围内时试验才是有效的。

$$B=\frac{\Delta m_{\mathrm{F}}+\Delta m_{\mathrm{U}}}{m_{\mathrm{D}}} \qquad \cdots\cdots(2)$$

式中：

Δm_{F}——绝对滤清器的质量增量；

Δm_{U}——试验件的质量增量；

m_{D}——总的加灰量。

6.4.3.17 按下式计算效率E：

$$E=\frac{\Delta m_{\mathrm{U}}}{\Delta m_{\mathrm{U}}+\Delta m_{\mathrm{F}}}\times 100\% \qquad \cdots\cdots(3)$$

式中各符号同公式(2)。

6.4.4 试验程序——直接称量法

当湿度可控制在±1.0%范围内,被试滤清器的增量称量精度可达到0.1%的情况下,可以用直接称量法来测定累积效率。

在具备有称量范围较大,测量精度足够的天平时,可以用直接称量法来评价试验件的性能。在此情况下,可以根据6.4.3对被试滤清器进行试验而省去6.4.3.3、6.4.3.15、6.4.3.16和6.4.3.17所述的程序。效率 E 计算公式如下:

$$E=\frac{\Delta m_{\mathrm{U}}}{m_{\mathrm{D}}}\times 100\% \qquad \cdots\cdots(4)$$

式中各符号同公式(2)。

试验报告中应说明效率测定的方法。

6.5 容灰量试验

6.5.1 本试验的目的是要确定试验件在达到试验终止条件时总的质量增量。本试验中的试验流量既可是恒定流量,也可是变动流量;试验灰尘可以是粗灰,也可以是细灰。若需要,容灰量试验可以与滤清效率试验同时进行(见6.4)。

6.5.2 按6.3.2对试验件进行适应性处理,按6.4.3或6.4.4进行试验。

6.5.3 假定加入试验件的灰尘量与经过的试验时间成正比,记录数据,绘制质量增量与阻力的关系曲线。参照6.4.3.9阻力与时间间隔数据。按下列公式确定质量增量值。

$$\Delta m_{\mathrm{t}}=\frac{t_{\mathrm{I}}}{t_{\mathrm{T}}}\times \Delta m_{\mathrm{UT}} \qquad \cdots\cdots(5)$$

式中:

Δm_{t} ——每个时间间隔结束时的质量增量;

t_{I} ——至该时间间隔结束时的总时间;

t_{T} ——至试验结束时的总时间;

Δm_{UT} ——试验结束时试验件总的质量增量。

6.5.4 当采用阻力作为终止试验条件时,应不包括灰尘混合装置和试验罩壳阻力在内。

6.6 滤芯破损试验

6.6.1 本试验的目的是确定空气滤芯抗御规定的压差的能力和/或测定破损时的压差值。

6.6.2 按图B.1、图B.6、图B.7或图B.11连接试验台以便进行基本的容灰量试验。以前做过容灰量试验或效率试验的滤芯或新滤芯均可用来进行此项试验。

6.6.3 加大通过试验装置的空气流量,必要时以任一合适的速度加灰,直至达到规定的压力差为止。或直到压力差急剧下降、空气流量迅速变大而表明滤芯已经破损为止。

6.6.4 记录到达的最大压力差值,说明终止试验的原因和试验后滤芯的状况。

6.7 变流量试验

6.7.1 作为恒定空气流量的另一个可选方案,按图1所示的变流量循环进行本试验。

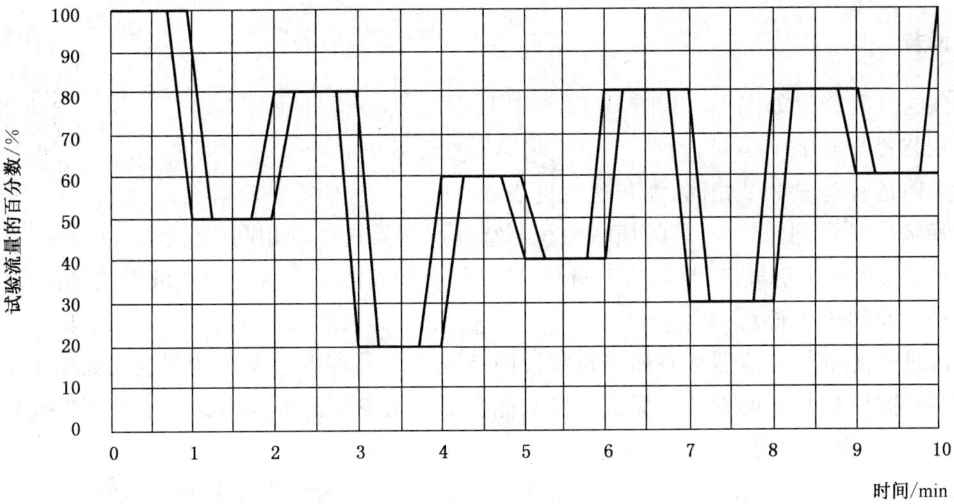

图 1　典型的变流量循环(平均流量为 60%)

6.7.2　对油浴式空气滤清器和大型空气滤清器(空气流量大于 5 m^3/min),图 1 中横坐标时间间隔可以从 1 min 改为 5 min。

6.7.3　根据所用循环的平均流量,按 6.4.3.1 计算加灰速度。加灰速度应保持恒定。

6.7.4　全部压力差数据应在最大流量时测定。

6.7.5　采用变流量来代替恒定流量试验时,试验方式有以下变化:

——每个循环结束后在最大流量时测定压力差;

——如果变流量时间间隔为 1 min,效率至少应在 3 个循环后测定;如果变流量时间间隔为 5 min,则效率应在每个循环结束时测定;试验全部结束时再测定一次效率。

6.8　数据处理

参照附录 C、附录 E 和附录 F 或类似的方式对试验结果数据进行处理。

7　工业用干式空气滤清器试验程序

7.1　总则

性能试验应在一只完整的空气滤清器总成上进行,包括通常具备的预滤器、主滤芯和二级滤芯在内。主要试验项目有流量阻力/压力差试验、原始效率试验及效率和容灰量综合试验。

根据实际使用情况,将空气滤清器按其最大可能的使用条件划分为不同的类型,然后选择试验灰尘的粒度和浓度,见表 3。

表 3　试验灰尘和加灰浓度

空气滤清器类型	试验灰尘[a]	浓　度
单　级	粗灰或细灰	1 g/m^3
多　级	粗灰或细灰	2 g/m^3
[a] 试验灰尘按 ISO 12103-1,见 5.1.1。		

7.2 试验设备

7.2.1 典型的试验装置如图 B.12、图 B.14 和图 B.15。

7.2.2 加灰装置与 6.2.1 相同。

7.2.3 灰尘输送管与 6.2.2 相同，加灰速度见表 2。

7.2.4 圆管状进气管：上游测压管的横截面积与空气滤清器进气管相同（见图 B.4）。

7.2.5 开式进气或矩形进气口：与 7.2.4 相同，只是总长度和测压位置分别在液力半径的 24 倍和 16 倍处（液力半径＝面积÷周长）。

7.2.6 周边进气的空气滤清器和有筒式粗滤器的空气滤清器应置于灰室内试验才能保证灰尘分布均匀地进入试验件进口，灰室的设计应保证试验灰能全部送入空气滤清器。如果出现灰尘沉降，可使用压缩空气喷射将灰尘重新吹起，如图 B.13。

当使用压缩空气搅动灰尘时，应注意不要使灰尘溢出灰室，为此应使灰室内部保持一个负压。

7.2.7 空气滤清器出口下游测压管如图 B.4，它的内径应与空气滤清器的出气管内径相同。如果因出气管形状特殊而引起气流产生紊流，需采取专门措施加以消除。

7.2.8 绝对滤清器应包含 5.3 规定的材料。

7.2.9 采用如 6.2.8 的空气流量测量系统，如 6.2.9 的流量控制系统，如 6.2.10 的鼓风机或抽气机。

7.2.10 所有的试验设备应当接地，以减小静电的影响并增加试验结果的一致性。推荐对金属和非金属表面、壳体、灰尘输送管、喷射器和连接部件等进行接地。

7.3 阻力和压力差试验

试验按 6.3 进行。

7.4 原始效率试验程序——绝对滤清器法

7.4.1 按照 5.5 的温度和湿度条件，以试验空气流量对试验件进行至少 15 min 的适应性处理。如果需要，绝对滤清器的滤材和空气滤清器的适应性处理可同时进行。

7.4.2 按 5.4 先称量绝对滤清器滤材并记录它的质量，然后再装入绝对滤清器壳体。

7.4.3 按 5.1.1 准备试验灰尘，按主滤芯过滤面积，以 11 g/m^2 的比例称出加灰总量，将预先称好的试验灰尘加到加灰装置中。

7.4.4 如果可行的话，对试验件总成进行称重。

7.4.5 称量装有灰尘的灰盘并记录其质量。

7.4.6 如图 B.12 或图 B.13 所示装好试验台，密封连接部位以防漏气，将空气流量调节到试验流量值。

7.4.7 启动加灰装置并调整加灰速度，要求在 30 min 内连续喷射完全部试验灰。

7.4.8 记录温度和相对湿度。

7.4.9 将试验件下游任何一点可以看到的试验灰尘刷到绝对过滤材料上去。小心地取出绝对过滤材料并按 5.4 重新称重，与按 7.4.2 记录的质量相比较，计算出质量增量。

7.4.10 仔细地收集粘附在空气滤清器外表面、试验灰室中和进气管内或试验件进气口的灰尘，连同加灰器内剩余的试验灰尘一起回收到预先称重过的灰盘内。

7.4.11 再次称重灰盘，精确到实际值的 1%，与 7.4.5 记录的质量相比较计算出喷入被试滤清器的灰尘质量。

7.4.12 如果可行的话，再次称重试验件的质量。

7.4.13 按下式计算原始效率 E_i：

$$E_i = \frac{m_D - \Delta m_F}{m_D} \times 100\% \qquad (6)$$

式中各符号同公式(2)。

7.4.14 如果直接称重试验件总成可行的话，效率可按 6.4.3.17 中公式(3)计算。试验验证可按 6.4.3.16 进行。

7.5 全寿命效率和容灰量试验

7.5.1 空气滤清器的容灰量

空气滤清器的容灰量与它的尺寸大小、试验空气流量、试验终止条件和所用试验灰的等级成函数关系。为了对不同类型的空气滤清器进行比较，容灰量要用在规定试验流量下试验到终止条件时取 4 个中间点来确定。在没有特殊规定的情况下，试验终止条件为试验件阻力值达到 6 kPa。

当试验终止条件为阻力时，不应包括灰尘混合装置和试验罩壳阻力在内，试验可以按 6.7 方式在恒定流量或变动流量条件下进行。

7.5.2 试验程序——绝对滤清器法

7.5.2.1 在符合 5.5 的温度和湿度下，以试验空气流量对试验件进行至少 15 min 的适应性处理。如果需要，绝对滤清器滤材可与试验件同时进行适应性处理。

7.5.2.2 绝对滤清器滤材在装入绝对滤清器壳体之前，按 5.4 称量并记录其质量。

7.5.2.3 按 5.1，选择试验灰等级并准备足够用量放入加灰装置的灰盘内。按规定的浓度计算出来的灰量应比试验所用灰量多一些，称量并记录灰盘中的灰尘质量。

7.5.2.4 如果可行的话，称量并记录试验件总成的质量。

7.5.2.5 如图 B.12 装好试验台，密封所有连接部位以防漏气，将空气流量调节到试验流量值。

7.5.2.6 启动加灰装置并按表 3 调节加灰速度。试验中可根据需要向灰盘内添加试验灰尘。

7.5.2.7 记录温度和相对湿度。

7.5.2.8 按大致相同的时间间隔，至少记录加入试验件灰尘质量的四个中间值(加灰速度×时间)和相应的阻力/压力差数值。

7.5.2.9 按附录 G 的规定，将阻力/压力差/压力损失修正到标准状况，并参照附录 E 绘制它们与加灰量的关系曲线，可以采用阻力或压力差或压力损失作为纵坐标。

7.5.2.10 继续试验，直至到达规定的试验终止条件为止。

对于一些没有容灰量极限的空气滤清器，如旋流管式滤清器，应在加完足够量的试验灰后才停止试验。为使效率测定尽量精确，最低加灰量应为 50 g。

7.5.2.11 将试验件下游任何一点可以看到的试验灰尘刷到绝对过滤材料上去。小心地取出绝对过滤材料并称重，与 7.5.2.2 记录的质量相比较，计算出质量增量。

7.5.2.12 仔细地收集粘附在空气滤清器外表面、试验灰室中和进气管内或试验件进气口内部的灰尘，并将这些灰尘送入原先的灰盘内。

将加灰装置内没有用完的试验灰一起回收到原先的灰盘内，再次称量灰盘和灰尘。从 7.5.2.3 记录的质量中减去这个称量值，算出喷入试验件的灰尘总质量。

7.5.2.13 如果可行的话，再次称量试验件总成。

7.5.2.14 试验件的容灰量 C 按下式计算：

$$C = m_D - \Delta m_F \qquad (7)$$

式中：

m_D ——总的加灰量；

Δm_F ——绝对滤清器的质量增量。

7.5.2.15 按下式计算全寿命效率 E_f：

$$E_f = \frac{m_D - \Delta m_F}{m_D} \times 100\% \qquad \cdots\cdots(8)$$

式中各符号同公式(7)。

7.5.2.16 如果可行的话，可称量及再次称量试验件，按 6.4.3.17 中公式(3)计算效率，按 6.4.3.16 进行试验验证。

7.5.3 试验程序——直接称量法

当湿度可控制在±1.0%范围内，试验件的质量增量称量精度可达到 0.1%的情况下，可以用直接称量法来测定累积效率。

在具备有称量范围较大，测量精度足够的天平时，可以用直接称量法来评价试验件的容灰量和累积效率。在此情况下，试验可按 7.5.2 规定进行，应作以下变动：

a) 称量试验件试验前后的质量并计算其质量增量，这个增量就是试验件的容灰量。

b) 7.5.2.2、7.5.2.11、7.5.2.14 和 7.5.2.15 规定的操作无需进行。

c) 按下式计算全寿命效率 E_f：

$$E_f = \frac{\Delta m_U}{m_D} \times 100\% \qquad \cdots\cdots(9)$$

式中：

Δm_U ——试验件的质量增量；

m_D ——总的加灰量。

试验报告中应说明效率测定的方法。

7.6 数据处理

参照附录 D、附录 E 和附录 F 或类似的方式处理数据。

7.7 带有引射排尘的空气滤清器的性能试验

7.7.1 总则

7.7.1.1 本章主要说明本标准所规定的试验程序中的某些变动，用以指导带有引射排尘的空气滤清器的性能试验。

7.7.1.2 流量方程如下：

$$q_{VB} = q_{VA} - q_{VC} \qquad \cdots\cdots(10)$$

式中：

q_{VA}——进气口空气流量；

q_{VB}——滤清后的空气流量；

q_{VC}——引射用空气流量。

7.7.2 附加设备

典型的试验装置如图 B.16 所示。

a) 抽气机：一台用以引射气流的抽气机，应保证其在整个试验期间状态稳定。

b) 空气流量计：一只测量引射气流流量的空气流量计，其测量精度应符合 4.1 的规定。

c) 测压孔：测压孔位置如图 B.4 所示。

d) 引射气流滤清器：一只具有足够的滤清效率和容灰量的空气滤清器，用以保护引射装置下游的设备不受引射气流中灰尘的影响。

7.7.3 阻力和压力差试验

试验按6.3规定进行，并作下列几点变动：

a) 引射气流应早于滤清气流启动。

b) 引射气流最好与滤清气流同时停止，而不应先于滤清气流。

c) 应在引射气流的流量被调整到与滤清气流流量成规定的比例后方可开始测量(由于引射气流与滤清气流之间会相互影响，所以在试验过程中可能需要再次调整以维持这个流量比例)。

7.7.4 全寿命效率试验和容灰量试验

7.7.4.1 大多数带有引射排尘的空气滤清器，外形尺寸较大，因而推荐采用绝对滤清器法试验。

7.7.4.2 除非另有规定，引射气流流量应与滤清气流流量保持固定的比例，该比例由制造商或用户共同商定。

7.7.4.3 试验灰尘浓度应是进气口气流中的灰尘浓度。

7.7.4.4 引射气流应早于滤清气流启动。

7.7.4.5 引射气流最好与滤清气流同时停止，而不应先于滤清气流。

7.7.4.6 空气滤清器的全寿命效率 E_f 按下式计算：

$$E_f = \frac{d_1 - d_2}{d_2} \times 100\% \quad \cdots\cdots(11)$$

式中：

d_1——空气滤清器进气口平均灰尘浓度 $=m_1/V_1$；

d_2——空气滤清器出气口平均灰尘浓度 $=m_2/V_2$；

上式中：

m_1——加入空气滤清器的灰尘质量；

m_2——离开空气滤清器清洁侧的灰尘质量；

V_1——流入空气滤清器的空气体积；

V_2——离开空气滤清器清洁侧的空气体积。

7.7.4.7 试验件的容灰量 C 按下式计算：

$$C = \left[m_D \times \frac{q_{VB}}{q_{VA}}\right] - \Delta m_F \quad \cdots\cdots(12)$$

式中：

q_{VA} ——进气口空气流量；

q_{VB} ——滤清后的空气流量；

m_D ——总的加灰量；

Δm_F——绝对滤清器的质量增量。

7.7.5 数据处理

参照附录D、附录E和附录F或类似的方式处理数据。

7.8 预滤器的性能试验

7.8.1 预滤器的灰尘排除

带有自动排尘阀或灰盘的预滤器试验时为了排尘，应采取下列措施，引射排尘的预滤器见7.7。

a) 自动排尘阀：试验时可用一个密封罐或容器代替排尘阀。

b) 灰盆：在灰盆内积灰超过三分之二时清空灰盆，并在试验报告中注明试验期间倒灰的次数。

注：用户应该明确，上述措施将保证空气滤清器的最佳性能，建议用户向制造商咨询空气滤清器装置的特定说明或

试验程序。

7.8.2 预滤器的效率

预滤器的效率应在容灰量试验期间测定,可根据加入空气滤清器的灰尘总质量与主滤芯、二级滤芯及绝对滤芯的质量增量总和,或由预滤器滤除的灰尘质量来确定。

7.8.3 数据处理

参照附录D、附录E和附录F或类似的方式来处理数据。

7.9 二级滤芯试验程序

7.9.1 总则

二级滤芯的作用在于万一主滤芯突然失效、漏装或装配不当时可以保护发动机,在这个过程中只有少量灰尘通过。为了评价这个性能,可进行一项特定的效率试验。空气滤清系统在正常的、正确的工作过程中,要求二级滤芯在一个或多个主滤芯的寿命期间内不会堵塞。为此应进行堵塞寿命试验。这可在7.5节全寿命效率试验和容灰量试验中作为一个分支项目进行。

7.9.2 特定的效率试验

7.9.2.1 试验准备

用一个通常使用的外壳,保留二级滤芯,准备一个只有骨架而无过滤材料的空架主滤芯,但应包括叶片环。将二级滤芯和空架主滤芯装入外壳中。

7.9.2.2 试验程序

7.9.2.2.1 试验按7.5全寿命效率试验和容灰量试验进行,但有以下几点规定。
7.9.2.2.2 加灰的终止条件为外壳前后压力差达到10 kPa或按用户与制造商商定的数值。
7.9.2.2.3 不带预滤器的,使用ISO细灰;带有预滤器的,则使用ISO粗灰。
7.9.2.2.4 试验流量为空气滤清器额定流量或按用户与制造商商定的数值。
7.9.2.2.5 试验灰尘加灰浓度为0.1 g/m^3。
7.9.2.2.6 若7.8.1和7.8.1a)(预滤器除尘)的要求适用,按该要求执行。这项试验中预滤器的效率将与正常情况有所不同,但如果下降很大,应检查原因并如实记录。
7.9.2.2.7 在效率测试完毕试验即将结束时,加大流量使得外壳前后压力差上升到12.5 kPa,此时二级滤芯不应发生破损。

7.9.3 数据处理

按7.5.2.15或7.5.3c)计算效率。

7.9.4 二级滤芯的堵塞试验

7.9.4.1 总则

本试验将测定由于透过主滤芯的灰尘而引起的二级滤芯的阻力/压力差值上升和质量增量。

7.9.4.2 试验准备

在常用的外壳中安装一个清洁的主滤芯和二级滤芯,按7.5.2.1进行适应性处理后,称量二级滤芯的质量。

7.9.4.3 试验程序

7.9.4.3.1 按6.3阻力和压力差试验方法装上空气滤清器,测量并记录试验件在额定流量下的阻力/压力差值,用一个新的主滤芯替换试验件中的参照主滤芯。

7.9.4.3.2 按7.5进行全寿命效率和容灰量试验。

7.9.4.3.3 用初次试验过的参照主滤芯替换主滤芯,重复7.9.4.3.1的试验,记录试验结果。

7.9.4.3.4 取下二级滤芯并称重。

7.9.4.3.5 用更多的主滤芯和同一个二级滤芯重复试验,直至二级滤芯的质量增量或压力差增加值达到规定值为止。这些规定值应由用户和制造商共同认可。

用参照主滤芯替换最后一个主滤芯,记录压力差值,并再次称重二级滤芯。二级滤芯的性能取决于主滤芯的效率。

7.9.4.4 数据处理

根据7.9.4.3.3和7.9.4.3.1的记录数据计算阻力/压力差增加值和二级滤芯的质量增量。

8 工业用油浴式空气滤清器试验程序

8.1 总则

性能试验需要用一个完整的油浴式空气滤清器进行。整个试验包括阻力/压力差试验,失油试验、容灰量和效率联合试验及复原性试验。

8.2 试验设备和条件

8.2.1 试验用油应符合5.2的规定。

8.2.2 按5.1.2准备试验用灰,加灰浓度为1 g/m^3,粗灰或细灰均可。

8.2.3 除另有规定外,所有试验均需将空气滤清器置于水平位置进行。试验前须做以下准备:

a) 彻底清洗并干燥空气滤清器;

b) 将规定的试验油注入油盆或油池至油面标志处;

c) 将空气滤清器在额定空气流量下空抽15 min;

d) 然后停止抽气,沥干15 min;

e) 为进行下一步试验,重新往油盆或油池中加油至规定的油面。

8.2.4 管状进气口油浴式空气滤清器试验的典型布置如图B.12所示。

8.2.5 周边进气的空气滤清器和有筒式粗滤器的滤清器应置于灰室内试验才能保证灰尘分布均匀地进入试验件进气口,灰室的设计应保证试验用灰能全部送入空气滤清器。如果出现灰尘沉降,可使用压缩空气喷射将灰尘重新吹起,如图B.13所示。

当使用压缩空气搅动灰尘时,应注意不使灰尘溢出灰室。为此应使灰室内部保持一个负压。

8.2.6 所有试验应在5.5规定的条件下进行。

所有的试验设备应当接地,以减小静电的影响并增加试验结果的一致性。推荐对金属和非金属表面、壳体、灰尘输送管、喷射器和连接部件等进行接地。

8.3 阻力和压力差试验

试验按6.3规定进行,但应注意下列几点:

a) 只要不发生失油现象,可以在大于额定流量100%的空气流量下进行阻力、压力差试验;

b) 空气流量应保持到空气滤清器的压力差稳定。

8.4 失油试验

8.4.1 本试验期间不加试验灰尘。

8.4.2 按 8.2.3 准备的空气滤清器,应装配好并称量重量后装到试验台上。记录试验温度、大气压力和相对湿度。使用推荐的试验用油,试验应在用户和制造商商定的温度下进行。

8.4.3 根据用户和制造商商定的方法,从下列两种试验方法中选择一种:

a) 由用户和制造商商定以高于额定流量的某个流量进行试验,确定在此流量下是否会失油;

b) 加大空气流量试验,开始时为额定流量的 80%,然后每次递增 10%,以确定出现失油时的空气流量值。

8.4.4 按 8.4.3a)规定的试验,每一个试验滤清器至少试验 60 min;按 8.4.3b)规定的试验,每一个流量点的试验时间至少为 10 min。

8.4.5 在每一个流量点试验结束时,通过观察窗查看空气滤清器的出口有无失油现象。观察室内有一片靶板,靶板上罩有一张合适的纸,一旦有油滴碰上就会变得透明(参见图 B.17)。

8.4.6 当 8.4.3 中的试验结束时,拆下空气滤清器称量并记录失油质量。

8.4.7 如果该油浴式空气滤清器将在或可能在倾斜位置工作时,则应按照滤清器工作时的角度和方向倾斜安装,重复进行 8.4.3 所述的全部试验。这些附加内容应由用户和供应商商定。

8.5 全寿命效率和容灰量试验

油浴式空气滤清器的容灰量/效率特性将用 7.5 所述的工业用空气滤清器试验方法加以评价,下列情况除外。要点是应确保油浴式空气滤清器在额定空气流量条件下不发生失油现象。显著的失油现象会影响绝对滤清器和试验件的质量从而影响最终的试样结果。

试验可以在恒定流量下进行,也可以按 6.7 规定在变动流量下进行,试验程序相应作如下变动:

a) 按 8.2.3 规定对试验件进行适应性处理,然后测量并记录其质量;

b) 试验灰尘的浓度应符合 8.2.2 规定;

c) 最后按 8.4.3b)的规定,进行失油试验。

8.6 复原性试验

容灰量试验后,完全按照滤清器制造商推荐的保养方法将试验件放油并清洗干净,然后在不加灰的情况下重新试验 20 min。在此期间,每隔 5 min 观测并记录一次阻力/压力差。将这些试验结果与新的没用过的滤清器的试验结果相比较,评价试验件的复原性。

8.7 数据处理

参照附录 D、附录 E、附录 F 或类似的方法对数据进行处理。

附　录　A
（规范性附录）
空气滤清器阻力、压力差和压力损失的说明

当一台空气滤清器的压力差已经被测出（如表 A.1 中所示的 $p_2 - p_1$），则在确定空气滤清器压力损失时，上游和下游测压点处管道截面的任何差别都应考虑到。滤清器的压力损失由下式表达：

$$\Delta p_1 = \Delta p_d - \Delta p_c$$

式中：

Δp_d——被测得的压力差。

$$\Delta p_c = \frac{\rho \cdot v_2^2}{2} - \frac{\rho \cdot v_1^2}{2}$$

在上式中：

ρ——空气密度；

v_1——上游测压点处管道中空气流速；

v_2——下游测压点处管道中空气流速。

如果上游的压力等于大气压时，那么在下游管道中测得的仅是静压。空气滤清器的压力损失可由动压头计算出来，即它使空气从静止加速到管道下游速度时的动能 p_{dyn}。空气滤清器的压力损失 Δp_1 由下式表达：

$$\Delta p_1 = \Delta p_r - p_{dyn} = p_2 - \frac{\rho \cdot v_2^2}{2}$$

式中：

$\Delta p_r = p_2$——是空气滤清器的阻力，也是下游测压点的静压。

表 A.1　空气滤清器的阻力、压力差和压力损失的说明

项　　目	从大气吸气的空气滤清器	通过进气管吸气的空气滤清器	说　　明
空气滤清器上游静压值	—	p_1	用于测量进气管阻力
空气滤清器下游静压值＝阻力	$\Delta p_r = p_2$	$\Delta p_r = p_2$	用于无进气管时，见图 B.8、图 B.9 和图 B.15
压力差	—	$\Delta p_d = \Delta p_r - p_1$ $= p_2 - p_1$	用于测压管直径相等时，见图 B.14
压力损失	$\Delta p_1 = p_r - p_{dyn}$ $= p_2 - \frac{\rho \cdot v_2^2}{2}$	$\Delta p_1 = \Delta p_d - \Delta p_c$ $= (p_2 - p_1) - \frac{(\rho \cdot v_2^2) - (\rho \cdot v_1^2)}{2}$	用于进出气测压管直径不等时

附 录 B
（规范性附录）
试 验 装 置

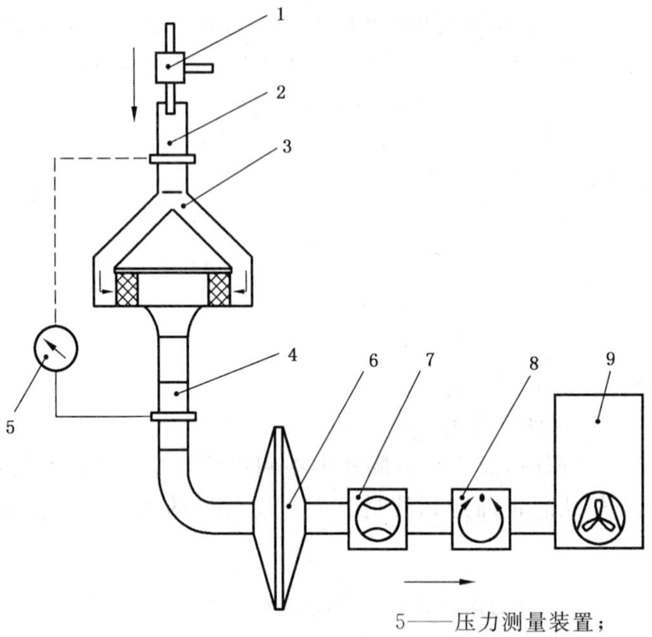

说明：

1——灰尘喷射器(见图 B.2 和 B.3)；
2——进口测压管(见图 B.4)；
3——试验罩(见图 B.5)；
4——出口测压管(见图 B.4)；
5——压力测量装置；
6——绝对滤清器；
7——空气流量计；
8——空气流量控制器；
9——抽气机。

图 B.1 滤芯效率/容灰量试验装置

单位为毫米

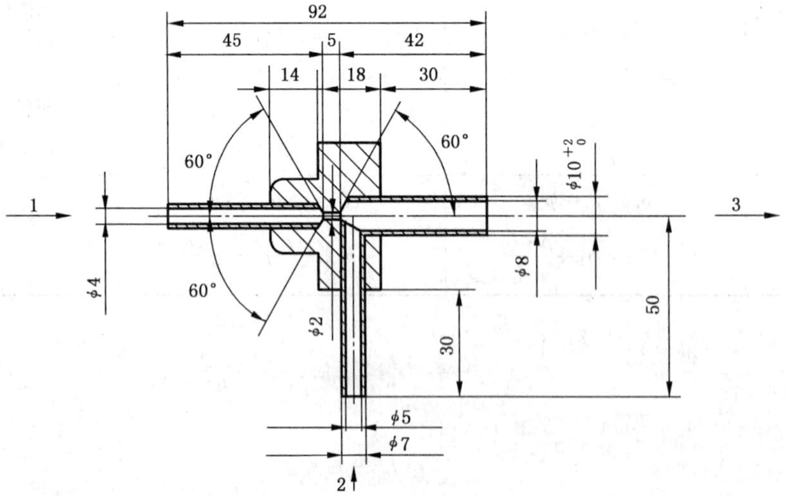

说明：

1——空气进口；
2——灰尘入口；
3——灰尘/空气出口。

图 B.2 ISO 灰尘喷射器

单位为毫米

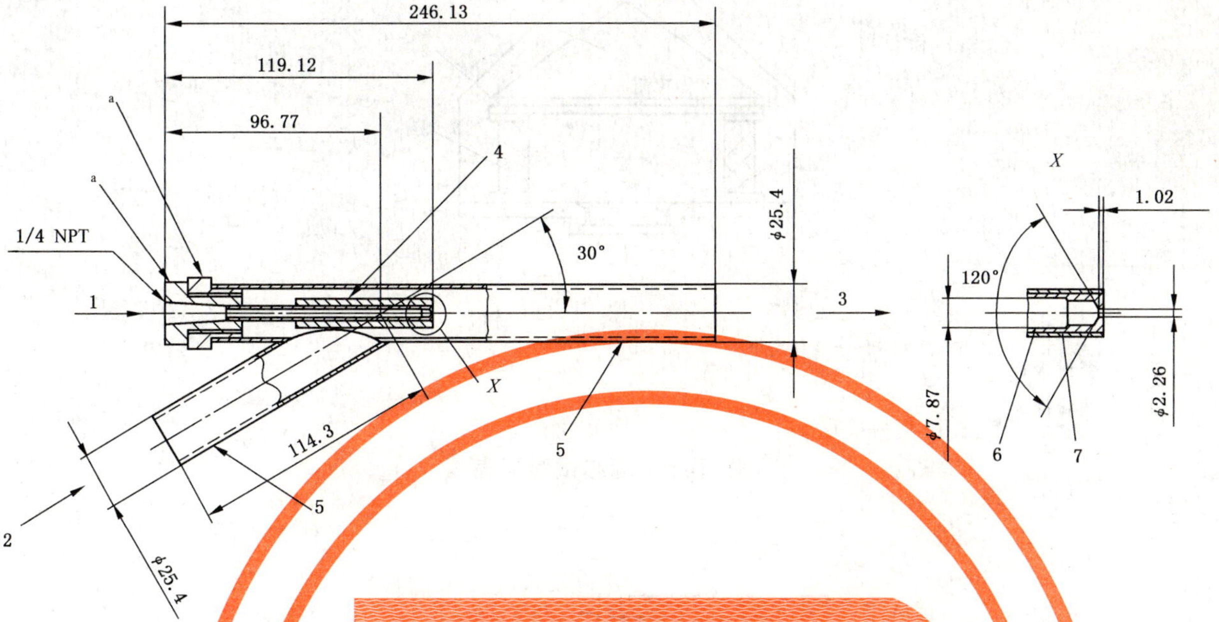

说明：

1——空气进口；

2——灰尘入口；

3——灰尘/空气出口；

4——乙烯管；

5——壁厚 1.65 mm 的不锈钢管；

6——壁厚 0.81 mm 的不锈钢管；

7——直径 φ9.53 mm 的乙烯管。

a 用 3/4'-16 六角螺栓改制。

图 B.3 ISO 重型灰尘喷射器

单位为毫米

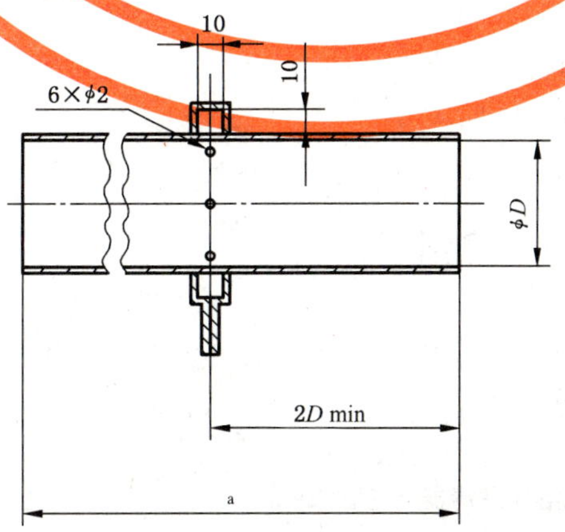

a 出气管 4D min;进气管 6D min。

图 B.4 进/出口测压管

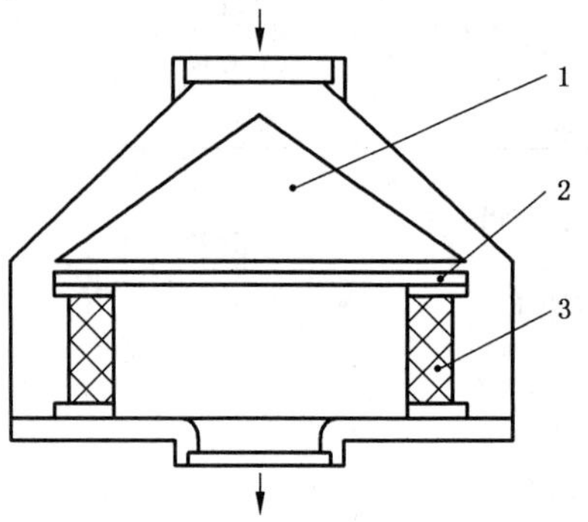

说明：

1——扩散锥；

2——密封板；

3——试验件。

图 B.5　滤芯试验罩壳

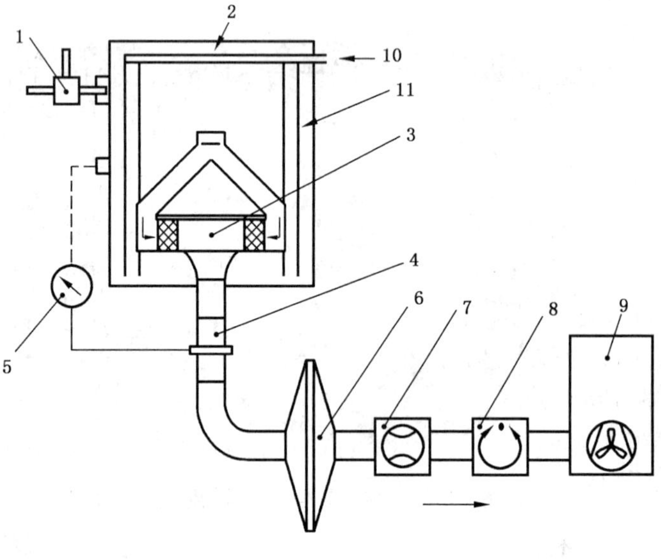

说明：

1 ——灰尘喷射器(见图 B.2 和图 B.3)；

2 ——灰室；

3 ——带扩散锥的试验件(见图 B.5)；

4 ——出口测压管(见图 B.4)；

5 ——压力测量装置；

6 ——绝对滤清器；

7 ——空气流量计；

8 ——空气流量控制器；

9 ——抽气机；

10——压缩空气供给装置；

11——压缩空气导管。

注：本图所示安装的是一个单体空气滤清器滤芯。

图 B.6　采用灰室的效率/容灰量试验装置

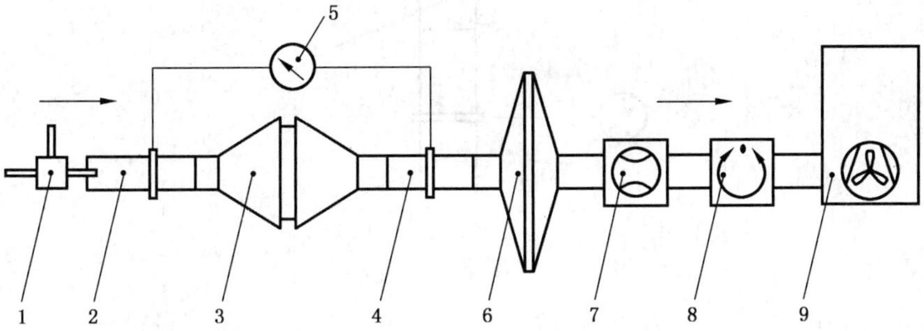

说明：

1——灰尘喷射器(见图 B.2 和图 B.3)；

2——进口测压管(见图 B.4)；

3——板式滤清器罩壳；

4——出口测压管(见图 B.4)；

5——压力测量装置；

6——绝对滤清器；

7——空气流量计；

8——空气流量控制器；

9——抽气机。

图 B.7 板式滤芯效率/容灰量试验装置

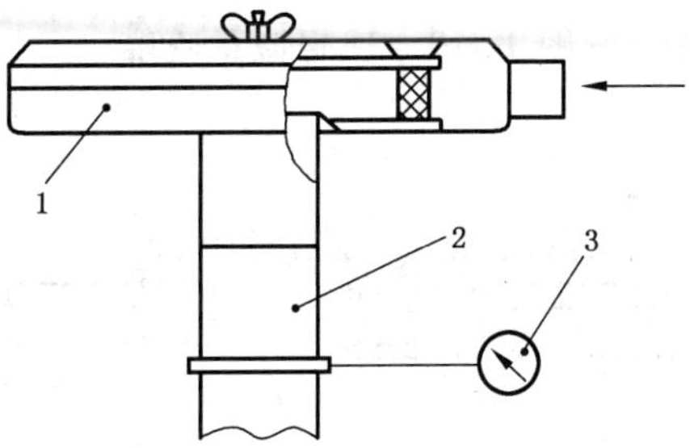

说明：

1——试验件；

2——出口测压管(见图 B.4)；

3——阻力测量装置。

图 B.8 阻力试验装置

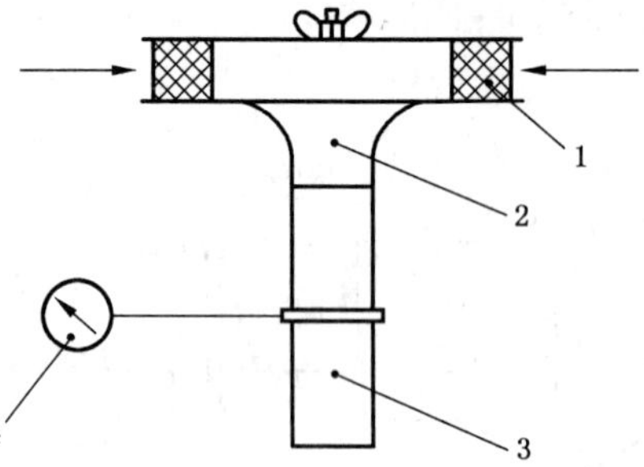

说明：

1——试验件；

2——喷嘴(见图 B.10)；

3——出口测压管(见图 B.4)；

4——阻力测量装置。

图 B.9 滤芯阻力试验装置

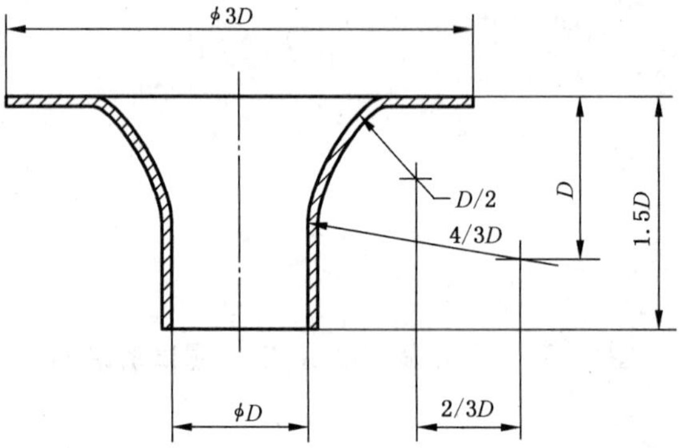

注：ϕD=图 B.4 中 ϕD。

图 B.10 理想流量喷嘴

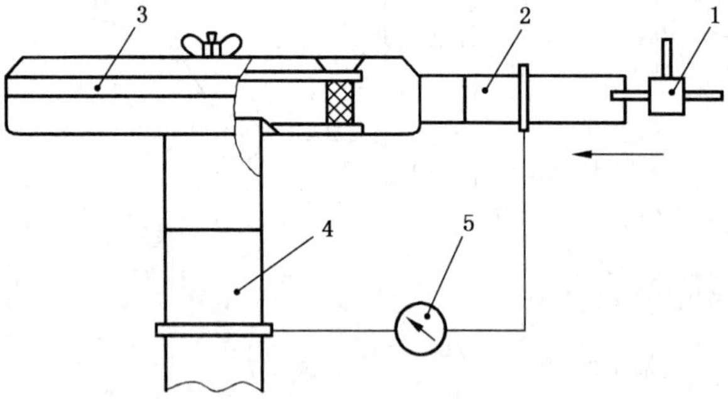

说明：

1——灰尘喷射器(见图 B.2 和图 B.3)；

2——进口测压管(见图 B.4)；

3——试验件；

4——出口测压管(见图 B.4)；

5——压力测量装置。

图 B.11 效率/容灰量试验装置

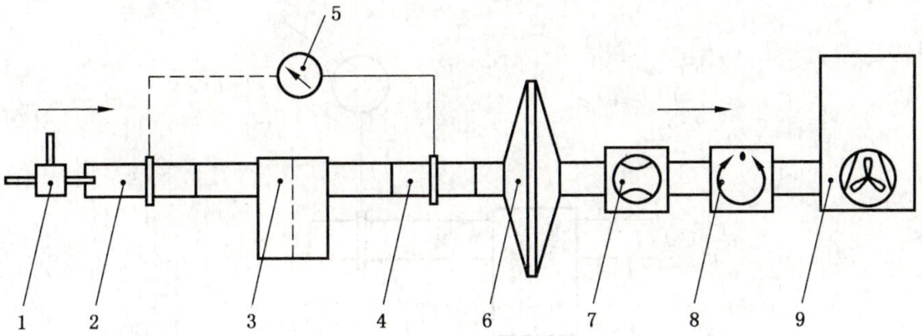

说明：

1——灰尘喷射器(见图 B.2 和图 B.3)；

2——进口测压管(见图 B.4)；

3——试验件；

4——出口测压管(见图 B.4)；

5——压力测量装置；

6——绝对滤清器；

7——空气流量计；

8——空气流量控制器；

9——抽气机。

图 B.12 管状进气空气滤清器效率/容灰量试验装置

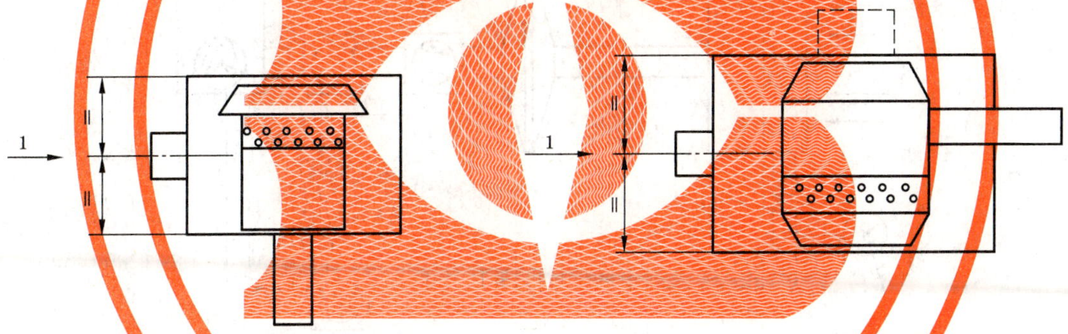

说明：

1——灰尘/空气进口。

图 B.13 非管状进气空气滤清器试验灰室布置图

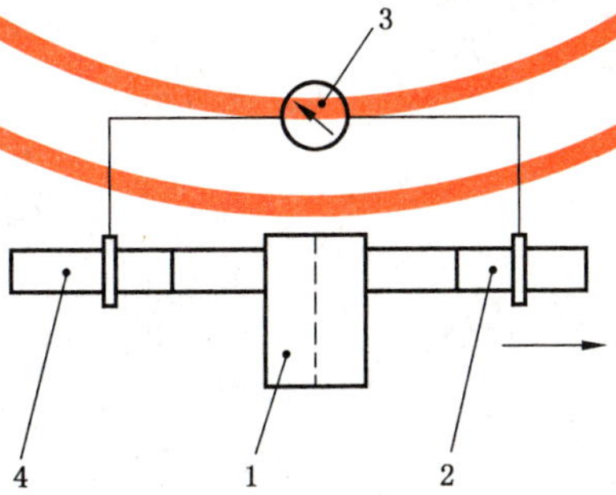

说明：

1——试验件；

2——出口测压管(见图 B.4)；

3——压力差测量装置；

4——进口测压管(见图 B.4)。

图 B.14 压力差试验装置

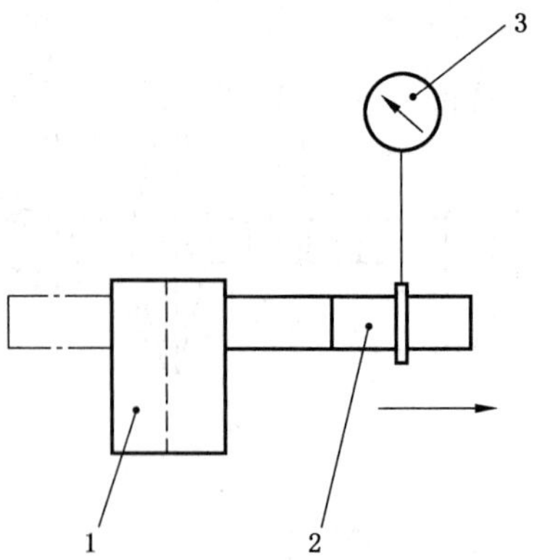

说明：

1——试验件；

2——出口测压管(见图 B.4)；

3——阻力测量装置。

图 B.15 阻力试验装置

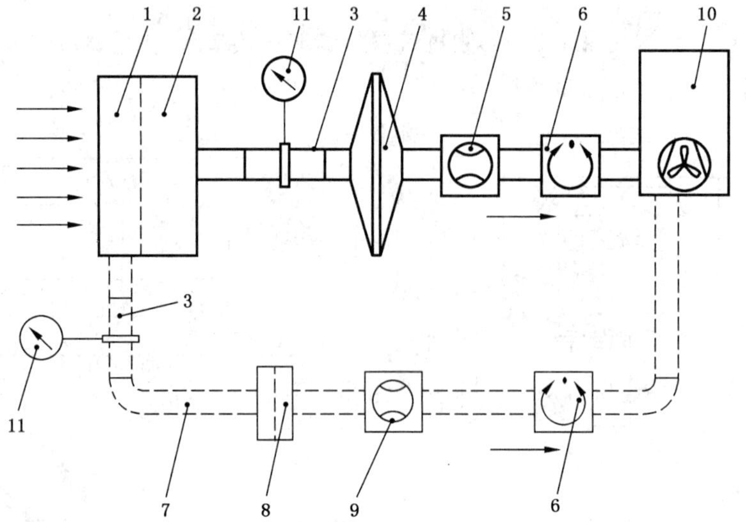

说明：

1＋2——试验件；

1——引射排尘预滤器；

2——主滤清器；

3——出口测压管(见图 B.4)；

4——绝对滤清器；

5——空气流量计；

6——空气流量控制器；

7——引射管；

8——引射管路滤清器；

9——引射管路空气流量计；

10——抽气机；

11——阻力测量装置。

图 B.16 引射排尘空气滤清器效率/容灰量试验装置

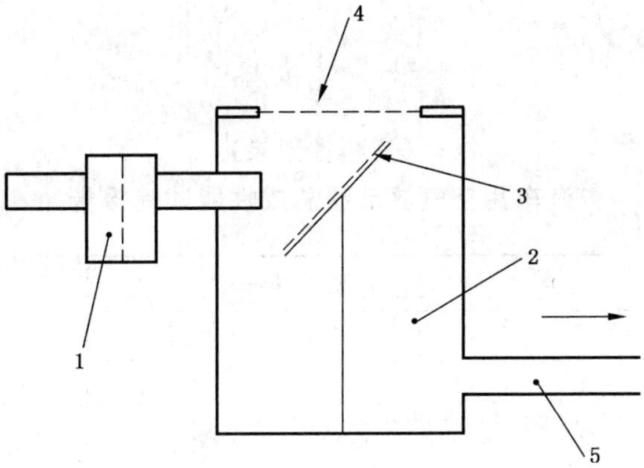

说明：

1——试验件；

2——观察室；

3——带纸靶板；

4——观察窗；

5——接抽气机出口。

图 B.17 失油试验观察室

附　录　C
（资料性附录）
汽车用空气滤清器总成性能试验报告

1　试验件：　　　　型号/形式：

制造厂：

总　成：

预滤器：

滤　芯：

灰　盆 □：　　　　排尘阀 □：

管状进气口 □：　　　　非管状进气口 □：

出气管：

2　试验条件

试验灰尘：细灰 □　粗灰 □　　　　批号：

大气压力

试验前：　　　　kPa[1]，试验后：　　　　kPa[1]

温度

试验前：　　　　℃，试验后：　　　　℃

相对湿度

试验前：　　　　%，试验后：　　　　%

额定空气流量：　　　　m^3/min

试验空气流量：恒定 □/变动 □　　　　m^3/min

采用方法：直接称量法 □　绝对滤清器法 □

试验终止条件：

加灰浓度：　　　　g/m^3

加灰气压：　　　　kPa[1]

灰尘喷射器的数量：

3　试验结果　见图表：

试验空气流量下的阻力：　　　　kPa[1]

试验空气流量下的压力差：　　　　kPa[1]

试验空气流量下的压力损失：　　　　kPa[1]

原始效率(加灰后)：　　　　g　　　　%

递增效率：压力差上升 10%：　　　　%

　　　　　压力差上升 25%：　　　　%

　　　　　压力差上升 50%：　　　　%

全寿命效率：　　　　%

预滤器效率：　　　　%

容灰量(在试验终止条件时)：　　　　g

4　总的评价意见

日期：　　　　试验人员：

1)　1 kPa＝1 000 Pa＝0.01 bar＝10 mbar

附 录 D
（资料性附录）
工业用空气滤清器总成性能试验报告

1 试验件：…………………………………… 型号/形式：……………………………………	
制造厂：…………………………………………………………………… 总 成：…………………………………………………………………… 预滤器：…………………………………………………………………… 主滤芯：…………………………………………………………………… 二级滤芯：………………………………………………………………… 灰 盆 □：…………………………………… 排尘阀 □：…………………………………… 管状进气口 □：…………………………… 非管状进气口 □：…………………………… 出气管：……………………………………………………………………	
2 试验条件	
试验灰尘：细灰 □ 粗灰 □ 批号：…………………… 大气压力 试验前：…………………… kPa[1]，试验后：…………………… kPa[1] 温度 试验前：…………………… ℃，试验后：…………………… ℃ 相对湿度 试验前：…………………… %，试验后：…………………… % 额定空气流量：…………………………………………………… m³/min 试验空气流量：恒定 □/变动 □…………………………………… m³/min 引射流量：………………………………………………………… m³/min ISO 灰尘喷射器 □ ISO 重型灰尘喷射器 □ 采用方法：直接称量法 □ 绝对滤清器法 □ 试验终止条件：…………………………………………………… 加灰浓度：…………………………………… g/m³ 加灰气压：…………………………………… kPa[1] 灰尘喷射器的数量：……………………………………………………	
3 试验结果 见图表：…………………………………………………………	
试验空气流量下的阻力：………………………………………………… kPa[1] 试验空气流量下的压力差：……………………………………………… kPa[1] 试验空气流量下的压力损失：…………………………………………… kPa[1] 原始效率（加灰后）：…………………………… g …………………………… % 递增效率：压力降上升 10%：……………………………………………… % 压力降上升 25%：……………………………………………… % 压力降上升 50%：……………………………………………… % 全寿命效率：………………………………………………………………… % 预滤器效率：………………………………………………………………… % 容灰量（在试验终止条件时）：…………………………………………… g 失油： 是 □ 否 □ 按单一流量：………………………… m³/min 出现失油时的空气流量（增加流量）：……………………………………… m³/min	
4 总的评价意见	
日期：…………………………………… 试验人员：……………………………………	

1) 1 kPa=1 000 Pa=0.01 bar=10 mbar

附　录　E
（资料性附录）
试验结果——空气滤清器流量-阻力/压力差

试验件：…………………………………… 型号/形式：……………………………………

制造厂：……………………………………………………………………………………

总　成：……………………………………………………………………………………

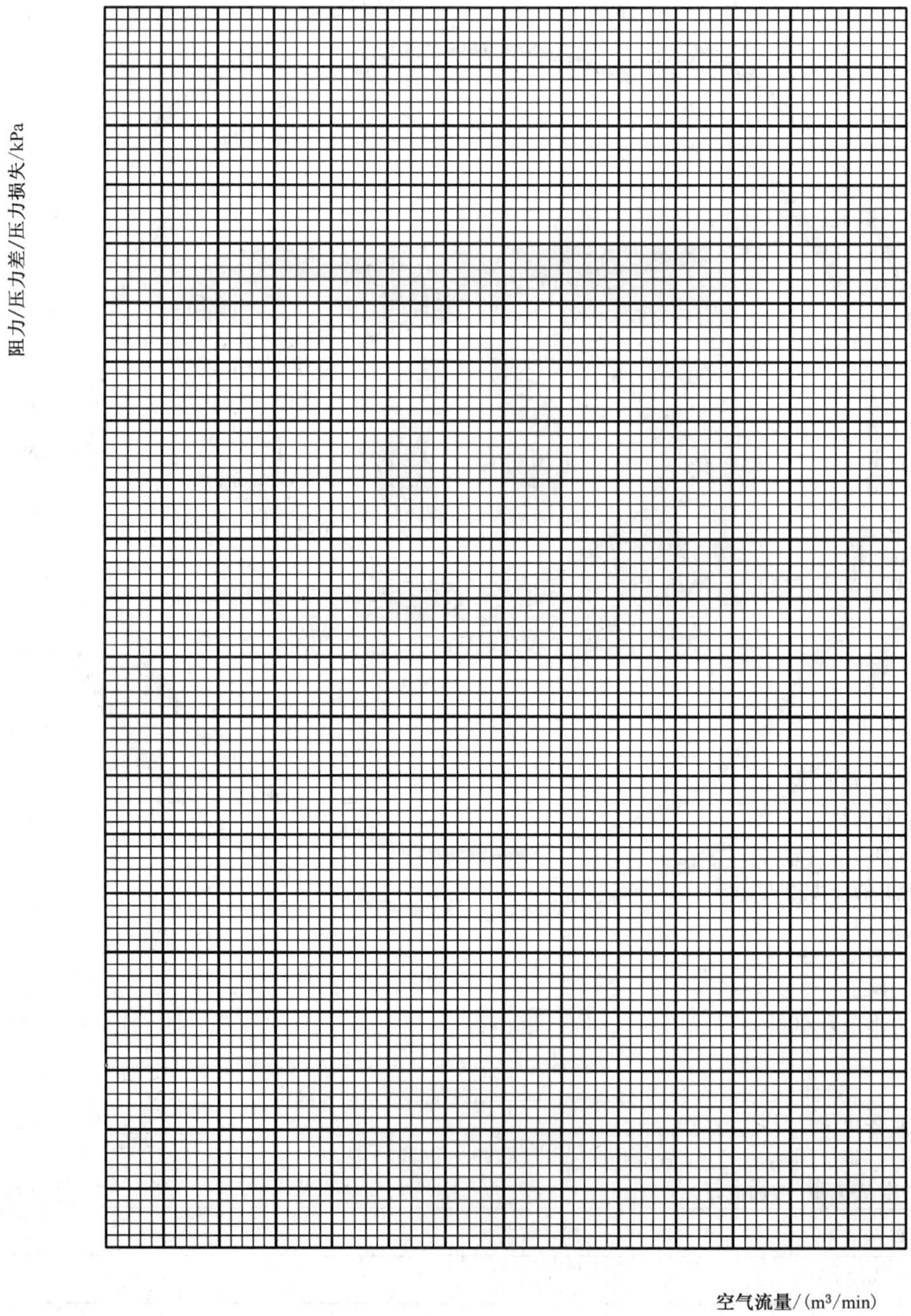

附 录 F
(资料性附录)
试验结果——空气滤清器容灰量

试验件:________________________ 型号/形式:________________________

制造厂:____

总　成:____

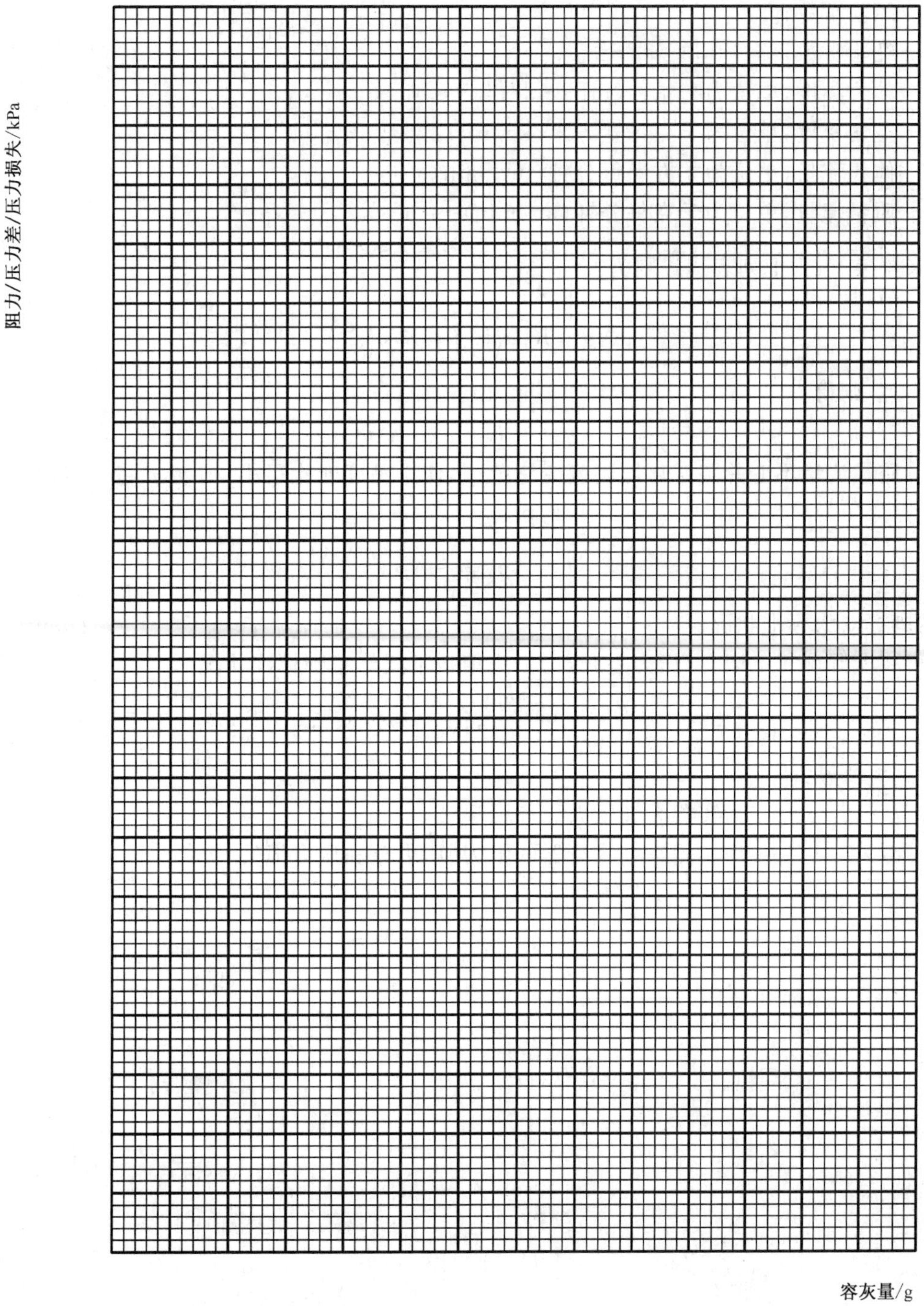

附 录 G
（规范性附录）
空气流量和阻力按标准状况修正

在试验报告中，空气流量、阻力/压力差/压力损失和容尘量等数据应按标准状况——温度为 20 ℃，大气压力为 1 013 hPa(1 013 mbar)修正。空气滤清器的阻力 Δp 可用下式表示：

$$\Delta p = K_1 \mu V + K_2 \rho m^2$$

式中：

K_1——经验常数；

K_2——经验常数；

μ ——动力黏度，单位为毫帕秒(mPa·s)；

ρ ——空气密度，单位为千克每立方米(kg/m³)；

V ——体积流量，单位为立方米每分钟(m³/min)；

m ——质量流量，单位为千克每分钟(kg/min)。

用$\frac{m}{\rho}$来置换 V，则上列表达式则为：

$$\Delta p = K_1 \mu \left(\frac{m}{\rho}\right) + K_2 \rho \left(\frac{m}{\rho}\right)^2$$

移项整理，则得：

$$\rho \Delta p = K_1 \mu m + K_2 m^2$$

在保持质量流量不变并限定环境温度变化范围，使得黏度变化很小，则 $\rho \Delta p$ 将为定值。因此：

$$\rho_0 \Delta p_0 = \rho \Delta p$$

$$\Delta p_0 = \frac{\rho}{\rho_0} \Delta p$$

式中：脚标 0 为标准状况。

从而可将实际测得的阻力/压力差/压力损失值按下式修正到标准状况：

$$\Delta p_0 = \frac{p}{1\,013} \times \frac{293}{(t+273)} \times \Delta p_r\text{，或 } \Delta p_d\text{，或 } \Delta p_1$$

式中：

p 和 t ——为实测大气压力和环境温度；

Δp_r、Δp_d 和 Δp_1——为实测空气滤清器的阻力、压力差和压力损失。

参 考 文 献

［1］ ISO 789-8 Agricultural tractors—Test procedures—Part 8:Engine air cleaner
［2］ ISO 1000 SI units and recommendations for the use of their multiples and of certain other units

ICS 01.040;43.060.20;43.060.30;43.060.40
T 13

中华人民共和国国家标准

GB/T 28950.1—2012/ISO 11841-1:2000

道路车辆和内燃机　滤清器名词术语 第1部分:滤清器和滤清器部件定义

Road vehicles and internal combustion engines—Filter vocabulary—Part 1: Definitions of filters and filter components

(ISO 11841-1:2000,IDT)

2012-12-31 发布　　2013-07-01 实施

中华人民共和国国家质量监督检验检疫总局
中国国家标准化管理委员会　发布

前　言

GB/T 28950《道路车辆和内燃机　滤清器名词术语》分为两部分：

——第1部分：滤清器和滤清器部件定义；

——第2部分：滤清器及其部件性能指标定义。

本部分为GB/T 28950的第1部分。

本部分按照GB/T 1.1—2009给出的规则起草。

本部分使用翻译法等同采用国际标准ISO 11841-1:2000《道路车辆和内燃机　滤清器名词术语　第1部分：滤清器和滤清器部件定义》(英文版)。

本部分做了下列编辑性修改：

——国际标准中：2 滤清器分类、3 滤清器定义、4 滤清器部件分类、5 滤清器部件定义由表格改为条款式叙述；其中“备注”栏改为“注解”栏，章条编号与ISO 11841-1:2000一致。

本部分由国家发展和改革委员会提出。

本部分由全国汽车标准化技术委员会(SAC/TC 114)归口。

本部分起草单位：蚌埠金威滤清器有限公司、淄博永华滤清器制造有限公司、北京首拓汽车滤清器制造有限公司、广州佳斌实业有限公司、中国第一汽车集团公司技术中心、浙江恒勃汽摩部件有限公司。

本部分主要起草人：李建国、李永华、邱建湘、姚东斌、施旭文、曹立新、周书忠。

本部分为首次发布。

道路车辆和内燃机　滤清器名词术语
第1部分:滤清器和滤清器部件定义

1　范围

GB/T 28950 的本部分规定了道路车辆和一般用途的内燃机(如船舶动力和固定动力)用滤清器及其部件的名词术语分类和定义。

2　滤清器分类

依据六种不同的方法分类:

2.1　按被过滤流体分类

——空气滤清器:

a)　乘驾室滤清器;

b)　干式空气滤清器;

c)　湿式空气滤清器;

d)　油浴式空气滤清器;

e)　消音型滤清器。

——排气滤清器。

——燃油滤清器:

a)　柴油滤清器;

b)　汽油滤清器。

——机油滤清器。

——液压油滤清器。

——冷却液滤清器。

2.2　按滤清级数及组合型式分类

——单级滤清器;

——双级滤清器;

——多级滤清器;

——并联滤清器;

——复合式滤清器。

2.3　按在系统中布置方式分类

——全流滤清器;

——分流滤清器;

——管路滤清器;

——油箱滤清器;

——吸油滤清器;

——压力滤清器；

——回油滤清器；

——预滤器；

——主滤器；

——二级滤清器；

——曲轴箱通风滤清器；

——闭式曲轴箱通风滤清器。

2.4 按过滤介质分类

——纤维滤清器。

——毛毡滤清器：

a) 毡片滤清器；

b) 毡筒滤清器；

c) 折叠式毛毡滤清器。

——纸质滤清器：

a) 折叠式纸滤清器；

b) 卷筒式纸滤清器。

——网式滤清器：

a) 网筒式滤清器；

b) 折叠网式滤清器；

c) 网片式滤清器；

d) 网袋式滤清器；

e) 多层网筒片式滤清器。

——缝隙式滤清器：

a) 板式缝隙滤清器；

b) 叠片缝隙式滤清器；

c) 绕线缝隙式滤清器；

d) 线筒缝隙式滤清器。

——多孔烧结滤清器。

——活性碳滤清器。

2.5 按过滤形式分类

——表面式滤清器；

——深度式滤清器；

——离心式滤清器。

2.6 按保养方法分类

——旋装式滤清器；

——可换式滤清器；

——双联滤清器；

——反冲式滤清器；

——自动滤清器。

3 滤清器定义

3.1

净化 cleaning

用过滤、沉淀、离心分离的方法将悬浮在流体中(液体或气体)的固体或液体杂质分离出来。

3.1.1

净化器 cleaner

用以实施分离滤清作用的装置或总成。

3.1.2

过滤 filtraion

流体通过多孔材料分离出杂质的过程。

3.1.3

滤清器 filter

使流体经过多孔材料将其中的杂质分离出来的装置或总成。

3.2 按被过滤流体分类

3.2.1

空气滤清器 air cleaner;air filter

由一个或几个清洁空气的滤清器部件组成的总成。

注1:应用于:

a) 将供燃烧用空气直接或经增压器导入发动机;

b) 曲轴箱换气通风;

c) 压缩空气系统;

d) 压缩机进气系统。

注2:当空气滤清器用于压缩空气系统时,该滤清器为空气干燥器(air dryer)。

3.2.1.1

乘驾室滤清器 cabin filter

由一个或几个去除进入车辆乘驾室内部空气中杂质颗粒和气体污染物的滤清器部件组成的总成。

3.2.1.2

干式空气滤清器 dry air cleaner

通过一个干式滤芯(如纸滤芯)将空气中杂质分离出来的空气滤清器。

注:干式空滤清器的设计思想主要区别于像油浴式空滤器等类型的空气滤清器。

3.2.1.3

湿式空气滤清器 wet air cleaner

通过一个油浸过的滤芯,如钢丝织物,发泡材料或滤纸,将空气中杂质分离出来的空气滤清器。

3.2.1.4

油浴式空气滤清器 oil-bath air cleaner

在该滤清器中,含尘的空气被导入油池而被除去部分灰尘,带油雾的空气向上流经一个油浸过的滤芯作进一步过滤,油滴带着被滤芯拦住的灰尘一起返回到油池中。

3.2.1.5

消声型滤清器 silencer cleaner

一种专门设计了降低噪音装置的空气滤清器。

注:这是干式空气滤清器的一种典型设计,但也可以在其他形式的空气滤清器上进行消声功能设计。

3.2.2

排气滤清器　exhaust-gas filter

一种从排出废气中分离固体物质的滤清器。

注：也可以叫碳烟滤清器 soot filter 或颗粒滤清器 particulate filter 。

3.2.3

燃油滤清器　fuel filter

一种过滤燃油的滤清器。

3.2.3.1

柴油滤清器　diesel fuel filter

由一个或几个具有过滤，水分离或预热柴油的部件组成的总成。

3.2.3.2

汽油滤清器　petrol filter

由一个或几个能过滤汽油的部件组成的总成。

3.2.4

机油滤清器　lubricating oil filter;oil filter

一种过滤润滑油的滤清器。

注：应用于：

a)　发动机油；

b)　变速箱油；

c)　透平油。

3.2.5

液压油滤清器　hydraulic filter

一种过滤液压系统中液压油的滤清器。

注：应用于：

a)　制动系统；

b)　转向系统；

c)　液压工件；

d)　液压无级变速系统。

3.2.6

冷却液滤清器　coolant filter

一种过滤水或冷却液的滤清器。

注：可与逐渐注入添加剂的充液器并用。

3.3　按滤清级数及组合型式分类

3.3.1

单级滤清器　single-stage filter

通过一级过滤完成滤清的滤清器。

注：可以有多种设计方案，即可用一个或几个具有相同过滤精度的滤芯，装在一个或几个并联连结的壳体内，后者也指一个共用的滤座上有几个并联的滤清器。

3.3.2

双级滤清器　two-stage filter

通过串联的两级滤清效率相同或不相同的滤芯完成过滤的滤清器。

注：可以有多种设计方案，即用一个或两个滤芯，或两个壳体组合，双级滤清器的滤芯也可能平行布置。

3.3.3

复合式滤清器　combined filter

由两个或两个以上不同性能类别的滤清器部件组成，如网式/纸质，或全流/分流滤清器。

注：复合式机油滤清器通常有一个进油口和两个出油口。

3.3.4

并联滤清器　parallel filter

由两个或两个以上并列布置的具有相同滤清效率滤芯完成过滤的滤清器。

注：并联机油滤清器通常只有一个进油口和一个出油口。

3.3.5

多级滤清器　multi-stage filter

通过两个以上串联布置的滤清效率相同或不同的滤清器。

3.4　按在系统中布置方式分类

3.4.1

全流滤清器　full flow filter

与主油道串联，通过系统全部流量的滤清器。

3.4.2

分流滤清器　bypass filter

与主油道并联，只有全部流量中一部分通过的滤清器。

注：在流体工程中，此滤清器也可用于各个分支油路中。

3.4.3

管路滤清器　in-line filter

一种安装在管道上的滤清器。

3.4.4

油箱滤清器　tank-mounted filter

一种安装在油箱上的滤清器。

3.4.5

吸油滤清器　suction filter

位于系统抽吸端的滤清器。

3.4.6

压力滤清器　pressure filter

位于系统压力端的滤清器。

3.4.7

回油滤清器　return line filter

位于系统回路上的滤清器。

3.4.8

预滤器　prefilter

作为多级滤清器系统中第一级，滤除粗大颗粒杂质的滤清器。

3.4.9

主滤器　main filter

在多级滤清器系统中，保证流体达到所要求的过滤精度的滤清器。

3.4.10

二级滤清器　secondary filter;protection filter

在多级滤清器系统中,位于主滤清器下游的独立的二级或安全防护级的滤清器。

3.4.11

曲轴箱通风滤清器　crankcase ventilation filter

去除发动机曲轴箱燃烧泄漏气体中油雾的滤清器。

3.4.12

闭式曲轴箱通风滤清器　closed crankcase ventilation filter

过滤燃烧泄漏的气体并送回到发动机进气歧管系统上的滤清器。

3.5　按过滤介质分类

3.5.1

纤维滤清器　fibre filter

含有一个有机或无机,或合成纤维制作的滤芯。纤维结构用加热方法,机械方法或粘接方法加以固定的滤清器。

注:也包括非织造布滤芯在内。

3.5.2

毛毡滤清器　felt filter

过滤材料用毛毡制成的滤清器。

注1:毛毡由动物毛、天然纤维、合成纤维或它们的混合物经压制或针刺而成。

根据滤芯形状有以下几个品种:

a) 毡片滤清器 felt plate filter;

b) 毡筒滤清器 felt tube filter;

c) 折叠式毛毡滤清器 pleated felt filter。

注2:折叠形状可以为星形 star-type,人字形 chevron-type,鼓包形 crystal-type 等。

3.5.3

纸质滤清器　paper filter

过滤材料由滤纸制成的滤清器。

注1:滤纸由天然纤维,或合成纤维,或它们的混合物加上添加剂和粘结剂制成。

根据滤芯形状,有如下几个品种:

a) 折叠式纸滤清器 pleated paper filter;

b) 卷筒式纸滤清器 paper wound filter。

注2:折叠形状可以为星形 star-type ,人字形 chevron-type ,鼓包形 crystal-type 等。

3.5.4

网式滤清器　strainer filter

通过由纤维网或纺织网制成的滤芯以分离杂质的一种滤清器。

注1:作为过滤材料的纤维网或纺织网简称滤网。

根据滤芯形状,有如下几个品种:

a) 网筒式滤清器 strainer tube filter。

b) 折叠网式滤清器 pleated strainer filter。

注2:折叠形状可以为星形 star-type ,人字形 chevron-type ,鼓包形 crystal-type 等。

c) 网片式滤清器 strainer disc filter。

d) 网袋式滤清器 pocket type filter。

e) 多层网筒片式滤清器 strainer multi-tube filter。

3.5.5

缝隙式滤清器　gap filter

通过一个由规定缝隙宽度的滤芯(如叠片或板式或线绕式)分离杂质的滤清器。

根据滤芯结构特点有下列几个品种:

a) 板式缝隙滤清器 plate gap filter;

b) 叠片缝隙式滤清器 laminated gap filter;

c) 绕线缝隙式滤清器 wire wound gap filler;

d) 线筒缝隙式滤清器 wire ring-on-tube gap filter。

滤芯结构是在轴线方向由多个线状材料保持均匀间距螺旋绕制而成,并且两条螺旋线靠一定方法相交接,在交接处同样保持均匀间距的滤清器。

3.5.6

多孔烧结滤清器　sintered filter

滤芯由多孔烧结材料制成的滤清器。

3.5.7

活性碳滤清器　activated carbon filter

过滤材料中含有活性炭的滤清器。

注:通常用作吸附式滤清器。

3.6　按过滤形式分类

3.6.1

表面式滤清器　surface type filter

在过滤材料的表面分离杂质的滤清器。

3.6.2

深度式滤清器　depth type filter

在过滤材料内部(深度)分离杂质的滤清器。

3.6.3

离心式滤清器　centrifugal cleaner

通过运动产生离心力分离杂质的滤清器。

3.7　按保养方法分类

3.7.1

旋装式滤清器　spin-on filter

可直接旋入滤座或底板,或直接装到发动机体上,保养时整个滤清器同滤芯一起更换的滤清器。

注:旋装式滤清器也可称作一次性滤清器,完整的部件,即带滤座或底板的旋装式滤清器,也可叫作旋装式滤清器总成 complete filter 或盒式滤清器 box filter。

3.7.2

可换式滤清器　housing filter

一个由带盖的壳体组成的或者滤罐上带有滤座和可清洗的或可更换的滤芯的滤清器。

注:滤清器壳体含有一个可更换的滤罐或滤芯,这也可以称作为滤清总成或罐式滤清器 cartridge 或可更换式滤清器 replaceable filter。

3.7.3

双联滤清器　duplex filter

双联滤清器通常带有两个组件,在维护保养期间,当其中一个被切断时,另一个仍能继续工作。

注:当更换被污染的滤芯或旋装式滤清器时,双联滤清器工作仍不间断。

3.7.4

反冲式滤清器　back-flushing filter

无需更换滤芯，只需反向冲洗的滤清器。

3.7.5

自动滤清器　automatic filter

无需更换滤芯或中断过滤过程而能够自动清洁的滤清器。

4　滤清器部件分类

4.1　部件

——滤清器滤芯。

二级滤芯。

——滤清器外壳部件：

a）滤清器盖板；

b）滤清器罐体；

c）滤座；

d）中心螺栓。

——刮污器。

——止回阀。

——旁通阀。

4.2　附件

——排尘袋；

——预滤器；

——保养指示器；

——压差指示器；

——保养开关；

——曲轴箱通风压力调节阀。

5　滤清器部件定义

5.1　滤清器部件

5.1.1

滤芯；滤罐　filter element；filter cartridge

由过滤材料，支撑件和与滤清器壳体连接界面相结合而组成的部件。

5.1.1.1

二级滤芯；安全滤芯　secondary element；protection cartridge

为起保护作用而安装的滤芯。

注：其功能是防止污染物进入系统，例如更换主滤芯或主滤芯失效，或旁通阀打开时。

5.1.2

滤清器外壳部件　filter housing

用来接纳滤芯，并含有进出口连接件和安装件。

5.1.2.1

滤清器盖板　filter cover

一个与滤清器壳体紧密闭合的部件。

5.1.2.2

滤清器罐体　filter case

一个容纳滤芯而没有进出口接头的部件。

5.1.2.3

滤座　filter head

一个带有进出口接头的部件与滤罐紧密接合,通常带有安装设置。

注:在燃油滤清器中也可称为滤盖 filter cover。

5.1.2.4

中心螺栓　centre bolt

用来连接滤清器外壳或罐体与滤盖或滤座的部件。

5.1.3

刮污器　scraper

用来刮除积累在滤芯上的污染物的部件。

注:用于缝隙式滤清器上。

5.1.4

止回阀　anti-drain back valve

发动机停机时,防止滤清器中油流空的阀。

5.1.5

旁通阀　bypass valve ;short circuit valve

当滤芯内外压力差超过最大允许值时,此阀打开可让油绕过滤芯流走。

注:该阀作用是防止滤芯损坏并确保系统供油。例如,当滤芯严重堵塞时。

5.2　滤清器附件

5.2.1

排尘袋　dust unloading valve

这种阀或袋状装置设计用于排放积存的灰尘。

注:通常用于进气空气滤清器,在脉冲或重力作用下排尘。

5.2.2

预滤器　precleaner

这是一种装在滤清器上作为初级分离的装置,通过重力或离心力的作用从液体或气体中将杂质分离出去。

注:在进气空气滤清器中,也叫旋流管 cyclone,它可形成离心力场。

5.2.3

保养指示器　maintenance indicator

当滤芯必须清洗或更换时的信号指示装置。

5.2.4

差压指示器　differential pressure indicator

有的保养指示器通过指示滤芯或滤清器的压力差值提示保养指示的装置。

注:有时也用作保养指示器。

5.2.5

保养开关　maintenance switch;differential pressure switch

当压差值到达滤清器/滤芯需作保养的数值时,这种装置产生一个电信号,并激活可视信号或声音信号。

5.2.6

曲轴箱通风压力调节器　crankcase ventilation pressure regulator

闭式曲轴箱通风系统中,用以控制曲轴箱压力的装置。

参 考 文 献

[1] GB/T 6809.4—2007 往复式内燃机 零部件和系统术语 第4部分:增压及进排气管系统(ISO 7967-4:2005,IDT)

[2] GB/T 6809.6—2009 往复式内燃机 零部件和系统术语 第6部分:润滑系统(ISO 7967-6:2005,IDT)

索　引

汉语拼音索引

H

J

K

L

M

P

Q

R

S

W

X

Y

Z

英文对应词索引

A

B

C

D

E

F

G

ICS 01.040;43.060.20;43.060.30;43.060.40
T 13

GB

中华人民共和国国家标准

GB/T 28950.2—2012/ISO 11841-2:2000

道路车辆和内燃机　滤清器名词术语 第2部分:滤清器及其部件性能指标定义

Road vehicles and internal combustion engines—Filter vocabulary—Part 2: Definitions of characteristics of filters and their components

(ISO 11841-2:2000,IDT)

2012-12-31 发布　　2013-07-01 实施

中华人民共和国国家质量监督检验检疫总局
中国国家标准化管理委员会　发布

前　言

GB/T 28950《道路车辆和内燃机　滤清器名词术语》分为两部分：

——第1部分：滤清器和滤清器部件定义；

——第2部分：滤清器及其部件性能指标定义。

本部分为GB/T 28950的第2部分。

本部分按照GB/T 1.1—2009给出的规则起草。

本部分使用翻译法等同采用国际标准ISO 11841-2:2000《道路车辆和内燃机　滤清器名词术语　第2部分：滤清器及其部件性能指标定义》(英文版)。

本部分做了下列编辑性修改：

——原国际标准中：3滤清器及其部件性能分类、4滤清器及其部件性能定义由图表改为条款式叙述；其中“单位”规范纳入到规范性附录A中单独列表表示，“备注”栏改为“注解”栏。

本部分由国家发展和改革委员会提出。

本部分由全国汽车标准化技术委员会(SAC/TC 114)归口。

本部分起草单位：蚌埠金威滤清器有限公司、广州佳斌实业有限公司、北京首拓汽车滤清器制造有限公司。淄博永华滤清器制造有限公司、中国第一汽车集团公司技术中心、浙江恒勃汽摩部件有限公司。

本标准主要起草人：李建国、姚东斌、邱建湘、李永华、施旭文、曹立新、周书忠。

本部分为首次发布。

道路车辆和内燃机　滤清器名词术语
第2部分：滤清器及其部件性能指标定义

1　范围

GB/T 28950的本部分规定了对道路车辆和一般用途的内燃机（如船舶动力和固定动力）用滤清器及其部件性能指标定义，术语及分类。

2　规范性引用文件

下列文件对于本文件的应用是必不可少的。凡是注日期的引用文件，仅注日期的版本适用于本文件。凡是不注日期的引用文件，其最新版本（包括所有的修改单）适用于本文件。

GB/T 14041.1—2007　液压滤芯　结构完整性验证和初始冒泡点的确定(ISO 2942:2004,IDT)

GB/T 28949—2012　内燃机和空气压缩机用进气空气滤清器　性能试验(ISO 5011:2000,IDT)

3　滤清器和滤清器部件的性能指标分类

滤清器和滤清器部件的性能指标分为五大类：

3.1　尺寸

——过滤面积：

　　总过滤面积。

——过滤容积。

3.2　温度

工作温度范围。

3.3　压力

——名义压力。

——工作压力范围。

——试验压力。

——开启压力。

——关闭压力。

——阻力。

　　a)　压力降。

　　b)　压力差：

　　　　1)　原始压力差；

　　　　2)　终了压力差。

——压力损失。

——破裂压力。

——滤芯耐破压力。

3.4 流动/流体

——流动方向；
——体积流量；
——质量流量；
——动力黏度范围；
——介质的相容性；
——流动疲劳特性。

3.5 过滤

——孔径。
——平均流量孔径。
——瞬间滤清效率：
分级滤清效率。
——累积滤清效率。
——β_x 值。
——滤清器寿命。
——容尘能力。
——表观容尘能力。

4 滤清器和滤清器部件的性能指标定义

4.1 按尺寸分类

4.1.1
过滤面积 filtering area; effective filtration area
流体能通过滤芯多孔介质孔隙的总面积。
注：由总过滤面积去除无效的支撑面积或粘胶面积组成。

4.1.2
总过滤面积 total filter area
总的过滤材料的面积，包括损失在支撑以及粘胶部分面积过滤面积。

4.1.3
过滤容积 filtering volume
过滤材料的有效容积。
注：由过滤材料的有效表面积与材料厚度相乘而得。

4.2 按温度分类

4.2.1
工作温度范围 operating temperature range
滤清器或滤芯能承受的工作温度范围。
注：工作温度取决于流体和环境。

4.3 按压力分类

4.3.1
名义压力 nominal pressure
滤清器设计压力及指定压力。

注：最大允许工作压力小于或等于计算压力。

4.3.2

工作压力范围　operating pressure range

最小和最大允许工作压力间的范围。

4.3.3

试验压力　test pressure

在一定条件下，以高于计算压力的试验压力对滤清器或滤清器部件进行试验。

注：该压力保证被试滤清器无永久变形，无损坏或无故障发生。

4.3.4

开启压力　opening pressure

在给定的流体黏度和规定的容积流量时，旁通阀开启压力差值。

4.3.5

关闭压力　closing pressure

在给定的流体黏度和规定的容积流量时，旁通阀关闭的压力差值。

4.3.6

阻力　restriction

滤清器对被过滤流体的流动阻力。

注：阻力是形成压差和压力损失的原因，对于开式进气的滤清器则等于相对于大气压的压差值。

4.3.7

压力降　pressure drop

指随时间的压力变化，从高绝对值到低绝对值之间的变化。

注：该术语目前仍在使用，避免与压力差含意相混淆。该术语也用于密封性试验。

4.3.8

压力差　differential pressure

滤清器上游和下游间的静压差值。

注：压力差的压力测量点参照试验规范确定。

4.3.8.1

原始压力差　initial differential pressure

新的、无污染的滤清器或滤芯的压力差。

4.3.8.2

终了压力差　final differential pressure

滤清器或滤芯在一定的使用期后，或试验周期到达后的压力差。

注：允许极限值按系统要求确定，与保养开关要求一致。

4.3.9

压力损失　pressure loss

由于滤清器或滤芯引起流动能量损失（速度头变化）而造成的压力下降，按照 GB/T 28949—2012 确定。

4.3.10

破裂压力　burst pressure

滤清器损坏时的内部静压力值。

注：本试验主要用于旋装式滤清器。

4.3.11

滤芯耐破压力；压溃压力　collapse pressure

引起滤芯结构损坏，并丧失其功能的内外压力差值。

注：参照 GB/T 14041.3 规定的试验方法进行。

4.4 按流动/流体分类

4.4.1

流动方向 direction of flow; flux direction

指示流体流经滤清器或滤芯的方向。

注：流动方向一般用箭头表示。

4.4.2

体积流量 volume flow; nominal volume flow; flow rate

单位时间内通过滤清器的流体体积。

注：对于可压缩介质，容积流量需指明有关条件。

4.4.3

质量流量 mass flow

单位时间内通过滤清器的流体质量。

4.4.4

运动黏度范围 kinematic velocity range

滤清器或滤芯工作时所允许的黏度范围。

4.4.5

介质的相容性 media compatibility

滤芯与指定工作液两种材料的相容性。

4.4.6

流动疲劳特性 flow fatigue characteristics

滤芯对因流量、温度和压力变化而产生结构疲劳的抵抗能力。

注：参照 GB/T 17488 的规定进行。

4.5 按过滤分类

4.5.1

孔径 pore size

相当于过滤材料的孔穴直径。按照 GB/T 14041.1—2007 气泡法试验测定的孔径。

注：孔径并不代表滤材的滤清效率或分级滤清效率。

4.5.2

平均流量孔径 mean flow pore size

试验空气有 50%流经比它小的孔径，有 50%流经比它大的孔径，此尺寸孔径即为平均流量孔径。

4.5.3

瞬间滤清效率 instantaneous filtration efficiency

试验杂质被阻留量与加入量的比值。

$$\eta=\frac{d_1-d_2}{d_1}\times 100\%$$

式中：

d_1——滤清器进口杂质浓度；

d_2——滤清器出口杂质浓度。

注：测定滤清器或滤芯的效率应在特定的试验条件和一定的时间内完成。

试验用杂质可以是专用灰，可能带有有机添加剂。燃油滤清器试验时，还要对水分离效率进行测定。

4.5.3.1

分级滤清效率　fractional filtration efficiency

对特定粒径试验杂质的滤清效率

注：分级滤清效率可以用以下两种不同的方法测定：一是选用一定粒径范围的杂质，用重量法测定；另一种办法是用粒径分布宽广的杂质，用粒子计数法测定。

4.5.4

累积滤清效率　cumulative filtration efficiency

试验结束时的总滤清效率

$$\eta=\frac{M_1}{M_0}\times 100\%$$

式中：

M_1——被滤清器阻留的杂质质量；

M_0——从试验开始时累计加入系统的杂质质量。

注：在一定的试验条件下测量滤清器或滤芯的效率。

试验用杂质可能是带有有机添加剂的专用灰。燃油滤清器试验时测定水分离效率。

4.5.5

β_x 值　β_x-value

对于粒径大于 x(μm)的杂质粒子，滤清器进口端粒子数与出口端粒子数比值。

$$\beta_x=\frac{N_1}{N_2}$$

式中：

N_1——滤清器进口端粒径大于 x 的粒子数；

N_2——滤清器出口端粒径大于 x 的粒子数。

注：在规定的试验条件下测定滤清器或滤芯的效率。β_x 值参照 GB/T 18853 多次通过试验要求进行。

4.5.6

滤清器寿命　filter life

滤清器或滤芯在到达规定的保养期或更换期，或到达规定的压差值所经历的工作时间。

注：一般来讲，保养或更换周期在车辆和发动机的保养手册中有规定。

4.5.7

纳污容量　contaminant capacity；dust capacity；retained capacity

滤清器或滤芯的纳污容量是指在规定的终了条件(终了压力差)时，被滤清器或滤芯所有效截留的指定颗粒污染物的质量。

注：纳污容量由视在纳污容量(4.5.8)与终了累积效率相乘而得。

4.5.8

视在纳污容量(α 值)　apparent capacity，α-value

在试验期间，当终了条件到达前，加到滤清器中的指定颗粒污染物总质量即为滤清器的视在纳污容量。

注：α 值为参照 GB/T 18853 多次通过试验结果之一。

附　录　A
（规范性附录）
性能指标的单位

标准中性能指标的单位如表 A.1 所示。

表 A.1　标准中性能指标的单位

序号	名称	单位
4.1.1	过滤面积	cm^2
4.1.2	总过滤面积	cm^2
4.1.3	过滤容积	cm^3
4.2.1	工作温度范围	℃
4.3.1	名义压力	kPa
4.3.2	工作压力范围	kPa
4.3.3	试验压力	kPa
4.3.4	开启压力	kPa
4.3.5	关闭压力	kPa
4.3.6	阻力	kPa
4.3.7	压力降	kPa
4.3.8	压力差	kPa
4.3.8.1	原始压力差	kPa
4.3.8.2	终了压力差	kPa
4.3.9	压力损失	kPa
4.3.10	破裂压力	kPa
4.3.11	压溃压力	kPa
4.4.2	体积流量	L/min，m^3/h
4.4.3	质量流量	kg/min
4.4.4	运动黏度范围	mm^2/s
4.5.1	孔径	μm
4.5.2	平均流量孔径	μm
4.5.3	瞬间滤清效率	%
4.5.3.1	分级滤清效率	%
4.5.4	累积滤清效率	%
4.5.6	滤清器寿命	h
4.5.7	纳污容量	g
4.5.8	视在纳污容量	g

参 考 文 献

[1] GB/T 14041.3—2010 液压滤芯 第3部分:抗压溃(破裂)特性检验方法(ISO 2941:2009,IDT)

[2] GB/T 17488—2008 液压滤芯 利用颗粒污染物测定抗流动疲劳特性(ISO 3724:2007,IDT)

[3] GB/T 18853—2002 液压传动过滤器 评定滤芯过滤性能的多次通过方法(ISO 16889:1999,MOD)

索　引

汉语拼音索引

B

F

G

J

K

L

M

N

P

英文对应词索引

ICS 65.020.40
B 64

中华人民共和国国家标准

GB/T 28951—2012

中国森林认证　森林经营

Forest certification in China—Forest management

2012-11-20 发布　　2012-12-01 实施

中华人民共和国国家质量监督检验检疫总局
中国国家标准化管理委员会　发布

前　言

本标准按照 GB/T 1.1—2009 给出的规则起草。

本标准由国家林业局提出并归口。

本标准起草单位：中国林业科学研究院、国家林业局科技发展中心、国家林业局调查规划设计院。

本标准主要起草人：张守攻、陆文明、于玲、王红春、李秋娟、梁小琼、徐斌、赵劼。

引　　言

中国森林认证管理委员会(CFCC)声明,实施森林经营认证是促进森林可持续经营和林产品国际贸易的一种重要市场手段。本标准规定了我国森林经营单位为实施森林可持续经营认证应达到的要求,为森林认证机构开展森林经营认证审核和评估提供了依据。

中国森林认证　森林经营

1 范围

本标准规定了森林可持续经营认证应遵循的指标体系。

本标准适用于具有资质的森林认证机构对森林经营单位的森林经营活动进行审核和评估。

2 术语和定义

下列术语和定义适用于本文件。

2.1

森林认证　forest certification

一种运用市场机制来促进森林可持续经营的工具,包括森林经营认证和产销监管链认证。森林经营认证是通过审核和评估森林经营单位的森林经营活动,以证明其是否实现了森林可持续经营。产销监管链认证是对林产品生产销售企业的各个环节,即从加工、制造、运输、储存、销售直至最终消费者的整个监管链进行审核和评估,以证明林产品的原料来源。

2.2

产销监管链　chain of custody

林产品原料来源信息的处理过程,藉此企业可对认证原料的成分做出准确和可验证的声明。

2.3

森林经营单位　forest management unit

具有一定面积、边界明确的森林区域,并能依照确定的经营方针和经营目标开展森林经营、具有法人资格的森林经营主体。

[GB/T 26423—2010,定义 7.4]

2.4

森林认证机构　forest certification body

具有一定能力和资质,经过国家相关机构认可,根据森林经营认证标准和产销监管链认证标准对森林经营单位的森林经营状况或林产品生产销售企业的产销监管链进行审核和评估的第三方机构。

2.5

当地社区　local community

居住在林区内或周边地区、与森林有利益关系的居民形成的社会群体。

2.6

森林权属　forest tenure

森林、林木、林地的所有者或使用者,依法对森林、林木、林地享有占用、使用、收益和处置的权利,包括森林、林木、林地的所有权和使用权。

2.7

利益方　stakeholder

与森林经营有直接或间接利益关系或受其影响的团体或个人,如政府部门、当地社区、林业职工、投资者、环保组织、消费者和一般公众等。

2.8

化学品 chemical

森林经营中所使用的化肥、杀虫剂、杀菌剂、除草剂、激素等化学制品。

2.9

环境影响分析 environmental impact analysis

分析森林经营活动对环境的实际或潜在影响，以规划如何减少或避免负面影响，扩大正面影响的过程。

3 指标体系

3.1 国家法律法规和国际公约

3.1.1 遵守国家相关法律法规

3.1.1.1 森林经营单位备有现行的国家相关法律法规文本，包括《中华人民共和国森林法》、《中华人民共和国森林法实施条例》、《中华人民共和国民族区域自治法》等(参见附录 A)。

3.1.1.2 森林经营符合国家相关法律法规的要求。

3.1.1.3 森林经营单位的管理人员和作业人员了解国家和地方相关法律法规的要求。

3.1.1.4 曾有违法行为的森林经营单位已依法采取措施及时纠正，并记录在案。

3.1.2 依法缴纳税费

3.1.2.1 森林经营单位相关人员了解所需缴纳的税费。

3.1.2.2 森林经营单位依据《中华人民共和国税收征收管理法》、《中华人民共和国企业所得税法》以及其他相关法律法规的要求，按时缴纳税费。

3.1.3 依法保护林地，严禁非法转变林地用途

3.1.3.1 森林经营单位采取有效措施，防止非法采伐、在林区内非法定居及其他未经许可的行为。

3.1.3.2 占用、征用林地和改变林地用途应符合国家相关法律法规的规定，并取得林业主管部门的审核或审批文件。

3.1.3.3 改变林地用途确保没有破坏森林生态系统的完整性或导致森林破碎化。

3.1.4 遵守国家签署的相关国际公约

3.1.4.1 森林经营单位备有国家签署的、与森林经营相关的国际公约(参见附录 B)。

3.1.4.2 森林经营符合国家签署的、与森林经营相关的国际公约的要求。

3.2 森林权属

3.2.1 森林权属明确

3.2.1.1 森林经营单位具有县级以上人民政府或国务院林业主管部门核发的林权证。

3.2.1.2 承包者或租赁者有相关的合法证明，如承包合同或租赁合同等。

3.2.1.3 森林经营单位有明确的边界，并标记在地图上。

3.2.2 依法解决有关森林、林木和林地所有权及使用权方面的争议

3.2.2.1 森林经营单位在处理有关森林、林木和林地所有权及使用权的争议时，应符合《林木林地权属争议处理办法》的要求。

3.2.2.2 现有的争议和冲突未对森林经营造成严重的负面影响。森林权属争议或利益争端对森林经营产生重大影响的森林经营单位不能通过森林认证。

3.3 当地社区和劳动者权利

3.3.1 为林区及周边地区的居民提供就业、培训与其他社会服务的机会

3.3.1.1 森林经营单位为林区及周边地区的居民(尤其是少数民族)提供就业、培训与其他社会服务的机会。

3.3.1.2 帮助林区及周边地区(尤其是少数民族地区)进行必要的交通和通讯等基础设施建设。

3.3.2 遵守有关职工劳动与安全方面的规定,确保职工的健康与安全

3.3.2.1 森林经营单位按照《中华人民共和国劳动法》、《中华人民共和国安全生产法》和其他相关法律法规的要求,保障职工的健康与安全。

3.3.2.2 按照国家相关法律法规的规定,支付劳动者工资和提供其他福利待遇,如社会保障、退休金和医疗保障等。

3.3.2.3 保障从事森林经营活动的劳动者的作业安全,配备必要的服装和安全保护装备,提供应急医疗处理并进行必要的安全培训。

3.3.2.4 遵守中国签署的所有国际劳工组织公约的相关规定。

3.3.3 保障职工权益,鼓励职工参与森林经营决策

3.3.3.1 森林经营单位通过职工大会、职工代表大会或工会等形式,保障职工的合法权益。

3.3.3.2 采取多种形式,鼓励职工参与森林经营决策。

3.3.4 不得侵犯当地居民对林木和其他资源所享有的法定权利

3.3.4.1 森林经营单位承认当地社区依法拥有使用和经营土地或资源的权利。

3.3.4.2 采取适当措施,防止森林经营直接或间接地破坏当地居民(尤其是少数民族)的林木及其他资源,以及影响其对这些资源的使用权。

3.3.4.3 当地居民自愿把资源经营权委托给森林经营单位时,双方应签订明确的协议或合同。

3.3.5 在需要划定和保护对当地居民具有特定文化、生态、经济或宗教意义的林地时,应与当地居民协商

3.3.5.1 在需要划定对当地居民(尤其是少数民族)具有特定文化、生态、经济或宗教意义的林地时,森林经营单位应与当地居民协商并达成共识。

3.3.5.2 采取措施对上述林地进行保护。

3.3.6 在保障森林经营单位合法权益的前提下,尊重和维护当地居民传统的或经许可进入和利用森林的权利

3.3.6.1 在不影响森林生态系统的完整性和森林经营目标的前提下,森林经营单位应尊重和维护当地居民(尤其是少数民族)传统的或经许可进入和利用森林的权利,如非木质林产品的采集、森林游憩、通行、环境教育等。

3.3.6.2 对某些只能在特殊情况下或特定时间内才可以进入和利用的森林,森林经营单位应做出明确规定并公布于众(尤其是在少数民族地区)。

3.3.7 在森林经营对当地居民的法定权利、财产、资源和生活造成损失或危害时，森林经营单位应与当地居民协商解决，并给予合理的赔偿

3.3.7.1 森林经营单位应采取适当措施，防止森林经营对当地居民(尤其是少数民族)的权利、财产、资源和生活造成损失或危害。

3.3.7.2 在造成损失时，主动与当地居民(尤其是少数民族)协商，依法给予合理的赔偿。

3.3.8 尊重和有偿使用当地居民的传统知识

3.3.8.1 森林经营单位在森林经营中尊重和合理利用当地居民(尤其是少数民族)的传统知识。

3.3.8.2 适当保障当地居民(尤其是少数民族)能够参与森林经营规划的权利。

3.3.9 根据社会影响评估结果调整森林经营活动，并建立与当地社区(尤其是少数民族地区)的协商机制

3.3.9.1 森林经营单位根据森林经营的方式和规模，评估森林经营的社会影响。

3.3.9.2 在森林经营方案和作业计划中考虑社会影响的评估结果。

3.3.9.3 建立与当地社区和有关各方(尤其是少数民族)沟通与协商的机制。

3.4 森林经营方案

3.4.1 根据上级林业主管部门制定的林业长期规划以及当地条件，编制森林经营方案

3.4.1.1 森林经营单位具有适时、有效、科学的森林经营方案。

3.4.1.2 森林经营方案在编制过程中应广泛征求管理部门、经营单位、当地社区和其他利益方的意见。

3.4.1.3 森林经营方案的编制建立在翔实、准确的森林资源信息基础上，包括及时更新的森林资源档案、有效的森林资源二类调查成果和专业技术档案等信息。同时，也要吸纳最新科研成果，确保其具有科学性。

3.4.1.4 森林经营方案内容应符合森林经营方案编制的有关规定，宜包括以下内容：

——自然社会经济状况，包括森林资源、环境限制因素、土地利用及所有权状况、社会经济条件、社会发展与主导需求、森林经营沿革等；

——森林资源经营评价；

——森林经营方针与经营目标；

——森林功能区划、森林分类与经营类型；

——森林培育和营林，包括种苗生产、更新造林、抚育间伐、林分改造等；

——森林采伐和更新，包括年采伐面积、采伐量、采伐强度、出材量、采伐方式、伐区配置和更新作业等；

——非木质资源经营；

——森林健康和森林保护，包括林业有害生物防控、森林防火、林地生产力维护、森林集水区管理、生物多样性保护等；

——野生动植物保护，特别是珍贵、稀有、濒危物种的保护；

——森林经营基础设施建设与维护；

——投资估算和效益分析；

——森林经营的生态与社会影响评估；

——方案实施的保障措施；

——与森林经营活动有关的必要图表。

3.4.1.5 在信息许可的前提下,向当地社区或上一级行政区的利益方公告森林经营方案的主要内容,包括森林经营的范围和规模、主要的森林经营措施等信息。

3.4.2 根据森林经营方案开展森林经营活动

3.4.2.1 森林经营单位明确实施森林经营方案的职责分工。

3.4.2.2 根据森林经营方案,制定年度作业计划。

3.4.2.3 积极开展科研活动或者支持其他机构开展科学研究。

3.4.3 适时修订森林经营方案

3.4.3.1 森林经营单位及时了解与森林经营相关的林业科技动态及政策信息。

3.4.3.2 根据森林资源的监测结果、最新科技动态及政策信息(包括与木材、非木质林产品和与森林服务有关的最新的市场和经济活动),以及环境、社会和经济条件的变化,适时(不超过10年)修订森林经营方案。

3.4.4 对林业职工进行必要的培训和指导,使他们具备正确实施作业的能力

3.4.4.1 森林经营单位应制定林业职工培训制度。

3.4.4.2 林业职工受到良好培训,了解并掌握作业要求。

3.4.4.3 林业职工在野外作业时,专业技术人员对其提供必要的技术指导。

3.5 森林资源培育和利用

3.5.1 按作业设计开展森林经营活动

3.5.1.1 森林经营单位根据经营方案和年度作业计划,编制作业设计,按批准的作业设计开展作业活动。

3.5.1.2 在保证经营活动更有利于实现经营目标和确保森林生态系统完整性的前提下,可对作业设计进行适当调整。

3.5.1.3 作业设计的调整内容要备案。

3.5.2 森林经营活动要有明确的资金投入,并确保投入的规模与经营需求相适应

3.5.2.1 森林经营单位充分考虑经营成本和管理运行成本的承受能力。

3.5.2.2 保证对森林可持续经营的合理投资规模和投资结构。

3.5.3 开展林区多种经营,促进当地经济发展

3.5.3.1 森林经营单位积极开展林区多种经营,可持续利用多种木材和非木质林产品,如林果、油料、食品、饮料、药材和化工原料等。

3.5.3.2 制定主要非木质林产品的经营规划,包括培育、保护和利用的措施。

3.5.3.3 在适宜立地条件下,鼓励发展能形成特定生态系统的传统经营模式,如萌芽林或矮林经营。

3.5.4 种子和苗木的引进、生产及经营应遵守国家和地方相关法律法规的要求,保证种子和苗木的质量

3.5.4.1 森林经营单位对林木种子和苗木的引进、生产及经营符合国家和地方相关法律法规的要求。

3.5.4.2 从事林木种苗生产、经营的单位,应持有县级以上林业行政主管部门核发的“林木种子生产许可证”和“林木种子经营许可证”,并按许可证的规定进行生产和经营。

3.5.4.3 在种苗调拨和出圃前，按国家或地方有关标准进行质量检验，并填写种子、苗木质量检验检疫证书。

3.5.4.4 从国外引进林木种子、苗木及其他繁殖材料，应具有林业行政主管部门进口审批文件和检疫文件。

3.5.5 按照经营目标因地制宜选择造林树种，优先考虑乡土树种，慎用外来树种

3.5.5.1 森林经营单位根据经营目标和适地适树的原则选择造林树种。

3.5.5.2 优先选择乡土树种造林，且尽量减少营造纯林。

3.5.5.3 根据需要，可引进不具入侵性、不影响当地植物生长，并能带来环境、经济效益的外来树种。

3.5.5.4 用外来树种造林后，应认真监测其造林生长情况及其生态影响。

3.5.5.5 不得使用转基因树种。

3.5.6 无林地(包括无立木林地和宜林地)的造林设计和作业符合当地立地条件和经营目标，并有利于提高森林的效益和稳定性

3.5.6.1 森林经营单位造林设计和作业的编制应符合国家和地方相关技术标准和规定。

3.5.6.2 造林设计符合经营目标的要求，并制定合理的造林、抚育、间伐、主伐和更新计划。

3.5.6.3 采取措施，促进林分结构多样化和增强林分的稳定性。

3.5.6.4 根据森林经营的规模和野生动物的迁徙规律，建立野生动物走廊。

3.5.6.5 造林布局和规划有利于维持和提高自然景观的价值和特性，保持生态连贯性。

3.5.6.6 应考虑促进荒废土地和无立木林地向有林地的转化。

3.5.7 依法进行森林采伐和更新，木材和非木质林产品消耗率不得高于资源的再生能力

3.5.7.1 森林经营单位根据森林资源消耗量低于生长量、合理经营和可持续利用的原则，确定年度采伐量。

3.5.7.2 采伐林木具有林木采伐许可证，按许可证的规定进行采伐。

3.5.7.3 保存年度木材采伐量和采伐地点的记录。

3.5.7.4 森林采伐和更新符合《森林采伐更新管理办法》和《森林采伐作业规程》的要求。

3.5.7.5 木材和非木质林产品的利用未超过其可持续利用所允许的水平。

3.5.8 森林经营应有利于天然林的保护与更新

3.5.8.1 森林经营单位采取有效措施促进天然林的恢复和保护。

3.5.8.2 除非满足以下条件，否则不得将森林转化为其他土地使用类型(包括由天然林转化为人工林)：

——符合国家和当地有关土地利用及森林经营的法律法规和政策，得到政府部门批准，并与有关利益方进行直接协商；

——转化的比例很小；

——不对下述方面造成负面影响：

- 受威胁的森林生态系统；
- 具有文化及社会重要意义的区域；
- 受威胁物种的重要分布区；
- 其他受保护区域；

——有利于实现长期的生态、经济和社会效益，如低产次生林的改造。

3.5.8.3 在遭到破坏的天然林(含天然次生林)林地上营造的人工林，根据其规模和经营目标，划出一定面积的林地使其逐步向天然林转化。

3.5.8.4 在天然林毗邻地区营造的以生态功能为主的人工林，积极诱导其景观和结构向天然林转化，并有利于天然林的保护。

3.5.9 森林经营应减少对资源的浪费和负面影响

3.5.9.1 森林经营单位采用对环境影响小的森林经营作业方式，以减少对森林资源和环境的负面影响，最大限度地降低森林生态系统退化的风险。

3.5.9.2 避免林木采伐和造材过程中的木材浪费和木材等级下降。

3.5.10 鼓励木材和非木质林产品的最佳利用和深加工

3.5.10.1 森林经营单位制定并执行各种促进木材和非木质林产品最佳利用的措施。

3.5.10.2 鼓励对木材和非木质林产品进行深加工，提高产品附加值。

3.5.11 规划、建立和维护足够的基础设施，最大限度地减少对环境的负面影响

3.5.11.1 森林经营单位应规划、建立充足的基础设施，如林道、集材道、桥梁、排水设施等，并维护这些设施的有效性。

3.5.11.2 基础设施的设计、建立和维护对环境的负面影响最小。

3.6 生物多样性保护

3.6.1 存在珍贵、稀有、濒危动植物种时，应建立与森林经营范围和规模以及所保护资源特性相适应的保护区域，并制定相应保护措施

3.6.1.1 森林经营单位备有相关的参考文件，如《濒危野生动植物种国际贸易公约》附录Ⅰ、Ⅱ、Ⅲ（参见附录B）和《国家重点保护野生植物名录》、《国家重点保护野生动物名录》等（参见附录C）。

3.6.1.2 确定本地区需要保护的珍贵、稀有、濒危动植物种及其分布区，并在地图上标注。

3.6.1.3 根据具体情况，划出一定的保护区域和生物走廊带，作为珍贵、稀有、濒危动植物种的分布区。若不能明确划出保护区域或生物走廊带时，则在每种森林类型中保留足够的面积。同时，上述区域的划分要考虑野生动物在森林中的迁徙。

3.6.1.4 制定针对保护区、保护物种及其生境的具体保护措施，并在森林经营活动中得到有效实施。

3.6.1.5 未开发和利用国家和地方相关法律法规或相关国际公约明令禁止的物种。

3.6.2 限制未经许可的狩猎、诱捕及采集活动

3.6.2.1 森林经营单位的狩猎、诱捕和采集活动符合有关野生动植物保护方面的法规，依法申请狩猎证和采集证。

3.6.2.2 狩猎、诱捕和采集符合国家有关猎捕量和非木质林产品采集量的限额管理政策。

3.6.3 保护典型、稀有、脆弱的森林生态系统，保持其自然状态

3.6.3.1 森林经营单位通过调查确定其经营范围内典型、稀有、脆弱的森林生态系统。

3.6.3.2 制定保护典型、稀有、脆弱的森林生态系统的措施。

3.6.3.3 实施保护措施，维持和提高典型、稀有、脆弱的生态系统的自然状态。

3.6.3.4 识别典型、稀有、脆弱的森林生态系统时，应考虑全球、区域、国家水平上具有重要意义的物种自然分布区和景观区域。

3.6.4 森林经营应采取措施恢复、保持和提高森林生物多样性

3.6.4.1 森林经营单位考虑采取下列措施保持和提高森林生物多样性：

——采用可降低负面影响的作业方式；

——森林经营体系有利于维持和提高当地森林生态系统的结构、功能和多样性；

——保持和提高森林的天然特性。

3.6.4.2 考虑对森林健康和稳定性以及对周边生态系统的潜在影响，应尽可能保留一定数量且分布合理的枯立木、枯倒木、空心树、老龄树及稀有树种，以维持生物多样性。

3.7 环境影响

3.7.1 考虑森林经营作业对森林生态环境的影响

3.7.1.1 森林经营单位根据森林经营的规模、强度及资源特性，分析森林经营活动对环境的潜在影响。

3.7.1.2 根据分析结果，采用特定方式或方法，调整或改进森林作业方式，减少森林经营活动(包括使用化肥)对环境的影响，避免导致森林生态系统的退化和破坏。

3.7.1.3 对改进的经营措施进行记录和监测，以确保改进效果。

3.7.2 森林经营作业应采取各种保护措施，维护林地的自然特性，保护水资源，防止地力衰退

3.7.2.1 森林经营单位在森林经营中，应采取有效措施最大限度地减少整地、造林、抚育、采伐、更新和道路建设等人为活动对林地的破坏，维护森林土壤的自然特性及其长期生产力。

3.7.2.2 减少森林经营对水资源质量、数量的不良影响，控制水土流失，避免对森林集水区造成重大破坏。

3.7.2.3 在溪河两侧和水体周围，建立足够宽的缓冲区，并在林相图或森林作业设计图中予以标注。

3.7.2.4 减少化肥使用，利用有机肥和生物肥料，增加土壤肥力。

3.7.2.5 通过营林或其他方法，恢复退化的森林生态系统。

3.7.3 严格控制使用化学品，最大限度地减少因使用化学品造成的环境影响

3.7.3.1 森林经营单位应列出所有化学品(杀虫剂、除草剂、灭菌剂、灭鼠剂等)的最新清单和文件，内容包括品名、有效成分、使用方法等。

3.7.3.2 除非没有替代选择，否则禁止使用世界卫生组织 1A 和 1B 类杀虫剂，以及国家相关法律法规禁止的其他高剧毒杀虫剂(参见附录 A)。

3.7.3.3 禁止使用氯化烃类化学品，以及其他可能在食物链中残留生物活性和沉积的其他杀虫剂。

3.7.3.4 保存安全使用化学品的过程记录，并遵循化学品安全使用指南，采用恰当的设备并进行培训。

3.7.3.5 备有化学品的运输、储存、使用以及事故性溢出后的应急处理程序。

3.7.3.6 应确保以环境无害的方式处理无机垃圾和不可循环利用的垃圾。

3.7.3.7 提供适当的装备和技术培训，最大限度地减少因使用化学品而导致的环境污染和对人类健康的危害。

3.7.3.8 采用符合环保要求的方法及时处理化学品的废弃物和容器。

3.7.3.9 开展森林经营活动时，应严格避免在林地上的漏油现象。

3.7.4 严格控制和监测外来物种的引进，防止外来入侵物种造成不良的生态后果

3.7.4.1 森林经营单位应对外来物种严格检疫并评估其对生态环境的负面影响，在确保对环境和生物多样性不造成破坏的前提下，才能引进外来物种。

3.7.4.2 对外来物种的使用进行记录，并监测其生态影响。
3.7.4.3 制定并执行控制有害外来入侵物种的措施。

3.7.5 维护和提高森林的环境服务功能

3.7.5.1 森林经营单位了解并确定经营区内森林的环境服务功能。
3.7.5.2 采取措施维护和提高这些森林的环境服务功能。

3.7.6 尽可能减少动物种群和放牧对森林的影响

3.7.6.1 森林经营单位应采取措施尽可能减少动物种群对森林更新、生长和生物多样性的影响。
3.7.6.2 采取措施尽可能减少过度放牧对森林更新、生长和生物多样性的影响。

3.8 森林保护

3.8.1 制定林业有害生物防治计划，应以营林措施为基础，采取有利于环境的生物、化学和物理措施，进行林业有害生物综合防治

3.8.1.1 森林经营单位的林业有害生物防治，应符合《森林病虫害防治条例》的要求。
3.8.1.2 开展林业有害生物的预测预报，评估潜在的林业有害生物的影响，制定相应的防治计划。
3.8.1.3 采取营林措施为主，生物、化学和物理防治相结合的林业有害生物综合治理措施。
3.8.1.4 采取有效措施，保护森林内的各种有益生物，提高森林自身抵御林业有害生物的能力。

3.8.2 建立健全森林防火制度，制定并实施防火措施

3.8.2.1 根据《森林防火条例》，森林经营单位应建立森林防火制度。
3.8.2.2 划定森林火险等级区，建立火灾预警机制。
3.8.2.3 制定和实施森林火情监测和防火措施。
3.8.2.4 建设森林防火设施，建立防火组织，制定防火预案，组织本单位的森林防火和扑救工作。
3.8.2.5 进行森林火灾统计，建立火灾档案。
3.8.2.6 林区内避免使用除生产性用火以外的一切明火。

3.8.3 建立健全自然灾害应急措施

3.8.3.1 根据当地自然和气候条件，森林经营单位应制定自然灾害应急预案。
3.8.3.2 采取有效措施，最大程度地减少自然灾害的影响。

3.9 森林监测和档案管理

3.9.1 建立森林监测体系，对森林资源进行适时监测

3.9.1.1 根据上级林业主管部门的统一安排，开展森林资源调查，森林经营单位应建立森林资源档案制度。
3.9.1.2 根据森林经营活动的规模和强度以及当地条件，确定森林监测的内容和指标，建立适宜的监测制度和监测程序，确定森林监测的方式、频度和强度。
3.9.1.3 在信息许可的前提下，定期向公众公布森林监测结果概要。
3.9.1.4 在编制或修订森林经营方案和作业计划中体现森林监测的结果。

3.9.2 森林监测应包括资源状况、森林经营及其社会和环境影响等内容

3.9.2.1 森林经营单位的森林监测，宜关注以下内容：

——主要林产品的储量、产量和资源消耗量；
——森林结构、生长、更新及健康状况；
——动植物(特别是珍贵、稀有、受威胁和濒危的物种)的种类及其数量变化趋势；
——林业有害生物和林火的发生动态和趋势；
——森林采伐及其他经营活动对环境和社会的影响；
——森林经营的成本和效益；
——气候因素和空气污染对林木生长的影响；
——人类活动情况，例如过度放牧或过度畜养；
——年度作业计划的执行情况。

3.9.2.2 按照监测制度连续或定期地开展各项监测活动，并保存监测记录。

3.9.2.3 对监测结果进行比较、分析和评估。

3.9.3 建立档案管理系统，保存相关记录

3.9.3.1 森林经营单位应建立森林资源档案管理系统。

3.9.3.2 建立森林经营活动档案系统。

3.9.3.3 建立木材跟踪管理系统，对木材从采伐、运输、加工到销售整个过程进行跟踪、记录和标识，确保能追溯到林产品的源头。

附　录　A
（资料性附录）
国家相关法律法规

A.1　法律

中华人民共和国标准化法(1988)
中华人民共和国环境保护法(1989)
中华人民共和国进出境动植物检疫法(1991)
中华人民共和国劳动法(1994)
中华人民共和国枪支管理法(1996)
中华人民共和国促进科技成果转化法(1996)
中华人民共和国森林法(1998)
中华人民共和国防沙治沙法(2001)
中华人民共和国民族区域自治法(2001)
中华人民共和国税收征收管理法(2001)
中华人民共和国工会法(2001)
中华人民共和国环境影响评价法(2002)
中华人民共和国水法(2002)
中华人民共和国农村土地承包法(2002)
中华人民共和国安全生产法(2002)
中华人民共和国土地管理法(2004)
中华人民共和国野生动物保护法(2004)
中华人民共和国种子法(2004)
中国人民共和国企业所得税法(2007)
中华人民共和国物权法(2007)
中华人民共和国动物防疫法(2007)
中华人民共和国水污染防治法(2008)
中华人民共和国水土保持法(2010)

A.2　法规

森林采伐更新管理办法(1987)
森林病虫害防治条例(1989)
中华人民共和国陆生野生动物保护实施条例(1992)
中华人民共和国水土保持法实施条例(1993)
中华人民共和国自然保护区条例(1994)
中华人民共和国野生植物保护条例(1996)
中华人民共和国进出境动植物检疫法实施条例(1996)
中华人民共和国植物新品种保护条例(1997)
中华人民共和国土地管理法实施条例(1998)

中华人民共和国森林法实施条例(2000)
退耕还林条例(2002)
森林防火条例(2008)

A.3 部门规章

森林和野生动物类型自然保护区管理办法(1985)
林木林地权属争议处理办法(1996)
国有森林资源资产管理督查的实施办法(试行)(1996)
林木良种推广使用管理办法(1997)
中华人民共和国植物新品种保护条例实施细则(林业部分)(1999)
林木和林地权属登记管理办法(2000)
天然林资源保护工程管理办法(2001)
占用征用林地审核审批管理办法(2001)
林木种子包装和标签管理办法(2002)
林木种子生产、经营许可证管理办法(2002)
国家林业局林木种苗质量监督管理规定(2002)
林木种子生产经营许可证年检制度规定(2003)
引进林木种子苗木及其他繁殖材料检疫审批和监管规定(2003)
天然林资源保护工程档案管理办法(2006)
林木种子质量管理办法(2006)

注：以上部门规章均为国家林业局或原林业部颁布。

A.4 禁用或严格限制使用化学品文件

中国禁止或严格限制的有毒化学品名录(第一批)(1998)
中国禁止或严格限制的有毒化学品目录(第二批)(2005)
国家明令禁止使用的农药等(农业部公告第199号)(2002)
国家明令禁止使用的农药等(农业部公告第322号)(2003)
国家明令禁止使用的农药等(农业部、工业和信息化部、环境保护部公告第1157号)(2009)
国家明令禁止使用的农药等(农业部、工业和信息化部、环境保护部、国家工商行政管理总局、国家质量监督检验检疫总局公告第1586号)(2011)

附 录 B
（资料性附录）
国家签署的相关国际公约

濒危野生动植物种国际贸易公约

关于特别是作为水禽栖息地的国际重要湿地公约

联合国气候变化框架公约

生物多样性公约

联合国关于在发生严重干旱和/或沙漠化的国家特别是在非洲防治沙漠化的公约

国际劳工组织公约

国际植物新品种保护公约

附 录 C
（资料性附录）
相关技术规程和指南

国家重点保护野生动物名录(1988)

国家重点保护野生植物名录(第一批)(1999)

濒危野生动植物种国际贸易公约秘书处公布禁贸物种和国家名单(2001)

森林经营方案编制与实施纲要(2006)

中国森林可持续经营指南(2006)

GB/T 18337.3—2001 生态公益林建设 技术规程

GB/T 15163—2004 封山(沙)育林技术规程

LY/T 1607—2003 造林作业设计规程

LY/T 1646—2005 森林采伐作业规程

LY/T 1706—2007 速生丰产用材林培育技术规程

LY/T 1690—2007 低效林改造技术规程

LY/T 1692—2007 转基因森林植物及其产品安全性评价技术规程

LY/T 2007—2012 森林经营方案编制与实施规范

LY/T 2008—2012 简明森林经营方案编制技术规程

ICS 65.020.40
B 64

中华人民共和国国家标准

GB/T 28952—2012

中国森林认证　产销监管链

Forest certification in China—Chain of custody

2012-11-20 发布　　2012-12-01 实施

中华人民共和国国家质量监督检验检疫总局
中国国家标准化管理委员会　发布

前　言

本标准按照 GB/T 1.1—2009 给出的规则起草。

本标准由国家林业局提出并归口。

本标准起草单位:中国林业科学研究院林业科技信息研究所、国家林业局科技发展中心、国家林业局调查规划设计院。

本标准主要起草人:陆文明、于玲、王红春、李秋娟、梁小琼、黄文彬。

引　言

中国森林认证管理委员会(CFCC)声明,产销监管链认证旨在证明林产品源自于可持续经营的森林、再生原料和其他非争议来源,以帮助采购方选择具有可持续性或其他类似特征的木质林产品。公开原料来源信息旨在促进可持续经营森林的产品的需求和供给,以便通过市场激励机制推动世界森林资源经营管理的不断完善。

实施CFCC产销监管链的总体目标,是向林产品消费者提供产品原料源自于通过CFCC认证的可持续经营的森林或再生原料这一准确和可验证的信息。本标准说明了如何获得从所购原料的来源信息到企业产品的来源信息的过程,并提供了两种可供选择的产销监管链方法,即物理分离法和百分比法。

产销监管链连同特定的CFCC声明或与CFCC互认的森林认证体系的声明的定义一并使用,包括认可认证原料的标准。为此,本标准的核心部分详细规定了使用"认证原料、中性原料和其他原料"这些术语的产销监管链过程,并且在本标准的附录A中对单个声明涉及的这些术语的含义进行了界定。

本标准也规定了实施和管理产销监管链过程所需的管理体系的最低要求。企业的质量管理体系(GB/T 19001—2008)或环境管理体系(GB/T 24001—2004)可以用于实施本标准管理体系的最低要求。

使用者需遵守GB/T 24020—2000和GB/T 24021—2001,因为两者分别是本标准中声明与相关标识使用和再生原料的基础文件。

产品贴标被认为是可纳入企业产销监管链过程的一种可选的传播工具。当企业决定使用"产品上"标识或"产品外"标识时,包括标识所有人制定的标识使用要求在内的一系列要求,将成为整个产销监管链要求的一部分。

中国森林认证　产销监管链

1　范围

本标准涵盖了用于实施林产品产销监管链的要求。

本标准适用于实施 CFCC 要求的第三方合格评定。该评定被视为产品认证，并且认证机构应遵循 GB/T 27065—2004 的要求。

2　规范性引用文件

下列文件对于本文件的应用是必不可少的。凡是注日期的引用文件，仅注日期的版本适用于本文件。凡是不注日期的引用文件，其最新版本(包括所有的修改单)适用于本文件。

GB/T 19000—2008　质量管理体系　基础和术语

GB/T 24021—2001　环境管理　环境标志和声明　自我环境声明(Ⅱ型环境标志)

GB/T 27065—2004　产品认证机构通用要求

3　术语和定义

GB/T 19000—2008 中界定的以及下列术语和定义适用于本文件。

3.1

认可证书　accredited certificate

认证机构在其授权范围内颁发的、标有认可机构标识的证书。

3.2

认证原料　certified material

源自于产销监管链声明所述来源的原材料。

注：CFCC 声明包括认证原料及其供应商的标准，见附录 A。

3.3

认证产品　certified product

经过产销监管链认证并且在声明中包含认证原料的产品。

3.4

林产品产销监管链　chain of custody of forest based products

林产品原料来源信息的处理过程，藉此企业可对认证原料的成分做出准确和可验证的声明。

3.5

声明　claim

描述产品某些特征的信息。

注：本标准特指 CFCC 产销监管链的正式声明，见附录 A。

3.6

声明期　claim period

产销监管链声明使用的周期。

3.7

争议来源 controversial sources

出现了下列森林经营活动的区域：

a) 未能遵守地方、国家和或国际法律法规，尤其在下列方面：

——营林作业和采伐作业，包括森林向其他用途的转化；

——划为高环境价值和高文化价值区域的经营活动；

——受保护及濒危物种，包括列入《濒危野生动植物种国际贸易公约》名录的物种；

——与林业工人相关的健康和劳工问题；

——税费的缴纳；

b) 使用了转基因生物；

c) 将森林转化为其他植被类型，包括将天然林转化为人工林。

注：转基因生物原料禁用政策的期限至2015年12月31日。

3.8

消费者 customer

单一实体，或者是企业产品的购买者，或者是企业产品的使用者，该产品附有声明。

注：当企业内部具有衍生产品时，也包括企业内部消费者。

3.9

森林原料 forest based material

源自森林或CFCC认可的区域，且符合CFCC森林经营认证要求的原料，也包括源自这些地区的再生原料。

注：森林原料包括木质原料和非木质原料。

3.10

林产品 forest based products

含森林原料的产品。

3.11

贴标 labeling

标签的使用(包括“产品上”及“产品外”使用)。

3.12

中性原料 neutral material

计算认证比例时，来源被判定为中性的原料。

注：CFCC声明定义了中性原料，见附录A。

3.13

企业/组织 company/organization

按照本标准开展认证并在“产品上”进行声明的任何实体。该实体有能力清晰地辨别原料供应商及产品消费者。

3.14

原料来源 material origin

有关产品所使用原料的信息，用以表明原料来源地的特征。

注：原料来源(即“原料来源地的特征”)是指通过CFCC认证的可持续经营的森林，或是回收资源的来源地。本标准包括三种来源类别，分别为认证原料、中性原料和其他原料，分别用于不同的声明。

3.15

其他原料 other material

除认证原料和中性原料以外的原材料。

3.16

CFCC 认可的证书　CFCC recognized certificate

包括下列 3 种情况：

a) 由 CFCC 授权的认证机构按照 CFCC 森林经营认证标准或按照 CFCC 认可的森林认证体系或标准所颁发的有效的森林经营认证证书，或

b) 由 CFCC 授权的认证机构按照本标准和 CFCC 认可的来源地特殊说明所颁发的有效的产销监管链认证证书，或

c) 由 CFCC 授权的认证机构按照与 CFCC 互认的森林认证体系产销监管链认证标准所颁发的有效的产销监管链认证证书。

3.17

物理分离　physical separation

分离各种不同来源的原料或产品的过程，以确保使用者了解原料/产品的来源。

注：物理分离包括企业厂房中的分离，例如，设立单独的隔离区或特定存放区，或使用标记，以清晰地区分不同来源的原料。

3.18

产品组　product group

企业产销监管链涵盖的范围内，在特定过程中生产或交易的系列产品。

注 1：企业可在平行生产线或下游生产线上建立一个或多个产品组。

注 2：实施产销监管链时，产品组也可以仅包含单个产品。

3.19

再生原料　recycled material

包括下列森林原料：

a) 生产过程中的废弃材料，但不包括：

——重复利用的原料，如在同一生产过程中重复利用的废旧料、废物料、废金属；

——副产品，如锯材副产品（锯屑、木片、树皮等）或采伐剩余物（树皮、树枝削片、树根等）。

b) 由作为产品终端用户的家庭、商业和工业部门或公共机构所产生的、不能再用于原来用途的材料，也包括从产品流通链中回收的原料。

注 1：“重复利用”是指在同一场所的一个生产过程中产生的材料，可以被回收到该过程中继续使用。例如，在人造板平压生产线上产生的剩余物，由于这些剩余物连续进入同一条生产线，因此不能被视为是再生原料。

注 2：本定义基于 GB/T 24021—2001 的定义。

3.20

滚动百分比的计算　rolling percentage calculation

根据产品生产或交易前特定时期采购的原料中用于投入生产的部分来计算认证原料的百分比。

3.21

简单百分比的计算　simple percentage calculation

根据通过统计以实物方式投入产品中的原料来计算认证原料的百分比。

注：以印刷厂为例，简单百分比可以通过计算用于印刷厂所采购和使用的原料而得出。

3.22

供应商　supplier

可被清晰辨别的、直接为相关产品组提供原料及其声明的单一实体。

注 1：当原料不是由其所有者、而是由另一个实体交付时，企业应依据本条目的定义指定其中的一家作为其供应商，无论是否是原料所有者均可。例如，一家印刷厂从经销商处采购原料，但是该原料由一家造纸商直接交付，在这种情况下可以选择这两家机构中的任意一家作为供应商。

注 2：当企业内部有多个系列产品组时，此定义也包括企业内部的供应商。

4 产销监管链过程要求——物理分离法

4.1 物理分离法的总体要求

4.1.1 对于那些认证原料或产品不会与其他原料或产品混合，或者在整个过程中能够明确区分认证原料或产品的企业，应优先采用物理分离法。

4.1.2 采用物理分离法的企业，应确保在生产或交易过程中的任何阶段都对认证原料进行分离或使其可以被清晰地辨别。

4.1.3 物理分离法也适用于含有多种认证原料的认证产品。

注：企业可以将含有相同百分比成分声明的产品，与其他具有(或不具有)不同百分比成分声明的产品进行物理分离。

4.2 认证原料或认证产品来源的判定

4.2.1 产品交付(进货)阶段的判定

4.2.1.1 每次货品交付时，企业均应从供应商处获得认证原料或产品的必要信息，以核实其认证状况。

4.2.1.2 随附在每次交付的认证原料或产品的文件，应至少包含下列内容：

a) 收货方的企业名称；

b) 供应商的身份信息；

c) 产品的识别信息；

d) 每种产品的交付数量；

e) 交货日期，或交货周期，或核算周期；

f) 每次交货文件所列的产品原料来源的正式声明(包括认证原料的比例)；

g) 供应商产销监管链认证证书，或森林经营认证证书，或其他可以确认其认证状况的文件与材料的证明。

注1：措辞准确的正式声明和确认认证状态的文件在本标准附录A有详细规定，在森林认证体系或标识使用的相关文件中也有相应规定。

注2：证书的识别方法可以是数字或字母和数字的组合，通常是指“证书编号”。

注3：交货文件可以是符合4.2.1.2要求的发票或其他交货凭证。

4.2.1.3 每次货品交付时，企业都应根据产销监管链认证的声明内容对原料或产品的认证状况进行核实。

注：认证原料定义声明的解释见本标准附录A，也可参考其他相关的森林认证体系或标识使用等文件。

4.2.2 供应商阶段的判定

4.2.2.1 企业应要求所有提供认证原料的供应商提供森林经营认证证书的复印件或产销监管链认证证书的复印件，或其他可以确认其认证状况的文件。

注：本标准附录A或相关的森林认证体系或标识使用文件，对认证原料供应商的要求进行了详细说明。

4.2.2.2 企业应根据按4.2.2.1要求所收到的文件的有效性和范围以及认证原料供应商的要求，来评估供应商的认证状况。

注：除了4.2.2.1中说明的文件之外，企业还宜充分利用由CFCC和其认可的机构或与CFCC互认的森林认证体系和其认可的机构发布的有关认证原料供应商的公开登记信息。

4.3 认证原料或产品的分离

在整个生产或交易(包括贮存)过程中，应能够清晰地辨认含有不同认证成分的认证原料或产品。这应通过下列方式实现：

a) 在生产和贮存场地进行物理分离;或

b) 按照时间进行物理分离;或

c) 在整个生产或交易过程中对认证原料进行明确的区分。

4.4 认证产品的销售和信息传递

4.4.1 产品的销售和运输文件

4.4.1.1 在向客户销售或为客户运输认证产品时,企业应提供产销监管链认证证书的复印件,或提供可以获得该复印件的途径。当产销监管链认证的范围发生变化时,企业应告知其客户,同时禁止滥用产销监管链认证证书。

注:对于多地点认证,由于不同的地点可分别获得单独的证书(即子证书)以证明其认证状况,此时企业(多地点)须将子证书和母证书的复印件一并提供给客户。

4.4.1.2 为了传递产销监管链认证的声明信息,企业应确定一种单一形式的文件随附于交付的售出(或运输)的产品。包含了正式声明的该文件只能出具给特定的客户。同时企业还应在该文件的原件交付给客户后保存复印件,以确保该文件所包含的信息不被更改。

注:随附于每次交付的文件要涵盖媒介和信息,包括电子媒介信息。交货文件可以是一份发票或其他交货凭证,但需符合4.4.1.1、4.4.1.2及4.4.1.3的要求。

4.4.1.3 随附在每次交付的所有认证产品的文件,应至少包含下列内容:

a) 客户的身份信息;

b) 供应商的身份信息;

c) 产品的识别信息;

d) 每种产品的交付数量;

e) 交货日期,或交货周期,或核算周期;

f) 每次交货文件所列的产品原料来源的正式声明(包括认证原料的比例);

g) 供应商产销监管链认证证书,或其他可以确认其认证状况的文件与材料的证明。

注1:措辞准确的正式声明和确认认证状态的文件在本标准附录A有详细规定,在森林认证体系或标识使用的相关文件中也有相应规定。

注2:证书的识别方法可以是数字或字母和数字的组合,通常是指"证书编号"。

4.4.2 标识和标签的使用

4.4.2.1 在产销监管链认证范围内,企业以"产品上"或"产品外"方式使用标识或标签时,应获得标识或标签的持有人或其代理人的授权,并遵守授权条款。

注1:当企业决定使用标识或标签时,标识或标签的持有人制定的使用规则将成为产销监管链认证要求的一部分。

注2:在使用CFCC标识时,"授权"是指由CFCC或其认可的机构所颁发的有效许可,许可"条款"须符合中国森林认证体系有关标识使用的相关规定。

4.4.2.2 企业可以只以"产品上"的方式使用标识,但其认证产品应满足标识或标签持有人所规定的产品贴标的资格要求。

4.4.2.3 企业未在其产品或产品包装上使用标识或标签而进行产销监管链的"产品上"声明时,也应使用正式声明,且该声明应易于识别。

注:措辞准确的"正式声明"内容详见本标准附录A,或参考森林认证体系或标识使用的相关文件。

5 产销监管链过程要求——百分比法

5.1 百分比法的总体要求

5.1.1 百分比法的应用

产销监管链的百分比法适用于将认证原料/产品与其他类别原料相混合的企业。

5.1.2 产品组的含义

5.1.2.1 企业应执行本标准特定产品组产销监管链过程的规定。

5.1.2.2 产品组应是：

a) 一种单一的产品类型；或

b) 一组产品。该组产品使用了相同或相似的原料投入(如树种或原料种类等)，且投入的原料应使用相同的计量单位，或者能够转换成相同的计量单位。

5.1.2.3 产品组的产品应在同一地点进行生产或加工。

注：该要求不适用于那些无法清晰辨认生产场地的企业(如森林承包商等)和生产过程(如运输、贸易等)。

5.2 来源的判定

5.2.1 产品交付阶段的判定

5.2.1.1 在每次交付产销监管链产品组的原料时，企业应从供应商处获得必要的信息来判定并验证采购原料的来源。

5.2.1.2 随附于每次交付原料的文件，应至少包括下列内容：

a) 收货方的身份信息；

b) 供应商的身份信息；

c) 产品的识别信息；

d) 交货文件所列的每种产品的交付数量；

e) 交货日期，或交货周期，或核算周期。

注：交货文件可以是符合5.2.1.2和5.2.1.3关于认证产品或认证原料要求的发票或其他交货凭证。

5.2.1.3 除5.2.1.2所要求的内容之外，随附在每次交付认证原料或产品的文件，还应包括下列信息：

a) 交货文件所列的每种认证产品原料来源的正式声明(包括认证原料的比例)；

b) 供应商产销监管链认证证书，或森林经营认证证书，或其他可以确认其认证状况的文件与材料的证明。

注1：措辞准确的正式声明和确认认证状态的文件在本标准附录A有详细规定，在森林认证体系或标识使用的相关文件中也有相应规定。

注2：证书的识别方法可以是数字或字母和数字的组合，通常是指“证书编号”。

5.2.1.4 每次交货时，企业应按所实施的产销监管链声明规范将所购原料分为认证原料、中性原料或其他原料。

注：具体声明中对于认证原料、中性原料和其他原料的要求详见本标准附录A关于声明的规范说明，或参考森林认证体系或标识使用的相关文件。

5.2.2 供应商阶段的判定

5.2.2.1 企业应要求所有提供认证原料的供应商提供森林经营认证证书或产销监管链认证证书的复印件(或可以获得该文件的途径)，或其他可以确认其认证状况的文件，以证明提供认证原料的供应商已经符合了所设定标准的要求。

注：本标准附录A，或森林认证体系或标识使用的相关文件，对认证原料供应商的要求和证明其认证状况文件的要求，均进行了详细说明。

5.2.2.2 企业应根据按5.2.2.1要求所收到的文件的有效性和范围以及认证原料供应商的要求，来评估供应商的认证状况。

注：除了从供应商获得的文件，企业还宜充分利用由CFCC和其认可的机构或与CFCC互认的森林认证体系和其认可的机构所发布的有关认证原料供应商的公开登记信息。

5.3 认证原料的百分比计算

5.3.1 企业应依照式(1)分别计算每一产品组在特定声明期的认证原料百分比：

$$Pc = \frac{Vc}{Vc + Vo} \times 100\% \qquad \cdots\cdots\cdots\cdots(1)$$

式中：

Pc ——认证原料百分比，%；

Vc ——认证原料数量；

Vo ——其他原料数量。

注：除认证原料和其他原料以外，具体声明的要求也包括了未出现在式(1)中的中性原料。因此，原料的总量为认证原料、中性原料和其他原料的总和($Vt = Vc + Vo + Vn$；Vt 表示原料总量，Vn 表示中性原料数量)。

5.3.2 所有用于计算百分比的原料应使用同一计量单位。如需转换，应采用公认的转换率和转换方法。如果没有适用的公认转换率，企业也应确定和使用一种合理而可信的转换率。

5.3.3 如所采购的原料仅包括一部分认证原料时，则只有与声明比例数量对应的原料可以作为认证原料参与计算，剩余的则视作其他原料。

5.3.4 企业应使用下列两种方式来计算认证百分比：

a) 简单百分比；

b) 滚动百分比。

5.3.5 采用简单百分比法计算的企业，应根据产品组中具体产品所含原料的数量来计算认证百分比。

5.3.6 采用滚动百分比法计算的企业，应基于在声明期的前一原料投入期内所投入原料的数量来计算特定生产批次的认证原料百分比。如果采用滚动百分比法计算，一般情况下，声明期不应超过 3 个月，原料投入期不应超过 12 个月。

示例：选择声明期为 3 个月和原料投入期为 12 个月的企业，可根据前 12 个月内所购原料数量来计算接下来 3 个月的滚动百分比。

5.4 认证原料百分比向最终产品的转换

5.4.1 平均百分比法

采用平均百分比法的企业，应计算该方法所适用的产品组中所有产品的认证原料百分比。

注：平均百分比法没有规定认证原料百分比的最低阈值。然而，它会作为声明的一部分传递给消费者。

示例：如果某 3 个月声明期内计算的认证百分比是 54%，那么该产品组的所有产品在该声明期内都可以作为包含 54%认证原料的认证产品进行销售，其声明可表示为“54% CFCC 认证”。

5.4.2 数量信用法

5.4.2.1 对于只采用一种声明的情况，企业应采用数量信用法。当一次接收的原料具有多个来源声明时，企业可根据所有的声明来计算数量信用，也可选择其中的一种声明来计算数量信用。

注：当一次接收的原料具有两个森林认证体系(例如 CFCC 和与 CFCC 互认的森林认证体系)的声明时，企业可以为它们建立一个共同的信用账户，也可以将它们分别计入各自的信用账户。

5.4.2.2 企业应选用下列方法计算数量信用：

a) 认证原料百分比和产出产品的数量(见 5.4.2.3)；或

b) 所投入的原料和原料的投入产出比(见 5.4.2.4)。

5.4.2.3 采用认证原料百分比法的企业，应通过声明期内产品的产出量与该声明期内认证原料百分比的乘积来获得数量信用。

示例：如果某特定声明期内的一个产品组中生产了 100 t 的产品，同时认证原料百分比为 54%，则本期企业产品的数量信用就为 54 t(100×0.54)。

5.4.2.4 若企业能够证明所投入的原料与产出产品之间存在固定比率，则可以直接通过投入的认证原料乘以投入产出比率的方法来计算数量信用。

示例：如果投入认证原料的数量是 70 m^3（具有“70% CFCC 认证”声明的 100 m^3 原料），而投入产出比为 0.60（1 m^3 原木产出 0.6 m^3 锯材），那么该企业将得到的锯材数量信用为 42 m^3。

5.4.2.5 企业应建立使用相同计量单位的信用账户，数量信用将计入该账户中。如果产品组的所有产品具有相同的计量单位，企业宜建立一个信用账户，否则须为产品组中的每个产品类别分别建立信用账户。

5.4.2.6 一般情况下，信用账户内累计的信用总量不能超过过去 12 个月中投入该账户的信用总和。当产品的生产周期大于 12 个月时，最长周期可与生产周期相同。

示例：薪材的平均生产周期（包括干燥过程）为 18 个月，企业可以将 12 月的最长信用累计周期延长至 18 个月。

5.4.2.7 企业将信用账户内的数量信用分配给该账户的最终产品时，最终产品得到的数量信用值为认证产品数量与其认证原料百分比的乘积，而且应与信用账户中所分配的数量信用值相同。企业可以将认证产品的认证原料比例选为 100%，也可以选为自己认为合适的小于 100% 的阈值。

示例：如果企业决定向最终产品分配 54 t 的数量信用，那么该企业可以将 54 t 产品作为包含 100% 认证原料的认证产品进行销售（例如 54 t 声明为“100% CFCC 认证”的产品），也可以将 x t 产出产品作为包括 $y\%$ 认证原料的认证产品进行销售，此时 $x \times y\%$ = 分配的数量信用（例如 77 t 产品可以声明为“70% CFCC 认证”，此时分配的数量信用为 77 t×0.70=54 t）。

5.5 认证产品的销售和信息传递

5.5.1 产品销售和运输文件

5.5.1.1 在向客户销售或为客户运输认证产品时，企业应提供产销监管链认证证书的复印件，或提供可以获得该复印件的途径，用以证明其符合认证原料供应商的要求。当产销监管链认证的范围发生变化时，企业应告知其客户，同时禁止滥用产销监管链认证证书。

注：对于多地点认证，由于不同的地点可分别获得单独的证书（即子证书）以证明其认证状况，此时企业（多地点）须将子证书和母证书复印件一并提供给客户。

5.5.1.2 为了传递产销监管链认证的声明信息，企业应确定一种单一形式的文件随附于所交付的售出（或运输）的产品。包含了正式声明的该文件只能出具给特定的客户。同时企业还应在该文件原件交付给客户后保存复印件，以确保该文件所包含的信息不被更改。

注：随附于每次交付的文件要涵盖媒介和信息，也包括电子媒介信息。

5.5.1.3 随附在每次交付的所有产销监管链认证产品的文件，应至少包含下列内容：

a) 客户的身份信息；

b) 供应商的身份信息；

c) 产品的识别信息；

d) 每种产品的交付数量；

e) 交货日期，或交货周期，或核算周期。

5.5.1.4 除 5.5.1.3 所要求的内容之外，随附在每单认证产品的交货文件，还应包括下列信息：

a) 交货文件中所列的每种认证产品原料来源的正式声明（包括认证原料的比例）；

b) 供应商产销监管链认证的证书编号，或其他能确认供应商认证状况的文件。

注 1：措辞准确的正式声明和确认认证状态的文件在本标准附录 A 有详细规定，在森林认证体系或标识使用的相关文件中也有相应规定。

注 2：证书的识别方法可以是数字或字母和数字的组合，通常是指“证书编号”。

5.5.2 标识和标签的使用

5.5.2.1 在产销监管链认证范围内，企业以“产品上”或“产品外”方式使用标识或标签时，应获得标识或标签的持有人或其代理人的授权，并遵守授权条款。

注1：当企业决定使用标识或标签时，标识或标签的持有人制定的使用规则将成为产销监管链认证要求的一部分。

注2：在使用CFCC标识时，"授权"是指由CFCC或其认可的机构所颁发的有效许可，许可"条款"须符合中国森林认证体系有关标识使用的相关规定。

5.5.2.2 企业可以只以"产品上"的方式使用标识，但其认证产品应满足标识或标签持有人所规定的产品贴标的资格要求。

5.6 有争议的来源

企业应建立一套符合本标准附录B的尽职调查系统，以降低认证产品可能包含有争议来源原料的风险。

6 管理体系的最低要求

6.1 总体要求

企业应按下列要求实施管理体系，以确保正确实施和维持产销监管链过程。管理体系应与企业类型、范围和产量相适应。

注：根据GB/T 19001—2008和GB/T 24001—2004所建立的质量管理体系和环境管理体系能满足本标准对管理体系的最低要求。

6.2 职责和权力

6.2.1 总体职责

6.2.1.1 企业管理层应承诺按本标准实施和维持产销监管链，并形成文件。这一承诺应向企业员工、供应商、消费者和其他利益方公开。

6.2.1.2 企业管理层应指定专人并授权其全权负责产销监管链工作。

6.2.1.3 企业管理层应定期自查产销监管链体系运行状况，以确定是否符合本标准的要求。

6.2.2 产销监管链的职责和权力

企业应指定专人负责产销监管链的实施和运转，并明确相应岗位的职责和权力，至少包括下列方面：

a) 原料采购和来源判别；

b) 产品加工，包括物理分离或百分比计算、以及产出产品的转换；

c) 产品销售和贴标；

d) 记录保存；

e) 内部审核和不符合项控制；

f) 与有争议来源相关的尽职调查系统。

注1：上述产销监管链的职责和权力可以重叠。

注2：如涉及多地点实施产销监管链认证，见附录C。

6.3 程序性文件

企业应建立产销监管链的程序性文件，至少包括下列方面：

a) 有关产销监管链的组织结构、职责和权力；

b) 描述原料在生产或交易过程中的流通情况，包括产品组的定义；

c) 涵盖本标准所有要求的产销监管链程序，包括：

——原料来源的判别；
——认证原料的物理分离(针对采用物理分离法的企业)；
——产品组的定义，认证百分比的计算，数量信用的计算和信用账户的管理(针对采用百分比法的企业)；
——产品的销售或运输，“产品上”的声明与贴标；

d) 适用时，与有争议来源相关的尽职调查系统的程序；
e) 内部审核程序；
f) 争议解决程序。

6.4 记录保存

6.4.1 企业应建立并保存产销监管链程序，以证明其产销监管链符合本标准的要求并运转有效。企业应保存与产销监管链产品组有关的记录，至少包括下列方面：

a) 认证原料的所有供应商，包括供应商所持的森林经营认证证书或产销监管链认证证书的复印件，或其他能够证明其符合认证原料供应商标准的文件；
b) 所有原料的投入，包括原料来源的声明与运输文件；
c) 认证原料百分比的计算，最终产品的转换数量，以及信用账户的管理(采用数量信用时)；
d) 产品的销售或运输，包括产品的声明及运输文件；
e) 适用时，与有争议来源有关的尽职调查系统，包括自我声明、风险评估、对高风险供应商的管理；
f) 内部审核、产销监管链定期评审、出现的不符合项及其改进措施；
g) 争议及其解决。

注：记录涵盖了媒介和信息，包括电子媒介信息。

6.4.2 企业应将这些记录至少保存5年。

6.5 资源管理

6.5.1 人力资源或人事

企业应确保并证明所有实施和维持产销监管链的人员经过了相关的培训，有一定的教育程度，具备相关的技能和经验，能够胜任各自的工作。

注：关于产销监管链的社会、健康、安全要求，见附录D。

6.5.2 技术设备

企业应依据本标准的相关要求，确定、提供并维护相关基础设施和技术设备，以确保产销监管链的有效实施和运转。

6.6 审查和控制

6.6.1 企业每年应至少进行一次内部审核，审核应涵盖本标准的所有要求，也可根据需要建立改进和预防措施。

6.6.2 每年应对内审报告至少评价一次。

注：内部审核指南参见GB/T 19011—2003。

6.7 投诉

6.7.1 企业应建立相关程序以处理来自供应商、消费者及其他各方对产销监管链的投诉。

6.7.2 企业接到投诉后，应：

a) 告知投诉人已收到相关投诉；

b) 收集并核实所有必要信息，对投诉进行评估和验证，并做出决策；

c) 正式向投诉人告知投诉处理决定与处理过程；

d) 确保采取适当的改进及预防措施。

6.8 分包

6.8.1 企业产销监管链也应涵盖产品生产过程中在企业内部或外部出现的分包行为。

6.8.2 企业仅就下列情况视为分包：分包商从企业接收原料进行分包作业时，将所接收的原料与其他原料分开存放，当分包作业完成后，分包商应将加工后的原料返回该企业；或分包商生产的产品，其销售和运输仍应由该企业负责。

注1：例如一家具有产销监管链的印刷厂将裁切装订的流程分包给一家分包商，当该分包商完成上述流程后将印刷品运回印刷厂，上述行为就可被看作是分包行为。

注2：参与原料采购或产品销售的机构要求执行自身的产销监管链。"从企业处接到原料"和"将处理后的原料返回到本企业"也包括了下述情形，即：分包商代表本企业直接从供应商处获取原料，或者分包商代表企业将产品直接配送给客户。在这些情形下，企业仍对产销监管链负责，包括有关原料采购、产品销售、信息沟通的要求。

注3：分包活动与5.1.2.3没有冲突，即要求产品组在同一地点进行生产。

6.8.3 企业应对其产销监管链的分包行为完全负责。

6.8.4 企业应与所有分包商签订书面合同，以确保原料或产品与其他原料或产品分开存放。

6.8.5 企业内审程序应涵盖分包商的活动。

附　录　A
（规范性附录）
“CFCC 认证”原料的声明规范

A.1　介绍

当企业按本标准建立产销监管链体系时，应按此规范对 CFCC 认证原料进行声明。

A.2　正式声明

当企业在最终产品中传递认证原料的组成时，声明方式应为“X％ CFCC 认证”。

A.3　原料分类

A.3.1　认证原料

认证原料包括下列两大类：

a)　不涉及转基因生物来源的森林原料，并且交付时带有“X％ CFCC 认证”的供应商声明。该供应商应持有：
　——CFCC 认可的认证证书，或
　——与 CFCC 互认的森林认证体系认可的认证证书，或
　——能够确认供应商属于 CFCC 认证证书范围的文件，或
　——能够确认供应商属于与 CFCC 互认的森林认证体系认可的认证证书范围的文件。

b)　再生原料（交付时不带有“CFCC 认证”声明的产品）。

注 1：转基因生物原料禁用政策的期限至 2015 年 12 月 31 日。

注 2：“能够确认供应商属于 CFCC 认证证书及与 CFCC 互认的森林认证体系认可的认证证书范围的文件”适用于区域或联合森林经营认证或多地点（联合）产销监管链认证。在这种情况下，供应商会得到一份涉及 CFCC 认证证书及与 CFCC 互认的森林认证体系认可的认证证书范围的文件。

A.3.2　中性原料

森林原料之外的原料。

A.3.3　其他原料

未通过认证的森林原料。

A.4　“CFCC 认证”声明使用的额外要求

对于使用了再生原料的产品，企业应按照 GB/T 24021—2001 对再生原料的含量进行计算，并在有关方面提出要求时予以告知。

附　录　B
（规范性附录）
实施避免采购争议来源原料的 CFCC 尽职调查系统

B.1　适用对象

B.1.1　所有开展产销监管链认证并使用百分比法的企业，如采用了下列原料以外的森林原料，应实施尽职调查系统（DDS）：

a）　认证原料/产品；

b）　再生原料；

c）　认证原料/产品中的非认证部分；

d）　持有 CFCC 尽职调查系统证书的供应商提供的原料。

B.1.2　不开展产销监管链认证的企业，也可以开展尽职调查，以帮助 CFCC 认可的认证机构开展第三方认证。

B.1.3　企业应明确实施 CFCC 尽职调查系统的产品组。

B.1.4　建立 CFCC 尽职调查系统的企业，不应对非争议来源原料的产品进行"产品上"尽职调查系统的声明。尽职调查系统的信息只可在与尽职调查系统相关的特定产品组中显示。

B.1.5　企业的管理体系应符合本标准第 6 章的要求，并能够支持 CFCC 尽职调查系统。

B.1.6　企业应按照下列三个步骤执行 CFCC 尽职调查系统：

a）　供应商的自我声明；

b）　风险评估；

c）　高风险供应商管理。

B.1.7　如所采购的原料涉及《濒危野生动植物种国际贸易公约》附录中的受威胁或濒危物种，企业应按照《濒危野生动植物种国际贸易公约》和其他相关国际公约以及国家法律法规进行处理。

B.1.8　企业不得从受到联合国或欧盟林产品进出口制裁的国家采购森林原料。

B.1.9　实施 CFCC 尽职调查系统的产品组中使用的木质原料不得涉及转基因生物来源。

B.1.10　实施 CFCC 尽职调查系统的产品组中使用的森林原料不得涉及任何森林向其他植被类型的转换，包括天然林转化为人工林。

B.2　供应商的自我声明

B.2.1　企业应要求所有涉及 CFCC 尽职调查系统的原料供应商签署自我声明，以表明所供应的原料不是来自有争议的来源，除非该原料是由根据尽责调查系统风险管理评估为"低"风险国家/地区的森林经营单位直接提供的。

B.2.2　供应商的自我声明应承诺：

a）　尽最大可能确保供应的原料不涉及有争议来源；

b）　提供有关原料来源的国家或地区；

c）　当所供应的原料被认定具有高风险时，供应商需向企业提供必要的信息，来判定高风险原料的来源和流通过程，包括提供原料来源的森林经营单位与整个供应链；

d）　当所供应的原料被认定具有高风险时，供应商应确保企业能够对其运行情况与供应链内上游供应商的运行情况进行第二方或第三方核查。

注：本附录所用的"国家或地区"是指生产原料的"国家或地区"，"地区"是指亚国家层次。

B.2.3 如果企业与供应商签订合同，合同文本应包括 B.2.2 中的要求。

B.3 风险评估

B.3.1 对于 CFCC 尽职调查系统涉及的产品组中投入的原料，企业应实施风险评估以确定其是否来自争议来源。

B.3.2 根据企业的风险评估结果，将原料供应分为“高风险”类和“低风险”类。

B.3.3 企业风险评估的内容应基于下列分析：

a) 供应国或地区存在争议来源问题的可能性（简称为国家或地区层面的可能性）；

b) 供应链上无法辨别的潜在争议来源的可能性（简称为供应链层面的可能性）。

B.3.4 企业应综合考虑上述两个层面的可能性来确定风险，并在上述两个层面的可能性均被评定为“高”的情况下，将供应商划为“高风险”类供应商（见图 B.1）。

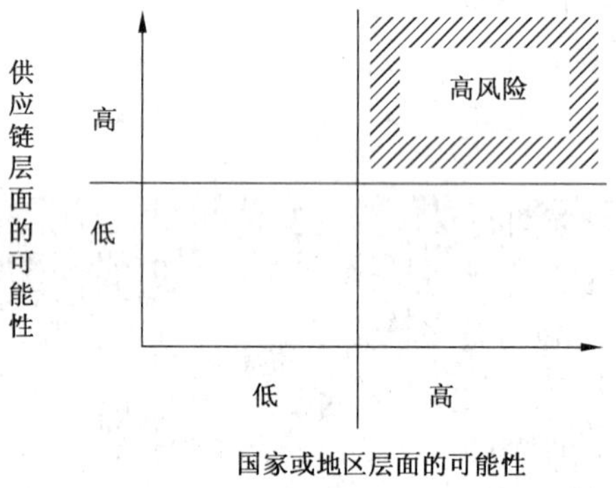

图 B.1 “高风险”类供应商确定示意图

B.3.5 当表 B.1 的任何一项指标发生时，企业应将国家或地区层面上所有供应商的可能性划为“高风险”。

表 B.1 国家或地区层面“高风险”可能性的确定指标

指　　标	外部参考来源举例
中国政府认可的国际组织提供的对该国政府的廉政评价结果。	如果该国的廉政评价结果不能真实反映林业部门的廉政情况，CFCC 可以做出不同的决定。
被公认为森林施政和执法水平低的国家或地区。	在确定这一指标时，企业可以利用内部调查结果或者外部政府或非政府组织进行的森林施政、执法、廉政监测的调查结果。
企业已经接到来自其消费者或其他外部团体有关有争议来源方面的意见和建议，且这些意见和建议的依据可靠充分，同时该企业自己进行的调查尚不能证明上述意见或建议有误。	

B.3.6 当不能符合表 B.2 的任意一项时，企业应将供应链层面上的所有供应商可能性划分为“高风险”。

表 B.2 供应链层面“低风险”可能性的确定指标

指标	外部参考来源或举证
产品供应声明被某一森林认证体系(指未与 CFCC 互认的体系)认证,并且拥有由第三方认证机构颁发的森林经营认证证书或产销监管链认证证书。	企业应能够证明这一森林认证体系包括下列内容: 1) 涉及争议来源的森林经营活动的第三方认证; 2) 产销监管链的第三方认证; 3) 在使用百分比声明时,制定验证机制来确保非认证原料不会来自有争议的来源。
产品供应通过政府或非政府认定机构的认定,或者通过涉及有争议来源活动的森林认证体系以外的标签机制的认可。	企业应能够提供有关核查范围或许可机制的证据。
产品供应提供的文件可以清楚地判定供应链上的所有供应商和供应源头的森林经营单位,并且提供了充足的证据证明其符合法律法规要求。	符合法律法规要求的证据可以是执法机构出具的证明,也可是执法机构颁发的采伐许可证或批准的森林经营方案。

B.4 高风险供应管理

B.4.1 总体要求

企业应对被划为“高风险”的供应商,建立一套第二方或第三方核查程序。该程序应包括下列内容:

a) 确定整个供应链和供应源头的森林经营单位;

b) 现场核查;

c) 改进和预防措施。

B.4.2 供应链的确定

企业应要求“高风险”供应商提供整个供应链和供应源头的森林经营单位的详细信息,以满足企业进行现场核查。

B.4.3 现场核查

B.4.3.1 企业的核查程序应包括对“高风险”供应商的现场核查。可以由企业进行现场核查(称为第二方核查),也可以由代表该企业的第三方来进行核查。如供应商提供的文件能充分证明原料来自非争议来源,则可以用文件审核替代现场核查。

B.4.3.2 企业应证明其充分了解涉及高风险来源供应与争议来源判定的法律法规。

注: 当现场核查由第三方机构代表该企业进行时,企业须证明此第三方机构充分了解 B.4.3.2 所规定的法律法规。

B.4.3.3 企业应确定开展核查程序的高风险供应商的抽样数,样本的大小应至少是“高风险”供应商数量的平方根($y=\sqrt{x}$),四舍五入取整数,该样本应包括所有高风险的供应商。如果之前进行的现场核查能够有效地实现本标准的目标,则抽样数量可用 $0.8\sqrt{x}$ 确定,四舍五入取整数。

B.4.3.4 现场核查应包括下列内容:

a) 核查直接供应商和供应链上的所有上游供应商,以便评估其是否符合供应商有关原料来源的声明;

b) 核查供应源头的森林经营单位,或者其他负责森林经营单位经营活动的各方,以便评估其是否符合相关法律法规要求。

B.4.4 改进和预防措施

B.4.4.1 企业应制定书面措施以纠正验证程序发现的供应商的不符合项。

B.4.4.2 应根据不符合项的等级和程度来确定改进措施的范围，包括下列内容：

a) 针对不符合项与相关供应商进行沟通，并要求其改正；

b) 要求供应商制定相关的改进措施，以确保森林经营单位符合法律法规要求并提高供应链内信息交流的效率；

c) 停止使用供应商的供货。

B.4.4.3 对于未按照B.2要求提供自我声明的供应商，或未按照B.2.2要求提供供应链信息的供应商，企业应取消其供货资格。

附 录 C
(规范性附录)
多地点实施产销监管链

C.1 介绍

本附录用于指导具有多个地点的企业开展产销监管链认证,以确保产销监管链认证的实施具有经济性和可操作性,并确保企业能够符合产销监管链认证的要求。多地点企业认证也可用于独立小型企业集团建立产销监管链并进行认证。

本附录只适用于具有多个生产场所的企业实施产销监管链认证。

C.2 定义

C.2.1 多地点企业是指具有一个明确的中心(一般称为"中心办公室")和多个地方性办公室或分支机构(地点)的企业。中心办公室负责制定、控制和管理相关活动,地方性办公室则负责实施这些活动。

C.2.2 多地点企业不一定是一个单一的实体,但所有的地点都应与中心办公室存在法律或合同关系,并同属于一个产销监管链,接受中心办公室的监督审核。必要时,中心办公室有权要求任何分支机构(地点)实施改进措施。如果适用,上述内容宜在中心办公室与各地点签署的合同中予以注明。

C.2.3 多地点企业可以是:

a) 具有隶属关系或多个分支机构的企业,不同的地点通过共同的所有权、管理系统或其他组织关系联系在一起。

b) 为了开展产销监管链认证,由不同的独立合法企业组成的团体(生产商团体)。

注:"管理系统或其他组织关系"不包括协会会员关系。

C.2.4 生产商团体是指许多典型的独立小型企业,为了共同通过产销监管链认证而组成的团体。其中心办公室可以是贸易协会,也可以是其他任何成熟的合法实体。该实体可以依据成员的推荐来任命,也可以是为了满足本标准要求而成立的一个团体服务实体。中心办公室也可以由团体中的某个成员来管理。

注:生产商团体的中心办公室可被称作"团体实体",分支机构(地点)可被称作"团体成员"。

C.2.5 地点是指实施产销监管链活动的场所。

C.2.6 生产商团体只允许同一个国家的地点加入,并且每个地点的要求如下:

a) 专职员工不超过 50 名;

b) 年营业额不超过 6 000 万元人民币。

C.2.7 生产商团体也应符合相关认可机构所制定的其他标准。

C.3 多地点企业的认证合格标准

C.3.1 总体要求

C.3.1.1 多地点企业的产销监管链应进行集中管理和集中审查。在认证机构开始评估前,所有相关的地点(包括中心办公室)都要依据该企业的内部审核程序进行审核。

C.3.1.2 多地点企业应证明其中心办公室已经依照本标准建立了产销监管链体系,并且整个企业(包括所有地点)都符合本标准的要求。

C.3.1.3 多地点企业应证明其有能力收集并分析包括中心办公室在内的所有地点的数据。如有需要,还应能够改进这些地点产销监管链的运行。

C.3.2 中心办公室和各认证地点(分支机构)的作用和职责

C.3.2.1 中心办公室的作用和职责

中心办公室应具有以下作用和职责:

a) 在认证过程中担任多地点的代表,并与认证机构进行沟通和交流。

b) 提交认证申请并说明认证范围,包括一份参与认证地点的清单。

c) 维持与认证机构的合同关系。

d) 向认证机构提交扩大或减小认证范围的请求,包括地点数量的变动。

e) 作为代表,承诺将依据本标准的要求建立产销监管链并保持其运行。

f) 按照本标准的要求,向各地点提供有效实施和维持产销监管链所需的信息及指南,包括下列信息:

——一份标准文本及相关的实施指导文件;

——森林认证标识使用的相关文件及实施指导文件;

——中心办公室制定的多地点管理程序;

——与认证机构权属相关的合同条款,包括:认证机构或认可机构出于评估和年审目的而使用各地点的文件与设施,以及向第三方机构披露各地点信息;

——认证中各地点共同责任的原则说明;

——内部审核与认证机构评估和监督审核的结果,以及涉及各个地点的改进和预防措施;

——多地点认证证书及其认证范围内的相关内容。

注:"共同责任"是指在某个地点或中心办公室所发现的不符合项,可能会导致所有认证地点都要实施改进措施,或者会导致内部审核活动的增加或多地点认证证书的撤销。

g) 与分支机构建立组织或合同关系,保证各分支机构将按照本标准要求来建立产销监管链并保持其运行。中心办公室应与所有认证地点签署书面合同或其他书面协议,规定当出现不符合项时,中心办公室有权采取任何改进或预防措施或开除任何地点。

h) 制定管理多地点企业的书面程序。

i) 对中心办公室及各认证地点符合本标准的情况进行信息记录。

j) 实施内部审核程序,该程序应包括以下几个方面:

——在认证机构开始评估前,对该企业的所有地点(包括中心办公室本身)进行现场审核;

——对认证范围所涵盖的所有地点(包括中心办公室本身)进行现场年度审核;

——在认证机构开始扩大认证范围前,对所有新增的认证地点进行现场审核。

k) 对中心办公室与各地点的符合性进行审查,审查内容涉及内部审核、认证机构评估和年审的结果。必要时,应建立改进和预防措施,并评估改进措施的有效性。

C.3.2.2 各认证地点(分支机构)的作用和职责

各认证地点(分支机构)应具有以下作用和职责:

a) 按照本标准要求建立产销监管链并保持其运行;

b) 与中心办公室建立合同关系,并承诺遵守产销监管链及其他所适用的认证要求;

c) 对中心办公室或认证机构在数据、文件或其他信息等方面的要求做出有效回应,无论其是否与审查、正式审核或其他行为有关;

d) 全力配合并协助完成中心办公室的内部审核和认证机构的审核,包括参观认证地点的设施;

e) 实施中心办公室所制定的相关改进和预防措施。

C.4 多地点企业实施本标准要求的职责划分

多地点企业实施本标准要求的职责划分见表C.1。

表C.1 多地点企业实施本标准要求的职责划分

标准要求	中心办公室	认证点(分支机构)
4 产销监管链过程要求——物理分离法		是
5 产销监管链过程要求——百分比法		是
6 管理体系的最低要求		
6.2 职责和权力	是	是
6.2.1 总体职责	是	是
6.2.2 产销监管链的职责和权力	是,针对6.2.2 d)、e)	是
6.3 程序性文件	是,针对6.3 a)、e)、f)	是
6.4 记录保存	是,针对6.4 f)、g)	是
6.5 资源管理		
6.5.1 人力资源或人事	是,仅针对活动	是
6.5.2 技术设备		
6.6 审查和控制	是	是
6.7 投诉	是	是

附　录　D
（规范性附录）
产销监管链的社会、健康、安全要求

D.1　适用对象

本附录中包含健康、安全与劳工问题的要求，这些要求基于《中华人民共和国劳动法》、《中华人民共和国工会法》以及中国签署的相关国际劳工组织（ILO）公约劳动基本原则及权利宣言（1998年）。

D.2　要求

D.2.1　企业应制定一套书面政策，以承诺执行并遵守本标准对社会、健康和安全的要求。

D.2.2　企业应证明该政策：

a）　保障工人有依法参加和组织工会、选择自己的代表并集体与雇主协商的权利；

b）　禁止强迫劳动；

c）　工人年龄不能低于法定最低年龄16周岁；

d）　确保工人享有公平的就业机会和公正的待遇；

e）　确保工人的安全与健康不受损害。

ICS 43.060.40
T 13

中华人民共和国国家标准

GB/T 28953—2012/ISO 7654:1998

汽车柴油机 旋装式燃油滤清器 安装和连接尺寸

Automotive diesel—Spin-on fuel filters for diesel engines—Mounting and connecting dimensions

(ISO 7654:1998,Road vehicles—Spin-on fuel filters for diesel engines—Mounting and connecting dimensions,IDT)

2012-12-31 发布 2013-07-01 实施

中华人民共和国国家质量监督检验检疫总局
中国国家标准化管理委员会 发布

前　言

本标准按照 GB/T 1.1—2009 给出的规则起草。

本标准使用翻译法等同采用 ISO 7654:1998《道路车辆　柴油机用旋装式燃油滤清器　安装和连接尺寸》(英文版)。

本标准做了下列编辑性修改:

——为与现有标准系列一致,将标准名称改为《汽车柴油机　旋装式燃油滤清器　安装和连接尺寸》。

——将资料性附录 B“参考文献”改为参考文献,同时删除了附录 B 中的 ISO 7577:1982。

本标准由国家发展和改革委员会提出。

本标准由全国汽车标准化技术委员会(SAC/TC 114)归口。

本标准起草单位:蚌埠金威滤清器有限公司、淄博永华滤清器制造有限公司、中国第一汽车集团公司技术中心、蚌埠国威滤清器有限公司。

本标准主要起草人:李建国、宋培清、李永华、曹立新、单梅梅、张伟。

汽车柴油机　旋装式燃油滤清器
安装和连接尺寸

1　范围

本标准规定了汽车柴油机用旋装式燃油滤清器互换性的基本尺寸和标记方法。

本标准适用于汽车柴油机用旋装式燃油滤清器。

旋装式燃油滤清器的优选结构是不带内部密封圈的，它们在第2章中作出规定。如果需要内部密封圈，可选用附录A的滤清器结构。

相应滤清器接头参见ISO 7310、ISO 7311(见参考文献)。

2　尺寸和公差

本标准未规定的技术内容由制造厂决定。

2.1　滤清器的尺寸和公差应符合图1和表1的规定。

密封圈应保证有效地密封，拧紧后的密封圈尺寸应在图2所示的密封面内。

在按制造厂规定的方式拧紧滤清器后，所测量的Ⅰ放大图中的0.5(min)，使用O型密封圈时，该尺寸为零，允许旋装式滤清器表面与被安装密封面之间实现金属接触。这种特殊结构在滤清器上应标有安装说明。

2.2　密封面及连接螺纹的尺寸和公差应符合图2。

Ⅰ局部放大图为密封面的基本结构。

单位为毫米

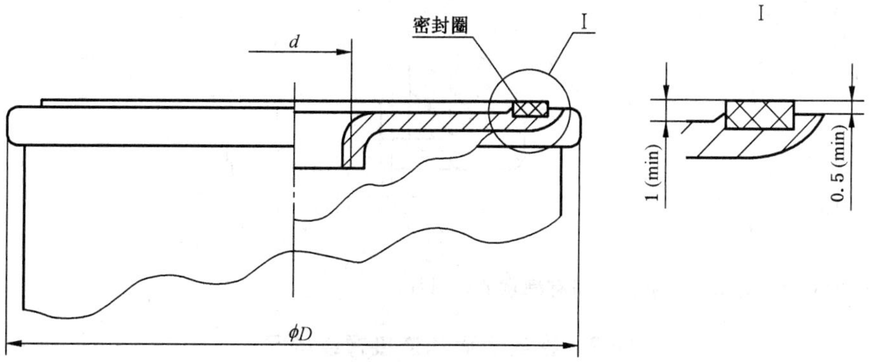

图1　滤清器尺寸

表1 滤清器尺寸

规　　格	ϕD mm	d
1	$D\leqslant 80$	M16×1.5-6H
2	$80<D\leqslant 88$	
3	$88<D\leqslant 100$	M16×1.5-6H 或 M24×1.5-6H
4	$100<D\leqslant 112$	

单位为毫米

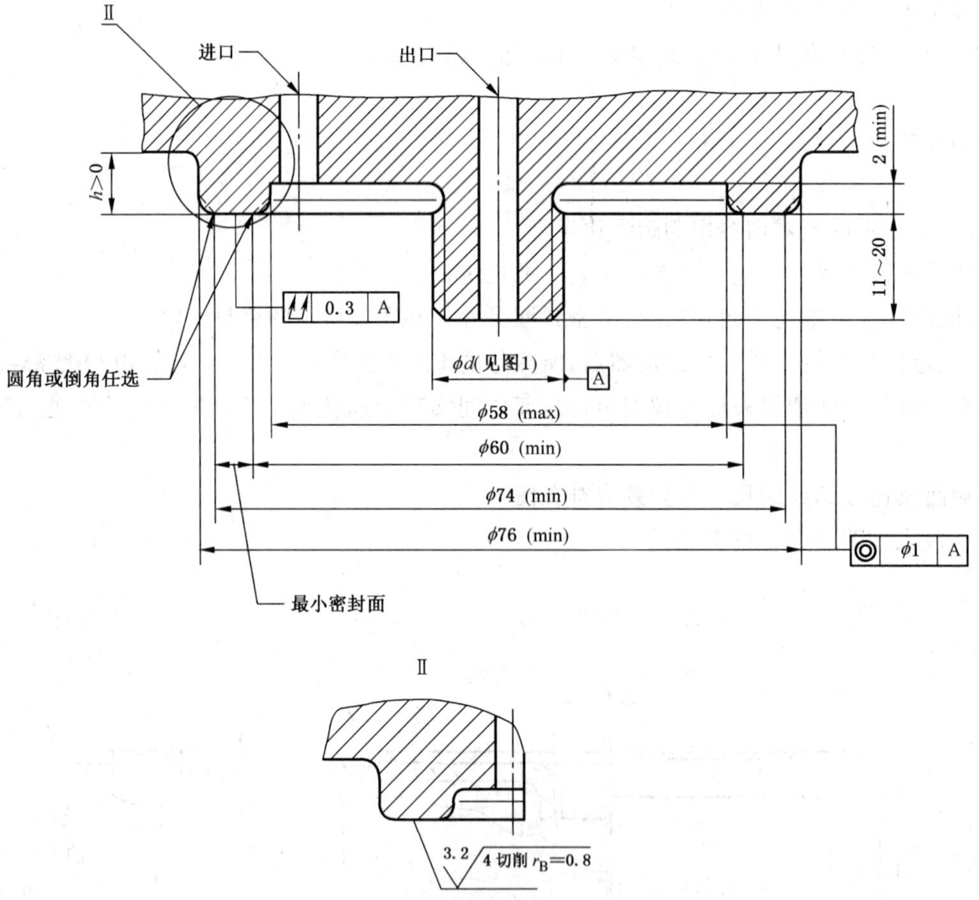

说明：螺纹长度应保证滤清器与密封面间有满意的密封性。

图2 密封表面和连接螺纹的尺寸

3 标记

旋装式燃油滤清器应选用下列标志：

a) 制造厂或供货厂商名称；

b) 滤清器类型标志：柴油机燃油滤清器；

c) 连接螺纹尺寸：例如 M16×1.5；

d） 安装使用说明；

e） 出厂日期或出厂编码；

f） 标志的形式和位置由制造厂规定。

附 录 A
（资料性附录）
带内部密封圈的旋装式滤清器

经制造厂和用户双方同意，在连接螺纹处需要辅助密封圈（内密封圈）的情况下，应采用图 A.1 和图 A.2 所示的替代结构。

所有在图 A.1 和图 A.2 中未说明的其他尺寸和规格应符合图 1 和图 2。

图 A.1 所示的密封圈自由高度由制造厂根据材料和形状决定。

密封圈的形状应保证有效地密封，压缩后的内密封圈尺寸应在图 A.2 所示的密封面内。

滤清器与密封圈的连接应保证三部分同时更换。

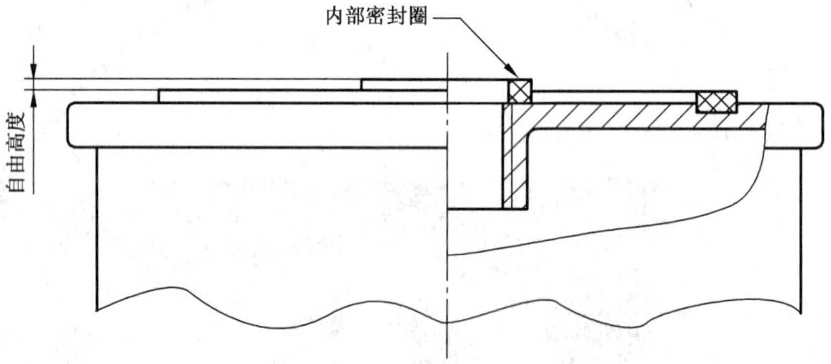

图 A.1 带内部密封圈的滤清器尺寸

单位为毫米

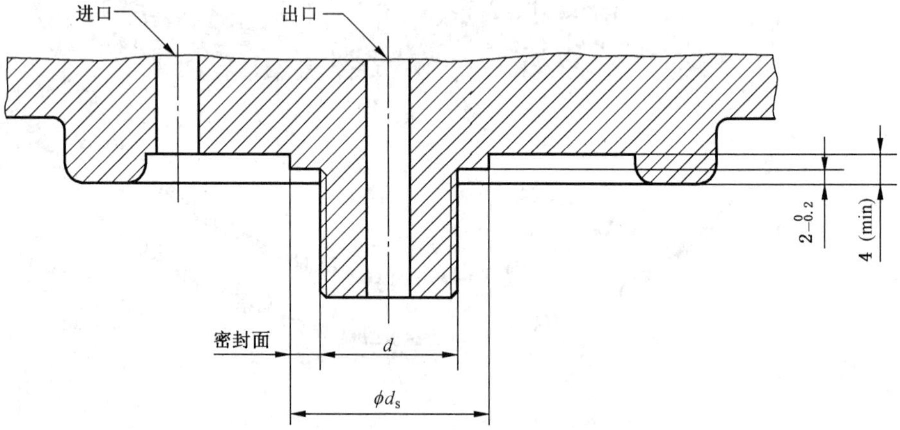

d	ϕd_s mm
M16×1.5-6H	22.5(max)
M24×1.5-6H	30.5(max)

图 A.2 带内部密封圈的密封面及连接螺纹尺寸

参 考 文 献

[1] ISO 7310:1993 Diesel engines—Heads for spin-on fuel filters with horizontal flange — Mounting and connecting dimensions.

[2] ISO 7311:1993 Diesel engines—Heads for fuel filters with vertical flange—Mounting and connecting dimensions.

ICS 43.060.30
T 14

中华人民共和国国家标准

GB/T 28954—2012

汽车发动机　旋装式机油滤清器连接尺寸

Automotive engines—Spin-on filters for lubricating oil—Connect dimensions

(ISO 6415:2005, Internal combustion engines—Spin-on filters for lubricating oil—Dimensions, MOD)

2012-12-31 发布　　2013-07-01 实施

中华人民共和国国家质量监督检验检疫总局
中国国家标准化管理委员会　发布

前　　言

本标准按照 GB/T 1.1—2009 给出的规则起草。

本标准使用重新起草法修改采用 ISO 6415:2005《内燃机　旋装式机油滤清器　尺寸》。

本标准与 ISO 6415:2005 的技术性差异及其原因如下：

——关于规范性引用文件，本标准做了具有技术性差异的调整，以适应我国的技术条件，调整的情况集中反映在第 2 章"规范性引用文件"中，具体调整如下：

- 用修改采用国际标准的 GB/T 192—2003 代替 ISO 68-1:1998(见 3.1)；
- 用修改采用国际标准的 GB/T 193—2003 代替 ISO 261:1998(见 3.1)；
- 用修改采用国际标准的 GB/T 197—2003 代替 ISO 965-1:1998(见 3.1)；
- 用修改采用国际标准的 GB/T 2516—1993 代替 ISO 965-3:1998(见 3.1)。

——根据对国内发动机用旋装式机油滤清器连接尺寸的调查结果，在表 1 和表 2 各增加了 8 个系列。

本标准做了下列编辑性修改：

——为与现有标准系列一致，将标准名称改为《汽车发动机　旋装式机油滤清器　连接尺寸》。

本标准由全国汽车标准化技术委员会(SAC/TC 114)归口。

本标准起草单位：蚌埠金威滤清器有限公司、临海江南内燃机附件有限公司、淄博永华滤清器制造有限公司、中国第一汽车集团公司技术中心。

本标准主要起草人：李建国、单梅梅、金文华、李永华、宋培清、曹立新。

汽车发动机　旋装式机油滤清器 连接尺寸

1　范围

本标准规定了汽车发动机润滑油过滤用全流旋装式滤清器的基本尺寸、名称和标记。

本标准适用于汽车发动机润滑油过滤用全流旋装式滤清器的互换性。

2　规范性引用文件

下列文件对于本文件的应用是必不可少的。凡是注日期的引用文件，仅注日期的版本适用于本文件。凡是不注日期的引用文件，其最新版本(包括所有的修改单)适用于本文件。

GB/T 192—2003　普通螺纹　基本牙型(ISO 68-1:1998)

GB/T 193—2003　普通螺纹　直径与螺距系列(ISO 261:1998)

GB/T 197—2003　普通螺纹　公差(ISO 965-1:1998)

GB/T 2516—1993　普通螺纹　极限偏差(ISO 965-3:1998)

3　规格要求

3.1　连接螺纹与密封面

内外连接螺纹以及密封面的尺寸见图1和表1。螺纹应符合GB/T 192—2003、GB/T 193—2003、GB/T 197—2003与GB/T 2516—1993。

密封面应连续无间断，并且无疏松与裂痕。

单位为毫米

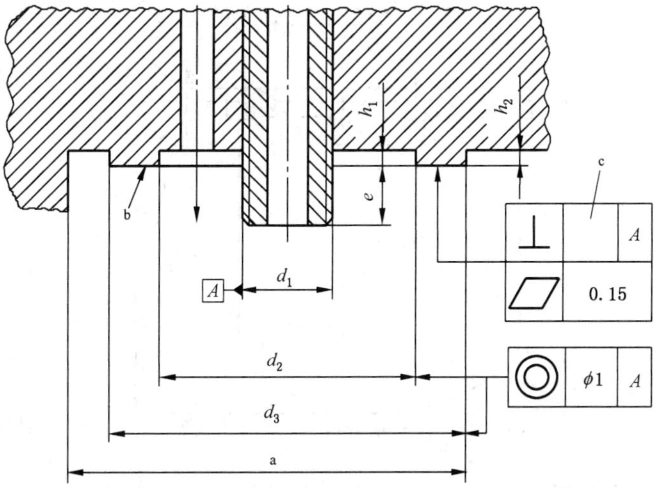

说明：

[a] 最小间距＝滤清器直径 $D+20$ mm。

[b] 密封面 $Ra=3.2\ \mu m$。平均值的测量在最小波长 $C=0.8$ mm 和总距离 $L_m=4$ mm 处。

[c] 序列为1、2、3、4、5、6、7、8和9时，C 值取0.2，序列为10、11、12和13时，C 值取0.3。

图1　连接与密封面

表 1　连接螺纹与密封面的尺寸

单位为毫米

序列	连接螺纹					密封面			
	d_1	配合公差		e		d_2	d_3	h_1	h_2
		螺栓螺纹[a]	滤清器螺纹	min	max	max	min	min	min
1	M16×1.5	6g	6H	14	20	54	69	2	2
2	M18×1.5	6g	6H	14	20	54	69	2	2
3	M18×1.5	6g	6H	14	20	58	76	2	2
4	M20×1.5	6g	6H	14	20	54	69	2	2
5	M20×1.5	6g	6H	14	20	58	76	2	2
6	M22×1.5	6g	6H	14	20	54	69	2	2
7	M24×2.0	6g	6H	14	20	58	76	2	2
8	M26×1.5	6g	6H	14	20	58	76	2	2
9	M26×2	6g	6H	14	20	58	76	2	2
10	M30×2	6g	6H	16	22	90	113	4	2
11	M36×1.5	6g	6H	16	22	90	113	4	2
12	M38×1.5	6g	6H	16	22	90	113	4	2
13	M38×2	6g	6H	16	22	90	113	4	2

[a] 滤清器的装配在紧固状态时螺纹的连接长度应大于 e，至少应有 3 扣螺纹咬合。

3.2　滤清器直径与长度

滤清器直径与长度规格尺寸见图 2 和表 2。

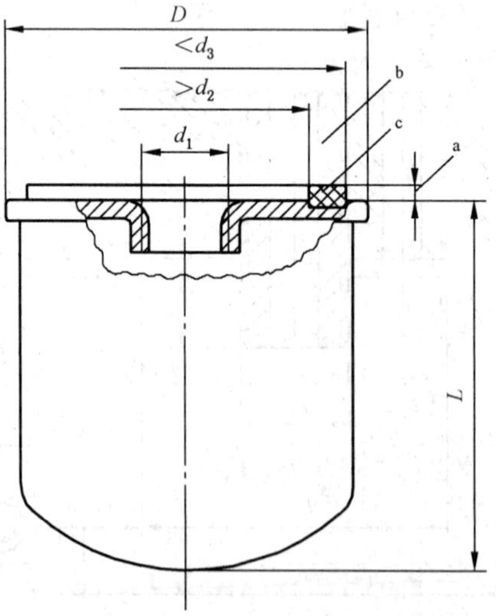

说明：

[a] 密封圈的凸起高度由制造商依据材料和形状来决定，密封圈应有充分的压缩能满足一次装配成功，在滤清器使用期间应保持密封要求。

[b] 密封圈的直径应介于图 1 中 d_2 和 d_3 之间。

[c] 滤清器与密封圈直径的配合应满足两个零件同步更换的需要。

图 2　滤清器

表 2 滤清器尺寸

单位为毫米

直径 D		$D\leqslant80$	$80<D\leqslant90$	$90<D\leqslant100$	$100<D\leqslant112$	$112<D\leqslant140$
长度 L_{max}		125	160	210	265	310
序列	1	×	—	—	—	—
	2	×	—	—	—	—
	3	×	×	—	—	—
	4	×	—	—	—	—
	5	×	×	×	×	—
	6	×	×	×	—	—
	7	—	—	×	—	—
	8	—	×	×	×	—
	9	—	—	×	×	—
	10	—	—	×	×	×
	11	—	—	—	×	×
	12	—	—	—	×	×
	13	—	—	—	×	×

3.3 旁通阀

除非旁通阀已被合并在发动机设计之外，各种型号的旋装式滤清器都应设置旁通阀或等效的机构作为保护装置。装在旋装式滤清器上的旁通阀开启压力可从下列数值中选取一个：

a) 100 kPa±20 kPa；

b) 160 kPa±30 kPa；

c) 250 kPa±40 kPa。

3.4 壳体底部的结构

为了便于滤清器的拆装，壳体底部式样应具有下列特征之一：

——曲面，无压痕，X 型，见图 3；

——凹槽，Y 型，见图 4；

——扁平面，Z 型，见图 5。

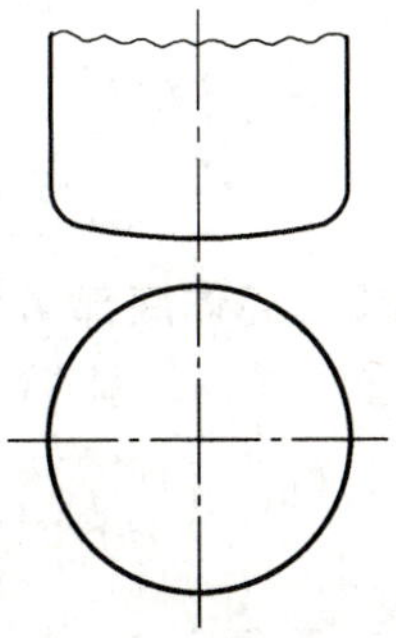

图 3 壳体底部 X 型

单位为毫米

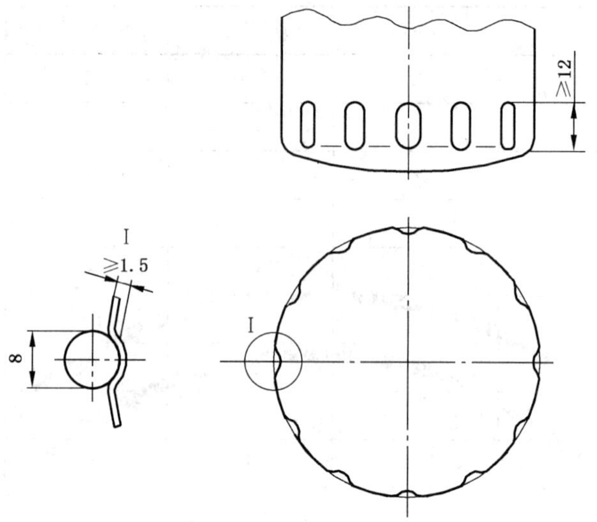

说明：凹槽数为 6 或 6 的倍数

图 4　壳体筒底部 Y 型

单位为毫米

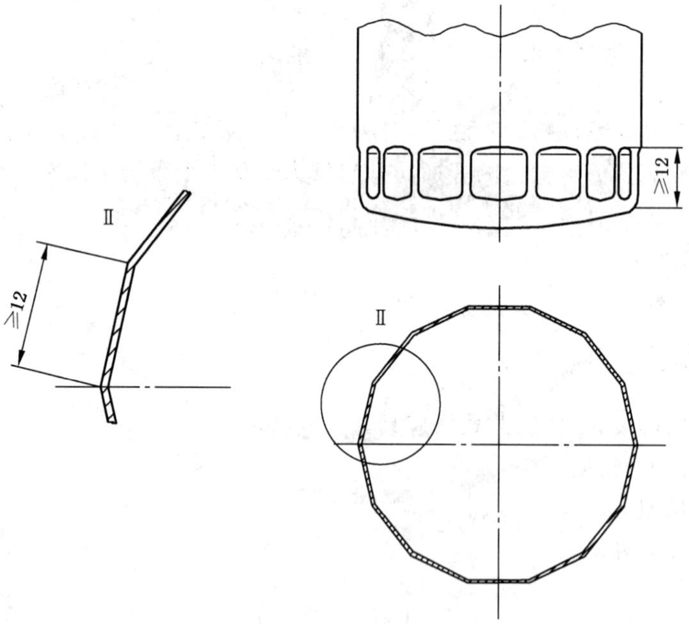

说明：扁平面数为 8、10、12、14、15 个或更多个。

图 5　壳体底部 Z 型

4　标识

旋装式机油滤清器应按以下方式标识：

示例：采用公制螺纹 M16×1.5 且在表 2 中序列为 1 的旋装式滤清器名称为：

机油滤清器 GB/T 28954　M16×1.5-1

5　标记

使用公制螺纹的滤清器总成及其包装盒上应有标注。

每个旋装式滤清器的标记应标明下列内容：

a）　制造商或供应商名称；

b）　型号名称(例如，产品目录样本号)；

c）　日期或制造商的代码；

d）　安装说明；

e）　符合第4章的滤清器标识。

除非发动机制造商另有要求，所有标记都应显示在每个滤清器的壳体上。